TURING 图灵新知

不可能的几何挑战

数学求索两千年

[美] 大卫·S. 里奇森 著
David S. Richeson

姜喆 译

人民邮电出版社
北京

图书在版编目（CIP）数据

不可能的几何挑战：数学求索两千年 /（美）大卫·S. 里奇森（David S. Richeson）著；姜喆译. -- 北京：人民邮电出版社，2022.1
（图灵新知）
ISBN 978-7-115-57370-4

Ⅰ. ①不… Ⅱ. ①大… ②姜… Ⅲ. ①数学史—世界 Ⅳ. ①O11

中国版本图书馆CIP数据核字(2021)第188929号

内 容 提 要

本书以数学史上四大著名的“古典问题”——化圆为方、倍立方、作正多边形、三等分角为基础，展现了两千多年来，数学家们为解决这些问题而留下的令人拍案叫绝的思想与成就。尺规作图“不可能”解决的问题成为欧几里得、笛卡儿、牛顿和高斯等数学巨擘攀登数学高峰的阶梯，其解决方法也延伸至整个数学领域，众多重大数学发现皆与它们息息相关。这段探索之旅将读者从古典时期引领到今天，纵观两千多年来这四个无法解决的问题如何引导、启发人们数学思维的发展，并发掘了数学史中的种种细节。本书适合对数学及数学史感兴趣的读者阅读。

◆ 著　　　[美] 大卫·S. 里奇森
　译　　　姜　喆
　责任编辑　赵晓蕊
　责任印制　周昇亮

◆ 人民邮电出版社出版发行　　北京市丰台区成寿寺路11号
　邮编　100164　　电子邮件　315@ptpress.com.cn
　网址　https://www.ptpress.com.cn
　北京捷迅佳彩印刷有限公司印刷

◆ 开本：880×1230　1/32
　印张：14.75　　　　2022年1月第1版
　字数：355千字　　　2025年1月北京第8次印刷

著作权合同登记号　图字：01-2020-2166号

定价：89.80元

读者服务热线：(010) 84084456-6009　印装质量热线：(010) 81055316
反盗版热线：(010) 81055315
广告经营许可证：京东市监广登字20170147号

版 权 声 明

Original edition, entitled *Tales of Impossibility: The 2000-year Quest to Solve the Mathematical Problems of Antiquity* by David S. Richeson, ISBN: 978-0-691-19296-3, published by Princeton University Press.

无论什么时候，只要事情听上去很容易……

事实就会证明你听漏了一部分。

——唐纳德·韦斯特莱克[1]

序

所谓的古典问题包括化圆为方、倍立方、作正多边形和三等分角。自从大二那年在抽象代数课上听说了它们，我就一直为之着迷。那门课的一个目标就是证明这些著名问题是不可解的。我并不是唯一一个喜爱这些问题的人。两千多年来，无数数学家和数学爱好者们迷恋着这些易于描述却又无法解决的问题。其中也不乏一些历史上最伟大的大师。

虽然已经有很多图书介绍这些问题，但我发现还没有人写过一本配得上这些问题的书。这本书应该讲述每个问题背后的历史——从它们在古希腊时代的起源到最终不可能性的证明，几何、代数和数论里必要的进展，给出这些证明的人们，这些问题有趣的一面，对它们的推广以及其他思路，当然还有那些声称解决了这些问题的数学科妄[①]的逸事。所以我决定自己写出这本书。

整个故事横跨数千年，有时候我感觉写作过程也像过了千年一般，因为这些问题太脍炙人口，我在开始动笔的时候并未意识到有如此多的内容需要研究和介绍。写作过程中最困难的事就是剔除内容。在这个迷人的话题上，我可以轻而易举地写出好几卷书来。

这本书的目标受众是一般读者。只要有不错的高中数学基础，任何人都应该能理解这本书的内容。大部分情况下，读者只需要有高中程度的几何和代数知识，并且了解基本类型的数，包括整数、有理数和无理数、实数和复数。书中也用到了一点儿三角函数和指

① 原文为“crank”。我国语境中常用“民科”来指代。——译者注

数函数知识。没有学习过或者已经忘记了微积分的读者可以跳过它出现的部分。即便是跳过或者略读技术性的叙述，读者应该也能轻松地享受整个故事。至于那些已经很熟悉古典问题的读者，他们可能期待本书最终会讨论抽象代数、域论还有伽罗瓦理论。这些确实是我初遇古典问题时学习的东西，但我还是决定在这些问题被证明不可解之后就结束本书。所以本书并不会涉及这些更高等且抽象的概念。

尽管本书中用到的大多是初等数学，它依旧是一本数学书，而且我也不会回避讨论和使用数学。一些人可能因此而拒绝阅读本书，但我相信目标读者会像我一样，觉得这些数学内容有趣、深刻，并且优雅。我的目标是涵盖一定程度的数学细节，能让读者理解，但又不会太过于技术性和枯燥。我还绘制了 150 多幅图来更直观地描述数学。

本书包含大量尾注。在尾注中，我会给出引用的出处，以及某些事实细节；如果正文中的叙述过于简洁，我也会在尾注中给出更多信息（例如，我会在那里展示计算背后的代数过程）；我会提及对目标读者来说过于困难的话题；有些题外话非常有趣，但是放在正文中可能有些离题，那么我也会在尾注中讲述它们。在本书的取材过程中，我阅读了很多图书和论文，其中很多必要的材料都被收录进了参考文献中。

我要感谢吉姆·怀斯曼、克里斯·弗兰切塞、特拉维斯·拉姆齐、丹·劳森、汤姆·埃德加、罗布·布拉德利、罗贝尔·帕莱、比尔·邓纳姆、科滕·塞勒、克莱尔·塞勒、希瑟·弗莱厄地、布雷特·皮尔逊、盖尔·里奇森、弗兰克·里奇森、马克·里奇森、安杰拉·里奇森，以及其他一些匿名读者。他们在本书的撰写过程中提供了帮助、反馈、鼓励，还有支持——无论是数学还是其他方面。我要感谢研究数学和数学史的很多人。他们在听过我的某次讲演或者阅读我的某篇文章后的第一反应让我能从不同角度审视自己的工作。我要感谢我优秀的编辑薇姬·卡恩和普林斯顿大学出版社的员工，是他们让本书得以付梓。我还要感谢迪金森学院，以及学院里数学系和计算机科学系的教员和学生的支持，能在这样一个美妙的环境里工作是我的荣幸。当然，我也要感谢我的家人贝姬、本和诺拉在我写作过程中展现出来的耐心。现在我终于能回答他们常问我的问题了："你的书写完了吗？"

——大卫·里奇森，2018 年 8 月

引言

爱丽丝笑着说："根本不用试试看，**没人会**相信不可能的事。"

白棋王后说："我敢说，你没怎么练习。我像你这么大时，每天都要练习半个钟头。有时候，光是早餐之前，我就可以相信六件不可能的事。"[1]

——刘易斯·卡罗尔，《爱丽丝镜中奇缘》①

"一切皆有可能。"家长、教练、励志演讲人，还有政治家们都会使用这句老生常谈。夸张的新闻媒体总是在提醒我们，有些人做到了不可能的事。这也是很多人的人生信条。

1904 年 6 月 24 日，后来发明了液体燃料火箭的罗伯特·戈达德在他的高中毕业典礼上做了如下的告别演讲[2]：

"在科学中，我们意识到自己还过于无知，所以并不能轻易宣扬某事是不可能的。同样，对于个人来说，因为我们不知道一个人的极限所在，所以很难言之凿凿，说他一定可以或不可以做到某事……昨天的梦想，常常被证明是今天的希望，以及明天的现实。"

不过，某些事的确是不可能的。数学可以证明这一点。无论一个人有多聪明，有多不屈不挠，或是有多少时间，有些事情就是做不到。本书讲述的故事和四个不可能问题有关，它们被称为"古典

① 王安琪译本。——译者注

问题”：化圆为方、倍立方、作正多边形和三等分角。它们称得上是数学史上最著名的问题。

在几何课上，学生们会学习使用欧几里得工具：用来画圆的圆规，和用来画线的直尺（图 I.1）。

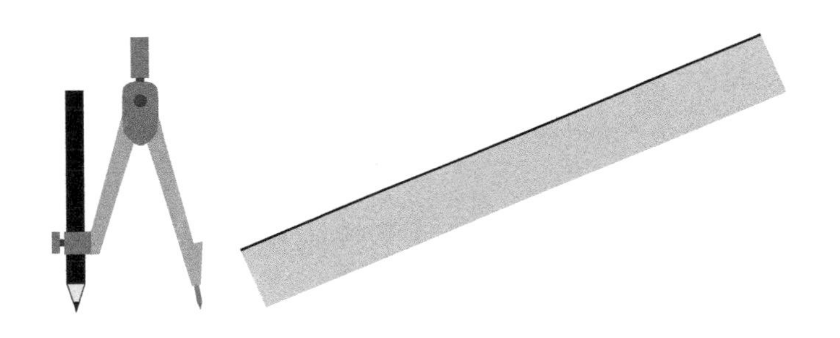

图 I.1　圆规和直尺

他们会学习很多基本作图，例如作角平分线、作等边三角形或者作中垂线。古典问题乍一看就和这些问题一样简单，但实则不然。作角平分线需要用圆规画三条弧，然后用直尺画一条线；图 I.2 展示了如何把一个 120° 角分为两个 60° 角。但是用相同的工具画出三等分 120° 角的两条射线却是不可能的，无论是多么聪明的几何学家也不可能在此基础上作出一个 40° 角。因此，（1）三等分任意角是不可能的。一个九条边都相等的九边形，也叫作正九边形。因为正九边形的中心和两个相邻顶点构成的角是 360°/9=40°，所以尺规作正九边形也是不可能的。因此，（2）尺规作任意正多边形也是不可能的。

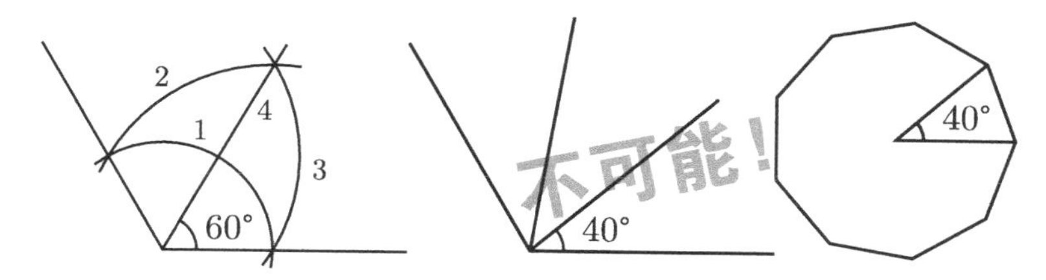

图 I.2 尺规可以二等分 120° 角，却不能三等分它。因此，尺规作正九边形是不可能的

类似地，（3）已知线段 AB，我们不可能作出线段 CD，使得边长为 CD 长度的立方体体积是边长为 AB 长度的立方体体积的两倍；亦即，倍立方问题是不可能的。最后，（4）化圆为方也是不可解的：给定任意圆，不可能作出和其面积相同的正方形。

值得一提的是，这四个问题都不是实际问题。没有人需要一个作 40° 角或是正九边形的方法。几何课的学生完全可以用他们书包里的量角器来画 40° 角。制图工或者数学家也有别的工具来解决这些问题。聪明的工匠更是发明了无数的技巧来获得尽可能精确的近似解。

事实上，这些问题不仅不是实际问题，甚至都不是实际存在的问题。它们都是理论问题。比起作图方法，更重要的是证明这些作图方法正确地完成了它们的任务。我们如何才能知道作出的角平分线真的二等分了一个角呢？这就需要理论数学来解答了。公元前 300 年的巨著——欧几里得的《几何原本》，是古希腊时代乃至之后数百年间几何学的第一手资料。欧几里得在《几何原本》中以五条公设为基础构建了全部的几何学。头三条公设都是与尺规相关的公理。第一公设阐明，我们可以用线段连接任意两点。第二公设则称我们可以向端点外延伸这条线段。第三公设认为给定圆心和圆上一点可以作圆。欧几里得写道[3]：

有如下公设：

1. 从任意一点到另外任意一点可作直线；

2. 一条有限直线可以任意延长；

3. 给定任意中心及任意距离可以作圆。

因此，欧几里得的几何学就是以直线和圆为基础的。尺规则被用来实践书中的几何方法。

古典问题对于古希腊人来说极富挑战性。当时最顶尖的数学家们对此进行了大量的研究。数学史学家托马斯·希思爵士称这些问题“至少在三个世纪中都是（古希腊）数学家们的焦点”。[4]

古希腊人知道，只要能改变规则，这些问题就是可解的。如果除了尺规，他们还可以用抛物线，或者双曲线，抑或是某种新型机械作图工具呢？这类变种还有很多。例如，阿基米德（约公元前287—公元前212）证明，如果直尺上有两个刻度，他就可以三等分任意角。我们会在后文中介绍许多使用额外工具的新颖解法。

古典问题令数学家们无法自拔。两千多年间，许多最重要的数学进展都和这些问题有直接或间接的关联。如果要列举对古典问题的研究做出贡献的数学家，那就要写出一本数学界的名人录了。关于化圆为方问题，欧内斯特·霍布森在1913年写了下面这段话[5]。当然，这段话也适用于其他古典问题。

当我们回顾往事，回顾这一问题的整个历史，才能领会到它的困难。在每一个时代，受限于当时可用的手段，我们也只能推进到某一程度。我们可以看到，当新的技术被发明时，新一代的思想家们是如何从新的角度来进一步研究这一问题的。

尽管千百年来人们都在研究这些问题，但它们直到19世纪才被证明不可解。人们花费了两千多年才得出证明，有如下几个原因。首先，数学家们必须先意识到它们不可解，而不是很难解。其次，他们必须明白，证明一个问题不可解这件事是可能的。这听上去有些令人惊讶，但我们可以用数学来证明某事在数学上是不可行的。最后，数学家们必须要发明出能证明不可能性的数学工具。这四个古典问题都是几何问题，但它们不可能性的证明却并非源自几何。这些证明需要代数以及对于数的性质的深刻理解。这里的数不仅是整数，还包括有理数、无理数、代数数、超越数和复数。而直到古希腊时代结束之后很久，人们才有了代数，并且对实数和复数有了足够的理解。

随着代数进一步发展，数学家们开始把它应用到古典问题中。弗朗索瓦·韦达（1540—1603）、勒内·笛卡儿（1596—1650）还有卡尔·弗里德里希·高斯（1777—1855）都为解决古典问题做出了贡献。但是在这四个不可能性证明中，三等分角、化圆为方和作正多边形问题的解决都要归功于同一个人。令人悲哀的是，这个人英年早逝，知名度也远不如上述几位数学家。他就是法国数学家皮埃尔·汪策尔（1814—1848）。1837年，他在一篇7页长的论文中证明了一些初步性的结论，然后把这些结论应用到了古典问题中。最后，他在可能是数学史上最伟大的一页中，证明了这三个问题均不可解。

而第四个问题化圆为方，就有些与众不同了。它是古典问题中最著名的一个，也是最后一个被证明不可解的。尽管几何和代数都取得了足够的进展，能够证明其他三个问题的不可能性，化圆为方却仍有一个问题亟待解决，那就是对π的本质的理解。如果一个圆的半径是1厘米，那么它的面积是$\pi \cdot 1^2=\pi$平方厘米。要化圆为方，几何学家就必须作一个面积是π的正方形。就这样，我们的故事很大程度上都基于这个著名的、神秘的数字的历史。最终，费迪南德·冯·林德曼（1852—1939）于1882年证明了化圆为方问题不可解；他利用了汪策尔的结论以及π的超越性。后者的证明需要微积分和复分析。

因为这四个问题长久以来都闻名遐迩，所以完整介绍它们的历史恐怕需要数卷的篇幅。此外，即便它们得到了解决，对于它们的研究仍在继续。这些研究后来被并入了更高等的领域，例如抽象代数和伽罗瓦理论。我们选择一笔带过这些推广性的研究，因为这部分数学对于本书的目标读者来说过于艰深，也因为我们不想让本书变得冗长。

本书的结构如下：所有章节按这些迷人问题的历史来编排——从古希腊人对这些问题的引入，到两千多年后的最终解答。这些章节基本遵循了时间顺序。我们会介绍古典问题的美妙历史、解决它们的其他方法，以及为了解决它们而开拓出新领域的由来。

关于这些问题还有许多有趣且令人愉快的逸事，所以我们在正式章节中间插入了叫作“闲话”的迷你章节。例如，我们会介绍美国印第安纳州通过的一项法案，该法案为π指定了一个错误的值；我们还会展示一系列的独特解法，比如使用折纸、一种叫作“战斧”的绘图工具、牙签或是时钟；我们会讨论列奥纳多·达·芬奇的美妙贡献，以及τ与π之争的始末。

目　录

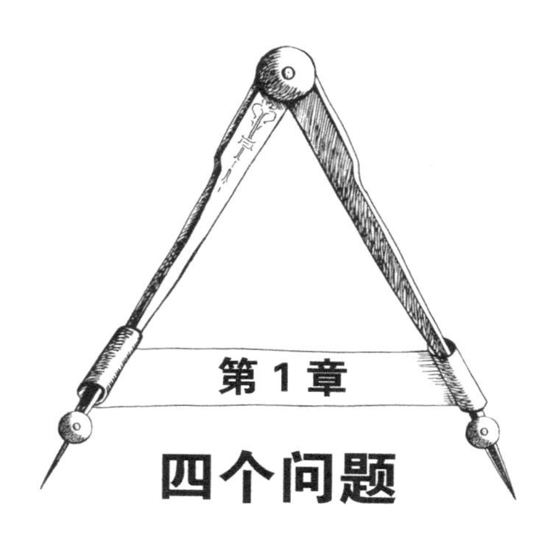

第 1 章
四个问题

Multi pertransibunt et augebitur scientia.

必有多人来往奔跑，知识就必增长。[1]

尽管这四个问题的历史可以上溯到古希腊时代，它们的起源我们却少有所知。我们唯一能确定的是，在公元前 5 世纪后半叶就有对化圆为方和倍立方问题的研究了。

历史学家们面临的困境在于，尽管有些古希腊典籍仍然完好无损，其他的却大多已经失传，或是包含真假存疑的信息。我们对这一时代数学的了解大多从这些片段或是几百年后撰写的二手资料中拼凑而来。数学史学家们必须填补其中的空白，从有限的信息中得出结论。的确，如果要试图确定谁在什么时候证明了什么，现代历史学家们仍然需要一点点地揭开谜团。

化圆为方

哲学家阿那克萨戈拉（约公元前 500—约公元前 428）是伯里

克利（公元前494—公元前429）的朋友兼老师。他因宣称太阳是一团红热的石头而被捕。根据传记作者兼评论家普鲁塔克（约46—120）的说法，阿那克萨戈拉在狱中一直尝试化圆为方。这是我们已知的化圆为方问题首次出现。

到公元前5世纪末，这一问题已经出名到变成了大众文化的一部分。公元前411年，阿里斯托芬（约公元前446—约公元前386）在他的喜剧《鸟》中玩了一个文字游戏，间接提到了这一著名问题。但他的描述稍有不同（把一个圆分成四块）。在这一段落的结尾中，一个角色把另一个角色比作米利都的泰勒斯（约公元前624—约公元前546）。泰勒斯是古希腊早期的一位数学家、哲学家和天文学家。[2]

历数家：我把这根弯曲的尺放在这上面，在这点放上我的圆规。明白吗？

珀斯特泰洛斯：我不明白。

历数家：我用这根直尺测量，化圆周为四方，中间作为市场，许多直路通到这中心地带，犹如星体本身虽然是圆的，直的光线则从此照耀到各处。

珀斯特泰洛斯：这家伙简直是个泰勒斯。①

但是在某种意义上，化圆为方问题比这还要古老。自从人类第一次用绳子和两根树枝在地上画出一个圆，我们就一直追寻着这一完美几何图形的本质。圆的面积是多少？它的周长又如何计算？它究竟是什么？无论是古巴比伦、古埃及、古印度还是中国，大多数文明研究出了估算圆面积和周长的方法，但没有办法准

① 《鸟》，杨宪益译。——译者注

确解释这两个量和单位长度以及单位面积之间的关系。

因为过于出名，化圆为方问题已经从数学领域走进了大多数人的词典中。时至今日，“化圆为方”这一说法已经等同于完成不可能完成的任务。化圆为方还有一个伴生问题——化圆为线，它们的表述都很简单。

化圆为方：已知一个圆，用尺规作正方形，使得两者面积相等。

化圆为线：已知一个圆，用尺规作线段，使得其长度等于圆周长。

每个学龄儿童都会学习基本的尺规作图技巧，所以这个看上去简单的问题吸引了无数业余数学家。就连亚伯拉罕·林肯（1809—1865）都曾涉猎此问题。我们都知道林肯基本上是自学成才的，但很少有人知道在 19 世纪 50 年代，他在作为巡回法院律师周游美国的时候自学了《几何原本》。林肯的合伙人赫恩登某天早上在办公室发现了林肯，他这样描述当时的情形：[3]

他坐在桌旁，面前摆着一沓白纸、一大块厚纸板、一支圆规、一把直尺、无数支铅笔、几瓶不同颜色的墨水，还有一大堆文具和书写用品。他明显在奋战于某种长度计算，因为他身边散布着一张又一张的纸，上面都写满了某种不同寻常的数字排列。他沉浸在学习中，我进门时他几乎没有抬头看我。我承认我想知道他在干什么……当他站起来时……他教导我说他正在试着解决困难的化圆为方问题……接下来两天的大部分时间，他都全神贯注在这一即便不是不可解，也是极为困难的问题上。我觉得他几乎要累瘫了。

化圆为方问题，也被称作圆的求积问题。它是更大的一类几何问题中的一个。要把某个图形化为方形，我们需要作一个和原图形有相同面积的正方形；在欧几里得几何中，这就等同于求图形的面积。

为了演示这个问题中涉及的知识，我们首先看一个最基本的面积问题。图 1.1 中的三角形底为 2，高为 1，所以它的面积是 1。为了把这个三角形化为方形，我们必须作一个 1×1 的正方形。这用尺规可以轻而易举地做到。图 1.2 给出了作法：从第一步到第五步，我们得到了一条经过 B 且垂直于 AB 的直线，以及点 D。第六步和第七步得到了点 C。A、B、C 和 D 就是所要求作的正方形的四个顶点。

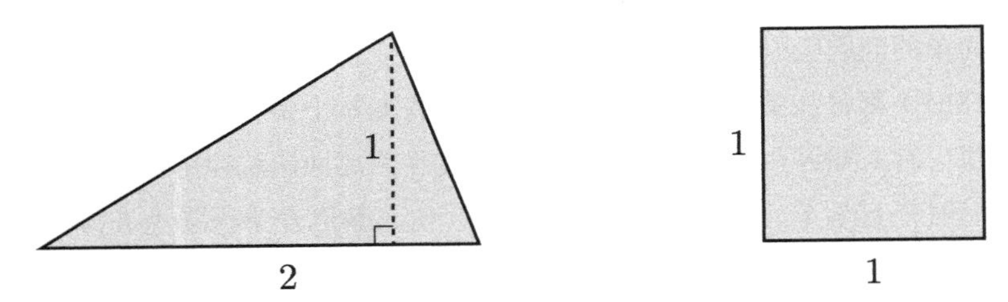

图 1.1　化三角形为方：一个 1×1 的正方形和底为 2、高为 1 的三角形面积相同

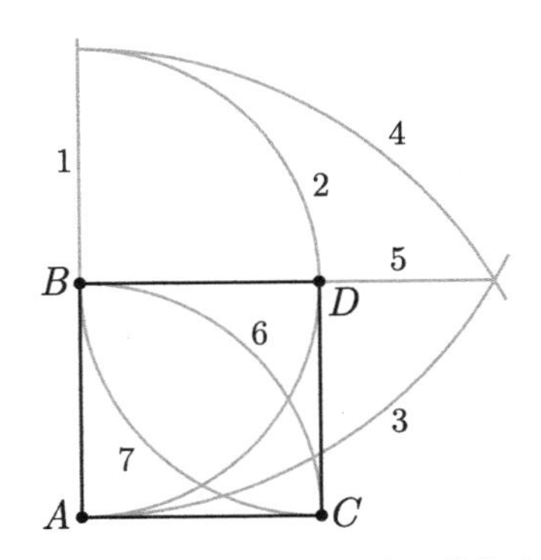

图 1.2　以 AB 为边的正方形的作法

上述的步骤仅适用于一小部分底和高的比是 2 : 1 的三角形。

我们会在后面介绍如何把更一般的图形，比如长方形、三角形、任意数量条边的多边形，以及一些有弯曲边界的图形，化为方形。尽管古希腊人和未来的数学家可以把一些极为复杂的图形化为方形，他们对于圆这一几何学中最简单的图形仍然束手无策。

化圆为方和化圆为线问题在本质上都和常数 π 有关。π 一般被定义为圆周长和直径的比值，也就是 $\pi=C/d$。但是它也把圆的面积和半径联系了起来，即 $A=\pi r^2$。

已知一个半径为 r 的圆，那么具有相同面积的正方形边长应该是 $r\sqrt{\pi}$（图 1.3）。因此，为了化圆为方，我们必须能作一条长度为 $r\sqrt{\pi}$ 的线段。同理，为了化圆为线，我们必须能作一条长度为 $2\pi r$ 的线段。我们随后会看到，这两者的困难程度是相同的。如果我们能解决其中一个问题，那另一个也会迎刃而解。事实上，如果给定一个半径为 1 的圆，那么当且仅当能作长度为 π 的线段时，我们才能解决这两个问题。

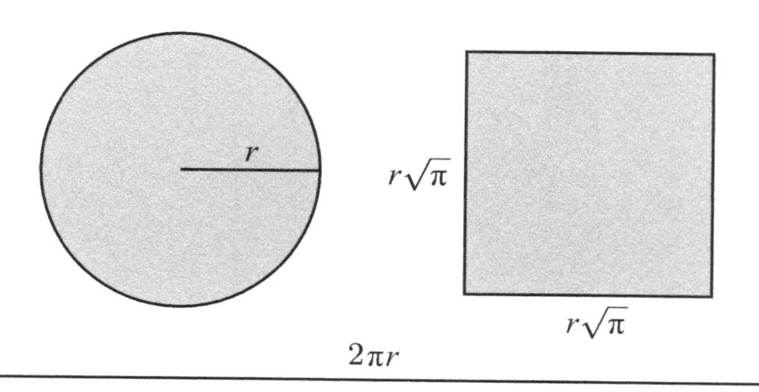

图 1.3　要把半径为 r 的圆化圆为方，我们必须作一个边长为 $r\sqrt{\pi}$ 的正方形。而要把它化圆为线，我们必须作一条长度为 $2\pi r$ 的线段

因此，为了理解和解决化圆为方问题，我们必须先研究 π 的历史和本质。

倍立方

“倍立方”这一名词可能听上去有些令人惊讶。我们在讨论平面几何，为什么会突然冒出三维的立方体？尽管名字听上去令人困惑，但倍立方确实是一个平面几何问题。我们先来看一个倍立方问题的简化版本：倍平方问题。[4]

设线段 AB 长为 l，能否作线段 CD，使得边长为 CD 长度的正方形的面积是边长为 AB 长度的正方形面积的两倍？答案是肯定的。首先作一个以 AB 为边、面积为 l^2 的正方形（图 1.4）。我们的任务是作一条线段，使得它是面积为 $2l^2$ 的正方形的一条边。我们很容易就能找到这样一条线段 CD ：原正方形的对角线！如果对角线的长度是 d，那么根据勾股定理，我们有 $l^2+l^2=d^2$，解得 $d=\sqrt{2}l$ 。因此，这条对角线就是面积为 $(\sqrt{2}l)^2=2l^2$ 的正方形的边。

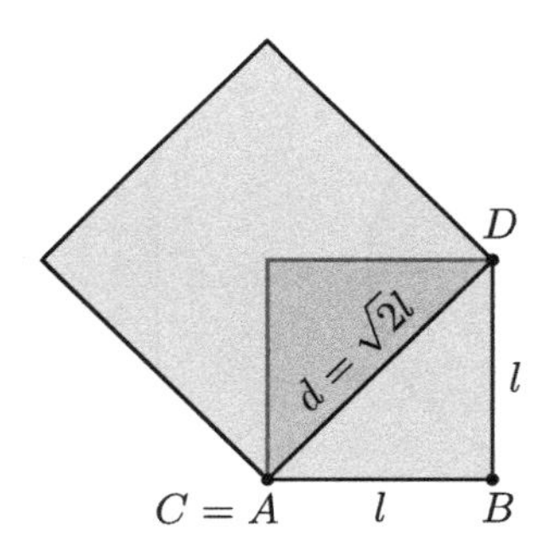

图 1.4　以 *CD* 为边的正方形的面积是以 *AB* 为边的正方形面积的两倍

在倍立方问题中，我们并不是要作一个立方体，而是要作立方体的一条边。

倍立方。已知线段 AB，用尺规作线段 CD，使得边长为 CD 长度的立方体的体积是边长为 AB 长度的立方体体积的两倍（图 1.5）。

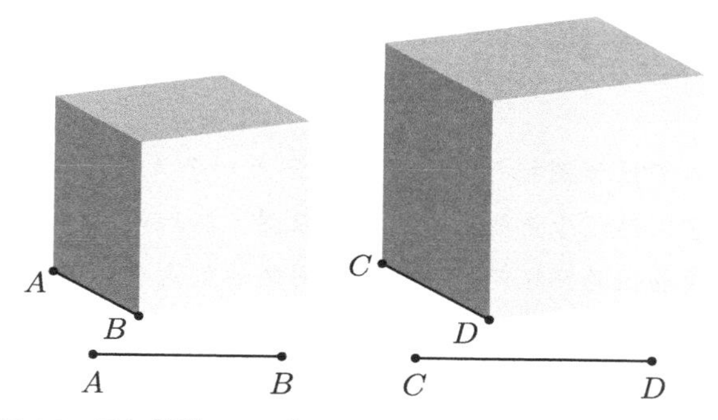

图 1.5　已知线段 AB，能否作线段 CD，使得 $CD^3=2AB^3$？

昔兰尼的埃拉托斯特尼（约公元前 276—公元前 195 或 194）是亚历山大港的图书馆员。他是一位博学家，在文学、哲学和科学领域都有所成就。“埃拉托斯特尼筛”是一种寻找质数的方法，所有学童都会学习这一方法。他在大约公元前 240 年写给托勒密三世的一封信中提到了有关倍立方问题的两个传说：[5]

据说是古代的一位悲剧诗人把（半虚构的克里特王）米诺斯和这个问题联系了起来。米诺斯为（他的儿子）格劳科斯建了一座墓穴。当听说这墓穴在每个方向都长 100 尺的时候，他说：“你们把皇居建得太小，它应该加倍宽广。赶快把每条边都延长一倍，但不要改变形状。”

显然，这位数学水平欠佳的诗人搞错了一件事：把立方体的每条边加倍会让它的体积变为原来的八倍，而非两倍。希思评论这段诗“是某位无名诗人的作品，他在诗中展示的对数学的无知是使它臭名昭著并流传下来的唯一原因”。[6]

在另一个传说中，雅典城瘟疫肆虐。绝望之下，雅典人派了一位代表求助于提洛岛上阿波罗的祭司。祭司提出，阿波罗的立方体

祭坛必须要增大一倍才行。后来，士麦那的塞翁（活跃于公元 100 年）写道：[7]

他们的工匠试图把一个几何体加倍成一个（类似的）几何体，结果陷入了困惑，于是他们求助于柏拉图，然后柏拉图说是祭司而不是神祇想要他的祭坛变大一倍。祭司给他们这个任务是为了羞辱古希腊人，因为他们忽视数学且轻视几何。

因为这一逸事，倍立方问题也被称为提洛岛问题。

一位作家把柏拉图（公元前 427—公元前 348 或 347）的答复比作冷战“先知”似的回答。这些人认为苏联发射斯普特尼克 1 号这件事刺激了美国加强科学教育，最终推动了太空竞赛。[8] 自不用说，柏拉图是一位著名的、有影响力的哲学家。他是雅典城中柏拉图学院的创始人。柏拉图学院是西方第一所高等教育机构，诞生了许多杰出的校友。柏拉图不是数学家，但他大力推广数学。他相信每位哲学统治者都必须接受数学训练①。在学院的入口上方，有一句著名的话：“不习几何者不得入内。”人们常常说柏拉图不是数学的创造者，而是数学家的创造者。

然而，如果我们仔细研究时间线，就会发现这一传说站不住脚。希俄斯岛的希波克拉底（约公元前 470—约公元前 400）早在柏拉图可能与此问题有任何瓜葛的半世纪之前就在研究它了。有一种说法是，这一故事是学院为了自己的目的而捏造出来的。[9] 它也有可能只是埃拉托斯特尼为了吸引人而创作出来的。[10]

不过，亚伯拉罕·塞登伯格认为该传说（无论它是真的，还是

① 柏拉图以社会分工理论为基础，把政治统治权完全交给少数哲学家，他把现实国家的改造和理想国家实现的希望，完全寄托于真正的哲学家能够掌握国家最高权力。——译者注

部分是真的，抑或是全为编造的）相当重要，因为它揭示了几何的起源。它为宗教仪式是几何的古老源头这一说法提供了证据。“那些认为提洛岛祭司的故事只是逸事的说法并非有误，只是搞错了事情发生的顺序。也就是说，倍立方问题始于建造祭坛，并且一定有神学上的动机。当我们去掉了‘逸事’的部分，它也就成了纯粹的数学问题了。”[11] 当我们讨论 π 的历史时还会再次提到这一说法：古印度人研究几何是为了建造祭坛——把两个方形祭坛合并成一个祭坛而不改变面积，或是建造一个和方形祭坛有着同样面积的圆形祭坛。

正如化圆为方问题可以简化为作长度为 π 的线段，倍立方问题也可以被简化成作一条线段。假设有线段 AB，我们需要作线段 CD 使得 $CD^3=2AB^3$。如果我们假定 AB 为单位长度线段，那么 CD 的长度就应该是 $\sqrt[3]{2}$ 。因此，当且仅当能从长度为 1 的线段作出长度为 $\sqrt[3]{2}$ 的线段时，我们才能解决倍立方问题。

作正多边形

有很多非数学的理由需要我们作正多边形，或者说把圆等分（图 1.6）。工匠和艺术家需要这种技巧来制作钟表、星盘、辐条轮、（能判别基本方位的）指南针、装饰性的瓷砖、花卉还有齿轮等。

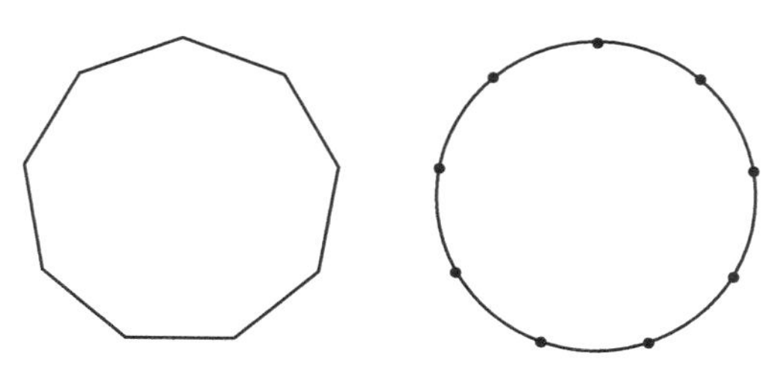

图 1.6　作正 n 边形等价于把圆 n 等分

古希腊人知道好几种正多边形的尺规作法。《几何原本》中的第一个命题就给出了作等边三角形的方法。前文中展示了作正方形的方法。作正五边形要比这两者难得多，但对于新手几何学家来说仍然算得上简单。正六边形则很容易画出。那么我们自然会问：尺规是否可以作出所有正多边形呢？

欧几里得的等边三角形作法和我们的正方形作法都从多边形的一条边开始，而在作图过程中，我们会画出剩余部分。作正多边形问题过去也被称作割圜术或者分圜问题。我们在这里会用一种略微不同的方法表述它。我们从一个圆开始，然后让正多边形内接于圆。事实证明，如果我们能作正多边形，就能让它内接于任意已知圆。这样，这一问题也就等价于作任意大小的正多边形了。

作正多边形：对任意满足 $n \geqslant 3$ 的整数 n，用尺规作已知圆的内接正 n 边形。

我们可以作正三、四、五以及六边形，但是不能作正七边形。那正八边形呢？没问题。正九边形？不可以。正十、十二、十五和十六边形呢？可以。正十一、十三和十四边形呢？不行。

现如今，我们有定义良好的、可用于检测的标准来判断正 n 边形是否可作图。但是，我们必须分别验证每个 n。随着 n 增大，检测难度也越来越高。截止到 2018 年，我们已经知道 $n=2^{2^{33}}+1$（这个数有超过 25 亿个数位）以内的正 n 边形是否可作图。对于这一特别的正 n 边形，它是否可作图取决于 n 是不是质数：如果 n 是质数，那么正 $(2^{2^{33}}+1)$ 边形就可作图；否则，它无法作图。有趣的是，作正多边形问题就这样成了唯一尚未解决的古典问题。我们还不能总结出一份完整的可作图正多边形的列表。

作正 n 边形问题就像化圆为方和倍立方问题一样，可以归结到作特定长度的线段。如果已知单位圆（半径为 1 的圆），当且仅当可以作长为 $\cos(360°/n)$ 的线段时，我们才能作出内接正 n 边形。

原因如下。设 C 为单位圆的圆心，A 为圆上一点（图 1.7）。假设点 B 在 AC 上，且 BC 长度为 $\cos(360°/n)$。过 B 作 AC 的垂线，并交圆于 D。因为 CD 是圆的半径，所以它的长度为 1。根据初等三角学知识，$\angle ACD=360°/n$。因此弧 AD 是圆周的 $1/n$。那么弦 AD 就是正 n 边形的一条边。有了一条边之后，我们就可以作出其他所有的边。此外，这些步骤是可逆的。如果我们能作出一个正 n 边形，就能作一条长为 $\cos(360°/n)$ 的线段。这只需要像图 1.7 所示那样，过 D 作一条 AC 的垂线即可。

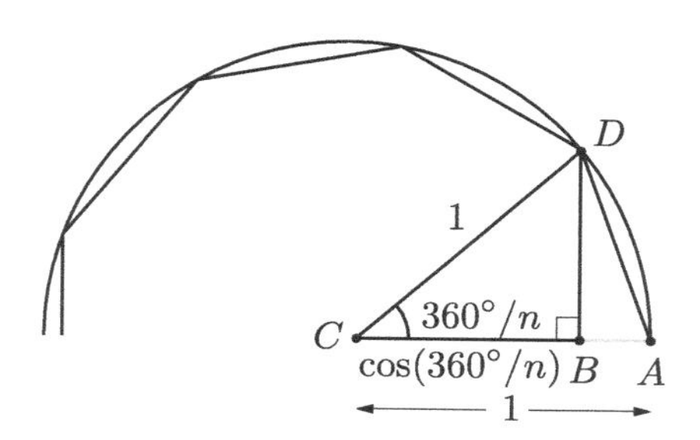

图 1.7　作正 n 边形等价于作长为 $\cos(360°/n)$ 的线段

三等分角

三等分角问题陈述起来很简单，但也很容易被误解。很多业余数学家、数学爱好者和科妄误认为它可以被解决，并且相信自己已经成功了。

三等分角： 已知 $\angle ABC$，用尺规作点 D，使得 $\angle ABD=\frac{1}{3}\angle ABC$。

令人迷惑的地方在于，我们的目标是三等分任意角，但是有些角确实能被三等分。我们在图 1.1 中作了一个直角，所以 270° 角能被三等分。我们能作等边三角形，而等边三角形的角都是 60°，所以我们能三等分 180° 角。同理，我们也能三等分 90° 角和 45° 角。事实上，我们还能三等分无穷多的角。但是对于这之中的每个角，我们的作法都是不同的。不存在一个能三等分任意角的通用方法，但二等分角的通用作法却是存在的。

运用与正多边形问题中类似的分析方法，我们可以得出，如果已知一条长为 1 的线段，那么当且仅当可以作长度为 $\cos(\theta/3)$ 的线段时，我们才能三等分角 θ。

能够证明这些问题不可解，这件事乍一看可能让人无法理解。但是若我们用数学的眼光来考察这些问题，就能看到需要关注的东西了。某图形是否可作图可以被简化为特定长度的线段是否可作图。在本书的后面，我们还会介绍可作图数的集合[①]。我们将会看到，图 1.8 中的四个数，也就是 π、$\sqrt[3]{2}$、$\cos(360°/n)$（对于特定 n）以及 $\cos(\theta/3)$（对于特定 θ），均不在这个集合中。

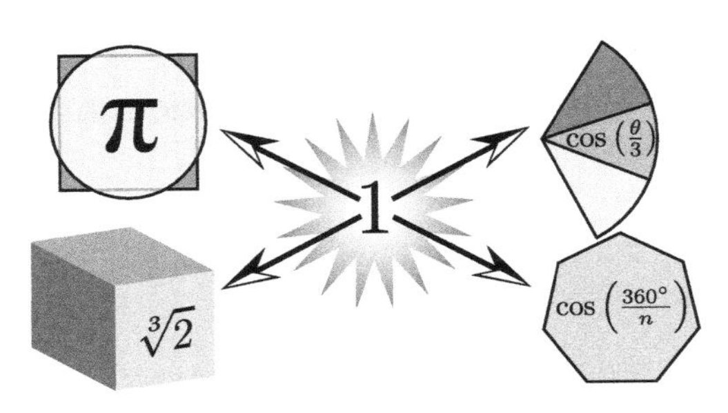

图 1.8　为了解决古典问题，我们必须用尺规，从长度为 1 的线段出发，来作出图中这些长度的线段

① 英文为“constructible number”，指可以用尺规作图作出的实数。也可译为规矩数。——译者注

闲话　科妄

他咬牙切齿地回答，说我混迹于怪人、波希米亚人、异教徒、煽动者之中。基本来说，就是一群乌合之众。

——萧伯纳[1]

写这本书有一个很大的风险：我会被化圆为方或者三等分角问题的解法淹没。这些问题对于数学科妄来说简直就像猫薄荷。几乎每一位有电子邮箱的数学家都曾收到一些声称解决了这些问题的怪人的来信。古典问题阐述起来过于简单，即便是非数学家也可以理解。不幸的是，有些人认为自己成功了，并且拒绝接受那些指出他们错误的言论。

诚然，数学不是唯一吸引骗子和怪人的领域。物理领域有声称发明了永动机的人，历史领域有声称犹太大屠杀从未发生的人，医疗领域有支持顺势疗法的人，公共卫生领域有反对接种疫苗的人，不一而足。千百年来，我们见到了无数炼金术士、地平说支持者、寻找长生不老药的人、特异功能拥护者以及质疑登月和约翰·F. 肯尼迪遇刺的怀疑论者。

自从化圆为方和三等分角问题出现以来，就有人声称解决它们了。古希腊人用“τετραγωνιζειν”这个词来描述那些试图解决化圆为方问题的人。这个词直译过来的意思是“沉迷于求面积”。

奥古斯塔斯·德·摩根（1806—1871）为杂志《文艺协会》撰写了无数专栏。这些专栏在他去世后由他的妻子整理成著作《悖论汇编》（*Budget of Paradoxes*）出版。这些专栏的主题是什么？悖论家。德·摩根解释道：“我是在使用（悖论）这个词的传统含义：悖论就是那些和大众观点不同的东西。它们或是主题不同，或是方法不同，也可能是结论不同。”[2] 对于他来说，悖论并不是个贬义词。事实上，他认为伽利略和哥白尼也都是悖论家。不过，他最感兴趣的还是悖论家们犯了错，也就是他们成了科妄的时候。

德·摩根是个数学家，他写了大量有关数学科妄的文章。他创造了一个词来描述这些被误导的爱好者所患的病症——“化圆为方病”（morbus cyclometricus）。他写道：[3]

引诱人们尝试这一问题的这种感觉，换作是冒险故事中，就会让骑士无法穿越巨人或者巫师的城堡……一旦病毒侵入脑髓，患者就会飞蛾扑火；先用一种方法，然后又换一种，循环往复，乐此不疲。

在科学界第一次使用“科妄”这个词，可能要追溯到 1906 年《自然》中的一篇书评。书评作者调侃了“科妄”这一说法：[4]

科妄指的是固执己见的人。这些人（地平论者、化圆为方者，还有三等分角者）都是科妄，总之，我们从未成功地让他们中的任何一个人相信自己是错的。大多数人能够接受的公理、定义和科学术语不适用于他们。有时候在同一段推论中，他们使用的术语明显具有不同含义。但不管他们用不用术语，我们都没法知道他们到底想说什么。

到了 20 世纪中叶，这个词就已经被固定下来了。约翰·纳什（1928—2015）是一位诺贝尔奖获得者。他也是畅销书以及电影《美丽心灵》的主人公。他在 1955 年 1 月写给美国国家安全局（NSA）的一封信中也使用了这个词。这封信是为了跟进他先前写的一封信。在之前的信中，他提出了一种加密解密仪器。第一封信并没有得到回复。在图 T.1 展示的回信中，他保证道：“我希望我的字迹等细节不会让你们觉得我只是个科安或者化圆为方者。”[5]

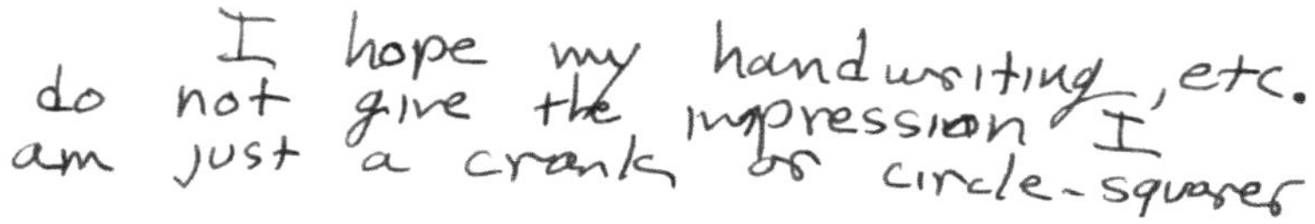

I hope my handwriting, etc.
do not give the impression I
am just a crank or circle-squarer

图 T.1 约翰·纳什写给 NSA 的信中的一段

1931 年，牧师杰里迈亚·卡拉汉（1878—1969）成为宾夕法尼亚州杜肯大学的第五任校长。他刚就任就引起了轰动，因为他声称能只用尺规三等分角。〔他还出版了一本充满争议的书，书名叫《欧几里得还是爱因斯坦：对平行理论的证明和对非欧几何的批判》（*Euclid or Einstein: A Proof of the Parallel Theory and a Critique of Metageometry*）。书中，他“证明”了欧几里得的平行公设，而这也是数学科安最喜欢的另一项不可能的任务。他还批评了爱因斯坦，因为后者的理论依赖于非欧几何。〕但是，卡拉汉拒绝展示他的三等分角作法，他声称想等到获得著作权之后再公开。大概，他觉得自己的证明太有价值了，所以才不敢公示出来，以免别人剽窃他的成果。

他成功三等分角的消息在美国广为报道，《时代周刊》上也有一篇公告。[6]《匹兹堡新闻》援引了数学家埃里克·坦普尔·贝尔（1883—1960）的话，后者正确地指出三等分角问题已于 1837 年就被证明不可解。据说，卡拉汉如此回应：“他爱怎么想就怎么想。这个问题就像许多问题一样，曾经被认为不可解。但我已经找到答案了。”[7]

最终，卡拉汉还是给出了他所谓的“证明”。他不仅没有三等分任意角，反而用了个复杂的方法来让角变大三倍。换句话说，已知$\angle BDC$，他作出了$\angle BDE$，使得$\angle BDC=\frac{1}{3}\angle BDE$。[8]

如果我们细读数学科妄们的文章，就能发现许多不同的、有新奇错误的三等分角和化圆为方的方法。某些证明中的谬误对于任何接受过数学训练的读者来说都再明显不过，就像卡拉汉的三倍角一样。其他证明则有些棘手，不过这通常是由于作者用了一大堆复杂的符号、图和术语。有时，这些不正确的方法能得到不错的近似解。我们很容易被看上去正确的图迷惑。

图 T.2 中给出了一个常见的三等分角的错误解法。首先以角的顶点为圆心画圆，然后作出这个角对应的弦。因为三等分线段是可能的[9]，所以我们可以用尺规三等分这条弦。最后，连接角的顶点和两个三等分点就可以了。要是三等分角可以这么简单就好了！正如图 T.2 中所示，如果角很小——哪怕不太小——这作法就看起来很正确（虚线是要求作的线段）。但是随着角变得越来越大，我们就很容易看出三等分弦并不能三等分角了。

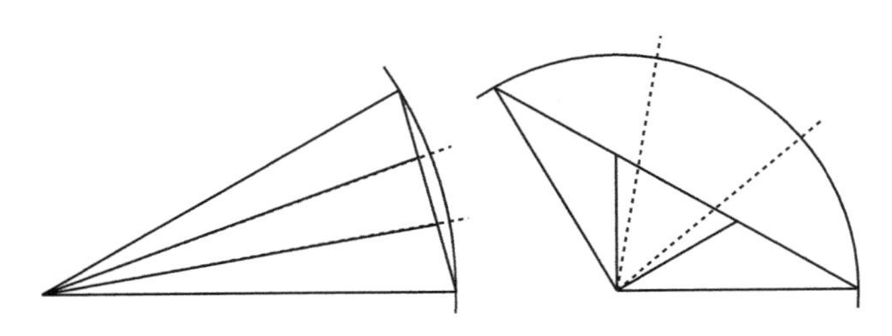

图 T.2　三等分弦并不能三等分角

许多尝试化圆为方的人痴迷于寻求 **π**“真正的”值。他们给出的答案有 3、3.1、3.2、22/7、$\sqrt{10}$ 等。通过错误的数学、具有欺骗性的图和近似，他们得出了结论——**π** 的值是有理数，或是某些能用尺规作出的无理数。

有些人把特例错当成了证明。我们确实能三等分部分角，例如

45°、90°、180° 角等。就这样，一些科妄把这些作法当成了他们能够解决一般情况的证据。

不幸的是，许多科妄并没有良好的逻辑推理能力或数学证明能力，比如，他们无法理解三段论，回避问题，无法正确使用归谬法，等等。他们的解法往往复杂而冗长，使用着不标准的术语和符号，充斥着数学错误。

在 18 世纪，当这些问题还没有被证明不可解的时候，错误的证明淹没了法国皇家科学院。在 1741 年和 1775 年间，他们收到了大约 150 篇关于化圆为方的论文。[10] 尽管没有严格证明，科学院的院士还是相信这些问题不可解。早在 1701 年，他们就写道："如果几何学家们敢于在没有绝对的证据时就发声，并且满足于可能性最大的结论，那他们早就该一同裁定化圆为方是不可能的。"[11]

1740 年，路易斯 · 卡斯特尔（1688—1757）写道："试图解决化圆为方的人并不是那些著名的、真正的几何学家——他们太了解这个问题了。只有那些连欧几里得都不知道的半吊子还在尝试。"[12] 事实上，科学院的院士们因为疲于应付这些"骗子"，在 1775 年通过了一项决议，拒绝接收所有化圆为方、三等分角和倍立方问题的解。[13]（他们还决定拒绝所有永动机的提案。）

数学物理学家约翰 · 拜艾兹（1961— ）提出了一个"科妄指数"，作为"一个评价物理领域潜在的革命性贡献的简单方法"。[14] 每个人的起始分都是 −5。然后拜艾兹给出了一份清单，列出了科妄的 37 个特点。一旦某个条件被满足，就加上相应的分数。

数学家克里斯 · 考德威尔受拜艾兹的列表启发，想出了一份数学版本的"科妄指数"的列表。[15] 表中一些（经过轻微修改后的）加分项如下：

- 每有一个全是大写字母的单词，加 1 分；

- 每有一句明显没有意义、逻辑不自洽或是大家都知道不正确的陈述，加 5 分；
- 在经过仔细校正后，仍然坚持错误陈述时，每句加 10 分；
- 不知道（或者不使用）标准的数学符号，加 10 分；
- 表现得害怕自己的成果被剽窃，加 10 分；
- 每发明一个新术语，或是没有明确定义就使用新术语，加 10 分；
- 声称自己的成果有巨大的经济、理论或精神价值，加 10 分；
- 在描述自己的工作前，先提到自己在这个问题上所花费的时间，加 10 分；
- 每认为自己比一位著名学者强，加 10 分；
- 引用非常重要但与问题无关的成果，加 10 分；
- 用自己的名字命名某成果，加 20 分；
- 不知道如何或去哪里提交成果来出版，加 30 分；
- 把特例或探索的过程错当成数学证明，加 30 分；
- 声称"证明"了某个重要结论，却不知道著名数学家们关于这个结论做过哪些工作，加 40 分。

安德伍德·达德利（1937— ）称得上是当代的德·摩根。他花了好几年，收集数学科妄的逸事，并撰写了许多诙谐的图书和文章，来展示他碰到的科妄。[16]

达德利开玩笑似地把 1832 年和 1879 年间化圆为方者们提出的 π 值（多出自德·摩根的书）做了线性回归。他的结论是，π 的值是一个关于公元年份 t 的函数 $0.000\,005\,606\,0t+3.142\,81$。根据这一结论，π 的值在公元前 219 年 11 月 10 日晚上 10 时 54 分时才是真正的 π 值。[17]

在研究数学科妄多年后，达德利意识到，他们有种规律。在他的书《三等分角者》(*The Trisectors*)中，他给出了如下这些三等分角者的典型特点（或许化圆为方者也符合这些特点）：[18]

（1）他们都是男性；

（2）他们都上了年纪，通常已经退休；

（3）他们不懂“数学上不可能”是什么意思；

（4）他们的数学背景有限，基本上都止于高中几何的程度；

（5）他们相信三等分角是一个亟待解决的重要问题，并且一旦解决，他们就会获得丰厚的物质回报和崇高的名望；

（6）他们的证明总是包含密集的、复杂的图；

（7）几乎不可能让他们相信自己是错的；

（8）创作高产，并且坚持不懈地打扰你，只要你还没有无视他们。

达德利用如下文字为他关于科妄的描述作结：“现在，当一个三等分角者走过来时，你能认出他了吗？那你知道该做什么了吗？给你个提示：你需要用到你的脚。不，不是让你踹他们。”[19]

不过，达德利并没有按他自己的建议行事。在 20 世纪 90 年代，他被其作品《数学科妄》[20] 中提到的一个人——威廉·迪尔沃斯起诉了。美国威斯康星州的联邦地区法院拒绝审理此案，但迪尔沃斯提出上诉。联邦第七上诉巡回法院裁定上诉得直。迪尔沃斯随后在威斯康星的一个州法院起诉达德利。不过他最终败诉，并且需要支付辩护人 7000 美元的法律费用。[21]

第2章 证明不可能

现在让我为您奔走，我会努力做到不可能之事。

——威廉·莎士比亚，《凯撒大帝》，里加律斯对布鲁塔斯所说[1]

韦氏词典对“不可能”的定义是“无法存在或出现”[2]，但我们并不总是这么用这个词。

我们经常用“不可能”（impossible）来代替“不大可能”（improbable）。我们用它来描述有些尽管并非完全不可能，但还是很难做到的事。如果我们把一个打乱了的魔方给一个新手，他没办法把它复原，因为背后的逻辑要求太复杂了，在没有人帮助的情况下，魔方很难复原。乱拧一气复原魔方的概率更是低之又低。这时，我们就会说他不可能复原魔方。同样，对于一个没什么经验的保龄球选手来说，他几乎不可能打出300分的完美比赛[3]。一只猴子也几乎不可能用键盘敲出莎士比亚全集。这种“大海捞针”式的情景并非真的不可能，而是因为概率太低，就好像真的不可能一样。（我们需要指出，某些此类场景对于任何个人来说都是没有希望的，却很可能在某个人身上发生，比如中彩票。）

有些事在实际上不可能，例如用手写出 π 的前 $10^{10^{10}}$ 位数字。有很多因素限制了我们这样做：人类的寿命没有长到能写出这么多数字，而且我们还不知道 π 的这么多位数字。即便我们知道，宇宙中也没有足够的墨水和纸让我们把它写出来。这是不可能的。

有些事被认为在物理上不可能。如果某些想法或者行动是可能的，那么它们就会违背我们对世界的认知。它们有悖于我们相信的物理定律。永动机就是个最好的例子。存在一个无须外部能量就能永远工作的机器听起来过于荒唐，它违背了包括能量守恒定律在内的多个物理定律。

当然，在很长一段时间里，我们对于物理或者生物领域的认知都是错误的。在 4 分钟内跑完 1 英里①曾被认为是不可能的，但是罗杰·班尼斯特②在 1954 年颠覆了我们的认知。载人飞行曾经也被认为是天方夜谭，但是莱特兄弟证明了这并非幻想。当化学家们发现铅和金是两种不同的元素时，能点石成金的贤者之石或炼金术也就成了无稽之谈。但是，粒子加速器的诞生，让炼金术士们的梦想也变得可能，尽管并不实际。[4]

时至今日，因为无法在现有科学框架中实现，有些事情还被认为不可能。在 18 世纪后半叶，学者们认为石头不可能从天而降；他们认为除了月亮，不存在其他的小型天体。他们把陨石（“雷电石”）的目击报告当作民间传说。在 1768 年，包括年轻的拉瓦锡在内的一个三人团队用现代化学手段研究了一块陨石。他们的结论是，它是一束闪电击中富含黄铁矿的砂石的产物。[5]1807 年，美国

---

① 1 英里≈ 1.61 千米。——译者注

② 英国男子赛跑运动员，神经学专家。他是第一个在 1 英里赛跑中跑进 4 分钟的人。——译者注

耶鲁大学的两位教授发表了一篇论文，论述了一块落在康涅狄格州韦斯顿镇的陨石。出于怀疑，（受过科学教育的）时任总统托马斯·杰斐逊声称："他们可能是正确的，但对于我来说，比起石头从天而降，还是两位洋基①教授撒谎更有可能。"[6] 这则逸闻广为流传，不过未必真实，至少存在添油加醋的可能。不过它的确反映了当时人们的看法。[7]

有些事情被认为不可能，则是因为人们不够创新或是过于短视，想象不到它们如何成真。如果我们向 19 世纪的人描述现代的计算机技术，他们一定会说，这样的机器是不可能存在的。在 20 世纪 50 年代时，简单（以今天的标准来看）的计算机也要占据整个房间。如果我们对 50 年代的人说，现如今我们把更强大的计算机放在口袋中或者手腕上，他们肯定会怀疑地摇头，说这不可能。

数学上不可能

某事在数学上不可能是指什么呢？我们又如何证明它不可能呢？

让我们来看看不可能性定理的一个简单例子。这个例子是有关偶数的，比如 0、8、−102 等。我们都知道偶数是什么，但为了在数学中运用偶数，我们必须清楚明白地定义它们：如果存在整数 k，使得 $n=2k$，则 n 是偶数。因为 $0=2\cdot0$，$8=2\cdot4$，$-102=2(-51)$，所以它们都是偶数。

我们可以用这个定义和整数的性质来证明一个我们都知道的定理：

① 英文为"yankee"，最初意指美国北部新英格兰地区居民之后裔。其民俗意义则延伸为美国东北部地区之居民，美国内战期间与战后之美国北方人，甚至全体美国人。常春藤盟校与小常春藤自由主义美术学院联盟，特别是哈佛与耶鲁，于第二次世界大战结束前始终是老派扬基文化之重镇。——译者注

两个偶数的和不可能为奇数。证明如下：设 m 和 n 是偶数，则存在整数 j 和 k，使得 $m=2j$，$n=2k$。那么 $m+n=2j+2k=2(j+k)$。因为整数的和还是整数，所以 $j+k$ 是整数。因此 $m+n$ 是偶数。一个整数不可能既是偶数又是奇数，所以我们的不可能性定理得证。[8]

我们从这个例子中能学到几件事。正如存在无穷多偶数一样，用尺规可以作无穷多的图形。我们不必检查所有可能的和来证明上述定理，只需要整数和偶数的一般性质来证明它。同样，可以用直线和圆的一般性质来证明我们的不可能性定理。

此外，如果我们只有偶数，那么它们的和也总是偶数。无论用什么顺序，加了多少个偶数，我们永远也不会“离开”偶数的集合并得到一个奇数。我们的和不会是 257 或者 1301，这不可能。我们将会看到，这和第 1 章提到的可作图数的集合类似；如果对可作图数进行特定的算术运算，我们只会得到其他可作图数。

偶数相加的例子可能看起来太简单了（尽管并非如此），并且可能有点儿牵强。因此，我们现在要来看一个更有趣一点儿的不可能性的例子。这次，我们的证明还是关于奇数和偶数的集合的。

萨姆·劳埃德的无解之谜

1880 年，就像一个世纪之后的魔方那样，一个机械智力游戏风靡美国。这个机械游戏就是 15- 数字推盘游戏。时至今日，我们仍能找到它的身影。游戏的目标是通过在一个 4×4 的板中上下左右滑动 15 个有编号的方块，来让它们按编号顺序排列好。

那个时候，著名的美国智力游戏设计师萨姆·劳埃德悬赏 1000 美元（约合现在的 25 000 美元）求解他的 15- 数字推盘游戏。劳埃德的游戏和一般游戏相差无几，但它的初始方块配置很特别：方块按数字顺序排列，但是 14 和 15 是反过来的（图 2.1）。[9]

图 2.1 萨姆·劳埃德的 15– 数字推盘游戏（图文：谜题大陆的 14-15 谜题）（S. Loyd, 1914,《萨姆·劳埃德的智力游戏百科》，纽约：Lamb 出版社）

劳埃德可不是乱花钱的人。他知道自己永远不用付钱，因为在 1879 年，两名数学家证明了这样的初始配置是不可解的。[10] 让我们来看看为什么。

要解决 15- 数字推盘游戏，我们必须把编号按从左到右、从上到下的顺序用线连起来。从结果来说，为了让证明更简单，我们需要改变胜利条件：方块的编号需要按蛇形排列——第一行从左到右，第二行从右到左，第三行从左到右，第四行从右到左。不过我们不会改变游戏规则。相对地，可以想象成我们把新的编号贴到了方块上——把 8 贴到 5 上，把 7 贴到 6 上，以此类推（图 2.2）。

1	2	3	4
5	6	7	8
9	10	11	12
13	14	15	

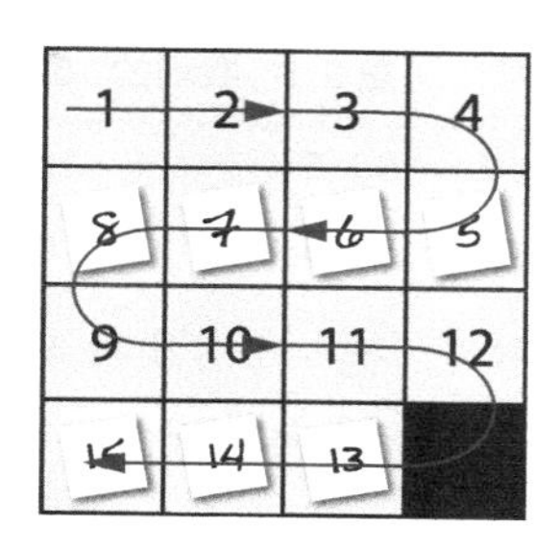

图 2.2　重新编号的 15– 数字推盘游戏

假设我们拿到了一个打乱顺序的 15 – 数字推盘游戏，如图 2.3 所示。我们把编号拿出来，然后按蛇形顺序列出，并且跳过空格。在这个例子中，这个列表是 2、13、5、1、4、12、11、10、3、14、15、6、9、7、8。对于表中的每个数字，我们都记录它右边的数中有多少个比它小。2 的右边[①] 只有 1 个比它小的数，13 的右边有 11 个数比它小，以此类推。然后我们把这些数加起来，得到的和是 44。也就是说，一共有 44 对方块按错误的顺序排列了，这也被叫作*逆序对*。最终的答案中应该没有逆序对。表 2.1 列出了我们的例子中的逆序对。

2	13	5	1
10	11	12	4
3	14		15
8	7	9	6

图 2.3　一个打乱顺序的 15– 数字推盘游戏

① 这里的右边是指在新的蛇形顺序下。——译者注

表 2.1 我们的 15– 数字推盘游戏中的逆序对

序列	2	13	5	1	4	12	11	10	3	14	15	6	9	7	8
逆序对	1	11	3	0	1	7	6	5	0	4	4	0	2	0	0

现在我们把一个方块推入空格，然后看看逆序对有什么变化。如果把一个方块向左或者向右推入空格，比如例子中的 14 或者 15，那么序列没有改变，因此逆序对的数量也不变。如果我们在蛇形排列换行的地方把一个方块上移或者下移，序列也不会改变。如果我们在其他地方上移或者下移方块，逆序对的数量就会改变了。但是这不会影响所有的方块，这样的一步只会影响到 3 个、5 个或者 7 个方块。这取决于空格的位置，以及究竟是哪个方块被推进了空格。只有这几个方块的逆序对会被影响。

如果我们下移 12，它就被挪到了 14 和 15 之间。所以它只会影响 12、11、10、3 和 14。注意，12 比 11、10 还有 3 都大，但是小于 14。所以，当它被移走之后，它的逆序对数量减少了 3，但 14 的逆序对数量增加了 1。这样，总逆序对数量就减少了 2，变成了 42。同样，如果我们把 9 上移，序列会从 15、6、9 变成 9、15、6。因为 9 比 6 大，比 15 小，它的逆序对数量会增加 1，15 的逆序对数量会减少 1。因此，总的逆序对数量保持不变，如表 2.2 所示。

表 2.2 移动方块 12 和方块 9 之后的逆序对情况

原始序列	2	13	5	1	4	12	11	10	3	14	15	6	9	7	8
逆序对	1	11	3	0	1	7	6	5	0	4	4	0	2	0	0
下移 12	2	13	5	1	4	11	10	3	14	12	15	6	9	7	8
逆序对	1	11	3	0	1	6	5	0	5	4	4	0	2	0	0
上移 9	2	13	5	1	4	12	11	10	3	14	9	15	6	7	8
逆序对	1	11	3	0	1	7	6	5	0	4	3	3	0	0	0

通常，垂直移动会影响 $k+1$ 个方块，其中 k 可能是 2、4 或者 6。我们移动的方块比剩下的 k 个方块中的 n 个小，比 $k-n$ 个大。如果我们下移方块，总的逆序对数量变化就是 $(k-n)-n=k-2n$；如果我们上移方块，这个变化就是 $n-(k-n)=2n-k$。这个变化量无关紧要，重要的是这些数都是偶数。所以，每次移动之后，逆序对总数的奇偶性保持不变——原来是奇数的还会是奇数，原来是偶数的也还会是偶数。如果初始配置有偶数个逆序对，那么这个和在游戏中一直都会是偶数。我们不可能通过移动方块来让这个和变成奇数。同样，如果和开始是奇数，那么它也一直都会是奇数。

我们再来考察劳埃德谜题。他把 14 和 15 调换了顺序。在我们重新编号的例子中，调换了顺序的方块是 13 和 14。正如我们在表 2.3 中看到的，劳埃德谜题中逆序对数量是 1，而 1 是个奇数。但游戏目标是让方块按数字顺序排列，目标排列的逆序对数量是 0，而 0 是个偶数。因为游戏中逆序对数量的奇偶性不变，所以我们不可能解开劳埃德谜题并拿走 1000 美元！

表 2.3　劳埃德谜题中逆序对的数量和目标排列中逆序对数量的奇偶性不同

劳埃德谜题	1	2	3	4	5	6	7	8	9	10	11	12	14	13	15
逆序对	0	0	0	0	0	0	0	0	0	0	0	0	1	0	0
目标	1	2	3	4	5	6	7	8	9	10	11	12	13	14	15
逆序对	0	0	0	0	0	0	0	0	0	0	0	0	0	0	0

基本法则的重要性

规则决定一切。如果没有规则，那么不可能也会变成可能。看看德·摩根和达德利遇到的化圆为方者和三等分角者就知道了！在数学中，公理和定义就是基本法则。它们包括在具体问题或者定理陈述中用到的假设，也包括那些使我们得以构建坚实数学证明的逻辑规则。如果我们忽略或者改变它们，就有可能完成先前被认为不可能的任务。

如果在我们的偶数例子中可以使用除法，就能从偶数获得奇数（14 ÷ 2=7 是一个奇数）。这样，不可能也成了可能。类似地，在给定规则下，劳埃德的 15- 数字推盘游戏是无解的。但如果我们能把方块拿出来，然后重新组装，那它就是可解的。许多小孩子（和他们的家长）都曾用这种方法“复原”过魔方。数学中也存在这种类型的例子。欧几里得证明了三角形内角和是 180°。因此，不可能作一个内角和是其他数值的三角形。但是在 19 世纪，数学家们意识到，如果可以修改规则并且改变欧几里得的公设，他们就能创造出全新的、自洽的非欧几何体系。这些几何体系具有奇怪的表现。例如，三角形内角和可能不是 180°。在图 2.4 左图中，我们会看到球面上的一个三角形（三边均为大圆[①]上的弧）。这个三角形的三个角均为 90°，所以它的内角和是 270°，比 180° 要大。在右图中，我们会看到一个马鞍形曲面上的三角形。这个三角形的内角和小于 180°。因此，如果改变规则，我们就能化不可能为可能。

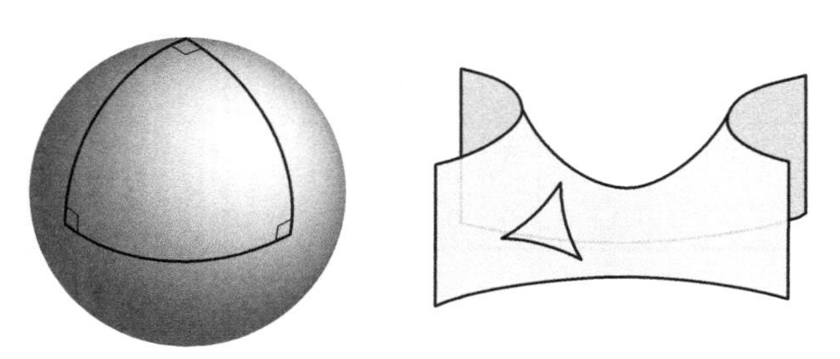

图 2.4　三角形内角和有可能大于（左）或小于（右）180°

---

① 大圆指球上半径等于球半径的圆。——译者注

这本书中的很多地方都将讨论，如果我们能改变规则会怎样——可能是使用额外的工具，也可能是舍弃一些工具，又或者是做一些完全不同的事情。然后我们将探究改变规则后又可以作什么图，尤其是，要解决古典问题需要做什么。

最后是一个警告：我们不能过分自信。我们确实可以肯定地说某事在数学上不可能，但是不能错误地认为这样的论证也适用于生活中的其他地方。1903 年 10 月 22 日，在莱特兄弟于北卡罗来纳州小鹰镇成功飞行还不到两个月前，约翰霍普金斯大学的数学教授西蒙·纽康（1835—1909）写了如下文字：[11]

今天的数学家承认他们无法化圆为方、倍立方或者三等分角。类似地，我们的机械师们，会不会也最终被迫承认，在空中飞行也是人类永远无法解决的那一大类问题之一，并且不再尝试解决它？

闲话　九个不可能性定理

只要乐于钻研，精于实践，我们立刻就能克服困难，只要再多一点时间，就能超越认知。

——美国阿灵顿国家公墓外海蜂（美国海军工兵营）纪念碑碑文

数学中一些最伟大的定理就是关于不可能性的定理。这里我们将介绍其中最著名的九个定理。

（1）$\sqrt{2}$是无理数。传说，梅塔庞托的希伯斯（活跃于公元前5世纪）是毕达哥拉斯（约公元前570—约公元前495）的一个追随者。他因为证明正方形的边和对角线不可公度①而让他的同僚震怒。用今天的术语来说就是，他证明了$\sqrt{2}$是无理数。也就是说，我们无法找到整数m和n，使得$\sqrt{2}=\frac{m}{n}$。我们会在第4章深入讨论这一发现。

（2）费马大定理。1637年，皮埃尔·德·费马（1601或1607[1]—1665）在他的一本书的空白处写下了这句著名的话："不可能把一个立方数分为两个立方数，或是把一个四次幂分为两个四次幂。更一般地，不可能把一个高于二次的幂分为两个同次幂。关于此，我发现了一种美妙证法，但这里空白太小，没法写下。"换句话说，如果$n>2$是一个整数，那么$a^n+b^n=c^n$没有正整数解。这个结论被称为费马大定理。超过三个半世纪以来，人们都无法证明它。直到1994年，秘密研究了7年的安德鲁·怀尔斯才终于证明了费马

---

① 设有两条线段a和b，如果存在整数m和n，使得$b=\frac{m}{n}a$，则我们称a和b可公度。——译者注

大定理。

（3）哥尼斯堡七桥问题。18世纪中叶，普鲁士城市哥尼斯堡有七座跨越普列戈利亚河的桥（图T.3）。当地居民在闲暇时，就会寻找一条走过每座桥刚好一次，并最终回到起点的散步路线。这一游戏被莱昂哈德·欧拉（1707—1783）得知，他在1735年证明了不存在这样一条路线。欧拉的方法如今被认为是图论领域的开端。

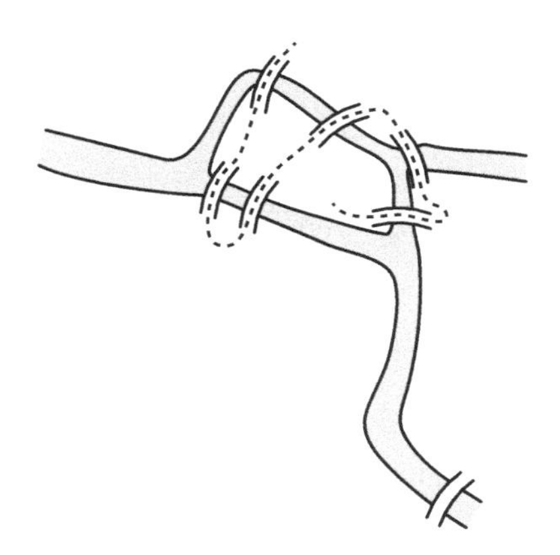

图T.3　不能同时经过哥尼斯堡的七座桥的路线

（4）五次方程无根式解。二次方程的求根公式算得上是高中代数课内容的巅峰了。它为求方程 $ax^2+bx+c=0$ 的两个根提供了一种简单的计算方法。公式如下：

$$\frac{-b\pm\sqrt{b^2-4ac}}{2a}$$

尽管复杂得多，三次方程和四次方程的根也有类似的表达方式。但是，五次或更高次方程的根无法用这样的公式来计算。特别是，多项式 x^5-x+1 有一个实数根，大约是 $-1.673\ 04$，但我们无法用整数、四则运算以及开方来表达这个数。尼尔斯·阿贝尔（1802—1829）在 1824 年给出了这个不可能性定理的第一个完整证明。

（5）连续统[①] **不可数**。我们有十根手指。我们知道这一点，因为手指和集合 {1, 2, 3, 4, 5, 6, 7, 8, 9, 10} 中的元素可以一一对应起来。小孩子就是这样数手指的。格奥尔格·康托尔（1845—1918）推广了这一概念——用来数无穷集。如果一个集合能和正整数集 {1, 2, 3,⋯} 一一对应，那么我们称该集合可数无穷。整数、偶数、质数都是可数无穷集。最令人惊讶的是，有理数也是可数无穷的。但是康托尔证明了不是所有无穷集都是可数的，更大的、不可数的无穷集是存在的。他证明了正整数和实数之间不存在一一对应的关系。这一发现震惊了数学界。如今它被认为是数学史上最重要的成果之一。它也是下面第 6 和第 9 个定理的核心所在。

（6）停机问题。任何写过简单计算机程序的人都知道，存在无限循环无法停止的程序。它可能只是个重复打印简单文字（“Hello world! Hello world! Hello world!...”）的程序，也可能是程序中的一个难以察觉的漏洞。当用户输入预想之外的内容时，这个漏洞就会导致程序进入无限循环。要是有个计算机程序能判断另一个计算机程序对于特定输入会不会无限循环不是挺好的吗？不幸的是，这样的程序并不存在。1936 年，艾伦·图灵（1912—1954）证明了这个不可能性定理。该问题现在被称作停机问题。[2]

（7）阿罗不可能性定理。有很多著名的选举被“第三方搅局者”影响。假设候选人 A 和 B 一对一角逐的话，A 会获胜，甚至可能大胜。但如果与 A 有着类似政见的候选人 C 参加选举，某些本

① 连续统是一个数学概念。当人们笼统地说“在实数集里实数可以连续变动”，也就可以说实数集是个连续统；更严格的描述需要使用序理论、拓扑学等数学工具。——译者注

来会投 A 的人就会投 C，那么这反而会让 B 赢得选举。所以 B 不是因为更受欢迎而胜选，而是因为多数投票没办法很好地适用于有三名候选人的情况。我们也有其他的投票机制，比如同意投票[①]或者排序复选制[②]等。每种投票机制都有其利弊。没有一种投票机制是完美的。1950 年，经济学家肯尼斯·阿罗（1921—2017）研究了排序投票制。在排序投票中，每位投票人对于候选人都有一个喜好排序。系统最后会得出一个总的候选人排名。阿罗给出了几个公平的投票机制应该具有的常识性的标准。他随后证明了不存在满足所有标准的完美投票机制。

（8）平行公设。欧几里得用一些定义、五条公理[③]和五条公设证明了《几何原本》中的全部定理。第五公设现在被称作平行公设，它听上去有些拗口，有些难以理解。约翰·普莱费尔（1748—1819）给出了下面这个更直观的等价版本：

“经过直线外一点有且仅有一条直线平行于已知直线。”

数百年间，数学家们曾认为平行公设是多余的，并且可以用其他四条公设推导出来。我们现在知道这是不可能的。在 19 世纪，数学家们发现了满足前四条公设，却不满足第五公设的非欧几何。在非欧几何中，普莱费尔公理并不成立。同理，第五公设也不成立。在马鞍形上，给定直线和直线外一点，有无数条经过这点的直

---

① 又称为“认可投票”或“赞成投票”，是一种在选举中可以多选的投票制度。——译者注

② 在候选人超过两名的情况下，选民在选票上按喜好排列其支持的候选者。——译者注

③ 这里的公理原文为“common notion”，公设原文为“postulate”。在《几何原本》中，公设是几何特有的，而公理则是更一般的、常识性的原则。在现代数学中，不区分公设和公理。——译者注

线与已知直线不相交。在球面上，所有的线（大圆）都相交，所以经过一点不存在任何与已知直线毫无交点的直线。因为非欧几何的存在，我们知道了不可能用前四条公设推导第五公设。

（9）哥德尔不完备定理。最后一个不可能性定理精巧、深刻，又震撼人心：无法证明的定理是存在的，即便它们是真正的数学表述。数学家们很熟悉那些看上去无法证明的猜想，例如孪生素数猜想、哥德巴赫猜想和黎曼猜想。乐观的数学家们认为它们最终都会得证。但即便它们永远不会得证，那就意味着我们不可能证明它们吗？或许吧。有可能它们可以被证明，只是数学家们还不够有创新性，没能发现证明。但它们也有可能是正确的，并且是无法证明的。在19世纪和20世纪之交，数学家们致力于为数学构建一个坚实基础——一组能推导出所有数学的定义和公理。这梦想是如此宏大，最终却又化作泡影。1931年，库尔特·哥德尔（1906—1978）证明了不完备定理。第一不完备定理指出，在任何足够复杂的公理体系中，都存在不能被证明的真命题。在某种意义上，这是最极致的不可能性的证明！

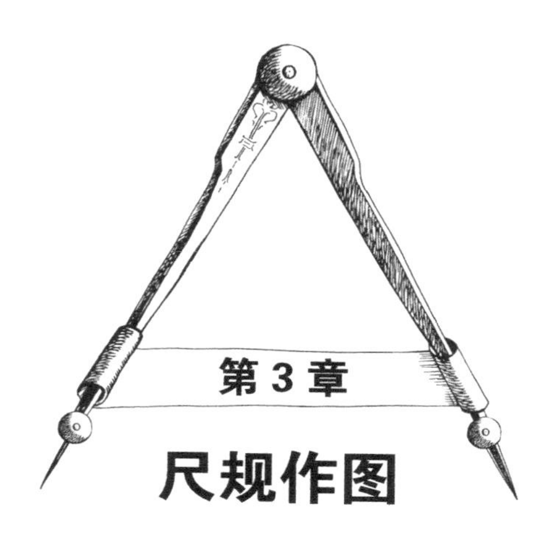

第3章 尺规作图

如果一个人不能首先定义他在讲什么，他就没法好好讲话。如果我们好好研究欧几里得，就能驱散一半欺骗并且诅咒了世界的无稽之谈，使世界免除半数灾祸。

——亚伯拉罕·林肯，1860[1]

化圆为方、倍立方、作正多边形、三等分角是数学历史上最著名的四个问题。你可以去问几何学家们如何只用尺规解决这些问题。就只用一支圆规，还有一把直尺，仅此而已。凭什么?！乍一看，这要求好像过于专断，并且过于束手束脚。这是谁规定的？而这些规定的具体内容又是什么？

在回答这些问题之前，我们需要理解古希腊人是如何看待和实践几何的。为此，我们要讨论包括数学和非数学书籍在内，史上最具影响力的书之一。

欧几里得不是古希腊最伟大的数学家，但他无疑是最著名的那位。他的名气不是来自他的发现，而是来自他所撰写的几何教材——《几何原本》。我们接下来会用数百页的篇幅描绘几何的历史，在这之中会反复提到欧几里得的命题和证明，就像千百年来数学家们所做的那样。因此，要理解尺规的作用，我们要先从《几何原本》说起。

欧几里得的《几何原本》

公元前 331 年，时年 25 岁的马其顿国王亚历山大大帝在征服古埃及之后，于地中海尼罗河三角洲西侧建设了一座新城市。他为这座城市命名亚历山大港。这座城注定成为古埃及的学术及希腊文化中心。100 年后，它就成了世界上最大的城市。

亚历山大在建城几个月后就离开了，并且于 7 年后过世，再也没有来过这座以他的名字命名的城市。他去世时，还没有明确谁将继承他的巨大王国。他的将军们为此激战了几十年。托勒密（约公元前 323—约公元前 283）[①] 是亚历山大最信任的将军之一。在亚历山大去世后的二十多年间，托勒密作为总督（地方长官）统治了古埃及。随后，他在公元前 305 年登基为“救世主”托勒密一世。

在统治期间，托勒密在亚历山大港建立了博学院（“缪斯学院”）。它由国家出资建立，为超过一千位伟大的古希腊思想家提供集会场所。他们在此研究、教学、写作并学习知识。博学院就像柏拉图的学院、今天的普林斯顿高等研究院或者现代大学一样。它并非现代意义上的博物馆 [②]，陈列着绘画和雕塑。相对地，它是交流音

① 根据资料，托勒密一世生于约公元前 367 年。如果是公元前 323 年，他登基时仅 18 岁。——译者注

② 博学院的英文（Musaeum）和“博物馆”（museum）一词很接近。——译者注

乐、数学、诗歌、天文学、哲学等的场所。博学院也是著名的亚历山大图书馆的所在地。图书馆中收藏着数千卷莎草纸，旨在网罗世间一切知识。

从欧几里得在大约公元前 300 年抵达那里，到哲学家、数学家、天文学家希帕提娅（尽管她的数学研究并不总是保持一流）在公元 415 年惨死，亚历山大港在大约 700 年间都是数学活动的中心，这要归功于博学院。许多数学家曾在亚历山大港学习或教书，例如欧几里得、阿基米德、埃拉托斯特尼、阿波罗尼奥斯、丢番图、克劳狄乌斯·托勒密、帕普斯、梅涅劳斯、希帕媞娅以及普罗克洛等。

不幸的是，关于欧几里得的生平，我们知之甚少。我们不知道他何时生活在亚历山大港，也不知道他的生卒年份。我们根据他的数学成果才能确定他的时代——知道他受谁影响，而他又影响了哪些人。例如，他应该生活在柏拉图和其身边的数学家们之后。这些数学家包括泰阿泰德（约公元前 417—公元前 369）和克尼多斯的欧多克索斯（约公元前 400—公元前 347）（这两个人我们都会在第 4 章遇到）。欧几里得也应该生活在亚里士多德（公元前 384—公元前 322）之后，在阿基米德之前。我们相信他在亚历山大港的数学成果应该都诞生于公元前 320 年和公元前 260 年间——这时间跨度大得令人惊讶！学者们估计公元前 300 年应该是欧几里得数学生涯的中点。[2]

我们猜测欧几里得在柏拉图的学院中学习了泰阿泰德和欧多克索斯的数学成果，他们的成果构成了《几何原本》中的大部分内容。在成为优秀的数学家和教师之后，欧几里得被邀请移居亚历山大港。他在博学院帮助设计了一套优秀的数学课程。

《几何原本》无疑是欧几里得最有名的著作。欧几里得创作了这本书，这件事是如此深入人心，我们甚至都不用再提书名。只需要说某事“出自欧几里得”，我们就能明白并且相信它了。不过，欧几里得还写了很多书，有些也流传到了今天。他的著作主要集中于几何、圆锥曲线、比例、数论、天文学、光学、力学和逻辑领域。

当像是《几何原本》或《圣经》这种长篇巨著被写在莎草纸上时，它们会被分成很多卷。《几何原本》共有 13 卷，我们可以把每卷当作一章。第一、二、三、四卷和第六卷阐述了被我们称作欧几里得平面几何的内容，例如勾股定理、角、圆、相似多边形等。第七卷至第九卷探讨数论，例如整除、质数、等比数列、质数的无穷性等。第五卷和第十卷介绍比和比例，内容包括不可公度量（我们会在第 4 章定义这个概念）和穷竭法。穷竭法是无理数和积分的基础。第十一卷至第十三卷介绍立体几何，涵盖圆锥、棱锥、球以及凸正多面体。我们会使用通用的符号来引用书中的命题。例如，I.47 指第一卷的命题 47。

书中的许多命题最初是由其他数学家证明的；即便有些证明是欧几里得原创的，我们也不知道是哪些。他的主要贡献是汇总这些已知结果，然后从少量定义、公理和公设出发，用逻辑完备的方式证明它们。

欧几里得并不打算把《几何原本》写成一本囊括当时所有数学成果的百科全书。它只包含最基本的元素①——所有数学家都会用到的基本定义、公理以及命题。普罗克洛（公元 412—公元 485）是最后的古典哲学家之一，是我们研究古希腊几何历史的重要信息源。他如此写道：[3]

（欧几里得）没把他本能提到的全部写进书中。他只收录了那些真正适合作为基本元素的内容。他使用了各种各样的演绎推理，

---

① 原文为“element”，也就是《几何原本》的英文书名（*Elements*）。——译者注

有些源自第一原理①，有些则从证明开始。但它们都精确、无可辩驳，并且符合科学。

《几何原本》的历史悠久而复杂。它曾被翻译为多种文字，也曾历经增删和批注。[4] 约翰内斯·谷登堡在大约1440年发明了铅活字印刷术，而初版《几何原本》则于1482年在威尼斯出版。从此，它被翻译成了许多种文字，并被无数次再版。

《几何原本》的重要性和受欢迎程度无论怎样强调都不过分。千百年来，它都是数学教育的支柱。尽管今天的学生们并不直接学习《几何原本》，但书中的定理和证明对任何学习几何的学生来说都耳熟能详。它是古希腊、阿拉伯国家、欧洲和美国数学的黄金标准。它的推理结构永远都是陈述数学的典范。

人们普遍强烈尊敬《几何原本》。书中从定义和公理出发的推理论证吸引了逻辑学家、科学家、哲学家以及政治家。逻辑学家伯特兰·罗素（1872—1970）写道："我在11岁的时候向我的哥哥学习《几何原本》。这是我人生中最重要的事件之一，它就像初恋一样耀眼。在那之前，我从未想过世界上竟有如此美妙的事物。"[5]

托马斯·杰斐逊一生钟爱数学。在退休多年后，他写道："当我年轻的时候，数学就是我的人生挚爱。"[6] 他在给约翰·亚当斯的信中写道："我已经不再读报，而是去读塔西佗、修昔底德、牛顿和欧几里得的著作了；而我发现自己开心多了。"[7] 他对欧几里得式的推理论证的喜爱在《独立宣言》中就可见一斑。他在宣言的开篇中就提到了新国家的公设："我们认为下面这些真理是不证自明的。"

---

① 哲学与逻辑名词，是一个最基本的命题或假设，不能被省略或删除，也不能被违反。第一原理相当于数学中的公理。——译者注

亚伯拉罕·林肯同样受到了《几何原本》的影响。在1860年美国共和党全国代表大会几个月之前的一次对话中，他说：[8]

> 我在当实习律师的时候，一直遇到**证明**这个词。我一开始觉得自己理解它的含义，但很快就发现并非如此……我查阅了所有我能找到的词典和参考书，但都没有什么好的结论……最后我对自己说："林肯，你要是不懂**证明**是什么意思，你就永远也成不了律师了。"然后我离开了斯普林菲尔德，回到老家父亲的房子中。我一直待在那里，直到我能随时写出六卷《几何原本》中的任意一个命题。在那之后我就理解了"证明"的含义，然后回到了法律学习当中。

定理和问题

在讨论尺规之前，我们必须理解两种古希腊几何命题——定理和问题——之间的区别。

定理一般是一句适用于一类几何对象的陈述。例如，假设我们有一个一般的直角三角形。我们不知道它各边的长度，也不知道它直角以外的两个角的大小。又或者假设我们已知一个圆心角，或是一组平行线以及一条截线。我们要证明这个或者这些对象具有某个性质。

勾股定理就是个不错的例子。它指出，对于任意直角三角形，以直角边为边的两个正方形的面积之和等于以斜边为边的正方形的面积（图3.1）。（大多数读者可能更习惯于它的现代表述：设直角三角形直角边长为a和b，斜边长为c，则$a^2+b^2=c^2$。）

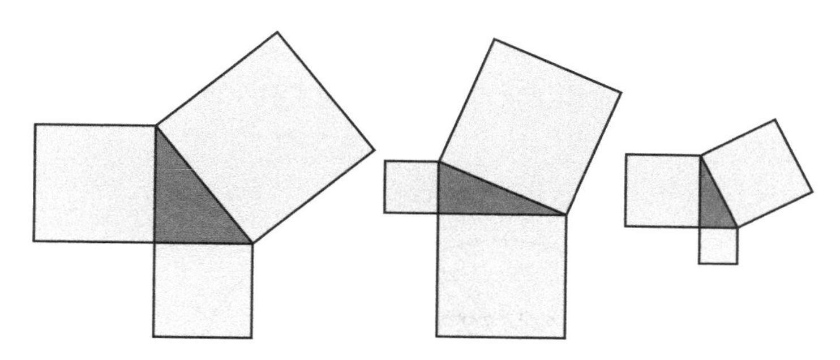

图 3.1　勾股定理：对于直角三角形，以直角边为边的两个正方形的面积之和等于以斜边为边的正方形的面积

另外，问题通常从某种点、线和圆（或是其他形状，比如抛物线、双曲线和椭圆）的配置出发，然后要求我们作出符合条件的新几何图形。为了解决问题，我们必须做两件事。第一，我们必须给出作图的每个步骤。特别是，我们能做的是用直线或线段连接两点（等价于使用直尺），以及以一点为圆心、以另一点为圆上一点作圆（等价于使用圆规）。当然，随着解决的问题变多，我们可以使用已经得到的结果，而不是每次都从头开始。第二，我们要证明所作的图确实是想要的结果。因此，每个问题其实都蕴含了一个定理：我们的作图是有效的。

《几何原本》的第一个命题就是个几何问题的绝佳例子。假设有一条线段，我们需要以它为边作等边三角形。欧几里得假定初始线段为 AB（图 3.2）。他以 A 为圆心、以 AB 为半径作圆，然后又以 B 为圆心、以 AB 为半径作圆。两圆交于点 C。然后作线段 AC 和 BC。至此，作图已经结束。欧几里得转而证明 ABC 确实是等边三角形。AB 和 AC 都是同一个圆的半径，所以 $AB=AC$。同理，AB 和 BC 是另一个圆的半径，所以 $AB=BC$。因此，$AB=AC=BC$。

问题对于几何学家来说很有价值，因为它们能证明某物确实存在。如果需要等边三角形和中垂线，几何学家立马就能作出它们，因为欧几里得已经证明了这可以用现有的工具（也就是直线和圆，或者说尺规）办到。

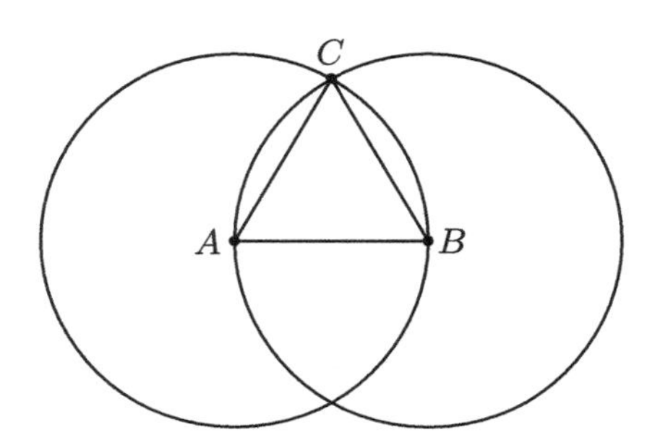

图 3.2　《几何原本》的第一个命题是作等边三角形问题

为了看清问题和定理的区别，我们来看阿基米德提出的一个命题。他证明了，如果一个直角三角形的一条直角边长度等于一个圆的半径，另一条直角边长度等于同一个圆的周长，那么这个直角三角形和这个圆面积相同（图 3.3）。用我们都知道的面积和周长公式，很容易就能证明这个关系。[9] 半径为 r 的圆面积为 πr^2，周长为 $C=2\pi r$，而三角形的面积是

$$\frac{1}{2}\cdot 底\cdot 高=\frac{1}{2}\cdot C\cdot r=\frac{1}{2}\cdot 2\pi r\cdot r=\pi r^2$$

图 3.4 从几何意义上描述了为什么这个命题为真。把圆分成很多相等的饼块，再把它们尖朝上排在一起，最后把它们的尖端合并。在这个过程中，每一块的面积并没有改变。随着我们把圆分成越来越多的块，它们就组合成了一个高为 r、底为 C 的直角三角形。我们会在第 8 章看到阿基米德对这一命题的证明。

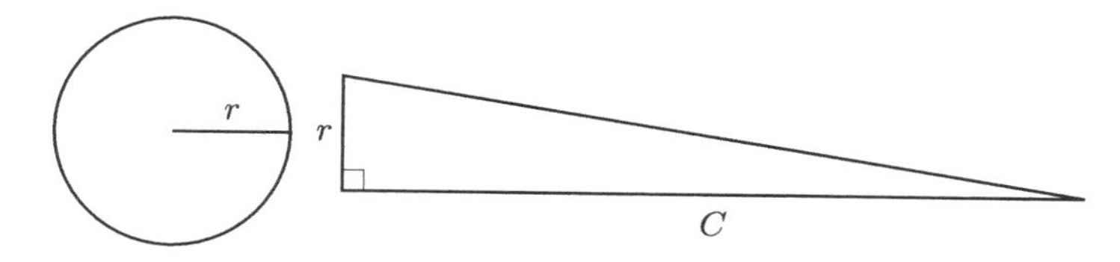

图 3.3 半径为 r、周长为 C 的圆和直角边长为 r 和 C 的直角三角形面积相等

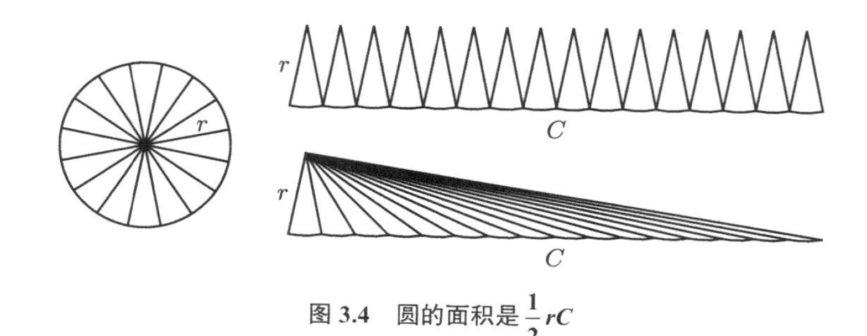

图 3.4 圆的面积是 $\frac{1}{2}rC$

阿基米德的这一命题是定理，而非问题。阿基米德并没给出作这样一个三角形的技巧。事实上，他也没法给出：要想这样做，我们须能作一条和圆周长相等的直线。而这正是化圆为线的问题。

从我们刚才讨论的意义上来讲，本书介绍的古典问题都是“问题”。为了解决它们，我们需要用直线和圆作出所要求作的对象——可能是正方形，可能是角的三等分线，也可能是正七边形。如果我们能作出想要的图，那么就还得证明它确实是问题的解。

传统始于何时？

我们不确定究竟是谁把尺规作图定为几何学的金科玉律。希思提出，可能是生活于公元前 5 世纪的希俄斯的恩诺皮德斯。我们对他所知不多。他主要是一位天文学家，可能到访过雅典。根据普罗克洛所说〔他援引（公元前4世纪的）罗德岛的欧德莫斯〕，两个尺规作图可以归功于恩诺皮德斯：过一点作已知直线的垂线，以及作角等于已知角。这两个作图相当简单。恩诺皮德斯的名字之所以出现在这里，可能只是因为他是第一个只用尺规，而不是木工角尺作出图来的人。

另外，同样受人尊敬的斯坦福大学数学史学家威尔伯·克诺尔（1945—1997）认为，没有足够的证据表明恩诺皮德斯把尺规变成了几何学的事实基础。证据只能表明恩诺皮德斯用尺规作图的技巧制作了一个日晷。恩诺皮德斯的作图可能不过是欧德莫斯能找到的最古老的例子罢了。[10]

无论传统究竟从何时开始，它都在《几何原本》中得到了强力支持。当欧几里得用他的五条公设作为其几何学的基础并且构建出了一个精巧的数学结构时，尺规当然就成了几何工具的不二之选。古希腊几何学家们也研究其他曲线，但当这么做时，他们知道自己已经离开了欧几里得几何的安全范围。

实践和理论

我们鼓励读者亲自尝试最基本的尺规作图。如果他们已经几十年没用过这些绘图工具，那就更该这样做了。一方面，这些作图令人满足而又充满魔力。每次用这些熟悉的步骤等分角或者作中垂线都令人充满成就感。作图时这种可以触碰到的感觉让数学变得更加真实。另一方面，我们将很快意识到，这些工具不是完美的。我们可能会放歪直尺，以至于画出的直线刚好没经过它应该经过的一点。又或者，我们从两元店买的圆规铰链可能没那么紧，旋转

360° 之后，画出的线没办法闭合成一个圆。

我们在几何学中研究的直线和圆是用尺规能作出的直线和圆的理想化版本。不像我们用铅笔画的点、线和圆，点应该是 0 维的原子，线和圆应该都是 1 维的、没有厚度的路径。[11] 直线应该无限长，圆应该想多大就有多大。但是不存在能画出任意大，甚至无限大的图形的工具。正如西里西亚的辛普里丘在 1500 年前发现的那样："如果一个人按字面意义理解事情，并且假定我们能从白羊座画一条直线到天秤座，那他可太草率了。"[12]

一些能用文字描述出来的作图有太多步骤，我们没有足够的时间和空间来实现它们。因为制图工具有误差，以及人类几何学家们有不可靠性，我们也没办法精确地作出这些图。

1833 年，瑞士几何学家雅各布 · 斯坦纳（1796—1863）写道：[13]

> 很多作图都是这样的，要是**确实而精确地**执行全部步骤，那我们很快就会放弃。这是因为要是这么做，我们就会立即发现，用手中的工具实际作这些图，和——请允许我这样说——用嘴巴叙述一遍是完全不同的。

比如，我们将会看到，正 65 537 边形是可以尺规作图的。19 世纪末，林根的赫尔梅斯①花了十年找到它的作图方法。显然，我们没法实践他的算法。那要花太长时间了。此外，即便我们每画一条线前都削一次铅笔，笔迹还是会有厚度，这就为作图带来了误差。再加上使用实际工具一定会有的误差，过不了多久我们的图就完全不准了。即便有精密调校过的工具，即便能画出足够细的线，用不了几步，我们就会发现纸上满是如同印象派画作一般无法辨别

① 约翰 · 古斯塔夫 · 赫尔梅斯是一位德国数学家，找到并写下了作正 65 537 边形的步骤。他的手稿超过 200 页，现于德国哥廷根大学保存。——译者注

的圆弧和线段。而我们也难以区分最终得到的多边形和圆；如果画在标准大小的笔记本上，65 537 边形的边长是几乎看不见的！[14]

1913 年，在他关于化圆为方的一本书中，霍布森发现几何具有两个层面。一面是实际层面，或者说是物理层面——我们研究物体间的空间关系，以及如何用尺规画出这些物体。另一面是抽象层面，或者说是理性层面——我们研究像是没有维度的点、线、圆等理想对象：[15]

我们常常抹消抽象和实际几何之间的区别。这一情况因我们习惯性地，并且几乎是必然地同时考虑事物的两面而愈发严重。在抽象几何中，我们可能是在进行一系列的推理。但因为在脑海中进行长串推理相当困难，为了不让自己茫然，我们必须画图来固定住自己的思考。但在画图时，我们有忘记自己是在针对理想模型，而不是针对图中作为理想模型不完美表示的实际图形进行推理的倾向。这也是情有可原的。

这并非什么新发现。它们让人联想到柏拉图关于洞穴的寓言。洞穴中，一群罪犯被绑在一起，背朝篝火。他们只能看到墙上自己的影子，然后就把这些扭曲的幻象当作了现实。柏拉图认为数学是真实而纯粹的。他写道："几何的目的不在于短暂而糟糕的事物，而在于永恒的知识。"[16] 几何研究理想的对象，像是理想圆、理想直线、理想三角形，等等，这些理想对象只存在于我们的脑海中，而不存在于纸上。我们在纸上画出的图形，就像洞穴墙壁上的影子那样，只不过是现实的不完美投影罢了。

在柏拉图的《理想国》中，苏格拉底这样评价数学家：[17]

你难道不知道，尽管他们使用看得见的对象并且用它们进行推理，他们想的其实不是这些，而是那些它们代表的理想对象？你难道不知道，他们不是在思考画出的图形，而是思考绝对的正方形、绝对的直径？他们所画或制作出来的图形，那些有影子、在水中有倒影的图形，都被他们转换成了影像。他们实际上是想要看到那些只有用思想才能看到的东西。

很久之后，绘图水平糟糕透顶的亨利·庞加莱（1854—1912）这样写道："几何就是一门针对画得差劲儿的图形进行合理推理的学科。"[18]

所以，我们并不是真的在讨论尺规。我们讨论的是纯粹的几何——用理想的点、线和圆构建的几何。但我们还是会指着洞穴的墙壁，讨论实际绘图工具。

游戏规则

现在让我们严格描述解决尺规问题的要求。每个问题都从一个几何对象开始。这可以是一条线段，我们必须作中垂线；也可以是一个需要我们等分的角；还可以是一个圆，我们需要在其中画一个六边形。但为了使用尺规，我们需要点——在沿着直尺的边描绘直线之前，我们需要把它放到两点上。在旋转圆规画出圆之前，我们需要把它的两脚放在两点上。随着画线或画圆，我们会得到新的点。我们只能用一种方式获得新的点：它们必须是先前画出的直线和圆的交点。

为什么要这样严格呢？为什么不能就用铅笔随便点一个点，把直尺随便放在纸上，然后画一条线；或是随意地放置圆规的尖端，然后任意张开两脚画一个圆呢？工匠们用这些工具这样做已经有上千年了。但问题在于，这样随便的操作是不可重复的。如果莎莉要这样画一个几何图形，鲍勃是没法复制它的。他可以画一个差不多的图形，但不可能画出一个完美的副本。对于艺术家或者工匠来说，这可能无所谓，但对几何学家来说却不行。只要工具相同，几何作图必须能被任何人，在任何地点，在任何时间重现——无论是2500年前的古希腊人，还是今天的我们，抑或是未来的几何学生。[19]

因此，我们有如下的严格规则。

1. 直尺：已知点 A 和点 B，我们能作线段 AB 或直线 AB。

2. 圆规：已知点 A 和点 B，我们能以 A 为圆心过 B 作圆。

3. 点：两条直线、两个圆或是一条直线和一个圆相交产生新的点。

在不能任意作图的限制下，这些规则乍一看还是挺合理的。可能除了我们能画无限长的直线这一点，它们基本都在意料之中。再说一次，我们并不是*真的*在用尺规。硬要打比方的话，就把我们的工具想成一把可以无限延长的尺和一支可以无限张开的圆规。我们想用它们画多长的线或多大的圆都可以。此外，想象我们的桌子上有足够的纸。根据对几何图形的需要，我们可以无限扩展绘图区域。

比起用尺规能做的事，我们不能做的事可能更让人惊讶一些。比如，这几条规则似乎暗示我们没法使用*固定圆规*。换句话说，我们没法像使用分规①那样，将圆规张开到一个长度，把它放到纸上的另一个地方，作一个圆。相对地，欧几里得的圆规指的是*折叠圆规*，或者说*搭扣圆规*。只要我们把圆规从纸上抬起，圆规就会合上（或者搭扣扣紧）。1849年，德·摩根写道："我们不允许用圆规张开的长度作圆，我们假定圆规一离开纸就会合上。"[20]

① 分规是用来截取线段、量取大小和等分线段或圆弧线的绘图工具，有些像两端都是钢针的圆规。——译者注

这就麻烦了。我们在卖文具或者制图工具的店能买到的优质圆规两脚都能固定住。难道几何学生（还有他们的老师）一直都在作弊？难道他们一直都在违背欧几里得几何的规定？答案是否定的。事实上，使用固定圆规并没有被禁止。我们可以证明固定圆规是被允许的。事实上，看起来没那么实用的折叠圆规和固定圆规其实是等价的。用其中一种可以做到的事，我们用另一种也完全可以做到。

欧几里得没有浪费时间证明这一点。《几何原本》第一卷的第二命题称，已知线段 AB 和点 C，可以作点 D，使得 $CD=AB$。因此，我们能以 C 为圆心、以 AB 为半径作圆。图 3.5 给出了欧几里得的作法。首先，作点 E，使得 BCE 是等边三角形。沿 B 和 C 的方向延长 BE 和 CE，以 B 为圆心、以 AB 为半径作圆，交 BE 于 F。最后，以 E 为圆心、以 EF 为半径作圆，交 CE 于 D。可知 $AB=CD$。[21]

因此，尽管并没有明确写出，我们还是可以使用固定圆规。使用折叠圆规这一假设更简单，但实际作图时，用固定圆规会更节约时间。欧几里得听取亚里士多德的建议，选用了这个看起来更弱的公设。亚里士多德认为："在其他条件一样的情况下，用更少的公设、假设或命题完成的证明更优秀。"[22] 越简单越好；如果折叠圆规够用，就不要用固定圆规。

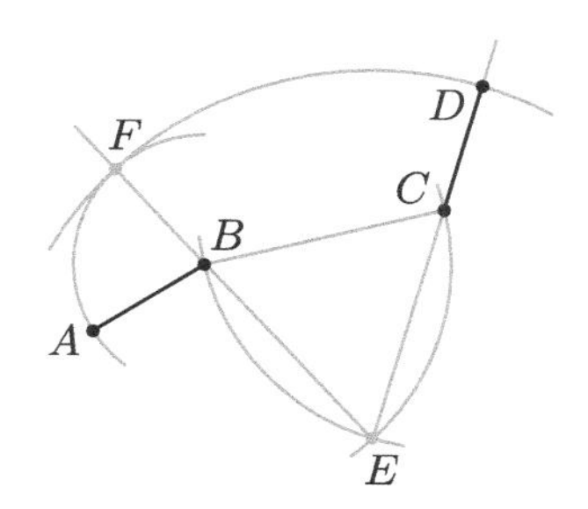

图 3.5　长度转移：已知 AB 和 C，我们作点 D，使得 $CD=AB$

规则中还缺少了另外一样东西：刻度尺①。数学家和数学教材常常混用直尺和刻度尺这两个词。事实上，大多数几何学生把刻度尺当作直尺用。不过，欧几里得几何中的直尺不仅没有刻度，也没有任何瑕疵。几何学家即便用刻度尺，也绝不能用上面的刻度。我们会在第 10 章看到，阿基米德和其他数学家们研究了使用刻度尺的几何。一把刻有两个刻度的直尺能且仅能量出一个长度。这些数学家证明了，用这样一把尺可以解决用直尺无法解决的作图问题。尤其是，某些古典问题也可以用这样一把尺解决。

这个列表中还落下了一件事，那就是作直线和圆之外的曲线。尽管古希腊几何学几乎都是在研究直线和圆，但它们绝非全部。古希腊的几何学家们定义并研究了圆锥曲线——椭圆（圆是椭圆的一个特例）、抛物线和双曲线。尽管不像圆和直线那样自然，圆锥曲线还是很容易定义的。在之后的岁月中，圆锥曲线也在数学、物理还有不可能性问题的故事中扮演了重要角色。古希腊人还深入研究并发明了新的曲线和用来绘制它们的巧妙工具。这些曲线包括割圆曲线、螺线、蚌线以及蔓叶线等。它们之中的大部分是为了解决古典问题被发明的，而这部分曲线作为几何对象的价值也仅止于此了。

柏拉图强烈反对研究那些需要用机械工具才能画的几何曲线。普鲁塔克说过：[23]

力学这门学科如今受人赞颂和尊敬。它最早是由欧多克索斯和阿尔库塔斯发展起来的。他们为几何学添上了许多精妙之处，让那些不能用文字和图形证明的问题，得到我们能够感知的机械制图的

① 原文为“ruler”，意为“尺”。如作者所说，在很多语境中，提到“ruler”就是指没有刻度的直尺。这里为了区分，译为刻度尺。——译者注

支持……但是柏拉图对此感到被激怒了，他强烈抗议使用这些工具，认为它们腐化、摧毁了几何纯粹的卓越。他觉得这会让几何不再关注那些抽象思维中的无形存在，而是堕落至感知层面，去利用那些需要糟糕的手工劳动的事物。因此，力学被和几何完全分开，在很长一段时间里都被哲学家忽视，并被认为是一种军事学科。

用柏拉图的洞穴寓言的话来说："我们不能用有形的事物来研究无形的事物，因为那就像用影子来研究现实一样。"[24]

古希腊人给他们的曲线划分了三六九等。直线和圆是最高级的，在它们之后是圆锥曲线，然后才是其他曲线。他们还用答案中所需要的几何图形来给问题分类。平面问题只需要直线和圆，立体问题需要一条或多条圆锥曲线，线性问题需要其他曲线。（我们今天所说的"线性"可不是这个意思！）当然，古希腊数学家们还没有能力证明一个问题属于某一类，而非其他类。

在公元 4 世纪，帕普斯——亚历山大港最后一群伟大数学家之一——是这样描述上述分类的：[25]

那些能用直线和圆周来解决的（问题）应该被叫作平面问题，因为解决它们的这些线都源自平面。但如果解法要求我们作至少一条圆锥曲线，那这个问题就应该被叫作立体问题，因为我们必须要用圆锥这一立体图形的表面来作出这些曲线。还有第三类问题，我们称它们为线性问题，因为它们的解法中需要不同于我们刚刚提过的线。这些线的来源是多变的，比如螺线、被希腊人称为 tetragonizousas 而被我们称为"割圆曲线"（quadratrix）的曲线、蚌线和蔓叶线。这些曲线都有迷人的性质。

帕普斯认为我们有必要使用最简单的技巧。如果一个问题能用直线和圆解决，我们就不该用圆锥曲线。我们也不该用线性的方法来解决立体问题。他写道："当几何学家们用圆锥或者线性（更复杂）的曲线，或是用其他异质的解法来解决一个平面问题，他们就犯了大错。"[26] 费德里哥·哥曼迪诺（1509—1575）在他的译文中用了"罪"（peccatum）这一词，而不是"大错"。[27]

关于几何到底能用什么曲线的讨论持续了数百年。17 世纪，笛卡儿把代数引入几何，也因此扩展了曲线的分类。和帕普斯一样，他也认为用过分复杂的曲线解决问题是一种"几何错误"。（他还添了一句："设计出一个依赖于比最简单的线还简单的几何对象的问题是徒劳无功且愚蠢的。"[28]）

约翰内斯·开普勒（1571—1630）认为，只有能在欧几里得的规则下作出的几何对象才是可知的。因此他相信（尽管没有给出证明），七边形是不可知的——是上帝决定了哪些图形可知，哪些不可知。他这样写道：[29]

> 没有人曾在并非偶然的情况下作出过正确的正七边形，我们也不可能作出正七边形来；但是当然有过偶然作出的情形。尽管如此，正七边形还是（从逻辑角度来说）不可知的，不管有没有人作出过它来。

艾萨克·牛顿（1643—1727）不能接受笛卡儿的代数分类。他发现代数上的简单程度（以方程的复杂度衡量）和几何上的简单程度（以作图的难易度衡量）可能不匹配。例如，抛物线方程就比几何上更简单的圆的方程简单：[30]

> 如果两种作图几何上等价，那么越简单的那个越好。这一准则是不能违背的。但是代数表达却代表不了作图的简单程度……要说

为什么，因为**代数上**更简单指的是方程更简单，而**几何上**更简单指的是画的线更简单；在几何中，我们应当认为几何上更简单的是最好的。

即便今天也是如此。数学家们总是在寻找更好、更简单、更优雅的证明。尽管荣誉都被授予第一个证明了定理的数学家，对数学证明的改进依然具有价值。如果一个问题有简单的代数解法，那用微积分就太浪费了。在数学界，简洁和优雅非常重要。

关于几何应该包括哪些曲线，有过一段很长，有时甚至很激烈的辩论。它应该包括直线和圆吗？当然。圆锥曲线？应该吧。其他更复杂的“机械”曲线呢？一开始可能不是，但是最终，我们还是勉强接受了它们。许久之后，数学家们就必须开始考虑那些用代数表达式定义的曲线，甚至是超越曲线了。

闲话　战斧

人生不就是看问题的角度吗？我们用一个人如何看待事物来评价他。人生不就是每天思考的问题吗？可能是他的命运，也可能是他的雇主。知识是衡量人的标准。一个人知道多少，他也就是怎样的一个人。

——拉尔夫·沃尔多·爱默生，《智慧的自然历史》，1893[1]

那些有手工精神的数学家如果想要设计一个三等分角的工具，那就应该先研究一下图 T.4 里面的战斧。它的历史至少可以追溯到 1835 年。战斧的制作和使用都很简单。[2] 它的上半部分被三等分。其中三分之二是一个半圆的直径，手柄垂直的那一边刚好和半圆相切。

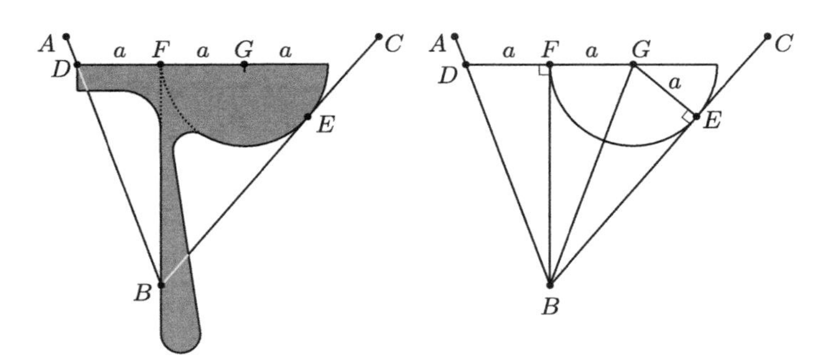

图 T.4　我们可以用战斧来三等分角

已知 $\angle ABC$，我们把战斧的柄放到点 B 上，把战斧的托摆在 AB 上，交 AB 于点 D，并让 BC 和半圆形的斧刃相切于 E。然后我们用战斧上端的刻度标记出点 F 和点 G。这样，直线 BF 和 BG 就是角的三等分线了。[3]

要证明 $\angle ABC$ 确实被三等分是很简单的，这是因为直角三角形 BDF、BFG 以及 BEG 都是全等的。

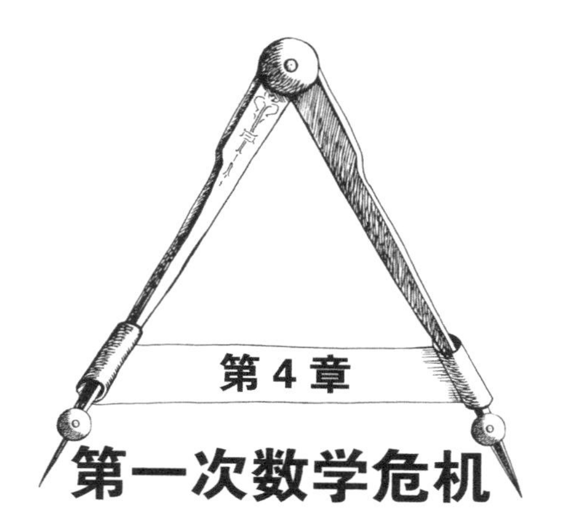

第4章 第一次数学危机

原来代达罗斯的妹妹，

不知命运的安排，

把自己的孩子送来，请代达罗斯教他手艺，

这讨人喜欢的孩子差不多十二岁，

擅长原理和准则；

他看见一条鱼脊骨，

就能依它的形状，

在一条铁片上刻出一排齿，

然后就这样成功发明了锯。

同样，他也率先，

把两根铁棍连在一起，固定一根，

再移动另一根来画出一个圆。

代达罗斯嫉妒这孩子，就把他头朝下，

扔下了悬崖，

那是弥涅耳瓦①所钟爱的卫城峭壁，
然后他谎称这孩子自己脚滑，摔了下去。

——奥维德，“代达罗斯和珀耳狄克斯”，
《变形记》（公元 8 年）[1]

今天被称作无理数的数，大约在公元前 5 世纪中叶至后半叶被发现。[2] 这一令人震惊的发现是数学史上最戏剧性的时刻之一。然而它是因为研究几何，而不是因为研究数字才被发现的。[3]

萨摩斯的毕达哥拉斯是一位神秘的异教领袖和数学家。梅塔庞托的希伯斯从属于这位彼时已经去世半个多世纪的数学家的学派。[4] 毕达哥拉斯学派怀有神圣的信念，认为宇宙可以用整数和它们的比来描述。那我们就可以想象，当希伯斯发现无理数时，他们有多怀疑了。但是面对无可置疑的真理时，他们的信仰也要被碾碎了。

为了理解希伯斯的几何成果，为了明白为什么这个发现令毕达哥拉斯学派困扰，也为了探究无理数究竟是什么，我们必须先看看古希腊人如何看待数，以及他们对比和比例的理解。

数、量以及比

古希腊人对数的定义相当狭隘。数就是指自然数：1、2、3，等等②。事实上，欧几里得甚至都没有把 1 当成一个数，它被当作数字的单位。负数和 0 都不是数，那些不是整数的有理数以及无理

① 罗马神话中智慧女神、战神和艺术家与手工艺人的保护神，对应于希腊神话中的雅典娜。——译者注

② 0 是否是自然数在世界上有不同的定义。——译者注

数，比如 1/2 或者 $\sqrt{2}$，也都不是数。量指的是可以无限分割的正的数量。线段、二维区域、三维立体以及角都是量。

古希腊几何学并不包括数量的测量，比如测量线段长度、测量面积或是测量角度等。我们今天会说两条线段长度相等，而他们会简单地说两条线段相等。同理，如果两个区域面积相等，他们会说这两个区域相等。例如，欧几里得称底和高相同的两个三角形相等，即便它们不是全等的。欧几里得没有定义面积。自然，他也没有给它赋任何值。[5]

不过，古希腊人还是把量当作数来对待。同类型的量可以相加，比如，两条线段或是两个区域可以被连接起来。两个量也可以作比较：如果存在量 c，使得 $a+c=b$，那么 $a<b$。对于任意两个同类量 a 和 b，要么 $a=b$，要么 $a<b$，要么 $b<a$。他们定义 ma 为 m 个 a 的和。

古希腊人还定义了两个数的比。图 4.1 中圆形和五边形数量的比是 2∶4，星形和三角形数量的比是 3∶6。今天的我们在看到这两个比的时候，会立刻想到有理数 2/4、3/6 以及 1/2，因为圆形的数量是五边形数量的一半，而星形的数量也是三角形数量的一半。但对古希腊人来说，数的比并不是数。他们不会把比放到数轴上，也不会度量比值，更不会对比进行加、减、乘、除。从更哲学的层面上来讲，比甚至不一定是一种“事物”。对于我们来说，2/4 是一个数学对象，但对古希腊人来说，2∶4 可能只是数之间的一种关系。

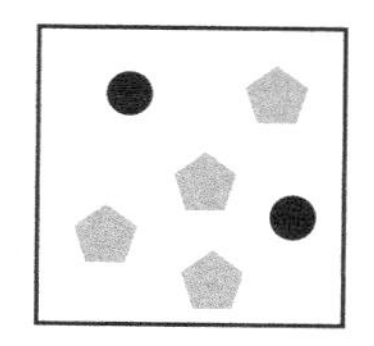

图 4.1　圆形和五边形的比与星形和三角形的比相同

在《理想国》中，苏格拉底说："你知道那些大师多么抗拒和嘲弄那些试图在计算时分割绝对单位的人。如果你去分割，他们会把它乘到一起，这样一还是一，而不会迷失在分数中。"[6] 苏格拉底的意思是，他们不会将 1∶3 想成把 1 分成 3 份（1/3），因为 1 是不可分割的。相反，他们会把它想成 3 份中的 1 份。

不过他们还是给比赋予了一些数的性质。他们知道两个比 $a:b$ 和 $c:d$ 相同是什么意思[7]。我们会把这写成 $a:b::c:d$。如果 a 和 b 存在一个倍数 n，c 和 d 存在一个倍数 m，使得 $an=cm$ 并且 $bn=dm$，那么我们说这两个比相等。回到图 4.1 中，如果我们把圆形和五边形的数量变成三倍，把星形和三角形的数量变成两倍，那么圆形和星形的数量就相同，五边形和三角形的数量也就相同了（图 4.2）。写成分数的话，就是

$$\frac{3\cdot 2}{3\cdot 4}=\frac{6}{12}=\frac{2\cdot 3}{2\cdot 6}$$

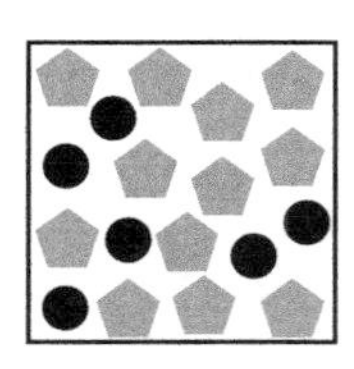

图 4.2　把圆和五边形的数量变成三倍，把星形和三角形的数量变成两倍

他们也定义了比的大小。他们还有二次比和三次比的说法，放到今天，就是比的平方和立方。他们还有种定义，可以被看作相乘然后约分：比 $a:b$ 和比 $b:c$ 可以复合成比 $a:c$（可以想成 $\frac{a}{b}\cdot\frac{b}{c}=\frac{a}{c}$）。

古希腊人还想到了两个量的比，比如线段长度、区域面积、立体体积、角的度数，等等。他们没有考虑混合比，比如面积和长度

的比，但他们确实会比较不同类型的比。

要想理解古希腊人如何使用量的比，我们可以考虑图 4.3 中的三角形。三角形 ABC 和三角形 DEF 相似，所以 $AB : BC :: DE : EF$。在这个表达式中，所有四个量都是同类的——它们都是线段。

但是不同类的比也可以是相等的，比如

线段：线段 :: 面积：面积

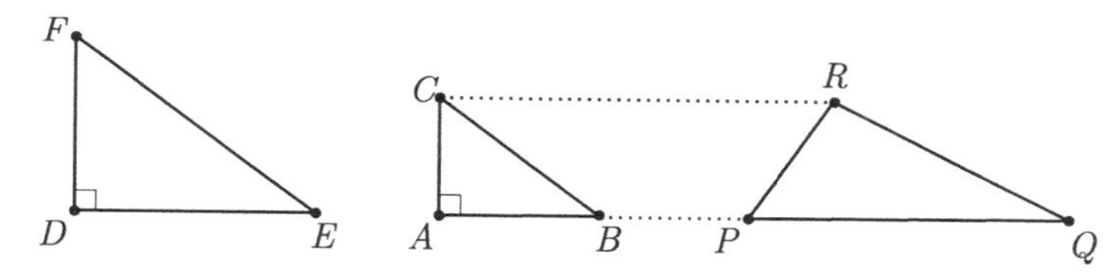

图 4.3　三角形 *ABC* 相似于三角形 *DEF*。三角形 *PQR* 和三角形 *ABC* 的高相等

例如，因为图 4.3 中的三角形 ABC 和三角形 PQR 的高相等，所以这两个三角形面积的比就等于底的比：$AB : PQ ::$ 面积 (ABC) : 面积 (PQR)。又因为相似三角形面积的比和对应边的比的平方相等，所以我们会说

$$\frac{\text{面积}(ABC)}{\text{面积}(DEF)}=\frac{AB^2}{DE^2}$$

而古希腊人就会说面积 (ABC) : 面积 (DEF) 是 $AB : DE$ 的二次比。

古希腊人会同时使用几何中的比和数值的比。例如，在图 4.3 中，两个相似三角形刚好是边长为 3、4 和 5 的直角三角形。所以 $AB : BC :: 4 : 5$。此外，PQ 刚好是 AB 的两倍，所以面积 (ABC) : 面积 $(PQR) :: 1 : 2$。

现在我们基本上准备好定义可公度和不可公度量了。我们再来仔细看看线段的数值比。在图 4.4 中，线段 AB 是线段 CD 的 9/13，

所以 $AB:CD::9:13$。这还可以用好几种方法来理解。现代的概念是 $AB/CD=9/13$，这里 AB 和 CD 是两条线段的长度。另一种理解方法是 $13AB=9CD$：如果我们把 AB 复制 13 份，首尾相连，它会和 9 个 CD 一样长。还有另一种理解方法：如果我们把 AB 九等分，把 CD 十三等分，它们两个的每一份长度都相等。也就是说，存在线段 EF，使得 $9EF=AB$，$13EF=CD$。我们称 EF 是 AB 和 CD 的一个公度，或者说，EF 可以度量 AB 和 CD。

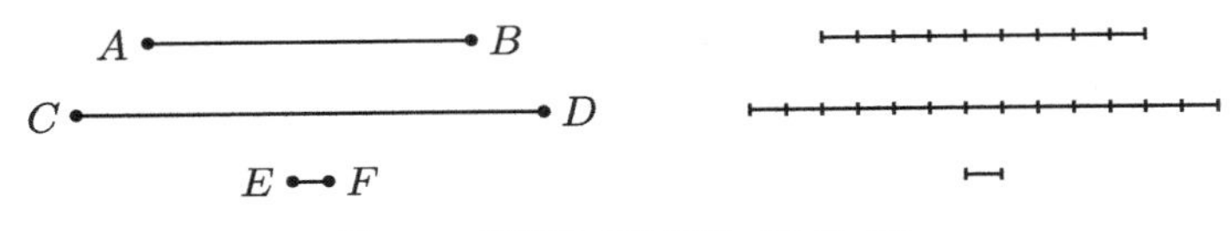

图 4.4　用线段 *EF* 度量 *AB* 和 *CD*

我们自然要问：已知线段 PQ 和 RS，它们存在公度吗？换句话说，是否存在线段 TU（它可能非常非常短）以及整数 m 和 n，使得 $PQ=m\cdot TU$ 并且 $RS=n\cdot TU$？等价的问题是，PQ 和 RS 是否有数值比 $PQ:RS::m:n$？或者用今天的术语来说，PQ/RS 是不是有理数？如果答案均为肯定的，那么 PQ 和 RS 就是可公度的；如果不存在这样一个公度，那么它们就是不可公度的。

毕达哥拉斯和他的追随者相信答案是肯定的——任意两条线段、任意两个面积、任意两个体积都是可公度的。他们一直奉其为金科玉律，直到希伯斯发现了两个不可公度的量。

毕达哥拉斯学派和梅塔庞托的希伯斯

令人惊讶的是，我们对毕达哥拉斯知之甚少。可能这也没那么令人惊讶。他生于约公元前 560 年，比欧几里得早大约两个半世纪。他是古希腊最早的伟大思想家之一。他还是一个秘密结社的领袖。因此，就好像命中注定一样，他的生平几乎无迹可寻。我们如今了解到的他的事迹，都写于他活跃年代的千年之后。很多记载要么自相矛盾，要么过于夸张，令人难以相信。

毕达哥拉斯生于萨摩斯岛。它是东爱琴海上一个商业繁荣的小岛，因优质葡萄酒和红陶而出名。毕达哥拉斯年轻时曾游历古埃及和古巴比伦王国。之后，他在意大利南部城市克罗顿定居。在那里，他吸引了一些追随者。他们把毕达哥拉斯当作宗教和哲学领袖。在大约公元前 500 年时，他被迫离开克罗顿，前往梅塔庞托，在那里度过了余生，并于大约公元前 480 年去世。

尽管毕达哥拉斯比耶稣还早生了五个半世纪，和查拉图斯特拉、释迦牟尼、孔子还有老子等思想领袖是同时代的人，不过，毕达哥拉斯的哲学和这些人都不太一样。他断言，人通过数学才能完成超越。特别的是，他断言宇宙建立在数字和数字的比之上。他教导说，数字的比描述了数论、几何、音乐和天文学，并把它们联系在一起。

如果毕达哥拉斯拨动他的里拉琴的一根弦，然后把手指按在弦的中间，让弦的长度变成原来的一半，并再次拨动，他就会听到相差一个八度①的两个声音。如果让弦的长度变为原来的 2/3，他就会听到一个令人愉悦的“纯五度②”。

在几何学中，毕达哥拉斯学派认识到，任何边长比为 3∶4∶5 的三角形都是直角三角形。这可以用以他的名字命名的定理③来证明[8]：$3^2+4^2=5^2$。

① 八度是音程的一种，它的组成是音名相同但音高不同的两个音。两音的距离为 12 个半音，而频率的比例是 2∶1。——译者注

② 纯五度的两个音，其频率比为 3∶2。——译者注

③ 勾股定理在西方被称作毕达哥拉斯定理。——译者注

毕达哥拉斯学派知道，行星比恒星距离地球更近。他们还相信用数字可以预测这些天体的运动。我们不了解他们的行星理论，但七个古典行星①很可能与里拉琴的七根弦对应。而只有毕达哥拉斯才能听到天体的和谐，也就是星球的音乐。

我们对希伯斯同样知之甚少，就连他生活的年代都不知道。[9]和毕达哥拉斯的情况一样，我们对希伯斯的了解都来自他死后数百年的资料，而其中的大部分内容是模糊而且自相矛盾的。[10]希伯斯来自梅塔庞托。如果我们把意大利的国境看作一只靴子，那么梅塔庞托就是位于后跟和鞋底之间的地方。希伯斯研究数学以及音乐理论。他研究敲打不同厚度的金属盘或是装有不同容量的水的玻璃杯发出的声音的变化。他为比和比例的研究做出了贡献。他可能还是第一个在球内作出正十二面体（一个十二个面都是正五边形的正凸多面体）的人。[11]我们还相信，是他发现了不可公度的量。

普鲁塔克在描述这个发现的时候，用了一个特定的希腊语词（用英文直接转写作“arretos”）来描述不可公度的长度。这个词具有巧妙的双重含义：“因为不合理而不可言喻”以及“因为是秘密所以无法表达”。[12]前者似乎暗示不存在能表述不可公度长度之间关系的词，而后者暗示因为毕达哥拉斯学派的秘密性质而不能明言这一发现。传说希伯斯曾被毕达哥拉斯学派严厉地惩罚，这要么是因为他发现了不可公度的量，而这和毕达哥拉斯学派“万物皆数”的理念相悖；要么是因为他没有把这一数学成果归功于学派，而是记在了自己名下。人们对惩罚的内容也说法不一。有人说他被投海，也有人说他被驱逐出学派，后来学派给他举办了葬礼。当然，这些故事很可能只是故事。不过，不可公度量的存在确实对毕达哥

① 在古典时代，古典行星指的是人类肉眼可见的七个天体，一般是指太阳、月球、木星、土星、水星、火星、金星。——译者注

拉斯学派来说是个打击。但它后来也成了柏拉图鼓励学院成员巩固数学逻辑基础的契机。[13]

我们不知道希伯斯是如何发现不可公度量的，亦不清楚他到底发现了哪两个量不可公度。大多数学者相信希伯斯证明了正方形的边和对角线不可公度（图 4.5）。这一结果等价于 $\sqrt{2}$ 是无理数。

也有人说，他发现了正五边形的边和对角线不可公度（图 4.5）。[14] 这一结果暗示黄金分割，也就是 $\phi=(1+\sqrt{5})/2$，也是无理数。正五边形之所以必然是边和对角线不可公度的第一个例子，除了技术上的原因，我们知道希伯斯对正十二面体感兴趣，而正十二面体的面刚好是正五边形。此外，由正五边形的对角线构成的五角星，也是毕达哥拉斯学派用来表示健康的记号，并且被用来当作学派成员身份的象征。

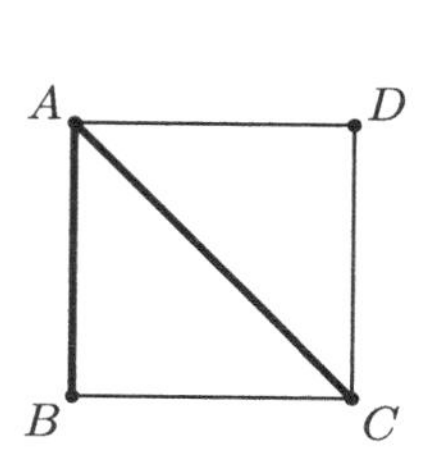

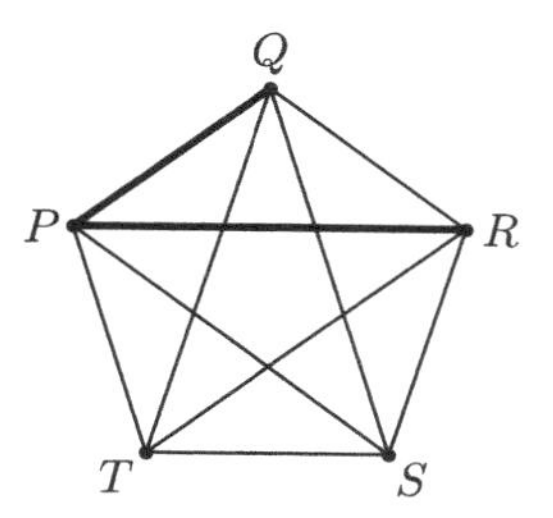

图 4.5　正方形的边和对角线（*AB* 和 *AC*）不可公度，正五边形的边和对角线（*PQ* 和 *PR*）也不可公度

在给出正方形的边和对角线不可公度的证明之前，我们先来看看为什么这一结果和 $\sqrt{2}$ 有关。假设我们已知图 4.5 中的正方形。因为 $AB=BC$，并且 ABC 是直角三角形，根据勾股定理，我们有 $AC^2=AB^2+BC^2=2AB^2$。所以

$$\frac{AC^2}{AB^2}=\frac{2AB^2}{AB^2}=2$$

因此 $AC/AB=\sqrt{2}$。如果 AB 和 AC 存在公度 EF，使得 $AB=m\cdot EF$ 并且 $AC=n\cdot EF$，那么

$$\sqrt{2}=\frac{AC}{AB}=\frac{m\cdot EF}{n\cdot EF}=\frac{m}{n}$$

是一个有理数。

正方形边和对角线不可公度的证明是一个经典的运用反证法，或者说归谬法[①]的证明。我们首先假定想要证明的命题的否命题为真。在这个证明中，我们首先假设 $\sqrt{2}$ 是有理数，然后证明这一假设会导致矛盾。这样，我们就能断定原命题为真。接下来我们将给出证明的现代版本，而不是几何版本。

假设 $\sqrt{2}$ 是有理数。我们可以把它写成 $\sqrt{2}=m/n$，这里 m 和 n 是互质的正整数。那么 $m=\sqrt{2}n$。等式两边平方可得 $m^2=2n^2$。因此，m^2 是偶数。因为 m^2 是偶数，所以 m 也是偶数。因为 m 是偶数，所以 $m=2k$，k 为整数。把该等式回代，可得 $(2k)^2=m^2=2n^2$。这意味着 $2k^2=n^2$。所以 n^2 是偶数，并且 n 也是偶数。现在我们得到了所求的矛盾：因为 m 和 n 都是偶数，它们有公约数 2，所以不可能互质。因此，$\sqrt{2}$ 是无理数。

对不可公度量的反应

在希伯斯发现不可公度量之后，数学界转而关注起了这一有趣的新问题。克诺尔把不可公度量理论的建立描述为“一个动用了公

① 严格意义上讲，归谬法和反证法并不相同，不过有些作者会把它们当作同一方法。——译者注

元前 4 世纪最著名的数学家们（西奥多罗斯、泰阿泰德、阿尔库塔斯和欧多克索斯）全部精力的巨大工程”。[15]

在对话录的《泰阿泰德篇》中，柏拉图这样描述他的数学老师——昔兰尼的西奥多罗斯（约公元前 465—公元前 399 之后）：[16]

> 西奥多罗斯在用图形给我们讲述平方根的知识。他教给我们，3 平方英尺①的平方根和 5 平方英尺的平方根不能用 1 平方英尺的平方根度量。他就这么一个个讲下去，然后不知道为什么，他讲到 17 平方英尺的平方根时就停下了。

换句话说，西奥多罗斯证明了 $\sqrt{3}$、$\sqrt{5}$、$\sqrt{6}$、$\sqrt{7}$、$\sqrt{8}$、$\sqrt{10}$、$\sqrt{11}$、$\sqrt{12}$、$\sqrt{13}$、$\sqrt{14}$、$\sqrt{15}$，可能还有 $\sqrt{17}$，都是无理数（或者更严格地说，面积是 3、5、6 等的正方形的边长不能用面积为 1 的正方形的边长度量）。[17]

泰阿泰德是西奥多罗斯的另一个学生。他也在柏拉图的学院求学，后来还成了老师。据柏拉图说，泰阿泰德后来推广了西奥多罗斯的成果，证明了如果正整数 n 不是完全平方数，那么 $\sqrt{n}$ 就是无理数。除了对无理数的研究以外，泰阿泰德还作出了五种正凸多面体，并且证明了正凸多面体有且仅有五种。柏拉图高度评价泰阿泰德，使他在对话录的两篇中都担任主要人物。[18] 柏拉图写道：“这个男孩顺利地、坚定地、成功地学习和钻研。他十分温和，就像是无声细流。人们惊叹于他小小年纪就取得如此成就。”[19] 我们相信《几何原本》第十到十三卷中的大部分数学内容归功于泰阿泰德。在对第十卷的评论中，帕普斯认为不可公度量的理论[20]

① 1 英尺≈30.48 厘米，1 平方英尺≈929 平方厘米。——译者注

在雅典人泰阿泰德手中得到了长足发展。人们公正地赞美他，因为他无论是在这一领域还是在其他数学领域都很有天分。尽管天分过人，他还是耐心地研究这些科学领域背后的真理……在我看来，他是区分上述这种量并给出无可辩驳的证明的最主要的一人。

克诺尔提到的第三个人，即塔兰托的阿尔库塔斯（约公元前428—约公元前350），是柏拉图的一个朋友。他是一名数学家、政治家、哲学家，也是一位军事指挥官。用现代的术语和符号来说，他的成果包括证明了某些值是无理数，比如 $\sqrt{n(n+1)}$。他研究的动机也来自音乐理论。

不过，这个故事中真正的英雄还得说是阿尔库塔斯的学生——欧多克索斯。正是因为欧多克索斯关于比和比例的研究，欧几里得才能给出比例的两种定义——一种用来描述数字的比例的简单定义，和一种用来描述几何量的复杂定义。正是后者让古希腊数学家们能够研究不可公度量。[21] 后者本质上也是理查德·戴德金在1872年给出的实数的现代定义。[22] 英国数学家艾萨克·巴罗（1630—1677）高度赞扬了欧多克索斯的成果："比例学说是《几何原本》中最精巧的发现。《几何原本》中再也没有构建得如此坚实、处理得如此精确的成果了。"[23] 他的同胞阿瑟·凯莱（1821—1895）也说："数学中几乎没有比这令人惊叹的第五卷更美妙的东西了。"[24]

欧多克索斯可能是最伟大的不为人所知的古希腊数学家了。他的伟大可能仅次于阿基米德。他不仅证明了圆锥和棱锥体积这样重要的数学定理，还为数学的基础做出了重要的贡献。我们认为是欧多克索斯发明了穷竭法。这是一种用来计算面积的求极限过程，我们现在认为它是积分这一概念的前身。欧多克索斯还规范了公理化方法，欧几里得后来成功地实践了这一成果。他还在不可公度量带来的危机之后充分研究了比和比例。尽管欧多克索斯并没有手稿流传至今，但我们相信《几何原本》第五卷、第六卷和第十二卷中的数学内容都归功于他。

欧多克索斯来自古希腊城市克尼多斯，它位于今天的土耳其境内，是爱琴海畔的一个繁荣的商业中心。尽管欧多克索斯没什么钱，但他搬到了雅典附近的一个城镇，向柏拉图学习哲学。他每天上课来回要走四个小时。当他回到克尼多斯后，他的朋友为他集资，帮他前往亚历山大港。他在那里度过了 16 个月。之后，他在基齐库斯创办了一所成功的学校，然后回到了雅典，在柏拉图的邀请下成了一名高级教师。

尽管和欧多克索斯关于理型论[①]的观点不同，柏拉图还是很尊重他。欧多克索斯还是享乐主义的支持者，他认为快乐就是最好的东西。而柏拉图则在知识层面反对这一看法。关于这一点，亚里士多德这样写道：[25]

（欧多克索斯的）论点有说服力是因为他自身的优秀，而不是因为它们有任何内在价值。他被认为是最节制的人。因此我们相信，这不是因为他贪图享乐，而是因为他确信自己的主张是正确的。

欧多克索斯因为他在数学、天文学、宇宙学、地理、哲学、神学、气象学、药学、演说以及法律领域的贡献和讲座而闻名。G. L. 哈克斯利写道："欧多克索斯没有任何著作流传至今实属憾事。他显然是柏拉图和亚里士多德时代古希腊学术领域的一位重要人物。"[26]

① 西方哲学对于本体论与知识论的一种观点，由柏拉图提出。理型论认为，在人类感官能够感受到事物的共相之上，存在着一种抽象的完美理型。柏拉图认为，人类感官可见的事物，并不是真实，只是一种表象，它是完美理型的一种投射。——译者注

闲话　牙签作图

最终，当我让自己的笨脑子填满了无穷无尽的水深和十字记号，并且牢牢地记住它们之后，我判断自己的学习已经完成了。所以我可以歪着帽檐，叼着牙签站在舵轮边了。

——马克·吐温，《密西西比河上的生活》[1]

1939 年，T. R. 道森研究了能用无穷根相同的牙签完成的几何作图。[2] 一如既往，我们首先需要知道他的规则。在这个几何系统中，一个“点”要么是牙签的一端，要么是两根牙签的交点。（在现实中用牙签作图可能有一点儿麻烦，因为牙签有厚度。不过作为优秀的数学家，我们姑且忽略这点讨厌的细枝末节。）

我们可以把牙签的一端放在一点上，然后让牙签经过另一个不算太远的点。我们还可以把牙签的一端摆在一个点上，另一端刚好摆在附近的另一根牙签上。最后，如果两点的距离比两根牙签的长度短，那么我们可以以这两点的连线为底，用两根牙签摆一个等腰三角形。

尽管我们禁止把两根牙签首尾相连来延长线段，或是让两根牙签上下相叠，要想延长线段还是很容易：在图 T.5 中，我们有两点 A 和 B。我们首先让牙签 BC 通过这两点，然后可以作三个等边三角形来延长 BC。

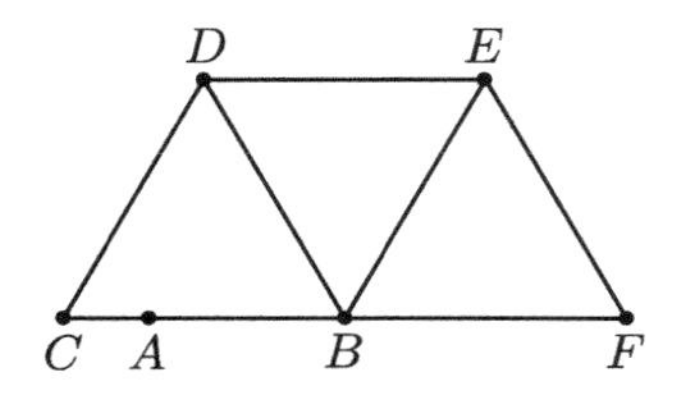

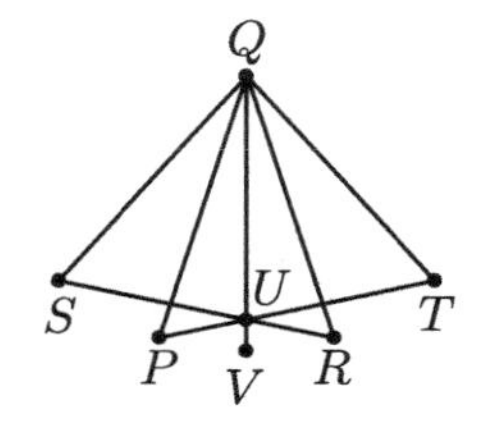

图 T.5　直线（左）和角平分线（右）的牙签作图

道森给出了一些经典几何作图的牙签作法。比如，图 T.5 中右边的图给出了等分∠*PQR* 的作法。我们首先作两个等边三角形 *QRS* 和 *PQT*。牙签 *RS* 和 *PT* 交于 *U*。*QU* 就是所要求作的角平分线。

道森随后证明了牙签作图和尺规作图是等价的。这听起来可能有点可疑，毕竟我们能用圆规画圆，但用牙签不行。但是道森关注的是那些能用尺规作出的点——那些由所作的直线和圆相交而来的点。道森证明了，如果已知点 *A* 和点 *B*，并且有无穷根长度至少为 *AB* 长度的相同的牙签，那么我们就能用牙签作出任何用尺规可以作出的点，反之亦然——任意用牙签可以作出的点，我们也可以用尺规作出！

不过，就算牙签作图等价于尺规作图，两者的难度却大大不同。作为练习，读者可以挑一个最喜欢的作图，然后试着用牙签完成。

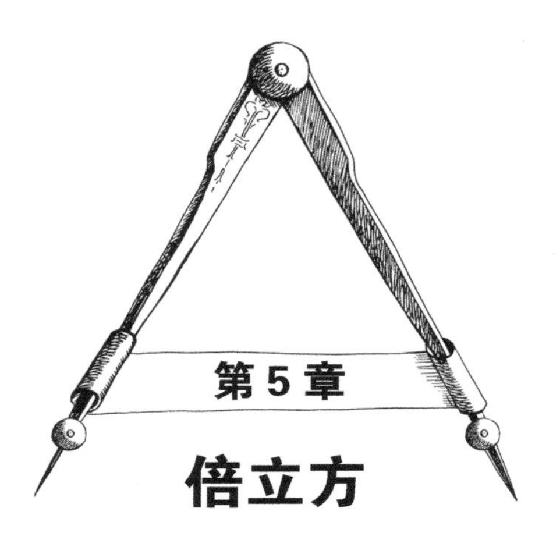

第 5 章 倍立方

我喜爱敢做非分之想的人。①（Den lieb ich, der Unmögliches begehrt.）

——歌德，《浮士德》

今天，倍立方问题可能在古典问题里最不为人所知，但在过去却并非如此。它吸引了从古希腊到后来欧洲的数学家们的很多注意。像是欧托修斯（约公元 480—公元 540）就曾在他对阿基米德的《论球与圆柱》的注解中给出了 12 种解法。

从某种意义上来说，本章算是本书乃至整个数学的一个代表。数学家们在尝试解决倍立方问题的过程中使用了多种方法。首先，他们考虑了一般情况：尽管目标是从单位线段出发，构造一个长度为 $\sqrt[3]{2}$ 的线段，但他们意识到，如果能解决某个更一般性的问题，就可以解决这个更简单的特殊情况。这种一般化的方法通常都能奏

---

① 钱春绮译本。——译者注

效，因为一般情况看起来虽难，却更容易解决。当然，在倍立方问题上，他们注定要失败（因为提洛岛问题并不可解），但这是让数学家们从更高、更抽象的层面理解这一问题的重要一步。

他们也考察了这一问题的变种。如果允许使用其他数学工具来解题呢？如果可以用某些三维立体呢？如果除了直线和圆，还可以使用曲线呢？用尺规之外的作图工具又会怎样？我们即将看到，数学家们在这四个问题上采用了同样的方法。

比例中项

两个量 a 和 b 的比例中项是满足 $a : x :: x : b$ 的量 x。如果我们用现代的说法，令 a、b 和 x 都为实数的话，这等价于 $a/x=x/b$。那么，计算比例中项也就等价于解二次方程 $x^2=ab$。从几何意义上来说，我们必须从长度为 a 和 b 的线段出发，构造一个长度为 $x=\sqrt{ab}$ 的线段。欧几里得在命题 VI.13 中给出了作图方法。

他的方法如图 5.1 所示。连接长度为 a 的线段 AB 和长度为 b 的线段 BC，得到长度为 $a+b$ 的线段 AC。以 AC 为直径作半圆。经过 B 作线段垂直于 AC 并交圆于 D。由相似三角形性质可知，BD 就是 a 和 b 的比例中项。

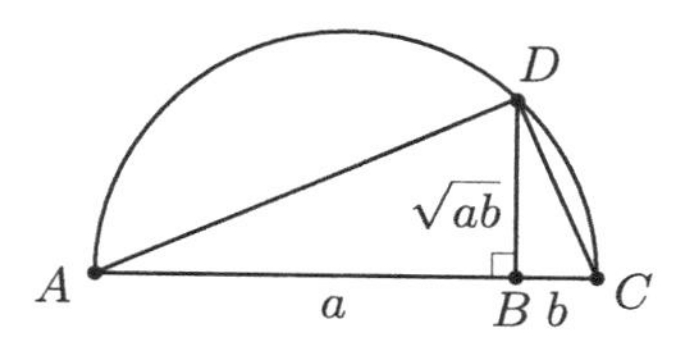

图 5.1　长度为 a 和 b 的线段的比例中项的作图方法

从数量角度来说，$\sqrt{ab}$ 是 a 和 b 的几何平均数，可以被看作一种平均值。一种比较好的理解方法是从面积角度来看：[1] 一个长、宽分别为 a 和 b 的长方形和一个边长为 $\sqrt{ab}$ 的正方形面积相同。

欧几里得在定义 VI.3 中介绍了比例中项的一种特殊情况。他写道："分一线段为两条线段，当整体线段比大线段等于大线段比小线段时，则称此线段被分为中外比。"[2] 也就是说，为了把线段 AB 分为中外比，我们需要在 AB 上找到点 C，使它满足条件 $AB : AC :: AC : BC$，或者满足等价条件 AC 为 AB 和 BC 的比例中项。如果我们令 $AC=1$，用传统的 ϕ 来表示 AB（图 5.2），则 $\phi=1/(\phi-1)$ 或 $\phi^2-\phi-1=0$。这个方程的（正）根是 $\phi=(1+\sqrt{5})/2\approx1.618\,033\,9\ldots$，也就是黄金分割。

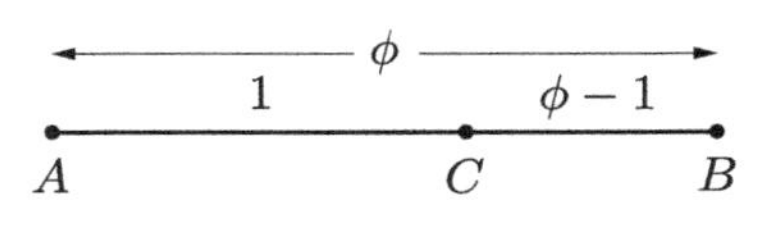

图 5.2　点 C 把 AB 分为中外比

我们在第 4 章提到，黄金分割出现在正五边形中，并且希伯斯可能证明了正五边形边长和对角线长不可公度。我们现在来描述一下证明细节。图 5.3 是一个正五边形和它的内接五角星。注意，ADE 和 BCD 是两个相似的等腰三角形。

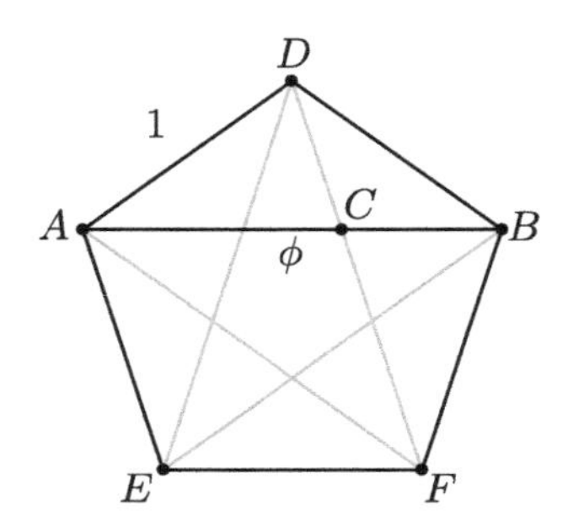

图 5.3　点 C 把对角线 AB 分为中外比

那么 $DE : AE :: BD : BC$。但 $AC=BD=AE$ 且 $DE=AB$，所以 $AB : AC :: AC : BC$。因此 C 把 AB 分为中外比。如果五边形边长为 1，那么因为每条边都与 AC 长度相等，所以对角线的长度均为 ϕ。

黄金分割历史悠远，并且有许多迷人的数学性质（人们也强加给它许多错误性质 [3]）。计算比例中项的想法可以为解决倍立方问题指出一个新方向。

希波克拉底的两个比例中项

商人希波克拉底来自希俄斯岛，与他同时期的还有一位医生希波克拉底（约公元前 460—约公元前 370），二者不能被混为一谈。后者生于爱琴海诸岛中的另一个岛屿——科斯岛，在希俄斯岛西南 100 英里外，他的道德誓词（《希波克拉底誓词》）被一代代的新医生诵读至今。

商人希波克拉底在雅典时试图起诉偷走他全部钱财的小偷 [4]，他也是在这时学习了数学。何人洗劫了他尚不得而知——要么是海盗，要么就是恣意妄为的税吏——但希波克拉底肯定是位天赋异禀的几何学家。亚里士多德写道："我们都知道，精通某领域的人可能在其他方面都很愚蠢。所以尽管希波克拉底精通几何学，他还是软弱而愚蠢，以至于被拜占庭的关税人员骗走了钱。" [5]

根据普罗克洛的说法，希波克拉底早在欧几里得之前就自己写出了一本《几何原本》。在这部著作中，他使用字母来表示几何图形中的点。我们今天把这一重要进步视作理所当然的。要是不这样做，几何论证就要变得更加令人困惑了。

当希波克拉底抵达雅典时，当地的数学家们已经在学习著名的尺规作图问题了。我们将在第 7 章看到，希波克拉底也尝试解决化圆为方问题。尽管没能成功，他仍是第一位成功把非直线区域化为方形的数学家。他还尝试了倍立方问题，不过还是没能成功。然而，他仍然通过使用比例中项而在这一问题的重构和推广上取得了重要进展。

在倍立方之前，我们先来考虑一下二维的倍平方问题。已知一个 $a \times a$ 的正方形，倍平方问题要求作一个面积加倍成 $2a^2$ 的正方形。这一大正方形的边长是 $\sqrt{2}a$，这刚好是原正方形的对角线长度。所以倍平方问题十分简单。但是让我们忘掉这个简单的作法，采用一个不同的方案。

我们把两个已知正方形紧挨着放到一起，这样就得到了一个 $a \times 2a$ 的长方形。把 $a \times a$ 的正方形加倍，也就等价于作一个和 $a \times 2a$ 的长方形面积相同的正方形（图 5.4）。假设这一新正方形的边长为 x。如果这样看倍平方问题，我们就会发现 x 刚好是 a 和 $2a$ 的比例中项，亦即 x 满足 $a : x :: x : 2a$。所以，如果可以找到 a 和 $2a$ 的比例中项，就可以倍平方。而这确实可以用尺规做到。

希波克拉底意识到，比例中项也是理解倍立方问题的关键。不过，不像倍平方问题，倍立方需要两个比例中项。因为用尺规可以作比例中项，所以希波克拉底认为用尺规作两个比例中项也是可能的。

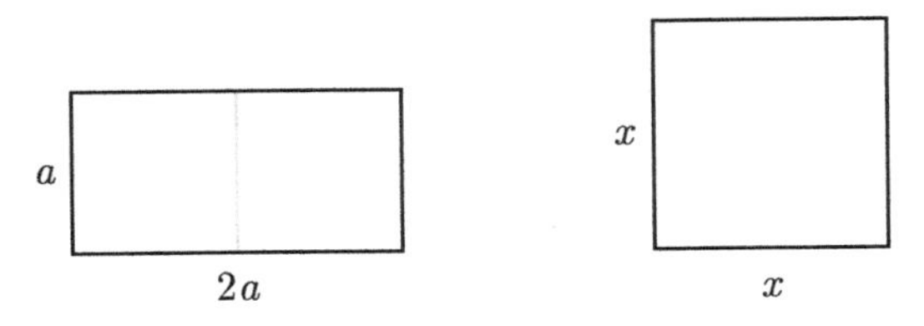

图 5.4　我们想找到一个和 $a \times 2a$ 的长方形面积相同的 $x \times x$ 的正方形

如果量 x 和 y 满足 $a : x :: x : y :: y : b$ 或者等价条件 $a/x = x/y = y/b$，

那么它们是 a 和 b 的两个比例中项。但这和倍立方又有什么关系呢？简单的代数演算告诉我们

$$x^3=\frac{x}{a}\cdot\frac{x}{a}\cdot\frac{x}{a}\cdot a^3=\frac{x}{a}\cdot\frac{y}{x}\cdot\frac{b}{y}\cdot a^3=a^2b$$

换言之，$a\times a\times b$ 的长方体和 $x\times x\times x$ 的立方体体积相同（图 5.5）。

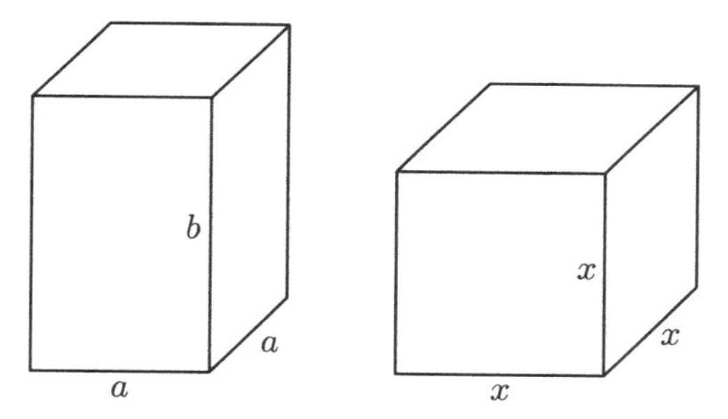

图 5.5　如果 $a:x::x:y::y:b$，那么 $a\times a\times b$ 的长方体和 $x\times x\times x$ 的立方体体积相同

如果我们已知一个 $a\times a\times a$ 的立方体，然后把两个这样的立方体上下叠放，就得到了一个 $a\times a\times 2a$ 的长方体。它的体积是原来的两倍。所以，如果我们能找到 a 和 $b=2a$ 的两个比例中项，那么 x 要满足 $x^3=2a^3$。换言之，以 x 为边的立方体体积就是 $a\times a\times a$ 的立方体体积的两倍。

正如欧托修斯所写道的：[6]

在他们（几何学家）都困惑了很长时间之后，希俄斯的希波克拉底是第一个提出下述想法的人。假设有两条线，一条是另一条的两倍长，如果能找到这两条线的两个比例中项，就能倍立方。就这样，他把一个谜题转换成了另一个差不多难的谜题。

从数的角度讲，求两个比例中项等价于计算三次方根。如果我们想找到数 b 的三次方根，可以先求 1 和 b 的两个比例中项 x 和 y，而 $x=\sqrt[3]{b}$。相反，如果我们能求三次方根，那么 $x=\sqrt[3]{a^2b}$ 和 $y=\sqrt[3]{ab^2}$ 就是 a 和 b 的两个比例中项。

希波克拉底的发现是一种美丽的数学技巧。一代代的数学家们都曾使用过这种技巧。他把倍立方这样一个特殊的问题转化成了求两个比例中项这样一个更一般的问题。如果我们能解决这个更一般的问题，就能解决特殊问题。有时，对一般问题的研究会让问题简化——即便不能让它变得更容易解决，至少也让我们更容易看到答案。

不幸的是，尽管给出了这样优秀的成果，他还是没法作出这两个比例中项，或是倍立方。

阿尔库塔斯、欧多克索斯和梅内克穆斯的解法

根据埃拉托斯特尼的说法，柏拉图的学院中有三个人找到了倍立方的方法：阿尔库塔斯、欧多克索斯和梅内克穆斯。当然，这三个人都用了尺规之外的工具。[7]

第一个解法于公元前 4 世纪上半叶被发现。阿尔库塔斯给出了一个三维解法，被称为“有立体洞察力的杰作”。[8] 这一解法需要找到三个旋转曲面的交点：一个圆柱、一个圆锥以及一个退化的环。该解法的创新性令人惊叹，但它并没能给出一个作两条线段的两个比例中项的便利的、平面的方法。[9]

据埃拉托斯特尼所说，欧多克索斯找到了一个用“弯曲的线”来作倍立方的解法。但令后世学者失望的是，没有人记录下这一解法。[10]

有时，被发明来解决某问题的数学概念会演变成一个新的数学

分支。最古老的例子之一就是圆锥曲线——抛物线、椭圆以及双曲线。今天，它们被用来解释行星运动和投球的轨迹，也是反射镜和核设施冷却塔的截面形状。但这些应用都是在圆锥曲线被发现很久之后才产生的。圆锥曲线最早是在公元前 4 世纪由梅内克穆斯（活跃于约公元前 350 年）在试图解决倍立方问题时发现的。

梅内克穆斯是欧多克索斯的学生。在关于古希腊数学的一篇概述中，普罗克洛写道："柏拉图的朋友赫拉克利亚的阿弥克拉斯、欧多克索斯的学生兼柏拉图的同事梅内克穆斯，以及梅内克穆斯的兄弟迪诺斯特拉图斯让整个几何变得更加完美。"[11] 我们认为梅内克穆斯是亚历山大大帝的一位家庭教师。传说，亚历山大让梅内克穆斯教他一个学习几何的简单方法。梅内克穆斯回答："我的国王，穿越国境可以走大路或是小路，但学习几何却全无捷径。"[12]

如今，我们通过方程学习圆锥曲线，但正如它们的名字暗示的那样，它们都是用平面切割圆锥而得到的曲线。梅内克穆斯研究的圆锥锥角①大小不一，但他总是用垂直于母线（圆锥是由母线绕轴旋转一周得到的）的平面去切割它们。用这种方式去切割的话，一个锥角为锐角的圆锥会得到椭圆。如果锥角是直角，则会得到抛物线。如果锥角是钝角，则会得到双曲线（图 5.6）。

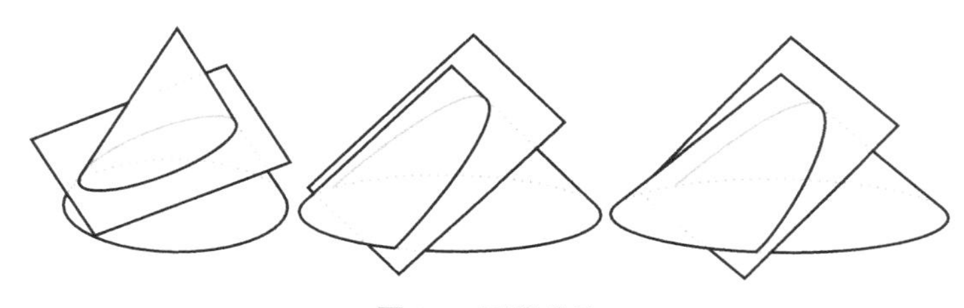

图 5.6　圆锥曲线

① 圆锥轴截面的两条母线之间的角。——译者注

佩尔盖的阿波罗尼奥斯（约公元前 262—约公元前 190）是圆锥曲线理论最重要的贡献者。他的著作《圆锥》用八卷的篇幅和 389 个命题，总结了所有的历史工作，提出了新的成果，并且对圆锥曲线的研究加以系统化。他还创造了诸如椭圆、抛物线和双曲线的新术语。他的工作受人高度尊敬，于是，正如他追随的欧几里得和阿基米德一样，他也被授予了“大几何学家”的称号。这是个分量极重的称号。

让我们来看一看圆锥曲线是如何解决求两个比例中项这一问题的。我们将使用古希腊人从未见过的现代方法：笛卡儿坐标系以及解析几何。我们想要求满足 $a/x=x/y=y/b$ 的 x 和 y。通过交叉相乘，我们得到了三个新的等式：$x^2=ay$、$y^2=bx$ 和 $xy=ab$。这三个等式给出了两条抛物线和一条双曲线。它们的图像表示如图 5.7 所示。我们可以用它们中的任意两条曲线来求交点 P 的横、纵坐标 x 和 y，也就是所求的两个比例中项。

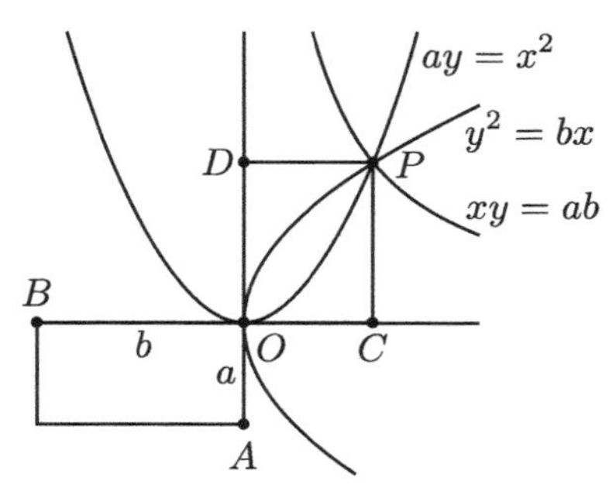

图 5.7　我们可以用三条圆锥曲线的交点来求 a 和 b 的两个比例中项

梅内克穆斯的实际论证过程已经失传，我们今天能看到的只有 800 年后欧托修斯的描述。[13] 据欧托修斯所述，梅内克穆斯的解法和我们的解法差不多。当然，古希腊人是从长度分别为 a 和 b 的线

段 OA 和 OB 开始（图 5.7），然后试图作 OC 和 OD。梅内克穆斯给出了两种求点 P 的方法：第一种是求其中一条抛物线和双曲线的交点，第二种是求两条抛物线的交点。[14]

具体来说，他可能是这样描述双曲线的。他想要在互相垂直的直线 OA 和 OB 上找到点 C 和 D，使得 OC 和 OD 是线段 OA 和 OB 的两个比例中项（依然如图 5.7 所示）。这些线段满足关系 $OA : OC :: OD : OB$（或者说，$a/x=y/b$），也就是 $OA \cdot OB=OC \cdot OD$（$ab=xy$）。换言之，OA 和 OB 确定了一个长方形区域。那么点 C 和点 D 可以在很多种位置，使得长方形 $OCPD$ 的面积等于 $OA \cdot OB$。而点 P 的这些可能位置就确定了双曲线。

之前我们提过，帕普斯按照解决几何问题所需的曲线，把它们分成了平面、立体和线性三类。梅内克穆斯的解法表明，求两个比例中项至少也是一个立体问题。

使用一对木工角尺的解法

据普鲁塔克说，柏拉图并不认可梅内克穆斯的解法，因为它需要用到机械工具。这暗示着梅内克穆斯有着能画出圆锥曲线或是用来计算比例中项的工具。关于这一工具，我们毫无所知，但是下述的机械过程有可能是梅内克穆斯发现的。[15] 欧托修斯说这是柏拉图发现的，但考虑到柏拉图对机械作图的厌恶，这不太可能。[16]

木匠的工具箱里面有一样 L 型的工具，叫作木工角尺。木匠们用它来画出准确的垂线。但柏拉图，或是梅内克穆斯，也有可能是别的人，使用一对木工角尺来求两个长度的两个比例中项。这一过程如图 5.8 所示。首先我们作长度分别为 a 和 b 的线段 OA 和 OB，使得 $\angle AOB=90°$。然后我们延长两条线段。接下来是麻烦的部分：

我们把两把尺平行贴在一起，让一把尺能沿着另一把尺的边滑动。然后我们移动这两把尺，使得一把尺的外边经过点 B，外角顶点在直线 OA 上，而另一把尺的内边经过点 A，内角顶点在直线 OB 上。设这两个角的顶点分别为 D 和 C，设 OC 和 OD 的长度分别为 x 和 y。那么三角形 BDO、ACO 和 CDO 相似，因此 $a/x=x/y=y/b$。注意，点 A、B、C 和 D 与图 5.7 中的同名点是一致的。此外，因为在图 5.7 中，$b=2a$，所以 $x=\sqrt[3]{2a}$。

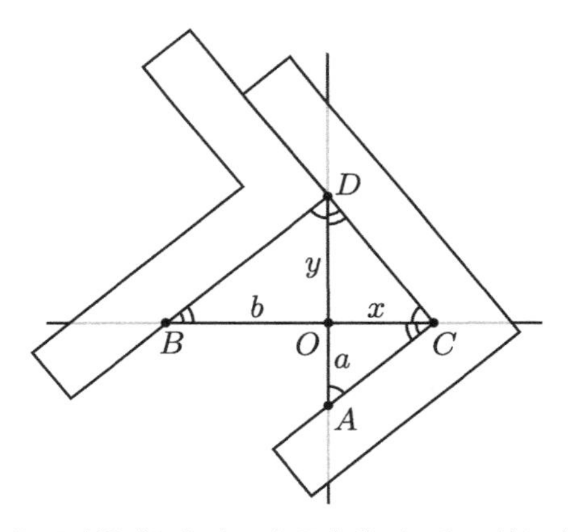

图 5.8　我们可以滑动两把木工角尺来找到 a 和 b 的两个比例中项

阿波罗尼奥斯的解法

关于求双比例中项，欧托修斯给出了如下的作法。他把这一方法归功于几个人，其中时代最早的人就是阿波罗尼奥斯，所以我们可以假定是阿波罗尼奥斯发现了该作法。[17] 首先作边长为 a 和 b 的长方形 $ABCD$，E 为中心点（图 5.9）。下一步比较麻烦，而这也是无法用尺规完成的一步。通过反复尝试，我们作一个圆。该圆以E为圆心，交AB于F，交AD于G，且C、F、G三点共线。[18] 只要作出这个圆，$x=DG$和$y=BF$就是a和b的两个比例中项。

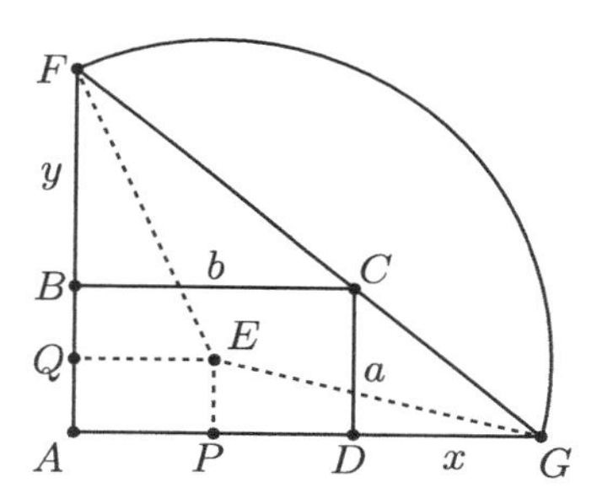

图 5.9　在此图中，x 和 y 是 a 和 b 的两个比例中项

原因如下。首先我们观察到三角形AFG、DCG和BFC相似。所以

$$\frac{y+a}{x+b}=\frac{a}{x}=\frac{y}{b}$$

接下来，连接EF、EG，过E作AG和AF的垂线，交AG于P，交AF于Q。直角三角形EGP和EFQ的斜边都是圆的半径，所以二者相等。根据勾股定理，$FQ^2+EQ^2=EF^2=EG^2=EP^2+GP^2$。因此$(y+a/2)^2+(b/2)^2=(x+b/2)^2+(a/2)^2$。整理可得

$$\frac{y+a}{x+b}=\frac{x}{y}$$

所以

$$\frac{a}{x}=\frac{x}{y}=\frac{y}{b}$$

闲话　埃拉托斯特尼的中项尺

我们听过许多关于数学的诗歌，但这仍仅是数学的冰山一角。对于数学的诗意，古人比我们有更公正的见解。对任何真理最清晰、最美丽的陈述最终都必须用数学形式表达。

——亨利·戴维·梭罗[1]

在埃拉托斯特尼讲述了倍立方问题那有趣但可能是虚构的起源的那封信中，他还提到了一种叫作“mesolabe”（意为“求中项器”）的机械工具。这种工具可以用来求已知量的两个比例中项。

这种仪器有一个长方形的外框，里面是三个坚硬的全等直角三角形（图 T.6）。三角形Ⅰ是固定的，而三角形Ⅱ和三角形Ⅲ则可以任意左右滑动，并且可以互相重叠。在外框的左上角装有一根可以旋转的长杆。如果我们移动各个部件，使得长杆、三角形Ⅰ的直角边以及三角形Ⅱ的斜边三线共点，并且长杆、三角形Ⅱ的直角边以及三角形Ⅲ的斜边三线共点，那么由相似三角形的性质，我们就可以证明图中标有 a、b、x 和 y 的线段满足 $a/x=x/y=y/b$。

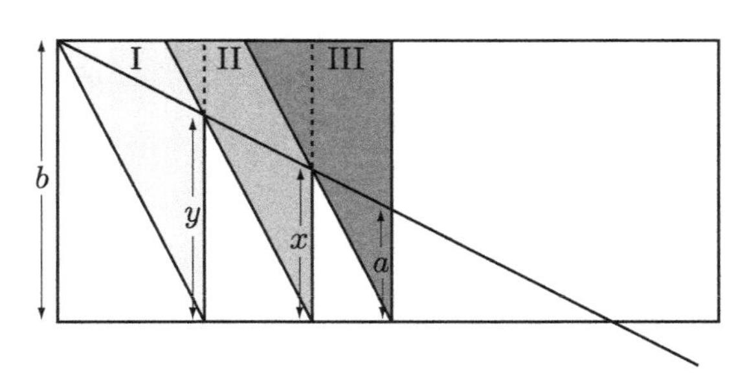

图 T.6　埃拉托斯特尼的中项尺

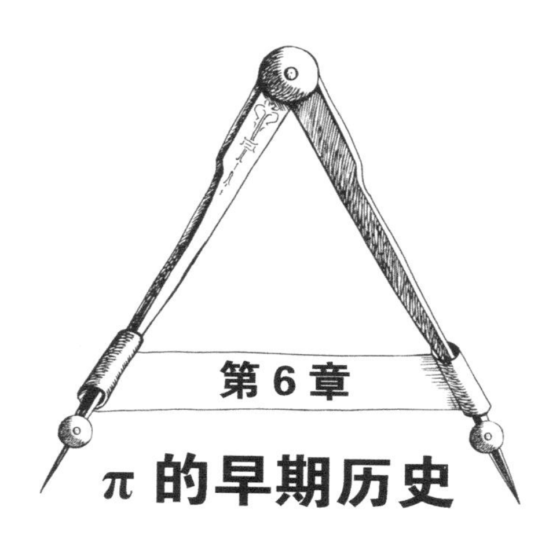

第6章

π的早期历史

（大臣）想要评价乔托①的作品，最后他请乔托画一幅简单的速写好献给教皇。乔托本来是个谦恭有礼的人。他拿出一张纸，用笔沾了沾红色的颜料，夹紧胳膊来作轴，然后手一转，就画出了一个圆。这个圆的形状和轮廓是那样完美，看上去就像奇迹。在画好圆之后，他粗鲁地咧了咧嘴，对大臣说："拿去。"这大臣以为他在嘲笑自己，回答道："你就只给我画这一笔吗？""这就足够了，"乔托答道，"把它和其他人的作品一起呈上去，你就会知道是否有人能理解它。"

这位大臣意识到乔托不会给他画其他东西，就失望地离开了。他觉得自己被戏弄了。不过，在给教皇呈上其他画作并介绍它们的作者时，他还是拿出了乔托的画，并叙述了乔托是如何不用圆规，也不移动手臂就画出了这个圆。结果，教皇和许多知识渊博的大臣都明白了乔托的技术远远超越了同时代的画家。

——乔尔乔·瓦萨里（1511—1574），《艺苑名人传》[1]

---

① 乔托·迪·邦多纳，意大利画家与建筑师，被认为是意大利文艺复兴时期的开创者，被誉为"欧洲绘画之父""西方绘画之父"。——译者注

我们都知道π，也都喜爱π。数学爱好者们会记住它的值，并且在每年的3月14日吃派来纪念π。[2]它无处不在，有时甚至会出现在让人最意想不到的地方。

它把圆周长和直径（$C=\pi d$，或者 $C=2\pi r$，r 为圆半径）、圆面积和半径（$A=\pi r^2$）关联在了一起，也同样体现了球体积（$V=\frac{4}{3}\pi r^3$）以及球表面积（$S=4\pi r^2$）与球半径之间的关系。它还出现在概率学的正态分布（也就是钟形曲线）中。[3]

$$f(x)=\frac{1}{\sigma\sqrt{2\pi}}\mathrm{e}^{-(x-\mu)^2/(2\sigma^2)}$$

它也是欧拉公式 $\mathrm{e}^{\mathrm{i}\pi}+1=0$ 的一部分。欧拉公式常被认为是最美丽的数学公式。它甚至还出人意料地出现在了欧拉对巴塞尔问题的解答中。

$$\frac{1}{1^2}+\frac{1}{2^2}+\frac{1}{3^2}+\frac{1}{4^2}+\cdots=\frac{\pi^2}{6}$$

它也出现在高斯－博内定理和柯西积分公式中。前者建立了曲面的几何和拓扑之间的联系[4]，而后者让我们可以通过计算复函数在一点附近的曲线上的积分，来求得该函数在这一点的值[5]。π的应用还有很多很多。正如德·摩根所写：“这神秘的3.141 59…会从每扇门、每扇窗以及每根烟囱中走进来。”[6]最重要的是，在我们的故事中，π和化圆为方问题有着密切的联系。

π第一次被赋予其现代含义是在1706年威尔士数学家威廉·琼斯（1675—1749）的《新版数学概论》中。数学史学家弗洛里安·卡乔里（1859—1930）写道：[7]

威廉·琼斯因为用π来表示圆周长和直径的比值而得到人们的关注，尽管他并没有意识到自己做了任何值得关注的事。他并未过于招摇，也没有用任何冗长的介绍，就把这来自希腊字母的访客迎上了数学史的舞台。它就这么简单地、突然地出现在了下面这段平常的陈述中。

卡乔里随后引用了琼斯书中的原话：[8]

还有许多计算**曲线**或**平面**的**长度**及**面积**的方法，它们可能是为了让实际计算更容易。比如，对于**圆**来说，其直径与周长的比值是1比$\overline{\frac{16}{5}-\frac{4}{239}}-\frac{1}{3}\overline{\frac{16}{5^3}-\frac{4}{239^3}}-\frac{1}{5}\overline{\frac{16}{5^5}-\frac{4}{239^5}}-\cdots=3.141\ 59\ldots=\pi$。这**一级数**（还有表示该值的运用同样原理的其他级数）是从优秀的分析学家、我十分尊重的一位朋友约翰·梅钦先生那里得到的。用这个级数，就可以简单而迅速地验证第64节第38段提到的**范·科伊伦**数了。

在下一段中，琼斯写到了$C=d\times\pi$。〔我们还会在后文中再次见到约翰·梅钦（1680—1751）和范·科伊伦（1540—1610）。〕

琼斯的声望还不足以让世界上的数学家们都接受这一符号。但欧拉的声望是足够的。他在1748年使用π来表示圆周和直径的比。[9]欧拉写道：[10]

人们已经发现单位圆的半周长约为3.141 592 653 589 793...（欧拉给出了小数点后127位数字[11]），我们将此数记为π。所以，π就是半径为1的圆的半周长，或者说π是180°弧的长度。

尽管使用π这一符号的历史最早可以追溯到18世纪，但18世纪并不是这一常数历史的开端，应该说还差得远。数千年间，无数文明发现或者重新发现了圆周率。在下面的几节中，我们会快速地介绍 π 的早期历史。

美索不达米亚

无论在农业上还是在数学上，底格里斯河和幼发拉底河之间的美索不达米亚平原都是一片肥沃的土壤。人类至少在公元前 10 000 年就已经居住在这片“文明的摇篮”中。公元前第四个千年中叶时，苏美尔人已经在这一地区发展得相当好了。他们拥有先进的文明，拥有文字、学校、灌溉过的耕地、最早的城市，以及一种 60 进制的记数法。我们把一小时分为 60 分钟，把一分钟分为 60 秒，以及把圆分为 360 度都归功于这种记数法。公元前 18 世纪，汉谟拉比（公元前 1810—公元前 1750）领导的古巴比伦人征服了美索不达米亚。古巴比伦人接纳了 60 进制记数法，并创造了一些了不起的数学成果。

幸运的是，他们的一些书稿（以及数学成果）流传至今，为学者们所研究。这在很大程度上取决于书写载体：他们用尖锐物体在陶板上刻下楔形文字，然后把陶板放到太阳下晒干。今天，我们发现了上千块这样结实的陶板。

一块写于大约公元前 1800 年和公元前 1600 年间的陶板上画有一个正方形，以及它的两条对角线。上面刻下的楔形文字给出了 60 进制下 $\sqrt{2}$ 的近似值。令人惊奇的是，该近似值能精确到小数点后 6 位数字。[12] 同时代的另一块陶板上刻有 15 组勾股数，也就是满足 $a^2+b^2=c^2$ 的整数 a、b 和 c。[13]

非凡的是，古巴比伦人知道 π 的两种版本——圆周和直径之比，以及圆面积和半径平方的比。他们也知道这两者其实是同一个数。换言之，古巴比伦人知道 $A=\frac{1}{2}Cr$ 这一关系。但他们是用半圆而不是圆来描述的。不过，在很多陶板中，π 值都非常粗略：3。因此，古巴比伦人有如下公式：$C=3d$ 以及 $A=C^2/12$。

有趣的是，古巴比伦人有一个更精确的近似值。1936 年发现的苏撒陶板给出了圆周长和圆内接正六边形周长之间的关系[14]：$P=(24/25)C$。如果圆半径为 r，那么该正六边形的周长应该是 $6r$。那么这个关系就暗示了 $\pi=3\frac{1}{8}=3.125$。塞登伯格认为，古巴比伦人知道 3 只是个粗略的近似，但还是采纳了这个值。他写道："我们的观点是古巴比伦人根本不在乎！……古巴比伦几何中有很多荒谬之处……一旦 3 被确立为传统，那就很难改动了……新的值（$\pi=3\frac{1}{8}$）……似乎对于他们的数学没有任何影响。"[15]

埃及

与此同时，在古巴比伦人的西南方的尼罗河畔，古埃及人也在建立自己的数学体系。不幸的是，古埃及人是在莎草纸上写字的，而莎草纸并不像古巴比伦人的陶板那样结实。因此，对于古埃及人的数学成就，我们知道的就要少一些了。但幸运的是，因为那里气候干旱，还是有一些数学成果流传了下来。

古埃及人使用一种累加的十进制记数法，他们要么用象形文字,要么用僧侣体[①]来书写数字。他们用单位分数[②]的和来表示分数（例如，他们会把 33/40 写成 1/2+1/5+1/8）。我们今天能看到的莎草纸包括一些数学问题和它们的解。这些问题涵盖了算术、初等代数、平面几何以及立体几何这几个领域。

公元前 1650 年的一张约 1 英尺高、18 英尺长的莎草纸显示，古埃及人也对 π 有所了解。它是由一位叫作阿姆士的抄写员从一份公元前 2000 年和公元前 1800 年间的原稿上抄下来的。今天，它被叫作阿姆士纸草书，或者莱因德纸草书（因为它是由苏格兰考古学家亨利・莱因德在 1858 年购入的）。

莱因德纸草书记有 84 个问题和它们的解。问题 50 称，如果一个正方形的边长比一个圆的直径短了 1/9，那么它们面积相等。换言之，直径为 d 的圆面积为 $A=\left(\frac{8}{9}d\right)^2$。如果该公式正确，那么 π 的值应为 $4\left(\frac{8}{9}\right)^2=\frac{256}{81}\approx 3.1640\ldots$。

我们不知道古埃及人是如何得出这一公式的，但问题 48 提供了一个可能的线索。[16]它用到了一个 9×9 正方形的内接八边形（图 6.1），不过这个八边形不是正多边形。八边形的面积是 63 个小格。如果大正方形的边长为 d，那么八边形的面积就是 $\frac{63}{81}d^2$，这约等于 $\frac{64}{81}d^2=\left(\frac{8}{9}d\right)^2$。我们从图 6.1 中可以看到，大正方形的内接

① 僧侣体是古埃及时期书吏用来快速记录的手写体，与同一时期发展的圣书体有密切的关系。——译者注

② 分子是 1、分母是正整数并写成分数的有理数。它们都是正整数的倒数。——译者注

圆和这个八边形的面积几乎相等（莱因德纸草书并没有提到这一点），所以这个圆的面积应该也近似等于 $\left(\frac{8}{9}d\right)^2$。

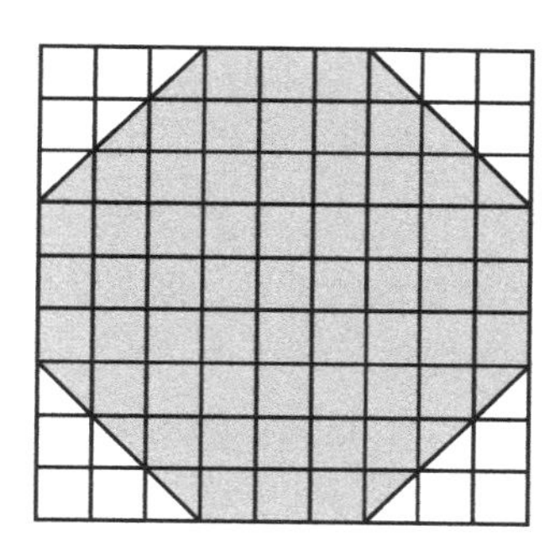
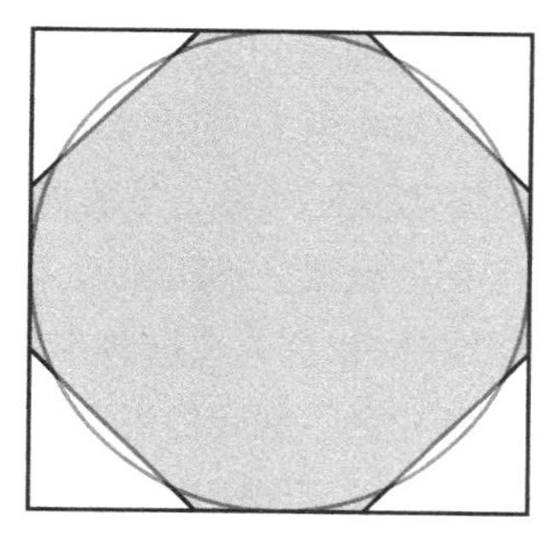

图 6.1　莱因德纸草书的问题 48 中出现的正方形的内接八边形

我们不知道古埃及人是否意识到了圆周和直径之比以及圆面积和半径平方的比相等。不过，莫斯科数学纸草书①（约公元前 1850 年）的问题 10 中有证据表明他们意识到了这一点。该问题中的一步可能是对于面积为 A、周长为 C 的圆，有 $A=Cr/2$。[17] 不幸的是，该莎草纸已经破损，有部分无法辨认，所以我们也没办法确定。事实上，历史学家们对这个“古埃及最具争议的问题”提出了很多看似合理的备选解释。[18]

古印度

《测绳法规》(*Sulvasutras*)是印度教中建设不同形状和大小的

① 又名戈列尼谢夫数学纸草书，是一件古埃及数学纸草书，用埃及以外首个持有者弗拉基米尔·戈列尼谢夫的名字命名。——译者注

火祭祭坛的指导手册。“sulvasutras”① 的意思是“绳子的准则”，它指的是使用绳子来进行类似尺规作图的几何作图的过程。

《测绳法规》的时代无从考证。它可能写于公元前一千年，但书中的一些几何方法肯定要更古老一些，所以书中的数学成果肯定要早于我们所熟知的、硕果累累的印度数学“黄金时代”（约公元 400 年 ~1600 年）。印度人在“黄金时代”发明了我们今天使用的十进制记数法、负数、零的概念等。

不同的教派、不同的场合需要不同的祭坛。不过，据塞登伯格所说：“我们相信，在这些多多少少涉及祭坛的争论中，祭坛的面积都是固定的。如我们所说，这也就导致了必须要化圆为方或者化方为圆。在《测绳法规》中，确实有试图解决这些问题的迹象。”[19]

《测绳法规》给出了如下方法来作一个与中心为 E 的正方形 $ABCD$ 面积相等的圆（图 6.2）。[20] 以 E 为圆心、以 EA 为半径画弧。作 AD 的中垂线，交弧于 F，交 AD 于 G。作 FG 的三等分点 H，使得 $GH=\frac{1}{3}FG$。书中称，以 E 为圆心、以 EH 为半径的圆和正方形面积相等。

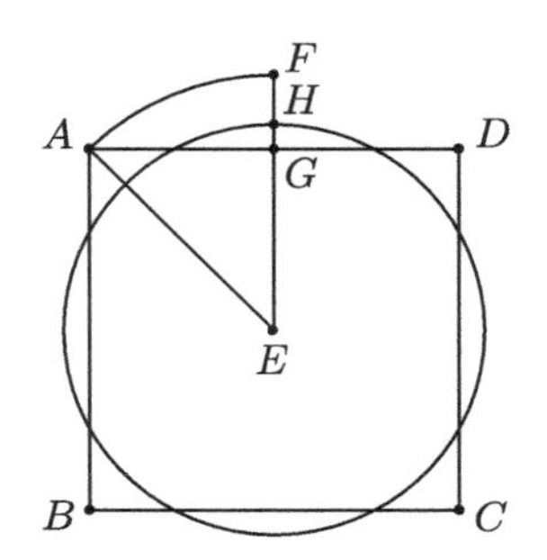

图 6.2 《测绳法规》称图中的圆和正方形面积相等

① 该书的英文名也写作 *Shulba Sutras*。——译者注

如果二者面积相等，那就意味着 $\pi=54-36\sqrt{2}=3.088\ldots$。《测绳法规》还给出了一个化圆为方的技巧。它本质上是把上述过程反过来，但是它用了 $\sqrt{2}$ 的一个有理逼近。[21]

中国

本章介绍的是 π 在欧几里得和阿基米德的成果之前的历史，但这一节是个例外。尽管从时间上来说晚于阿基米德，但本节中提到的数学是独立发展而来的。阿基米德在《圆的测量》中给出，π 应在 223/71 和 22/7 之间，而这部著作直到 1631 年才被传至中国。[22]

《九章算术》是最有影响力的中国数学典籍。有些作者称其为"中国的《几何原本》"。尽管二者的影响力相差无几，它们的创作思路却大大不同。《九章算术》是一本实用数学手册，它包含 246 个问题以及解答它们的一般方法。这些问题涉及工程、勘测、贸易和征税等领域。和《几何原本》不同，它没有为书中提到的数学提供严格的证明。我们不知道《九章算术》成书于何时，但它很可能写于汉朝，在公元前 221 年和公元前 206 年之间。它也可能基于一部更早的著作，而那部著作可能在秦朝的统治者秦始皇（公元前 259—公元前 210）下令执行的一次大规模焚书①中被焚毁了。

在《九章算术》第一章《方田》（"土地测量"）的问题 31 和问题 32 中，我们看到，中国人也知道圆的两个常数其实是同一个数。书中称扇形的面积是半径和弧长乘积的一半。把这一结果应用于整圆，我们就可以得到阿基米德的结果，$A=\frac{1}{2}rC$。不过，书中还提到

① 指"焚书坑儒"。——译者注

$A=\frac{1}{4}d^2$ 和 $A=\frac{1}{12}C^2$。它们都意味着 $\pi=3$。

$\pi=3$ 这一值在中国数学中被广泛使用。不过，人们也都知道这是个粗略的近似值。许多学者都试图找到一个更精确的 π 值。刘歆（约公元前 50—公元 23）是 1 世纪的一位天文学家和历法学者，他曾给出了 π 的几个值，比如 3.1547。随后，张衡（公元 78—公元 139）研究了球的体积，把传统上的 π 值从 3 改进到了 $\pi=\sqrt{10}=3.162\ldots$。据说他还给出了 736/232=3.172... 这一近似值。王蕃（228—266）认为张衡的近似值过大，并给出了一个更接近的值：142/45=3.155...。[23]

π 的近似最重要的进展来自刘徽（约 225—约 295）。除了知道他是汉朝覆灭后魏国的一位数学家之外，我们对刘徽的生平一无所知。但他的成就非凡，并对中国数学有着深远影响。

在 263 年，他为《九章算术》写了一篇重要的长评。他对 π 的研究就体现在这些文字中。首先，他证明了公式 $A=\frac{1}{2}rC$。他从圆内接正六边形开始，不断加倍边的数量，得到正十二边形、正二十四边形等正多边形。我们后面会用更一般的 n 边形和 $2n$ 边形来表述。假设有一个正 n 边形和一个正 $2n$ 边形，二者都内接于一个以 O 为圆心、以 r 为半径的圆。图 6.3 中展示了 n 边形的一条边 BC 和 $2n$ 边形的一条边 BD。因为 OD 是 BC 的中垂线，所以三角形 OBD 的面积是 $\frac{1}{2}\cdot OD\cdot BE=\frac{1}{2}\cdot r\cdot\frac{1}{2}s_n=\frac{1}{4}rs_n$，在这里，$s_n$ 是正 n 边形的边长。正 $2n$ 边形由 $2n$ 个和 OBD 全等的三角形构成，所以它的面积是 $A_{2n}=2n\cdot\frac{1}{4}rs_n=\frac{1}{2}rns_n=\frac{1}{2}rP_n$，在这里，$P_n=ns_n$ 是正 n 边形的周长。（预知了微积分的）刘徽称，随着边数增加，多边形越来越接近圆周，所以其周长也越来越接近 C。因此，当有无数多条边时，面积公式就变成了 $A=\frac{1}{2}rC$。

刘徽随后就把注意力放在了求得一个更精确的 π 值上。他还是从正六边形开始，不断加倍边数。如果我们假定圆的半径是 1，那么正多边形的面积也就越来越接近 π。[24] 他回顾了前述的公式 $A_{2n}=\frac{1}{2}rns_n$，试图找到一个求边长 s_n 的方法。再观察图 6.3，我们发现有两个直角三角形：OBE 和 BDE。对这两个三角形使用毕达哥拉斯定理（刘徽称其为“勾股定理”），并加以整理 [25]，我们可以得到

$$s_{2n}=\sqrt{r(2r-\sqrt{4r^2-s_n^2})}$$

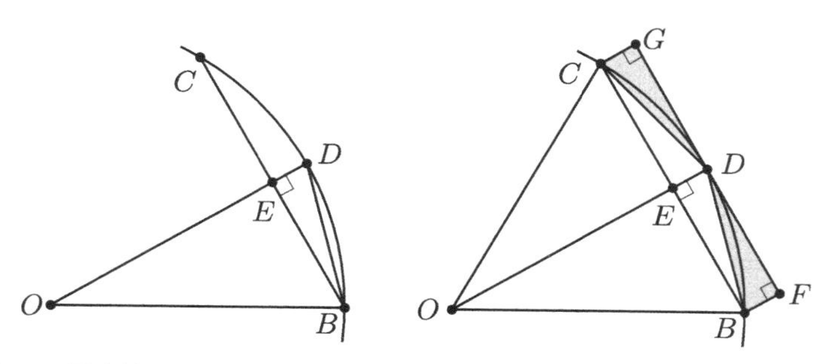

图 6.3　圆内接正 n 边形和正 $2n$ 边形的一条边（左）。刘徽用灰色三角形来求得圆面积的上界（右）

这样，刘徽就可以用边长和面积的这两个公式来得到 π 的下界（因为该多边形是圆的一部分）。但他没有止步于此。他还利用这些结果给出了一个上界。求上界方法的关键在于，在 n 边形的每条边上作一个对边相切于圆的长方形，如图 6.3 所示（长方形

BCGF）。

这样，圆就成了正 2*n* 边形和这些长方形构成的图形的一部分。但是这些长方形和正 2*n* 边形有重叠的部分，所以我们实际上是要补上 2*n* 个三角形，比如图 6.3 中用灰色标出的两个三角形。此外，三角形 *CDG*、*CDE*、*BDF* 和 *BDE* 都是全等的，所以我们有

$$\begin{aligned}\text{面积 (扇形 } ODBC) &< \text{面积 } (OBFGC) \\ &= \text{面积 } (OBDC) + \text{面积 } (BDF) + \text{面积 } (CDG) \\ &= \text{面积 } (OBDC) + \text{面积 } (BCD) \\ &= 2\,\text{面积 } (OBDC) - \text{面积 } (OBC)\end{aligned}$$

把圆和正多边形的面积都乘以 *n* 可得：

$$\begin{aligned}A &= n \cdot \text{面积 (扇形 } ODBC) \\ &< n(2\,\text{面积 } (OBDC) - \text{面积 } (OBC)) \\ &= 2n \cdot \text{面积 } (OBDC) - n \cdot \text{面积 } (OBC) \\ &= 2A_{2n} - A_n\end{aligned}$$

因此，刘徽得到了不等式 $A_{2n}<A<2A_{2n}-A_n$。如果设圆的半径 $r=1$，该不等式也就等价于 $A_{2n}<\pi<2A_{2n}-A_n$。

和在此 500 年前采用类似方法的阿基米德不同，刘徽已经可以使用十进制记数法了。所以他能通过圆内接 192 边形来计算出下面的上下界：

$$\frac{98\,157}{31\,250}=3.141\,024<\pi<3.142\,704=\frac{196\,419}{62\,500}$$

为了方便使用，他给出了 157/50=3.14 这一近似值。尽管我们不确定，他可能还算出了 3927/1250=3.1416 这一令人惊叹的近似值。而这用到了正 3072 边形！

和使用特别技巧的前人不同，刘徽的方法也和阿基米德一样，可

以计算出任意精度的近似值。他只需要不断加倍边的数量就可以了。

后来，中国的一位精通数学和天文学的地图学家祖冲之（429—500），使用了刘徽的方法把π值精确到了小数点后7位：3.141 592 6。他还提议使用355/113=3.141 592 9... 这一精确到小数点后6位的近似值。他也提出了更简单的22/7，而这也正是阿基米德给出的上界。

《圣经》中的π

《圣经·旧约》详细描述了所罗门王于公元前10世纪建在耶路撒冷圣殿山上的圣殿。《列王纪上》7:23中提到了“炽热之海”，也叫作“铜海”——由12头牛背负的一只金属盆（图6.4），被用来给牧师洗礼：[26]

> 他（所罗门王）又铸一个铜海，样式是圆的，高五肘①，径十肘，围三十肘。

图6.4 所罗门王圣殿中的铜海（I. Singer, ed., 1902, *The Jewish Encyclopedia*, Vol. III, New York: Funk and Wagnalls）

① 古代长度单位，相当于前臂的长度，1肘≈45.72厘米。

换言之，依《圣经》所述，所罗门王的盆周长 30 肘，直径 10 肘。这意味着 $\pi=C/d=30/10=3$。

这段经文创作于公元前 10 世纪和公元前 6 世纪之间。那时已经有更精确的古巴比伦 π 值和古埃及 π 值了。甚至在很久之后，《塔木德》(《旧约》的注释）也提到："每个周长为三手宽的（圆），宽度都有一手。"[27]

教徒们用多种方式维护《圣经》中这一粗略的 π 值。[28] 有些人指出这段文字并非所罗门圣殿的设计图，所以给出近似值也是完全合理的；对精度有要求的人完全可以去用更精确的值。还有一种神秘的观点：在所罗门王的圣殿中，π 的值*就是* 3。一位试图找出漏洞的教徒声称，测量时没有考虑盆壁的厚度：如果内周长是 30 肘，而盆的直径（包括盆壁）为 10 肘，那么盆壁应该为 0.225 肘（4 英寸①）厚。[29]

还有人试图通过命理学来寻找更精确的 π 值。正如罗马人用一些字母来表示数那样（I、V、X、L、C、D 和 M②），希伯来字母也可用来表示数字。希伯来字母代码是一种为希伯来文单词赋值，然后用这些值来从文字中提取额外信息的方法。上文引述《列王纪上》的一段话中，"line" 一词的写法和其读法不同。如果将希伯来文原文转写成英文的话，"line" 写作 "qwh"，但是它读作 "qw"。这些字母的数值分别是 q=100、w=6 以及 h=5。所以 qwh=111，qw=106。如果我们把《圣经》中的 π 值（也就是 3）乘以 111/106 的话，就能得到一个相当不错的有理逼近：333/106=3.141 509…。[30]

马丁·加德纳（1914—2010）借笔下角色"矩阵博士"之口，

---

① 1 英寸≈2.54 厘米。——译者注

② 罗马数字，分别表示 1、5、10、50、100、500 和 1000。——译者注

为《圣经》中的 π 值给出了一个玩笑式的命理学解释：[31]

> 我们当然可以认为《旧约》的作者对 π 没有一个比 3 更精确的估计，但矩阵博士可不这么认为。好好想想第一次提到 π 的经文，那是《列王纪上》7:23。我们将节数 23 减去开头的 1①，然后就得到了 7:22 这个比。22/7 是 3.14 多一点儿，这已经是 π 的一个挺不错的近似了。要想再准确一点儿，我们把 7 加倍得到 14，把 2 减半得到 1，把 3 加倍得到 6。这样我们就得到了 1416，这也是 π 精确值的前四位小数。

作为对 1982 年美国联邦地区法院关于在学校教授神创论的一个案件的讽刺性回应[32]，恩波利亚州立大学的几位教授组成了 π 研究所。他们要求学校花同样多的时间教授《圣经》中的 π 值。发起人萨穆埃尔·迪克斯称："认为上帝用他无穷的智慧创造了这么乱七八糟的东西（3.14 还有后面的数字）的想法是荒谬的。"[33]

不幸的是，我们可能永远也不会知道这个盆的真正大小了。我们会在《耶利米书》52:17 中发现，在公元前 586 年，这铜海被摔成了碎片："耶和华殿的铜柱并殿内的盆座和铜海，迦勒底人都打碎了，将那铜运到巴比伦去了。"

---

① 《列王纪上》的英文写作 *1 Kings*。——译者注

闲话　大金字塔

第一种科妄会说“我是对的”。句号。不需要理由，也不给你理由。第二种科妄会说“我是对的，因为……”，然后试着用数学证明他们的结果。第三种科妄能认识到他们的结果和数学有冲突。因此，既然要么是他们不对，要么是数学不对，他们就试图改变数学，来适配他们的结果。再没有其他类型的科妄了。

——安德伍德·达德利，《数学科妄》[1]

金字塔学家认为金字塔有各种各样的《圣经》或是宗教学含义。他们最喜欢的一个话题就是，于公元前 2600 年左右建成的胡夫金字塔和 π 密切相关。这一发现可以追溯至 1838 年的 H. C. 埃格纽。但是“π 理论”的人气却归功于约翰·泰勒和查尔斯·皮亚兹·史密斯（苏格兰皇家天文学家）在 19 世纪五六十年代发表的一系列轰动性的文章。[2] 他们不认为古埃及人在数学上的成就比我们过去认为的要高，而是认为金字塔其实是神灵的手工作品。金字塔的大小隐藏了数学和天文学上的重要秘密。泰勒和史密斯的书充斥着对《圣经》的断章取义，用来支撑他们的理论。

这发现的确令人震惊。如果我们取金字塔的高度作为圆的半径，那么圆的周长和金字塔底面周长会非常接近。换句话说，如果我们建了一个和金字塔一样高的半球，那么半球的赤道周长会和金字塔底面的周长一样长（图 T.7）。事实上，金字塔底面的每条边长都是 $b=230.36$ 米，底面周长就是 $4b=921.44$ 米。金字塔的高度是 $a=146.64$ 米，所以以它为半径的圆周长是 $2\pi a=922.37$ 米！[3] 如果这的确是建筑师有意为之的话，那我们就能用金字塔的高度和宽度来求得他所认为的 π 值。代入前述的 a 和 b 之后，我们可以解方

程 $2\pi a=4b$，并得到 $\pi=3.142$。

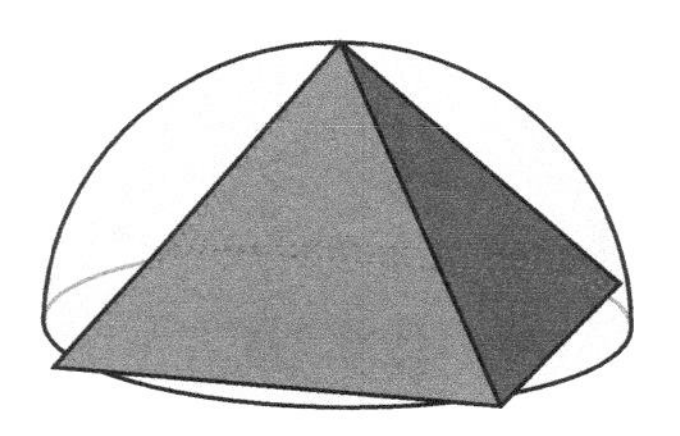

图 T.7　如果半球和金字塔高度相等，那么它们的底面周长会几乎相等

这的确是不同寻常的。毋庸置疑。但这仅仅是个巧合，得出的 π 值过于精确。没有证据表明古埃及人得出了这样精确的近似值。事实上，著名的莱因德纸草书[4]（写于金字塔建成后 600 至 800 年）也只写了 $\pi=3.16$。

当然，最可能的是，这个值其实是另外一个设计决定的偶然副产物。例如，当希罗多德在公元前 5 世纪旅行至古埃及的时候，他被告知金字塔被设计成每面的面积等于高度的平方[5]——测量值也符合这一说法。假设这确实是金字塔的设计要求，并且古埃及人对 π 一无所知。然后假设泰勒后来用金字塔来检验他的"π 理论"。这样的一个金字塔会给出近似值 3.1446...①。这很接近精确值，却不是精确值——这是一个惊人的巧合。[6] 而它也只是个巧合罢了。

---

① 设该金字塔底边为 b，高为 a，侧面三角形的高为 h。由前述的设计要求，我们有 $a^2=\frac{1}{2}bh$。由勾股定理，我们有 $a^2+\left(\frac{b}{2}\right)^2=h^2$。联立两个方程，可以解得 a 和 b 之间的关系。再代入回前述的 $2\pi a=4b$，即可得到此处的近似值。——译者注

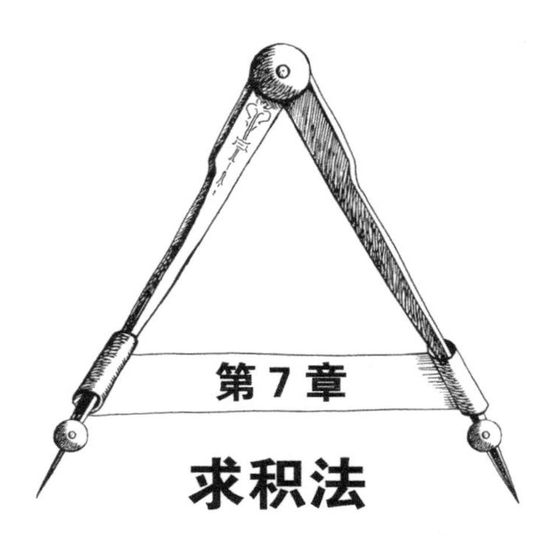

第7章

求积法

马车为我们提供了一个简单的化圆为方的演示。马车的轮子是圆的，它们移动起来的轨迹却成了直线。

——列奥纳多·达·芬奇[1]

为了完全理解化圆为方这一问题，我们必须先明白如何用尺规化任意图形为方形。我们将会看到，古希腊人可以无视复杂度，把任意多边形以及某些有曲线边界的区域化为方形。

多边形求积

把一个图形化为方形，就是仅用尺规作一个和原图形面积相等的正方形。通过《几何原本》第一卷和第二卷中的一系列命题，欧几里得描述了如何把多边形化为方形。我们将用和欧几里得不太一样的顺序展示一系列作图，并给出一个稍有不同的方法。我们会把这个任务分为三步：首先化长方形为正方形，然后是三角形，最后是一般多边形。

已知任意长方形 $ABCD$，如图 7.1 所示。如果它不是正方形，那么一条边就会比邻边长。我们假设 AB 是长边，将 AB 向右延长。以 B 为圆心、以 BC 为半径作圆，交 AB 于 E。作 AE 中点 F。以 F 为圆心、以 FA 为半径作圆，交 BC 延长线于 P。以 BP 为边作正方形 $BPQR$。由下述等式，我们可以得到面积 $(ABCD)=$ 面积 $(BPQR)$：

$$\begin{aligned}
\text{面积}(BPQR) &= BP \cdot BR \\
&= BP^2 \\
&= FP^2 - FB^2 && \text{由勾股定理} \\
&= (FP - FB)(FP + FB) && \text{平方差公式} \\
&= (FE - FB)(AF + FB) && \text{因为} FP = FE = AF \\
&= BE \cdot AB \\
&= BC \cdot AB \\
&= \text{面积}(ABCD)
\end{aligned}$$

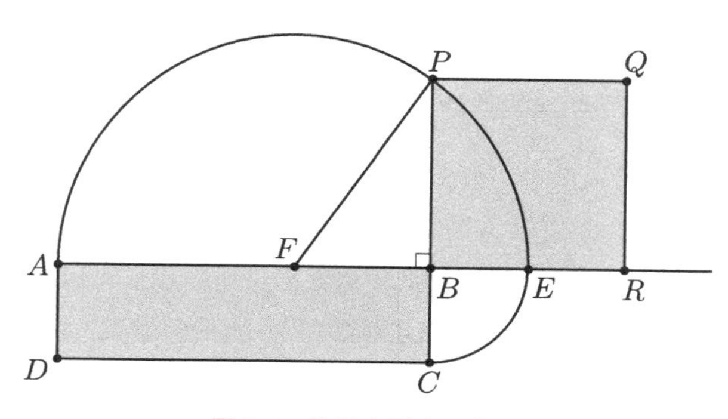

图 7.1　化长方形为正方形

所以我们可以把任意长方形化为正方形。而对于三角形，我们只需要先作一个和三角形面积相同的长方形即可。[2] 假设我们已知三角形 ABC。过 B 作 AC 的垂线交 AC 于 D。（图 7.2 中，D 在线段 AC 上，但对于一般三角形则不一定 ①。）作 BD 的中点 E。以 AC 为长，以 DE 为高作长方形 $APQC$。因为三角形的面积是 $\frac{1}{2}$ · 底 · 高，且 BD 是三角形 ABC 的高，所以我们有：

$$
\begin{aligned}
\text{面积}(ABC) &= \frac{1}{2} \cdot AC \cdot BD \\
&= DE \cdot AC \\
&= AP \cdot AC \\
&= \text{面积}(ACQP)
\end{aligned}
$$

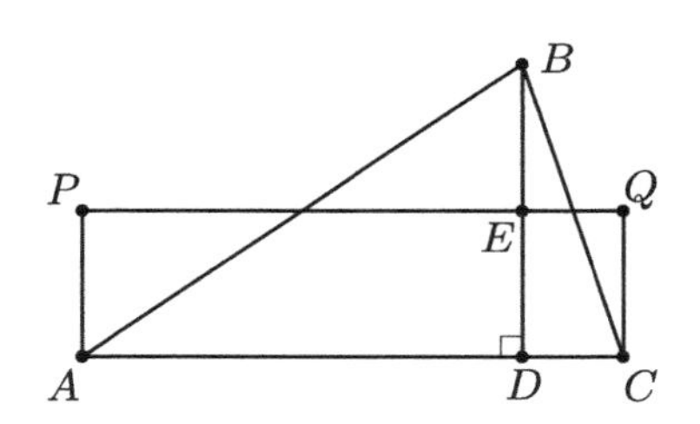

图 7.2 长方形 *ACQP* 和三角形 *ABC* 面积相同

现在我们可以考虑一般多边形，甚至一些非常复杂的多边形了，比如图 7.3 中的 82 边形。我们知道可以把 n 边形分成 $(n-2)$ 个三角形区域，并且可以把这些三角形化为方形，所以我们可以把 82 边形化为 80 个正方形，而它们的面积和等于 82 边形的面积。那么最后的问题就是：我们能把多个正方形合并成一个面积相同的大正方形吗？

① 有可能会在 AC 延长线上。——译者注

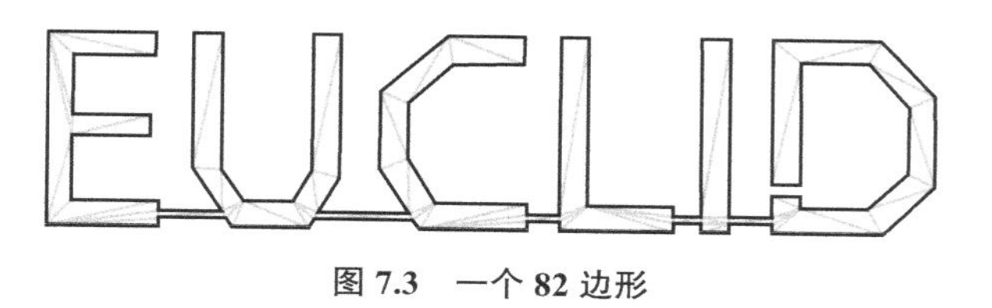

图 7.3　一个 82 边形

如图 7.4 所示，我们只要证明能把两个面积分别为 P 和 Q 的正方形合并成一个面积为 $P+Q$ 的正方形即可。[3] 要想这样做，我们需要把两个正方形的顶点重叠到一起，让两条边形成一个直角（图 7.5）。连接重叠点的两个相邻顶点，就构成了一个直角三角形。我们以该直角三角形的斜边为边作正方形。根据勾股定理，这一正方形的面积就是 $P+Q$。

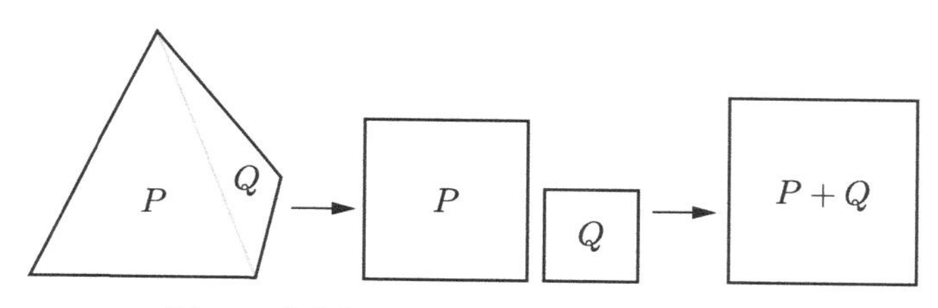

图 7.4　我们想要作一个面积为 $P+Q$ 的正方形

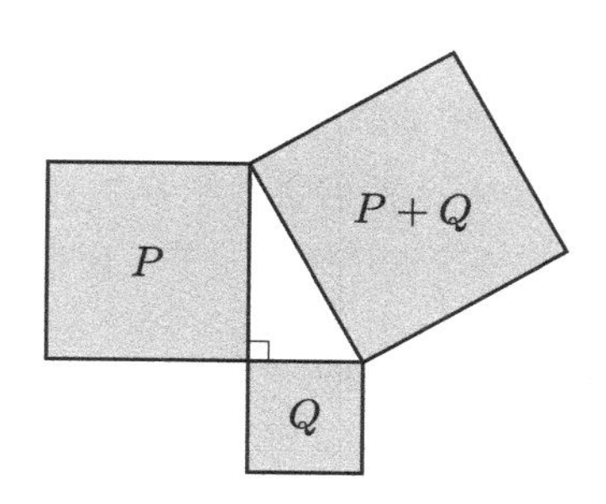

图 7.5　我们可以利用勾股定理，来把两个面积分别为 P 和 Q 的正方形合成一个面积为 $P+Q$ 的正方形

用这种精巧的方法，我们就能把任何由直线构成的区域化为方形。在提到作和已知直线图形面积相等的平行四边形的可行性之后，普罗克洛写道：[4]

在我看来，就是这个问题让古人开始尝试化圆为方的，因为如果一个平行四边形能和任意直线图形面积相等，那能否证明一个直线图形和圆形面积相等确实值得探究。

但是上述技巧并不足以让我们把有曲线边界的图形化为方形——更别提圆了。要这样做，我们需要更强的几何定理。

希波克拉底的半月形求积

今天我们说化圆为方者是疯子①，但那可能是因为对化圆为方问题的第一次合理的尝试与新月形状的半月形有关。半月形是由在两个圆的公共弦同一侧的圆弧包围而成的图形（图 7.6）。[5]

我们在第 5 章提到了希俄斯的希波克拉底。他意识到倍立方问题是求两个比例中项问题的特例。他还发现，如果能把特定的半月形化为方形，就能化圆为方。

假定我们想把图 7.7 中的圆 C 化为方形。首先作六边形 H，使得 H 的一条边是 C 的直径。然后我们作 H 的外接圆 C'。这两个圆相交形成了半月形 L。希波克拉底证明了，如果可以化半月形 L 为方，那就能化圆 C 为方。

① 这里“疯子”一词的原文是“loony”，该词的语源是“月亮”。——译者注

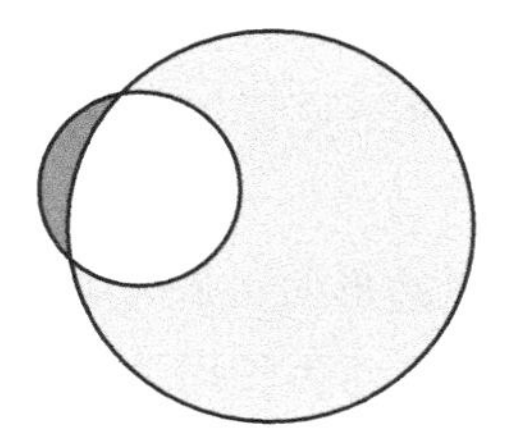

图 7.6　两个半月形（阴影部分）

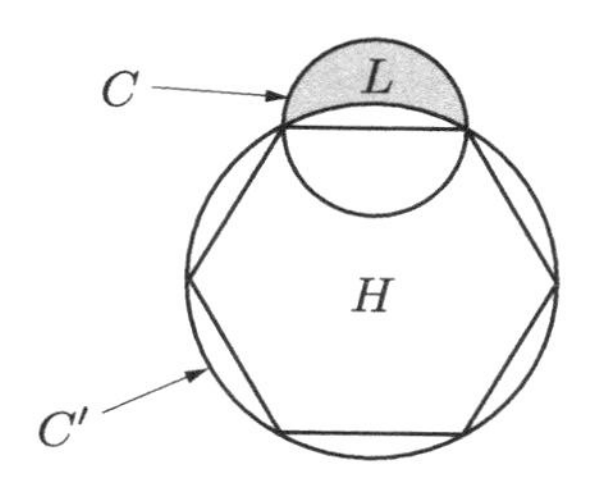

图 7.7　如果我们能把半月形 L 化为方形，那就能化圆 C 为方

为了证明这一点，他需要一个能把圆面积和正方形面积联系起来的结果。这一结果后来就成了《几何原本》的命题 XII.2："圆与圆之比如同直径上正方形之比。"[6] 古希腊人从几何视角描述这一结论，而我们将用算术的方式来表达。如果我们有两个圆 A_1 和 A_2，直径分别为 d_1 和 d_2，那么

$$\frac{A_1}{A_2}=\frac{d_1^2}{d_2^2}$$

我们对这一结果非常熟悉，尽管我们习惯于用另一种形式来表述它：如果两个圆的半径分别为 r_1 和 r_2，那么

$$\frac{A_1}{r_1^2}=\frac{A_2}{r_2^2}=常数$$

且这个常数为 π。因此，对于任何圆，$A=\pi r^2$。

希波克拉底可能是第一个表述出这一结果的人，但即便如此，我们也不知道他是否给出了严格的证明。阿基米德把这一结果归功于欧多克索斯，后者的证明使用了*穷竭法*，这是一种与艾萨克·牛顿以及戈特弗里德·莱布尼茨（1646—1716）在此两千年后发明的微积分非常相像的技术。欧多克索斯证明的关键在于，我们能用边

数很多的内接多边形和外切多边形来逼近圆。因为类似的结论对它们成立，所以对圆也成立。我们会在第 8 章更详细地介绍这一证明。[7]

回到希波克拉底的例子，我们提过，六边形的一条边是 C 的直径。如果一个六边形内接于圆，那么六边形的边长均等于圆的半径，比如本例中的 H 和 C'。所以，面积 $(C')=4$ 面积 (C)。如图 7.8 所示，我们可以把 C 复制 4 份，然后把其中 3 份分成 6 个半圆，放在 H 的 6 条边上。如果我们从圆 C' 中减去 6 个弓形（图中的 S），就能得到 H。如果我们从 6 个半圆中减去这 6 个弓形，就能得到 6 个半月形（L）。因此，我们有：

$$\begin{aligned}\text{面积}(H) &= \text{面积}(C') - 6\text{面积}(S) \\ &= 4\text{面积}(C) - 6\text{面积}(S) \\ &= \text{面积}(C) + 6\left(\frac{1}{2}\text{面积}(C) - \text{面积}(S)\right) \\ &= \text{面积}(C) + 6\text{面积}(L)\text{。}\end{aligned}$$

整理可得，面积 $(C)=$ 面积 (H) − 6 面积 (L)。

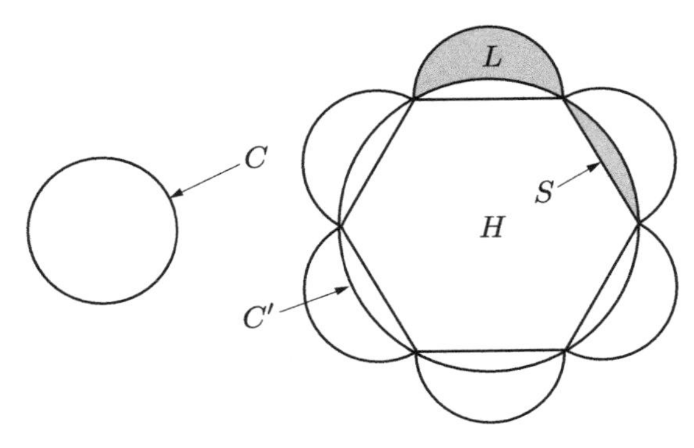

图 7.8　圆 C 的面积等于六边形 H 的面积减去 6 个半月形 L 的面积

因为 H 是多边形，所以我们知道它可以化为方形。因此，尽管不太可能，但如果半月形 L 可以化为方形，那么圆 C 也可以。[8] 我们可以想象希波克拉底日夜奋战，试图把这个半月形化为方形。可惜的是，这是不可能的。尽管他能把另外三种半月形化为方形，对于这一个，他却怎么都做不到。

让我们来看下被他成功化为方形的一个半月形。假设我们有一个圆和它的内接正方形 $ABCD$，以及另一个以 D 为圆心、以 AD 为半径的圆（图 7.9）。这两个圆构成了一个半月形 $ABCG$。希波克拉底证明这个半月形的面积等于三角形 ACD 的面积，因此它是可以化为方形的。

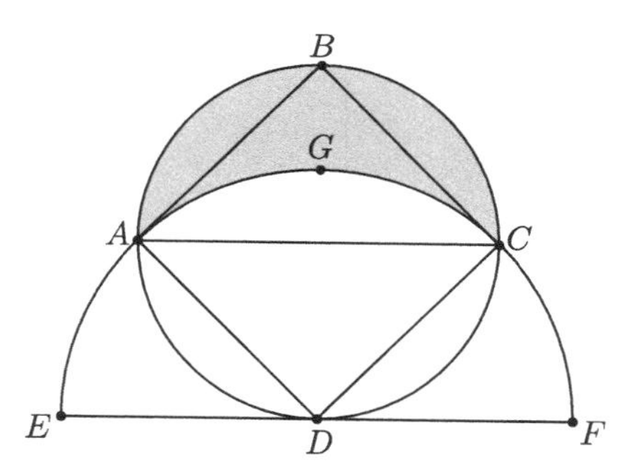

图 7.9　半月形 *ABCG* 和三角形 *ACD* 面积相等

他的证明首先用到了勾股定理。由勾股定理，我们有 $AC^2=AB^2+BC^2$。因为 $AB=BC=AD=ED=\frac{1}{2}EF$，所以我们可以得到 $AC^2=2\left(\frac{1}{2}EF\right)^2=\frac{1}{2}EF^2$。

前述的《几何原本》中关于圆面积的命题对半圆也成立，所以

$$\frac{\text{面积(半圆}ABC)}{\text{面积(半圆}EGF)}=\frac{AC^2}{EF^2}=\frac{AC^2}{2AC^2}=\frac{1}{2}$$

因此，面积(半圆 EGF)=2 面积(半圆 ABC)。所以面积(扇形 $ADCG$)= 面积(半圆 ABC)。然后我们从等式两边分别减去它们共有的区域，也就是弓形 ACG，就能得到

$$\text{面积}(\text{半月形 } ABCG) = \text{面积}(\text{三角形 } ACD)$$

我们知道任意三角形都可以化为方形，所以这个半月形也可以化为方形。

希波克拉底还发现了另外两个可以化为方形的半月形（图 7.10）。它们是用三条边相等的梯形作出来的。图中左边的梯形四条边长度的比为：

$$PS : RS : QR : PQ :: 1 : 1 : 1 : \sqrt{3}$$

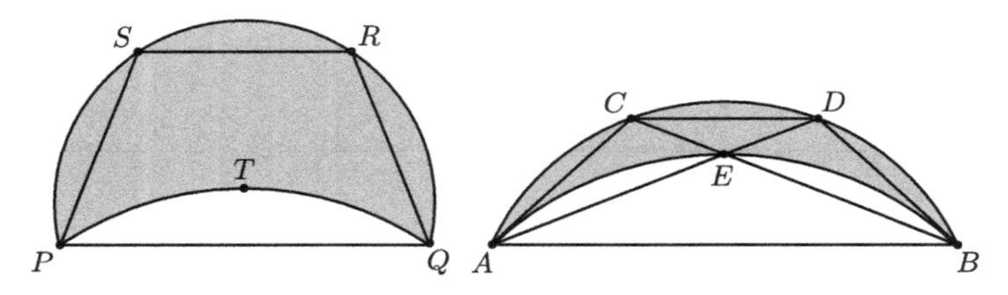

图 7.10　希波克拉底证明的另外两个可以化为方形的半月形

我们作一条圆弧 PQT，使它与梯形三条相等的边上的弧相似。希波克拉底证明了这个半月形的面积等于梯形面积。右边的半月形更加复杂，因为它涉及梯形的对角线。该梯形满足如下条件：

$$AC : CD : DB : AE : BE :: \sqrt{2} : \sqrt{2} : \sqrt{2} : \sqrt{3} : \sqrt{3}$$

希波克拉底证明了这个半月形的面积等于凹五边形 $ACDBE$ 的面积。

那么接下来的问题自然就是还有没有别的可化为方形的半月形。1724 年，丹尼尔·伯努利（1700—1782）证明有无穷多这样的半月形。[9] 不过，这也包括了无法作图的半月形。也就是说，存在这样的

半月形：我们可以用尺规把它化为方形，却不能用尺规作出它本身。那如果我们把问题改成是否还有其他可作图的（希波克拉底发现的三个半月形均是可以尺规作图的）并且可以被化为方形的半月形呢？

1771 年，丹尼尔·伯努利的朋友欧拉进一步研究了伯努利的成果，并在此过程中发现了两个新的可以作图且可化为方形的半月形。[10] 欧拉证明了图 7.11 中所示的半月形和图中的弦组成的多边形面积相等。尽管欧拉不知道，这两个半月形却并非第一次出现了：五年前，它们出现在了一篇研究生毕业论文中。这篇论文的作者是芬兰数学家丹尼尔·温奎斯特，他是马丁·瓦莱涅斯（1730—1772）的学生。[11]

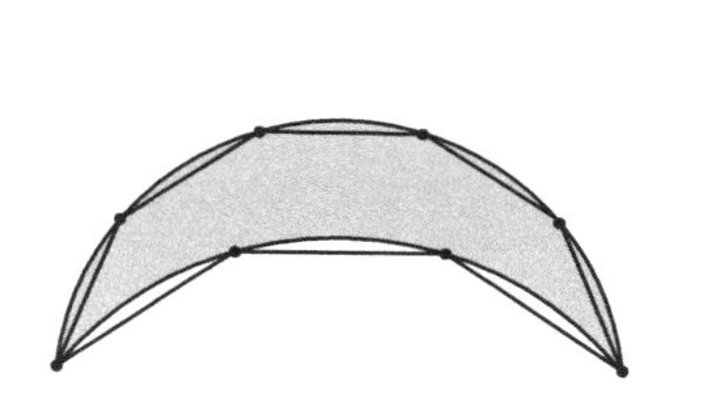
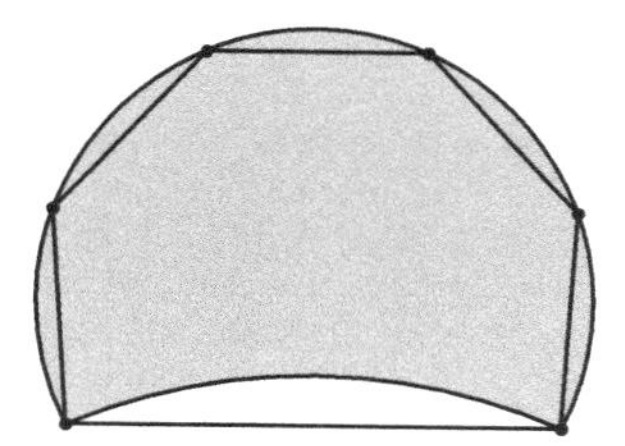

图 7.11　另外两个可以化为方形的半月形

欧拉猜测，这样的半月形仅有这五个。[12]1840 年，托马斯·克劳森（1801—1885）在只知道希波克拉底发现的一个半月形的情况下，独立重新发现了这五个半月形。他也做出了同样的猜想。[13] 从 1902 年到 2003 年，五位数学家各自证明了猜想的部分内容。[14] 在这一连串的成果之下，欧拉–克劳森猜想终于得到了证明。可惜，希波克拉底用来化圆为方的半月形并不在其列。

古希腊人对于可化为方形的对象的研究并未止于多边形和半月形。我们将会看到，阿基米德花了大量精力来研究求积法。他可以把有曲线边界的图形化为方形，而这包括圆形！在我们意料之中的是，这并不是用尺规完成的。

闲话 列奥纳多·达·芬奇的半月形

据我所知，列奥纳多的生活十分不规律，也十分无常，看上去他就只是活在当下而已……他把大部分时间投入几何中，根本不爱绘画。

——修士皮耶特罗·达·诺菲拉蜡于 1501 年 4 月 3 日写给伊莎贝拉·迪埃斯特的信，后者希望列奥纳多为其画像[1]

就连文艺复兴时代伟大的博学家列奥纳多·达·芬奇（1452—1519）也曾投身几何研究中。他在晚年的时候对几何产生了兴趣，大概在 1496 到 1504 年间开始学习欧几里得和阿基米德的著作，那时他大概 50 岁。但是他一开始学习，就成了一个狂热的几何学家。就像我们能想象到的那样，他的成果都带有他那独一无二的艺术风格。

正如许多前人和后人那样，列奥纳多也被著名的古典问题所吸引了。他的笔记中有上百页都是关于倍立方和化圆为方问题的。列奥纳多的传记作者马丁·坎普提到，求积问题[2]

> 成了（列奥纳多）没法满意解决的奇痒。每挠一下，只会变得更痒。即便是列奥纳多最忠诚的崇拜者都会好奇，这问题是不是变得无法控制了……毫无疑问，他研究这些问题的动机是一种复杂的混合体，是为了在智慧和美学层面获得满足感。但即便是智慧的那一面，最终也伪装成了谜语或游戏，而不是成为数学科学的主流。

下面的这段笔记出自 1504 年 11 月 30 日。列奥纳多把它竖着写在了一幅几何绘图中：[3]

> 在圣安德鲁日的晚上，我对化圆为方的研究终于结束了：灯火已经熄灭，夜晚业已结束，白纸也写到了尽头；终于在那一小时的最后，我得出了结论。

我们不知道他这话是什么意思——到底是他认为自己成功了，还是他那天晚上不想再继续了？

在对求积法的研究中，他研究了圆、正方形、六边形、半月形、透镜形（两圆相交的部分）、扇形以及弓形的面积。在一篇两页长的钢笔画手稿（约 1513 年）中，列奥纳多画了 176 个圆和半圆，每个都包括半月形和弓形等。每幅图都附有阴影部分、非阴影部分和整个图形的面积信息。[4]

例如，列奥纳多证明了图 T.8 左图和中图中的阴影部分可以化为方形（我们为中图添加了一些细节，来展示它是如何作出的，见右图）。如果大圆的半径是 1，那么每幅图中的阴影面积都是 2，而作面积为 2 的正方形相当简单。我们把这些有趣的几何问题留给读者作为挑战。[5]

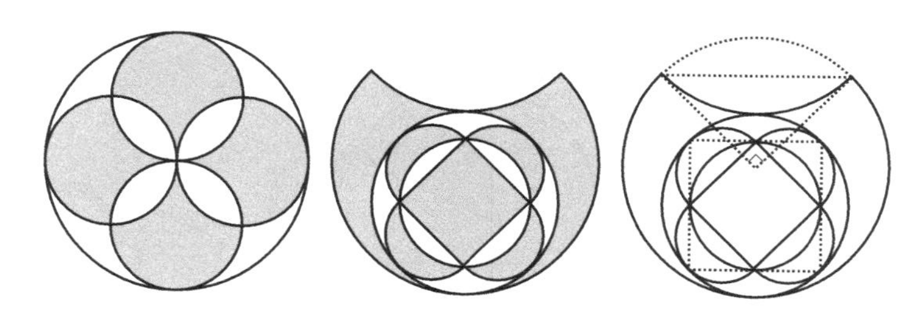

图 T.8　左图和中图的阴影部分可以化为方形

尽管列奥纳多没能得到任何不朽的数学成果，但他重新发现了有关半月形的一个美丽结果。该结果最初是由阿拉伯数学家、天文学家哈桑·本·海什木（公元 965—约 1040）发现的，他常被称为海桑。如果我们取一个直角三角形，在三边上各作一个半圆，那么它们会相交而成两个半月形，如图 T.9 所示。这两个半月形有可能都无法化为方形，但列奥纳多和海什木证明了在这种情况下，二者的面积和等于三角形面积。因此，它们合在一起可以化为方形。

如果我们了解《几何原本》的命题 VI.31 的话，这个证明就非常简短了。这一命题不太为人所知，它是勾股定理的一个推广。该命题如下：如果我们把任意相似图形放在直角三角形三边上，那么斜边上图形的面积等于直角边上的两个图形面积之和。图 T.10 给出了三个例子，分别涉及正方形（这种情况就是一般的勾股定理）、圆和帆船。

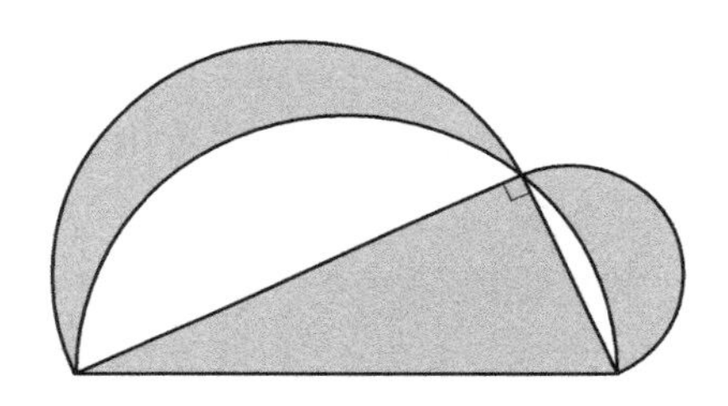

图 T.9 海什木的半月形

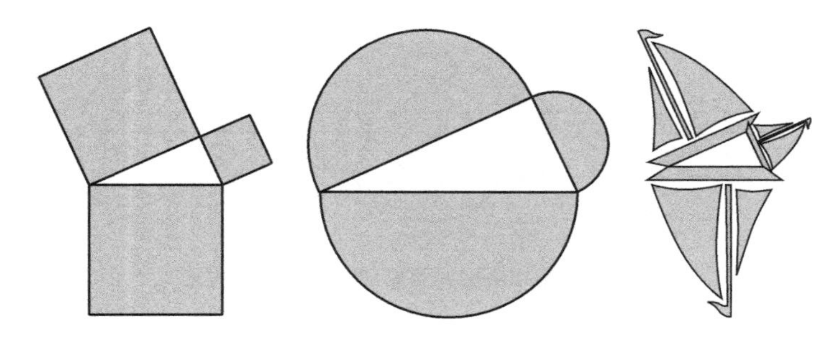

图 T.10 直角三角形斜边上的图形面积等于直角边上相似图形面积之和

半月形的例子其实就是图 T.10 中半圆的例子，只不过斜边上半圆的朝向不同。设直角边上的半圆面积分别为 A 和 B，斜边上半圆的面积为 C，三角形面积为 T。那么根据广义的勾股定理，我们有 $A+B=C$。我们把两个小半圆以及三角形的面积相加，再减去大半圆的面积，就可以得到两个半月形的面积。用代数表达式来表述的话，半月形的面积之和就是 $(A+B+T)-C=C+T-C=T$。

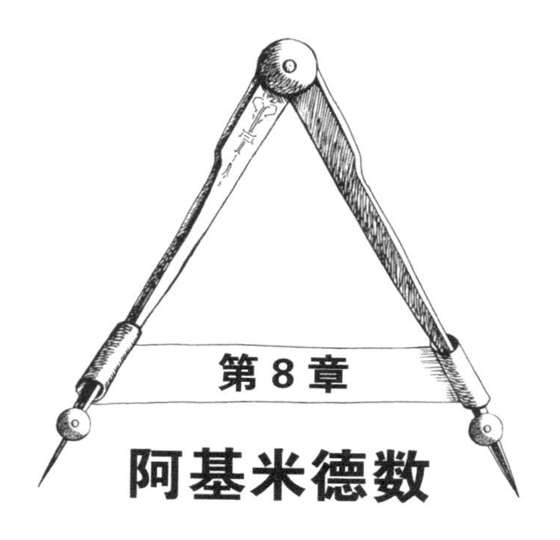

第8章 阿基米德数

如果直径长 7 英寸，那么圆周长就是 22 英寸。

——威廉·马瑟，《年轻人的伙伴：简单易懂的算术》，1710[1]

在第 6 章，我们了解到许多文明都发现了被称为 π 的常数。对任意圆，他们要么知道 C/d 是一个约等于 3 的常数，要么知道 A/r^2 是个几乎相同的常数。

证明这两个定理并得到 π 的近似值并不容易。证明需要用到欧多克索斯的穷竭法。而要深入理解 π——无论是作为圆相关的常数，还是作为球相关的常数——都需要古希腊最伟大的数学家阿基米德的巧妙而谨慎的成果。[2] 有些人推断这两个常数相等。但没有证据表明他们试图证明这一结论。此外，这些近似值都很粗略，而且并不是源自对圆的性质仔细的数学研究。

圆面积

在第 7 章，我们看到了已知任意两个圆（假设面积分别为 A_1 和 A_2，直径分别为 d_1 和 d_2），都有 $A_1 / A_2 = d_1^2 / d_2^2$。这一结论为希波克拉底所使用，由欧多克索斯证明，并被欧几里得收录在《几何原本》中。欧多克索斯的证明用到了一个内接正方形和一个外切正方形。然后他不断地加倍边的数目，来获得尽可能接近圆的正多边形。尽管证明的细节敏锐而巧妙，用多边形作为圆的近似这一想法却并非欧多克索斯原创。

这一想法可能是由演说家、政治家智者安提丰①（公元前 480—公元前 411）在他对化圆为方的尝试中提出的。安提丰可能从内接的等边三角形或者正方形出发，不断加倍边数，来获得越来越接近圆的多边形。根据后来的作家所述，安提丰相信只要他加倍足够多次，得到的内接正多边形就是圆。辛普里丘写道：[3]

> 安提丰认为，这样做就会逼近圆的面积。到某一时刻，我们就会得到一个边长极短，以至于和圆重合的内接多边形。因为我们可以把任意多边形化为方形……所以我们应该可以化圆为方。

亚里士多德相信安提丰用了错误的几何方法，因此几何学家们不应该深究他的研究成果。亚里士多德写道："因此，驳斥用半月

---

① 这一名称用于指代数篇智者派论述的作者。他可能于公元前 5 世纪的最后二十年间曾居住在雅典，但有关于其生平则付诸阙如。争议在于，这些智者论述的作者是否实际上就是演说家安提丰，或者说智者安提丰是否真的是另一个人。这仍是一项尚待考证的学界争议。——译者注

形①求积的想法是几何学家的分内事，但驳斥安提丰的方法就不是了。"[4] 最近的学者认为安提丰的表述实际上是被误解了。[5] 无论如何，安提丰确实提出了穷竭法背后的基本思路。而后来欧多克索斯和阿基米德则有效地运用了这一方法。

后来，赫拉克利亚的智者布莱森（活跃于约公元前 5 世纪）同时用内接多边形和外切多边形的面积来逼近圆的面积。他认为圆的面积可以用这两者求得。他大概是使用了某种求平均值的技巧。[6] 亚里士多德也不喜欢这个方法。他称这方法是"诡辩"和"抬杠"②。[7] 不过，阿基米德后来还是用了类似的技巧（使用周长而不是面积）来获取 π 的上下界。

欧多克索斯在这些想法的基础上证明了 $A_1/A_2=d_1^2/d_2^2$。我们将按照《几何原本》第十二卷中所述来介绍这一证明。该证明运用了双重反证法。为了导出矛盾，我们首先假设 $A_1/A_2\neq d_1^2/d_2^2$。那么就有两种可能：$A_1/A_2<d_1^2/d_2^2$ 或者 $A_1/A_2>d_1^2/d_2^2$。第一种情况意味着存在某个面积为 S 的图形，$S<A_2$ 并且 $A_1/S=d_1^2/d_2^2$。我们取第二个圆的一个内接正方形，把它的边数加倍来得到一个八边形，再加倍得到一个十六边形，然后不断重复这一过程。根据命题 XII.16③，每次加倍后，圆面积和多边形面积之差都会减少超过一

---

① 根据托马斯 · 希思在《亚里士多德的数学》（*Mathematics in Aristotle*）中的说法，他认为亚里士多德这里是想说"半月形"（lune），但很随意地用了"弓形"（segment）一词。——译者注

② 原文为"eristic"，指并非为了探究真理，而只是为了反对他人意见的论述。——译者注

③ 已知两个同心圆，求作内接于大圆的偶数条边的等边多边形，使它与小圆不相切。在本证明中，面积为 A_2 的就是大圆，面积为 S 的就是小圆。因为命题 16 为真，所以我们可以作这样的多边形 P_2。——译者注

半。那么最终[8]我们就会得到第二个圆的一个内接多边形 P_2，并且 $S<$ 面积 $(P_2)<A_2$。接下来我们在第一个圆中内接一个和 P_2 相似的多边形 P_1。根据命题 XII.1①，面积 (P_1)/ 面积 $(P_2)=d_1^2/d_2^2$。根据我们的假设，这一比值也等于 A_1/S。而这意味着 $S/$ 面积 $(P_2)=A_1/$ 面积 (P_1)。但因为 $A_1>$ 面积 (P_1)，我们得到 $S>$ 面积 (P_2)，也就产生了矛盾。欧几里得通过把第二种可能转化为第一种可能而快速完成了剩余证明。因此，这两个比必定相等。

公元前 3 世纪初，古希腊人只能证明这一个和圆相关的结果。本质上来说，他们证明了 A/r^2 是个常数。但他们没能给出 C/d 也是常数，而且是同一个常数的严格证明。这一证明直到古希腊的超级数学天才阿基米德出现才得以完成。

锡拉库扎的阿基米德

我们知道阿基米德何时去世——那是公元前 212 年，他死于一位罗马士兵之手。但我们不知道他何时出生。他的朋友赫拉克利德斯为他写了一本传记，但也失传了。根据 12 世纪约翰·策茨（约 1110—1180）所写的一首诗，阿基米德于 75 岁时去世。因此，根据这一被公认不可靠的证据，他生于公元前 287 年。

阿基米德生于西西里东部的锡拉库扎。我们认为他的父亲是一位天文学家，而他的祖父是一位艺术家。据瑞维尔·涅茨考证，阿基米德的名字源自“arche”和“medos”。前者意为“原则、规则、第一”，而后者意为“意识、智慧、理智”。涅茨认为，这和阿基米德的父亲对“信仰宇宙的美丽和秩序的新宗教”的兴趣有关。[9]

① 圆内接相似多边形之比如同圆直径上正方形之比。——译者注

尽管没有确切证据，但我们认为阿基米德曾于亚历山大港学习。随后，在锡拉库扎工作和生活时，他通过给亚历山大港的埃拉托斯特尼（因为计算地球周长最为人所知）、科农（一位天文学家）以及多西西奥斯（关于此人我们知之甚少）写信来把他的成果传播给更多受众。虽然说是“更多”，大概还是只有小部分人。

就像很多历史名人一样，阿基米德出现在很多空想的、杜撰的故事中。人们很难辨别哪些为真，哪些为假，而哪些又是被美化过的。有些故事很可能是假的，比如他在发现可以用排水量来检测伪造黄金之后裸奔至街上并高呼“我找到了”[10]，或是发明了可以聚焦太阳光来点燃敌军军舰的镜子武器[11]。

不过即便不看这些故事，我们还是能描绘出一个天才的形象：他既可以证明纯粹数学中最艰深的定理，也可以着眼现实世界并发明有用的机器。

他在工程学上的成就是传奇般的。他发明了一种用机械方式从地下抽水的奇妙装置（现在被称为阿基米德式螺旋抽水机），还设计出了强力的武器。对天文学和工程学的兴趣让他得以发明一种能展现太阳、月亮以及五颗行星的运动轨迹的机械，以及一种可以测量太阳角直径的仪器。他发现可以用复合滑轮来轻松移动沉重的物体。普鲁塔克这样描述阿基米德向希罗二世展示这一发明的过程：[12]

阿基米德选了皇家舰队的一艘三桅商船。一大群人费尽力气才把它拖至岸边。在船载满乘客和货物后，他坐在不远处，静静地拉动手中的一组复合滑轮，不费吹灰之力就把它平稳地拖向了自己。它就好像滑过水面一般。

这也催生了阿基米德最著名的一句话。依帕普斯所复述：“给我一个支点，我就能撬动地球。”[13]

涅茨说阿基米德既“幽默”又“淘气”。阿基米德有一次故意给出了两个错误的定理，来抓出那些把他的成果据为己有的人。阿基米德写道，他这样做是为了“让那些宣称发现了一切，却给不出证明的人因为断言证明了不可能的事而被驳倒”。[14]

普鲁塔克在他的《马塞卢斯传》中将阿基米德描绘成一个“尽管是工程天才，却最爱纯粹数学的心不在焉的思想家”的浪漫主义形象。我们不知道这是真的，还是只是他的想象。但他写道，我们应该相信下面这些故事：[15]

因为家中有位相熟的塞壬①不断诱惑，他甚至忘记了吃饭，忘记了自我；他常常要被人拖着去沐浴、涂抹膏油。即便在这时，他也要在炉灰中描绘几何图形，用手指在身上的油中画线。他全神贯注，如同真的被缪斯附体一般。

还有：[16]

阿基米德拥有高尚的精神、深邃的灵魂，以及丰富的科学理论知识。尽管他的发明让人们赞誉他拥有过人的睿智，他还是不同意就这些发明留下任何文字。他认为工程师的发明以及那些应日常需要而生的事物是卑贱而粗俗的。只有那些精妙之处和魅力所在不会被世俗需求影响的学问，才值得他努力。他认为这些学问是无与伦比的；在这些学问中，研究对象和其证明互相角力，前者宏大而美妙，后者精确而有力。

① 指科学研究。关于这一比喻还可参见本书尾声。——译者注

圆周长常数

我们通常把π定义为圆周长与直径之比。换句话说，就是$C=\pi d$。还可以用我们更熟悉的形式，$C=2\pi r$。但这一定义的背后隐藏着一个定理：无论是什么样的圆，C/d的值都相等。不过，这一著名的关系，以及它背后暗含的定理，却没有自己的名字。如果我们去问数学家们："谁第一个证明了C/d是常数？"他们的回答很可能是："不是在《几何原本》里吗？"或者："这太明显了，所有圆都是相似的。"而更常见的回答应该是："我不知道。"

我们可能会认为这一命题记载于《几何原本》中。它可能被写作"两圆周长之比等于直径之比"。（换言之，$C_1/C_2=d_1/d_2$。）但是欧几里得没有写下任何关于这一结论的内容。不过，欧几里得和他的前人们很可能知道这一点——它作为知识被传承了下来。关于星辰的圆周运动，亚里士多德写道："圆周运动的速度和它们的大小成比例，这不仅不奇怪，还是必然的。"[17]他所说的大小指的是直径，所以圆周长和直径成比例。因此，我们应该认为欧多克索斯、欧几里得还有剩下的人都知道这一定理，却没法证明它。

"所有圆都相似"这一表述非常有趣，也有一些优点。如果我们把一个图形放大k倍，那么和它相关的所有长度都按同样的倍率增大。一个周长为C、直径为d的圆会变为周长为kC、直径为kd的圆。而$(kC)/(kd)=C/d$。这一"明显"的表述可能解释了为什么许多文明都发现了圆周长常数。但这个回答在数学上并不能让人满意，把它转化为一个严格的证明不是个简单的过程。欧几里得定义了相似多边形，但没有定义相似的圆以及相似的其他曲线。我们不知道他会怎么定义。他可以说如果$C_1:d_1::C_2:d_2$，那么两圆相似。但那正是我们要证明的！此外，我们需要知道如何测量曲线长度，或者用欧几里得更熟知的几何体系来说，比较曲线长度。而这并不是《几何原本》所包括的内容。

关于圆面积的定理则比圆周长的定理更早被证明，因为弧长问题天生就要比面积问题更复杂（你可以随便问一个刚学微积分的学生）。[18] 戈特弗里德·莱布尼茨写道："面积比曲线更容易处理，因为我们可以把它分割，然后用更多的方法来解决。"[19] 尤其是，欧几里得的第五条公理——"整体大于部分"[20]——对面积成立，但对曲线不成立。(《几何原本》开篇有五条公理。它们和公设的区别在于，它们应该适用于所有证明性的科学，而非只是几何。）如图 8.1 所示，如果一个三角形内接于圆，那么深色的三角形部分是圆盘的一个子集。根据欧几里得的公理，三角形的面积比圆面积小。尽管在这个例子中，我们可以直观地看出圆周长比三角形周长要长，但欧几里得的公理并不能保证这一点。而且一般来说，内接多边形的周长并不一定小于圆周长。图 8.1 中右边的多边形的周长就比圆周长要长。事实上，它是分形科赫曲线的作图过程中的第四步。科赫曲线面积有限，但周长却是无限的！

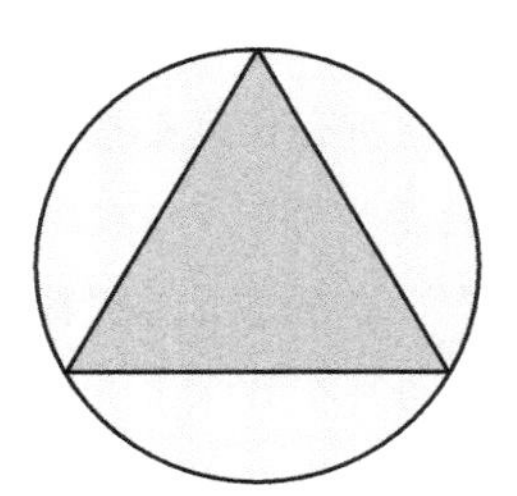
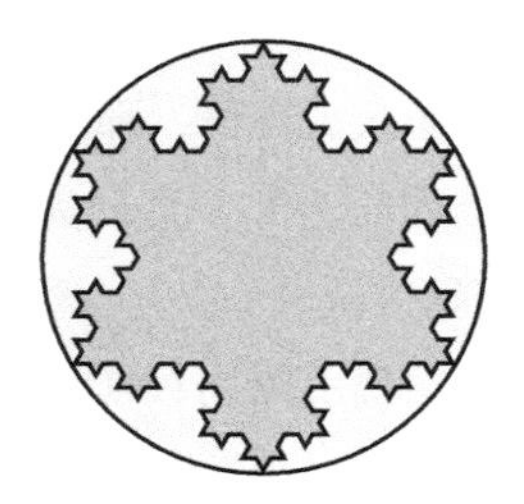

图 8.1　圆内接等边三角形，以及早期的科赫曲线

我们几乎可以确定是阿基米德证明了 C/d 为常数。他很显然知道这一结果；他的数学暗含了这一结论，而且也可以简单地证明它。但没有记录显示他确实地提出了证明。《圆的测量》这本书最有可能包含这一结果，但是我们已经看不到它的全本。现存的版本只有三个命题，而且没有忠实于阿基米德的原书（因为三个结果中有一个明显不对）。戴克斯特豪斯称该抄本“不连贯而且相当粗心”。[21] 在这一抄本中，阿基米德证明了一个结果。该结果与《几何原本》中关于圆面积的定理加在一起，就能证明 C/d 是常数。戴克斯特豪斯指出：“我们现在看到的残卷很可能是一部篇幅更长的作品的一部分。帕普斯称这部作品为《论圆周长》。该书还讨论了更一般的问题，比如圆弧长和弦长的比值。”

《圆的测量》中的第一个命题是“任何圆的面积都等于一个直角三角形的面积，而该三角形一条直角边长为圆半径，另一条直角边长为圆周长”。[22] 这也就是说 $A=\frac{1}{2}Cr$（图 8.2）。

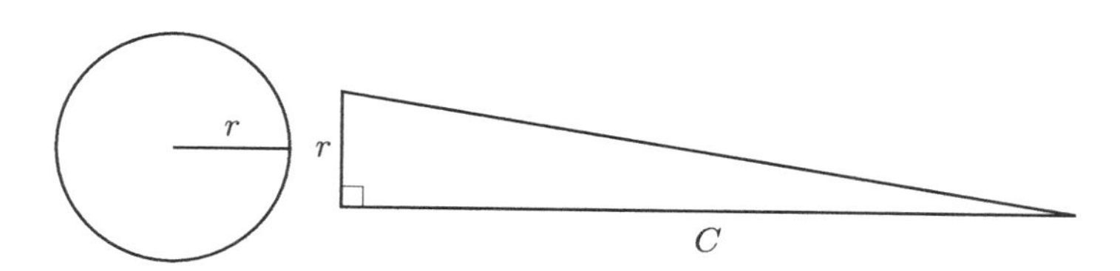

图 8.2　半径为 r、周长为 C 的圆和直角边长度分别为 r 和 C 的直角三角形面积相等

善于观察的读者可能在看到这个命题的时候激动不已，想知道阿基米德是不是成功化圆为方了。毕竟他能证明圆的面积等于一个三角形的面积，而三角形是很容易用尺规化为方形的。这不就是古希腊人所寻求的解法吗？答案是否定的，阿基米德也从没说过这是化圆为方问题的解。这个三角形没法用尺规作出：作一条和圆半径长度相等的线段很容易，但问题出在作另一条直角边，也就是作和圆周等长的线段。这实际上就是化圆为线问题。该定理确实暗示化圆为方与化圆为线问题等价。如果我们能化圆为线，就能作出阿基米德所说的三角形，也就能作出面积相等的正方形。反过来，如果我们能化圆为方，就能作出上述三角形，也就能化圆为线了。

根据阿基米德的结果，以及欧多克索斯关于圆面积的定理，我们离证明 C/d 是常数且等于面积常数就还剩几步代数变换了：

$$\frac{C}{d}=\frac{2A/r}{2r}=\frac{A}{r^2}=\pi$$

证毕。C/d 等于 A/r^2，并且对任意圆都成立。这也就是被我们现在称为 π 的值。

在证明中，阿基米德不加证明地使用了两个关键性的不等式：如果圆周长为 C，设 P_{in} 和 P_{circ} 分别为圆内接正多边形和圆外切正多边形的边界，那么

$$周长(P_{\text{in}})<C<周长(P_{\text{circ}})$$

如图 8.3 所示，假设 AB 是圆的一条弦，ADB 是圆弧，AC 和 BC 是圆的两条切线，如果我们知道 $AB<$ 弧 $ADB<AC+BC$，那么上述不等式成立。

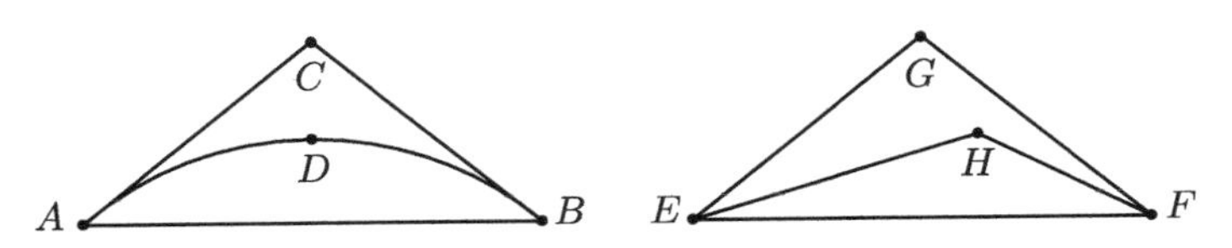

图 8.3　阿基米德原本认定 $AB<$ 弧 $ADB<AC+BC$，而欧几里得证明了 $EF<EH+FH<EG+FG$

有人可能会说这两个不等式显然成立。尤其是第一个，因为两点之间线段最短。不过欧几里得证明了它们在线段情况下成立，也就是如图 8.3 所示，$EF < EH + FH < EG + FG$。[23] 根据普罗克洛所述，伊壁鸠鲁学派嘲笑第一个不等式——也就是三角不等式——过于明显，就连驴都知道它是对的：如果你在三角形的一个顶点放了食物，在另一个顶点放一头驴，这头驴一定会沿直线过去，而不是走另两条边。

我们相信年轻的、经验还没那么老到的阿基米德认为这两个不等式理所当然，而他后来才发现它们没那么简单。他注意到欧几里得的五条公设不足以证明这个定理。在后来的著作《论球和圆柱》中，他加上了两条新的公设。[24]

在《论球和圆柱》的开篇，他提到"如果连接一条曲线上任意两点，该连线要么全落在（曲线的）同侧，要么部分落在同侧，部分在（曲）线上，且没有落在另一侧"，则该曲线凹向同一方向。[25] 图 8.4 中，曲线 ABC、ADC 和 AC 都凹向同一方向，但曲线 AEC 则并非如此。

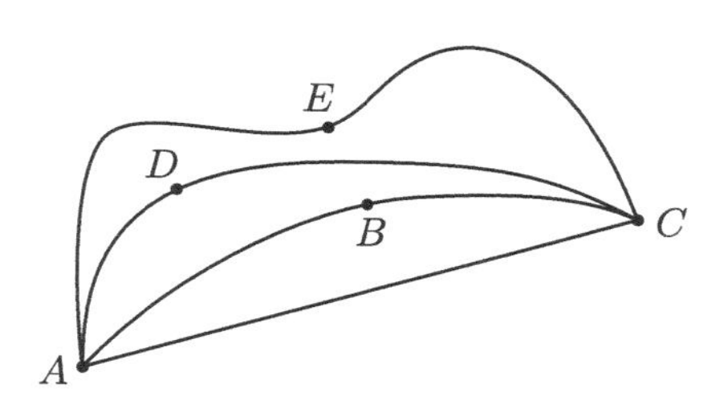

图 8.4　阿基米德的公理意味着 AC 比 ABC 短，而 ABC 又比 ADC 短

然后他给出了下列公设：[26]

（1）所有端点相同的（曲）线中，直线最短；

（2）在所有其他（曲）线中（如果它们在同一平面，并且端点相同），如果两条线凹向同一方向，一条线被另一条线以及同端点的直线全部包含，或者部分包含，部分相等，那么它们不相等，而且被包含的那条线更短。

用图 8.4 中的线来解释的话，（1）意味着 AC 比 ABC、ADC 和 AEC 都短，而（2）意味着 ABC 比 ADC 短。[27]

运用这些公设，阿基米德给出了有关曲线长度的严格论述。首先，“假定这些为真，那么很明显，如果多边形内接于圆，那么它的周长小于圆周长，因为它的每条边都比圆周上端点相同的弧短”。[28] 其次，“如果多边形外切于圆，那么它的周长大于圆周长”。[29]

假定圆半径为 r，面积为 A，周长为 C，我们现在可以描述阿基米德对 $A=\frac{1}{2}Cr$ 的证明了。[30] 阿基米德使用了穷竭法。设 T 为直角边长度分别为 r 和 C 的直角三角形。假设定理为假，也就是说面积 $(T)\neq A$，我们将会证明面积 $(T)<A$ 和面积 $(T)>A$ 都是不可能的。

假设面积 $(T)<A$，那么 $A-$ 面积 $(T)>0$。使用《几何原本》中的一个结果，阿基米德从内接正方形开始，不断加倍边数，直到得到一个内接 n 边形 P_{in}，使得 $A-$ 面积 $(P_{in})< A-$ 面积 (T)。那么面积 $(P_{in})>$ 面积 (T)。正多边形的**边心距**是从其中心到边的距离。设 P_{in} 的边心距为 r'，边长为 s。那么我们有 $r'<r$（图 8.5）。我们可以把 n 边形分为 n 个三角形，每一个三角形的面积都是 $\frac{1}{2}\cdot$底$\cdot$高 $=\frac{1}{2}sr'$。因为周长 $(P_{in})=ns$，周长 $(P_{in})<C$，$r'<r$，我们有

$$
\begin{aligned}
面积(P_{\text{in}}) &= n\left(\frac{1}{2}sr'\right) \\
&= \frac{1}{2}r'(ns) \\
&= \frac{1}{2}r'周长(P_{\text{in}}) \\
&< \frac{1}{2}r'C \\
&< \frac{1}{2}rC \\
&= 面积(T)
\end{aligned}
$$

但我们知道面积 (P_{in})> 面积 (T)，所以这是一个矛盾。

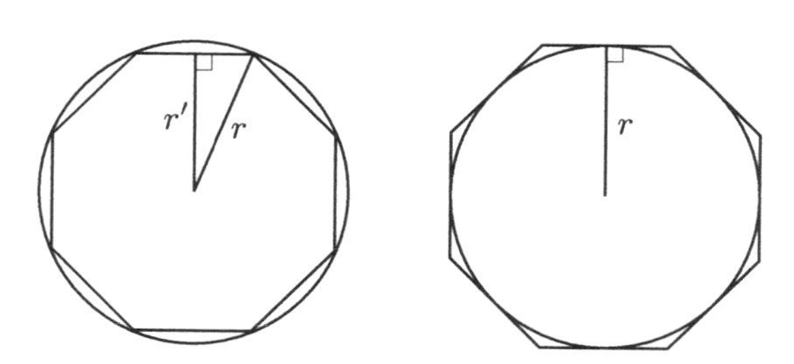

图 8.5　内接和外切多边形的边心距分别为 r' 和 r

接下来，假设面积 (T)>A。阿基米德从外切正方形开始，不断加倍边数，得到一系列外切正多边形。他证明了每当边数加倍，多边形面积和圆面积之差都会缩小超过一半。因此，这个过程最终能得到一个外切正多边形 P_{circ}，使得面积 (P_{circ})−A< 面积 (T)−A。因此，面积 (P_{circ})< 面积 (T)。在这种情况下，P_{circ} 的边心距就是圆半径。和第一种情况类似，我们有

$$面积(P_{\text{circ}})=\frac{1}{2}r\cdot周长(P_{\text{circ}})>\frac{1}{2}rC=面积(T)$$

而这与假设矛盾。因此，定理得证。

阿基米德的π的上下界

尽管阿基米德从未在《圆的测量》中明确提到 C/d 的不变性，但他在第三命题中随意地暗示了这一点。在这一命题中，他给出了著名的上下界：[31] $223/71<C/d<22/7$。

和上一个定理一样，阿基米德还是用了内接多边形和外切多边形来逼近圆。在前一个证明中，他用到了多边形的面积。但在这一证明中，他用的是多边形周长。他从内接和外切正六边形开始，四次加倍其边数，得到了两个 96 边形！图 8.6 中给出了一个圆，以及它的内接和外切六边形。我们没法给出内接和外切 96 边形，因为书页大小和线条宽度所限，它们看起来会和圆没什么区别。[32]

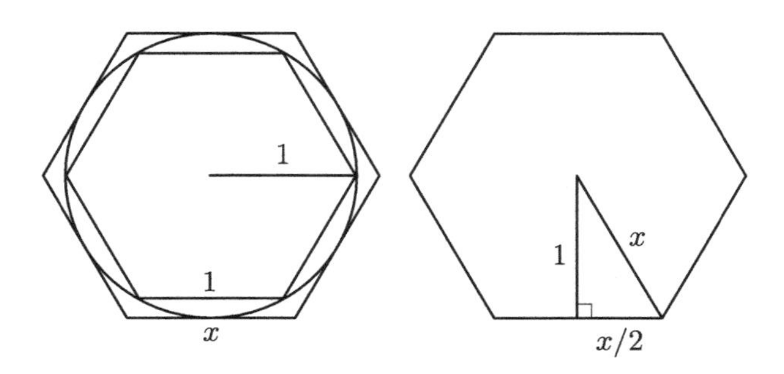

图 8.6　一个内接六边形和一个外切六边形

假设我们有一个半径为 1 的圆和其内接六边形[①]。该六边形的边长恰好是圆的半径，所以其周长为 6。这可以算是圆周长，也就是 2π 的一个粗略近似值。所以这个六边形就给出了 π 的一个下界，也就是 3。如图 8.6 所示，设该圆外切六边形的一条边长为 x（而这也是圆心到它一个顶点的距离）。该六边形的边心距是 1，根据勾股定理，$x=\frac{2}{3}\sqrt{3}$，所以，$\pi<\frac{1}{2}\left(6\cdot\frac{2}{3}\sqrt{3}\right)=2\sqrt{3}$。因此，这两个六边形给出了下述上下界：$3<\pi<2\sqrt{3}=3.464\ldots$

我们当然可以在计算器里按出 $\sqrt{3}$ 来得到一个精确的有理逼近，但阿基米德就没这种好运了。事实上，他所使用的记数法要比我们用的印度 – 阿拉伯数字麻烦得多，所以手工计算出比较精确的近似值是件极其困难的事。尽管人们常常好奇他究竟是如何做到的，但阿基米德不加解释地给出了两个了不起的上下界：$265/153<\sqrt{3}<1351/780$。这两个数精确到了小数点后四位。[33]

但这仅仅是一个开始。随着阿基米德继续加倍边数，他不断地使用勾股定理，并计算更大数值的平方根。比如，他得到了这样两个近似值：

$$\sqrt{5\ 472\ 132+\frac{1}{16}}>2339+\frac{1}{4}\text{ 和 }\sqrt{4\ 069\ 284+\frac{1}{36}}<2017+\frac{1}{4}$$

最终，他得到了这样两个卓越的上下界：$25\ 344/8069<C/d<29\ 376/9347$。[34] 不过，尽管他在得到这个结果后一定很满足，但这两个比值太难记忆了。因此，虽然会让上下界变得没那么紧凑，

① 尽管没有明确写出，但它和马上要提到的外切六边形应该都是上文中提过的正六边形。——译者注

他还是给出了两个更优雅的值[35]

$$\frac{223}{71}<\frac{25\ 344}{8069}<\frac{C}{d}<\frac{29\ 376}{9347}<\frac{22}{7}$$

阿基米德的上下界仍然只是一个开端。在那之后，一代又一代的数字猎人们花上无数时间来计算 π 的更多位数。直到 17 世纪微积分被发明之前，这些人都在使用阿基米德的内接和外切多边形的技巧。

球

几何学生们知道，π 还是个球的常数。球的体积和表面积公式均涉及它。而这也要归功于阿基米德。

《几何原本》中也有一些关于立体图形体积的结果。欧几里得关于平行六面体（盒子状的图形，六面都是平行四边形）和棱柱体积的证明与他对多边形面积的证明区别不大。换言之，这些证明没有用到平面几何之外的新颖想法。

但更复杂的立体图形就需要一些不一样的东西了，比如欧多克索斯的穷竭法。在第 12 卷中，欧几里得用这种技巧证明了欧多克索斯有关体积的几个定理。他证明了三棱锥的体积是同底同高的三棱柱体积的 1/3（图 8.7）。他还证明了圆锥体积是同底同高的圆柱体积的 1/3。用现代术语来说，如果圆锥高为 h，底面半径为 r，那么它的体积是 $\frac{1}{3}\pi r^2h$。

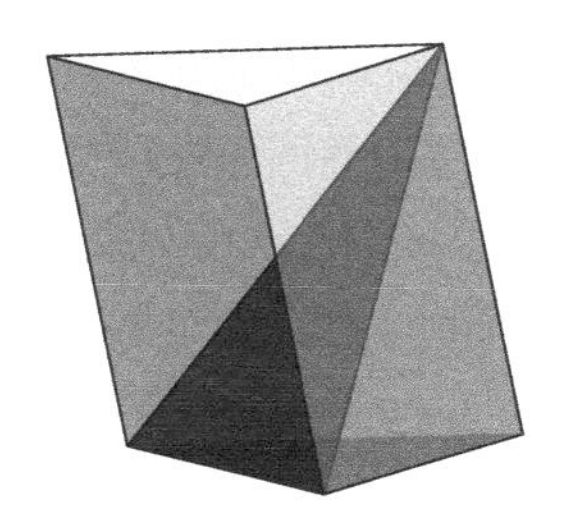
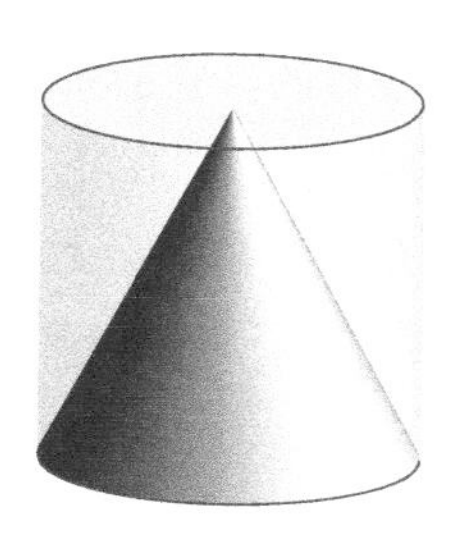

图 8.7　三棱锥体积是包含它的三棱柱体积的 1/3。圆锥体积是包含它的圆柱体积的 1/3

球要比棱锥和圆锥更麻烦，它难倒了欧多克索斯。他最多能够证明两个球的体积之比等于它们直径比的立方（换言之，$V_1 : V_2 :: d_1^3 : d_2^3$）。这和他关于圆面积的定理（见本章“圆面积”一节）类似。正如那个定理暗示圆存在一个面积常数一样，这个定理断言球存在一个体积常数（V/d^3）。

此外，正如弧长比平面面积更难于计算，表面积也比体积更难以捉摸。阿基米德之前的数学家对于球的表面积没有得出任何结果。

这就是阿基米德研究球体问题时数学的现状。在某些例子中，阿基米德可能证明了前人已知但无法证明的结果。圆面积和周长之间关系的定理可能就是其中之一。但是对于球的体积和表面积，他必须自行提出定理并给出证明。

在大多数数学论文中，我们只能看到最终成果——定理及其证明。我们不知道数学家们是如何发现这一结果的。不过幸运的是，阿基米德留下了一些信息，让我们得以了解球体定理的发现过程。他的著作《解决力学问题的方法》[①] 在很长一段时间内被认为失传，但 1906 年人们在一份重写本中发现了它。该重写本是在 10 世纪由

① 该书常被称作 *The Method*，亦即《方法》。——译者注

希腊人所抄写的。它后来在 13 世纪被擦去旧字、重新装订并作为祈祷书被再次使用。在经历了又一次失踪，并因为发霉而几乎毁掉之后，它在一次拍卖会上被匿名人士以 200 万美元购得。在 1998 年与 2008 年间，修复员和物理学家们使用现代影像科技煞费苦心地研究它。

在《方法》中，阿基米德描述了他是如何巧妙地使用物理方法来发现这些结果的。他想象自己把立体物体切成很多薄片〔就像博纳文图拉・卡瓦列里（1598—1647）很多年后做的那样〕。然后，通过使用重心的概念以及杠杆原理，他计算出了球的体积和表面积。但是，阿基米德觉得自己的方法还不够严密，所以他后来又写了《论球和圆柱》，在其中给出了几何证明。

今天我们用公式来表示球的体积和表面积，阿基米德却把它们与已知体积和表面积的物体联系在了一起。他写道："球的体积是以球的大圆为底，半径为高的圆锥体积的 4 倍。"[36] 欧多克索斯（或者欧几里得）告诉我们，圆锥体积是 $\frac{1}{3}\pi r^2 h$。因此，本质上，阿基米德得出了公式 $V=\frac{4}{3}\pi r^3$。至于球的表面积，他是这样表述的："球的表面积是其大圆面积的 4 倍。"[37] 换言之，球的表面积是由其赤道围成的圆盘面积的 4 倍。因此，$S=4\pi r^2$。

阿基米德随后用了一个简洁而优雅的推论来总结圆周长、圆面积、球体积和球表面积这四个结果："在证明这些结果之后，我们显然可知，以球的大圆为底、直径为高的圆柱，其体积比球体积大一半，表面积比球表面积大一半。"[38] 换言之，对于如图 8.8 所示的圆柱（包括它的上下面）及其内接球来说，我们有

$$\frac{3}{2}=\frac{\text{体积(圆柱)}}{\text{体积(球)}}=\frac{\text{表面积(圆柱)}}{\text{表面积(球)}}$$

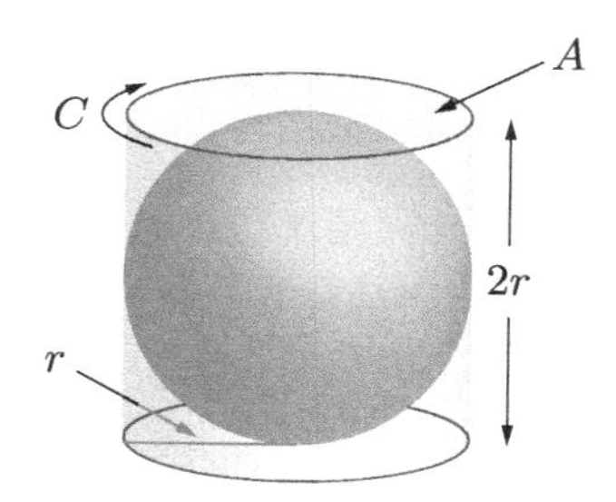

图 8.8　球和包含它的圆柱体的体积及表面积之比都是 3∶2

这尽管看起来是关于球和圆柱这两个三维图形的表述，但圆柱实际上是圆的一种表示方法。圆柱的体积是其底面的圆盘面积（A）乘以圆柱的高度（$2r$）。因此我们有

$$\frac{\text{体积(圆柱)}}{\text{体积(球)}}=\frac{2rA}{\frac{4}{3}\pi r^3}=\frac{2r\cdot\pi r^2}{\frac{4}{3}\pi r^3}=\frac{3}{2}$$

同理，圆柱的表面积是上下两面的面积（都是 A）加上侧面面积。侧面面积等于圆柱高度（$2r$）乘以底面圆周长（C）。因此

$$\frac{\text{表面积(圆柱)}}{\text{表面积(球)}}=\frac{A+A+2rC}{4\pi r^2}=\frac{2\pi r^2+2r\cdot 2\pi r}{4\pi r^2}=\frac{3}{2}$$

阿基米德认为他关于 π 的工作是一项非凡的成就。在《论球与圆柱》的一开始，他就断言，这些结果应该能比肩欧多克索斯的体积公式。[39]

这些性质都是这些（被叫作球和圆柱的）图形与生俱来的，但

是在我之前从事几何研究的人没能发现它们。不过，既然现在已经发现了这些图形具有这些性质，我将毫不犹豫地把它们和我先前的发现，以及欧多克索斯关于立体的定理放到一起。后者的确可以说是最无可反驳的了。

普鲁塔克写道："尽管（阿基米德）有很多卓越的发现，据说他请家人和朋友在他将被埋进的坟墓上放一个圆柱及其内接球，铭文中要刻上他发现的这一比值。"[40]

因为阿基米德揭示了 π 的本质，也给出了精确的上下界，所以我们应该把 π 叫作阿基米德数①。

更多求积法

阿基米德关于曲线图形的工作还推广到了圆以及球表面积之外。当阿基米德开始证明他的定理时，古希腊人已经了解圆锥曲线大约一个世纪了。但是，直到阿基米德之前，没人知道圆锥曲线所围成的面积如何计算。在《求抛物线弓形的面积》中，阿基米德证明了抛物线和它的一根弦 AB（图 8.9）所围成的区域是可以化为方形的。其中，如果点 C 是抛物线上一点，且过点 C 的切线与 AB 平行，那么面积（弓形）$=\dfrac{4}{3}$ 面积（ABC）。

① 现在被称为阿基米德数（Archimedes number）的是另一个流体力学相关的值。π 一般被叫作阿基米德常数（Archimedes constant）。——译者注

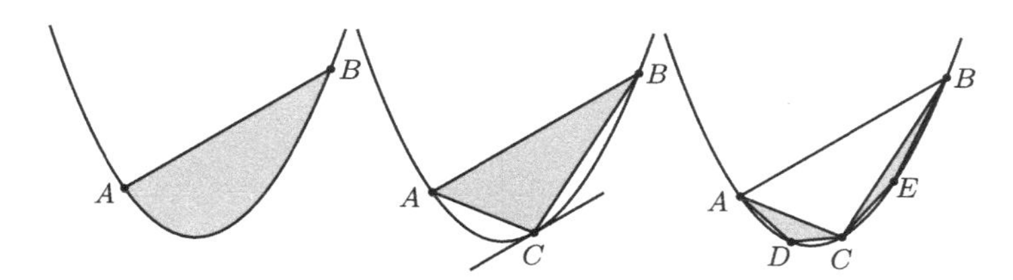

图 8.9 抛物线弓形（左）的面积是三角形 *ABC*（中）面积的 4/3，而后者是两个更小的三角形（右）面积和的 4 倍

对于这一结论，阿基米德给出了不止一个，而是两个证明。第一种证明用到了与《方法》中类似的力学方法。[41] 第二种则是纯粹的几何证明，它是欧多克索斯穷竭法的模范例子。

在第二个证明中，阿基米德发现弦 AC 和弦 BC 又与抛物线围成了两个新的弓形。他在这两个弓形中又内接了三角形 ACD 和三角形 BCE。过点 D 和点 E 的切线分别与 AC 和 BC 平行。阿基米德证明了

$$\text{面积}(ACD)+\text{面积}(BCE)=\frac{1}{4}\text{面积}(ABC)$$

现在，我们就有了四个抛物线弓形，可以在其中再内接三角形了。重复这一过程，我们会在第 n 步添加 2^n 个三角形。此外，在第 $(n+1)$ 步添加的三角形面积和是在第 n 步添加的三角形面积和的四分之一，因此就是 $\frac{1}{4^n}$ 面积 (ABC)。如果我们重复无穷多次，那么最终它们会填满整个抛物线弓形。因此，用今天的符号和术语来表示，抛物线弓形的面积是一个等比数列的和：

$$\text{面积}(\text{弓形})=\left(1+\frac{1}{4}+\frac{1}{4^2}+\cdots\right)\cdot\text{面积}(ABC)$$

根据著名的等比数列求和公式[42]，我们可以得到面积（弓形）$=\frac{4}{3}$面积（ABC）。

当然，阿基米德没有把这个面积写成一个无穷和。他使用了双重归谬法来证明该和不可能比$\frac{4}{3}$面积 (ABC) 大，也不可能比它小。

阿基米德的《引理集》还有两个面积问题。这本书包含了 15 个定理，我们今天看到的是一个阿拉伯文译本。有坚实的证据表明阿基米德并没有写过这本书（书中几次提到阿基米德的名字，而阿基米德自己肯定不会这样写），但学者们相信这些定理是他的成果。在书中，他引入了两种几何图形。更准确地来说是两类图形。他把它们叫作“arbelos”（翻译过来就是皮革刀）以及“salinon”（盐罐）。这些图形是由具有共线直径的半圆围成的。图 8.10 中所示的“arbelos”由直径为 AB、AC 和 BC（C 可以是 AB 上任意一点）的半圆围成。线段 CD 垂直于 AB。阿基米德证明“arbelos”的面积和直径为 CD 的圆面积相同。

图 8.10 中所示的“salinon”是由直径为 PQ、PR、RS 和 QS 的半圆围成的。其中，$PR=QS$。“salinon”的面积等于直径为 TU 的圆面积。

我们可能会猜测，无论是抛物线、“arbelos”、“salinon”、螺线（我们会在第 11 章讨论），还是圆，阿基米德关于面积问题的工作都是为了瞄准终极大奖：化圆为方。不过正如克诺尔所写：“尽管勤恳努力一生……化圆为方问题依然遥不可及。”[43]

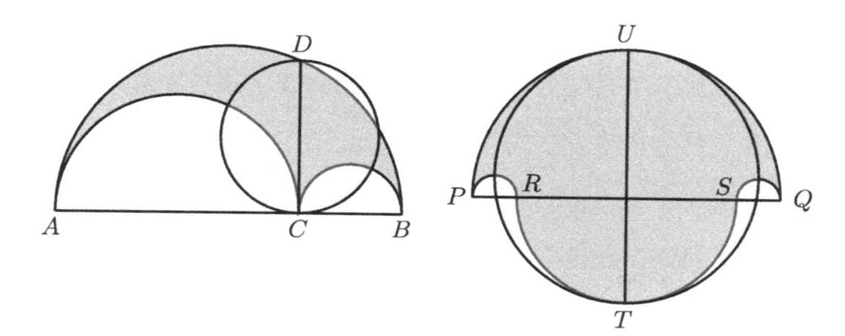

图 8.10 阿基米德的"arbelos"（左）和"salinon"（右）

阿基米德之死

第二次布匿战争（公元前 218—公元前 202）期间，罗马担心锡拉库扎王国可能会和敌人迦太基联手。公元前 214 年，在外交努力失败后，罗马人在将军马库斯·克劳狄·马塞卢斯（约公元前 270—公元前 208）的率领下从海路和陆路围攻锡拉库扎。这座被城墙包围的城市防御极佳。阿基米德作为该城的著名居民，帮助设计了防御工事。普鲁塔克关于阿基米德的防御工事有如下精彩描述：[44]

当罗马人从海路和陆路来袭时，锡拉库扎人被吓傻了，他们认为没人能抵挡这样一支军队如此猛烈的进攻。但阿基米德启动了他的机械，将各种投射物以及巨大的石头扔向陆路的袭击者。这些巨石声音巨大，速度极快，而且没人能挡住它们的重量，它们能粉碎路径上的一切士兵，让他们的军队陷入混乱。与此同时，巨大的木桩从城墙突然射向舰船，用它们的重量砸沉了一部分船；还有一些船的船头被像鹤嘴一样的铁钩抓住，拖向空中，然后被船尾向下投向水面，或是被城中的机械拖向海岸，撞击城墙下方突出的悬崖，让船上的士兵全都殒命。还经常会有船被吊到半空不停旋转，让人看得心惊胆战。等到船上的士兵全被甩向四周，这艘船要么被撞向城墙，要么被从铁钩上放开。

公元前 212 年，在经过两年的奋战之后，罗马人终于攻破了第一座城墙。最终，在内应的帮助下，他们攻入了堡垒。罗马士兵洗劫城市，杀害居民或是让他们沦为奴隶。古罗马史学家李维（公元前 59—约公元 17）描述了阿基米德是如何在研究他钟爱的数学时被罗马士兵杀害的：[45]

当士兵们驻扎进加入罗马阵中的叛逃者们的房子之后，这座城市就成了他们随意劫掠的乐园。热血和贪欲催生了无数暴行。根据记载，阿基米德正一心一意地研究画在地上的图形，完全没注意到一整支军队肆意破坏掠夺城市带来的可怕骚动。一位士兵并不知道他是何人，就杀死了他。马塞卢斯听闻此事后痛苦万分，他安葬了阿基米德，并求见了他的亲属。对他们来说，阿基米德这一名字和对他的回忆都是一种荣誉。

图 8.11 描绘了这一场景。

图 8.11　阿基米德之死（根据古斯塔夫·库尔图瓦作品所作的版画，L. Viardot, 1883, *The Masterpieces of French Art Illustrated, Vol. II*, Philadelphia: Gebbie&Co.）

作为历史上最伟大的数学家、物理学家和工程师之一，阿基米德的一生就这样走到了终点。令人惊讶的是，他甚至都没有很多不及他的数学家出名。就像涅茨所写的："在那些真正伟大的人中，阿基米德算是相对来说被忽视的一位。现在有对牛顿的研究，也有对爱因斯坦的研究，却没有对阿基米德的研究。而这是应该要有的。"[46]

阿基米德那放有球和圆柱的坟墓呢？根据古罗马律师、演讲家、哲学家、政治家马库斯·图利乌斯·西塞罗（公元前 106—公元前 43）的说法，确实建有这样一座纪念碑。他在阿基米德逝世大约 150 年后的公元前 45 年写出了《图斯库卢姆辩论》。他在书中这样描述他在西西里发现的阿基米德之墓：[47]

我要从尘土和树枝中唤起那座城中一个谦卑而无名的人。那就是生活在丢尼修之后很多年的阿基米德。当我在西西里任财务官时，我在过度生长的荆棘遮掩下，发现了他的坟墓。锡拉库扎人不知道这座坟墓，他们不相信它的存在。我记得自己听说过他的墓志铭。据说在他的墓上刻着一个球和一个圆柱。在仔细搜查之后（因为在阿克拉迪纳门附近有许多墓，彼此紧挨着），我发现了一个墓碑，比周围的灌木丛稍高一点儿，上面刻着球和圆柱。当时锡拉库扎的一些领袖和我在一起，我立刻对他们说这就是我要寻找的墓。于是许多人就拿着镰刀开始清理这里。清出一条通道之后，我站在墓碑前，上面碑文的后半部分已经有几节几乎磨平了。

古希腊时代快要结束时，人们对我们现在称作 π 的数已经有很多了解了。但是，化圆为方问题仍然没有得到解决，而且还作为一个解不开的谜题而出名。辛普里丘生活在阿基米德去世 8 世纪后，他的著作在中世纪被广泛传播。他指出，化圆为方和化圆为线问题一直得不到解决，而且，我们可能会证明它们不可能被解决：[48]

人们之所以在化圆为方和化圆为线问题至今也没有答案的情况下继续研究它们，是因为没有人证明它们不可解。这与（正方形）对角线和边不可公度正相反。

最后再提一句，尽管已经写到了阿基米德之死，我们还没有讨论完阿基米德对古典问题所做的贡献——还差得远呢！他会在第 9 章、第 10 章和第 11 章与我们再次见面。

闲话　家中巧算π值

有一天，我在（向一个精算师朋友）解释，如何确定一大群人在未来某一时刻的存活率落在给定范围的概率。我当然就讲到了π。但我只能把它描述成圆周长和直径之比。——“噢，我亲爱的朋友！那肯定是你的错觉：圆和某一时刻的幸存者数量能有什么关系？”——“我没法证明给你看，但它已经被证明了。”——“噢！算了吧！我还以为你能用微分证明任何事呢：放心，这肯定是瞎编的。”

—— 奥古斯塔斯·德·摩根，《悖论汇编》[1]

假设你需要求π值，但没有科学计算器，上不了网，也没有写有π值的老参考书，那你怎么才能用手边的东西算出一个不错的近似值呢？

多边形。你可以用阿基米德的方法，也就是外切和内接多边形。找一个或者画一个正 n 边形——越大越好，边数越多越好。找到它的中心：如果 n 是偶数，那就连接两组对角顶点，两条对角线的交点就是中心；如果 n 是奇数，就作两条边的中垂线。然后测量下面这些量中的两个：边长（s）、中心到一个顶点的距离（r_c）、中心到一条边的垂直距离（r_i）。你可以用等式 $r_i^2+(s/2)^2=r_c^2$ 来计算第三个量。计算多边形周长，$P=ns$。因为 $2\pi r_i < P < 2\pi r_c$，所以我们有 $P/(2r_c) < \pi < P/(2r_i)$。例如，美国标准的停车让行标志（它的边数 $n=8$ 相当小）的测量数据分别是 $s=327$ 毫米，$r_i=395$ 毫米以及 $r_c=428$ 毫米。因此我们可以算出 $3.06 < \pi < 3.31$。

圆周。测量你的自行车轮直径 d。用粉笔给轮胎上与地面接触的点作个记号，也给地面上和轮胎接触的点作个记号。沿直线推动自行车，让轮胎向前转 n 圈，使得轮胎上的记号刚好朝下，再次和地面接触。再给地面的接触点作个记号。测量地面上两个记号间的距离 l。因为 $l=n\pi d$，所以 $\pi \approx l/(nd)$。

圆周。在空停车场中间找一点，用粉笔作一个记号。给粉笔系上一根绳子。让一个朋友站在中间那点，手里握着绳子的另一端，然后你就用粉笔画一个大圆。测量绳子长度，记为 r。找一根更长的绳子（大约为原来的六倍长），然后小心地沿着圆形的粉笔痕迹摆放这根绳子，直到绕了一圈。测量绳子长度，记为 C。那么 $\pi \approx C/(2r)$。

圆面积。用圆规在一张纸上画一个半径为 r 的圆。把这个圆剪下来。然后像切比萨饼那样，把它剪成一些一样大的楔形片，越多越好。比如，我们可以先对半剪，然后剪成四等份，再剪成八等份，以此类推。按图 T.11 所示，把它们重新排列。这可以被近似看成一个高为 r 的长方形。测量它的宽，记为 l。那么它的面积就是 rl，但它也等于 πr^2，所以 $\pi \approx l/r$。

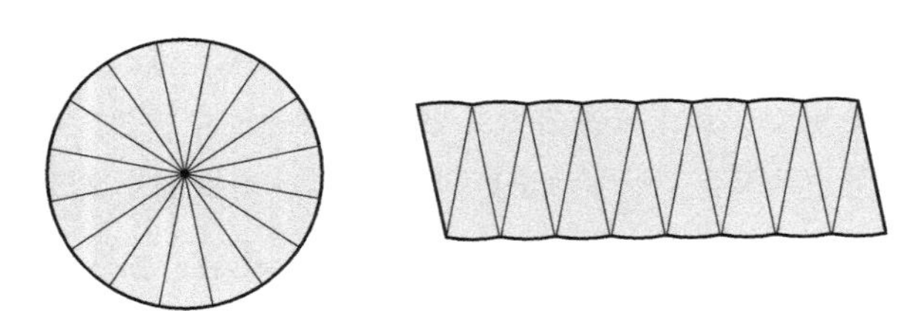

图 T.11　把圆分割成的扇形重新排列，可以近似得到一个长方形

圆面积。找一些坐标纸，越精确的越好。把圆规张开 r 个小格，作一个圆。数一下完全在圆内部的格子数量，记为 A_1。再数一下没有完全在圆外部的格子（换言之，圆可能穿过某些格子）数量，记为 A_u。这样的话，A_1 和 A_u 就是圆面积的下界和上界。因此 $A_1/r^2 < \pi < A_u/r^2$。

圆面积。这个方法需要一台精确的秤，它需要能测量小物件的重量。找一张长、宽分别为 x 厘米和 y 厘米的纸板，或者厚一点儿的卡纸。假设它的重量是 w_0 克。那么它每平方厘米的重量就是 $w_0/(xy)$ 克。在纸板或者卡纸上画一个半径为 r 厘米的圆。仔细地把它剪下来并称重，记为 w_1 克。那么圆的面积就是 w_1xy/w_0。因此，$\pi \approx w_1\, xy/(w_0\, r^2)$。

球体积。找一个和完美球体差不多的球，比如台球。在美式台球中，球直径为 2.25 英寸，也就是 5.715 厘米。找一个量筒，灌一些水（有标记的科学仪器会比厨房器具更精确）。记录下水的体积。把球完全没入水中，再记录一次水的体积。两次的差值就是球的体积。一颗台球的排水量大约略少于 100 毫升。球的体积是 $\frac{4}{3}\pi r^3 = \frac{\pi}{6}d^3$，解得 $\pi = 6V/d^3$。根据测得的数据，我们有 $\pi \approx 6(100)/5.715^3 \approx 3.2$。

和与积。π 有很多用到无穷和或无穷积的优雅的（或者不那么优雅的）公式。我们可以计算头几项来求近似值。计算的项数越多，近似值就越准确。

一个（简单）连分数[2]是具有如下形式的表达式：

$$a_0 + \cfrac{1}{a_1 + \cfrac{1}{a_2 + \cfrac{1}{a_3 + \cdots}}}$$

数列 a_k 可以是有限的（意味着这个数是有理数），也可以是无限的（那它就是无理数）。连分数的历史悠久而有趣。关于连分数有很多美丽的定理。比如，如果取一个无限的连分数，在第 n 项截断，我们就得到了它的第 n 个渐进分数。这些渐进分数就是该数的最佳有理逼近。这里的“最佳”是有数学含义的。取一个实数 x，以及它的任意渐进分数，并把它写成最简分数 a/b。那么 a/b 接近 x，而任何更接近 x 的有理数的分母都要更大。

π 用简单连分数表示就是[3]

$$3+\cfrac{1}{7+\cfrac{1}{15+\cfrac{1}{1+\cfrac{1}{292+\cdots}}}}$$

借助这一连分数的渐进分数，我们就能获得很不错的近似值。比如，第一个渐进分数是 3/1。第二个渐进分数就是阿基米德给出的上界（见第 8 章）$3+1/7=22/7$。接下来的渐进分数分别是 311/99、355/113 还有 99 733/31 746。最后的这个渐进分数已经能给出 3.141 592 641... 这样一个相当精确的近似值了。因此，如果我们知道 π 的连分数表示的前几项，就能用简易计算器算出很精确的近似值。[4]

扔针。[5]1777 年，布丰伯爵乔治 – 路易 · 勒克莱尔发明了一个巧妙的概率学方法来估算 π 值。首先找一个有等间距平行线的表面——木地板算是一个典型例子。假设线与线相隔 w 个单位。接下来拿一根长度为 l 的针或者牙签，然后丢在表面上（图 T.12）。为了简单起见，假定 $l<w$。运用三角学和微积分知识，可以证明针落在线上的概率是 $2l/(w\pi)$。如果我们扔 n 次针，并且它落在线上 c 次，那么 $c/n\approx 2l/(w\pi)$。换言之，$\pi\approx 2ln/(cw)$。

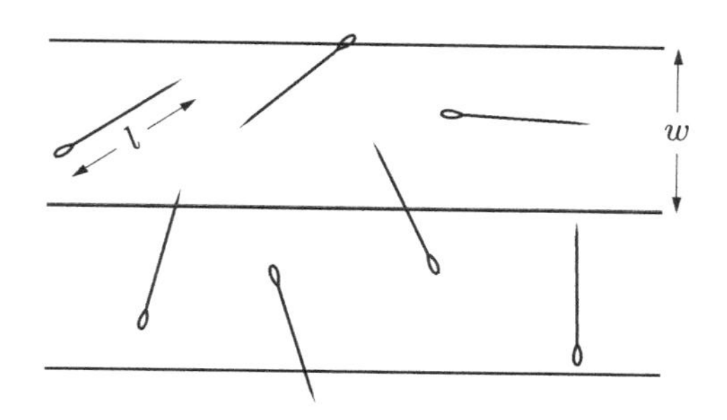

图 T.12　长度为 l 的针落在每块宽度为 w 的地板上

据说，1910 年，意大利数学家马里奥·拉扎里尼朝地上扔了 3408 根针。其中 1808 根落在了线上，而其长度和间距的关系是 $l=5w/6$。因此他得到了近似值

$$\pi \approx \frac{2(5w/6)(3408)}{1808w}=\frac{355}{113}=3.141\,592\,92\ldots$$

拉扎里尼极有可能编造了数据来获得这个精确得吓人的近似值。注意，355/113 就是祖冲之得到的 π 近似值，同时也是我们把 π 的连分数表示的前四项相加得到的结果。

单摆。单摆的周期 T 和其长度 l 之间的关系由公式 $T=2\pi\sqrt{l/g}$ 给出，其中 $g=9.8\ \mathrm{m/s^2}$ 表示重力加速度。只要单摆的振幅不太大，这个公式就成立。因此我们可以用单摆来估算 π。找一根长绳子，然后在其末端系上一块重物。测量单摆从悬点到重物的重心的距离，记为 l。让单摆以较小的振幅摆动。测量其周期（比如，测量它摆动 n 次所需的时间，再除以 n）。那么 $\pi\approx\frac{T}{2}\sqrt{g/l}$。

科学计算器。假设你有一台科学计算器，那只需按一下 π 键就好了。就这么简单。好，那如果你的 π 键掉了呢？如果你知道 π 大

约是多少，而且计算器上的正弦键没坏，就可以使用下述的迭代过程。我们从 π 的一个近似值 p_0 开始。把它代入函数 $f(x)=x+\sin x$，就得到了一个新的数 $p_1=p_0+\sin p_0$。如果 p_0 精确到小数点后 n 位，那么 p_1 能精确到小数点后 $3n$ 位。例如，$3.14+\sin(3.14)=3.141\,592\,652\,9\ldots$。注意，要使用这个方法，我们需要把计算器设置在弧度模式，而非角度模式。[6]

概率。如果两个正整数的最大公约数是 1，那么它们互质。比如，10 和 21 就互质，而 10 和 15 则不互质（它们都能被 5 整除）。1881 年，恩纳斯托·切萨罗（1859—1906）证明了[7]两个随机正整数互质的概率是 $6/\pi^2$。这个定理为我们提供了多种估算 π 的方法。我们可以使用非概率性的方法，直接计算出互质且满足 $a, b \leqslant n$ 的 (a, b) 有多少对。如果有 m 对，那么 m/n^2 就大约是 $6/\pi^2$，整理可得 $\pi \approx \sqrt{6n^2/m}$。例如，在小于等于 10 的数中，有 100 对数（比如，(2, 3) 和 (3, 2) 算作两对）。其中，63 对是互质的，[8]那么我们就能得到 $\pi \approx \sqrt{6\cdot 100/63}=3.086\ldots$。在 1 和 100 之间的 10 000 对数中，有 6087 对互质的数，因此 $\pi \approx \sqrt{6\cdot 10000/6087} \approx 3.1395\ldots$。如果我们用 1 和 1000 之间的数，就会有 608 383 对数互质，计算出的 π 大约是 3.1404...。

我们也可以用概率学的方法。假设一个房间里有 $2n$ 个人，我们让每一个人都挑选一位同伴。每个人都选择一个随机数，这个数可以有任意位数字。然后同伴要判断两个人选择的数是否互质。如果有 m 对数互质，那么 $\pi \approx \sqrt{6n/m}$。当然这很可能得到一个非常粗略的近似值，这是因为 n 很小，而且人们并不擅长选择随机数（或者判断两个数是否互质）。另一种方法是用计算机生成随机数。

我们列了一张表[①]，生成了1000对1和1000之间的数，在这之中有609对数互质，因此 $\pi \approx \sqrt{6 \cdot 1000/609} = 3.1388\ldots$。

用飞镖积分。图T.13中的四分之一圆的面积是π/4。我们可以通过扔飞镖来估算它的面积。用不着真的扔飞镖，我们可以使用随机数对 (x, y)，其中 $0 \leqslant x \leqslant 1$，$0 \leqslant y \leqslant 1$。随着飞镖数量趋近于无穷，落在四分之一圆内的飞镖的数量——或者说点的数量——应该占总数的π/4（因为1×1的正方形面积是1）。因此，这个比值可以用来估算π。这种计算面积的方法被称为蒙特卡洛积分。图T.13中的100个点是用电子表格软件的随机数生成器生成的。其中，79个点落在了圆内。因此，我们得到了近似值 $\pi \approx 4 \cdot 79/100 = 3.16$。

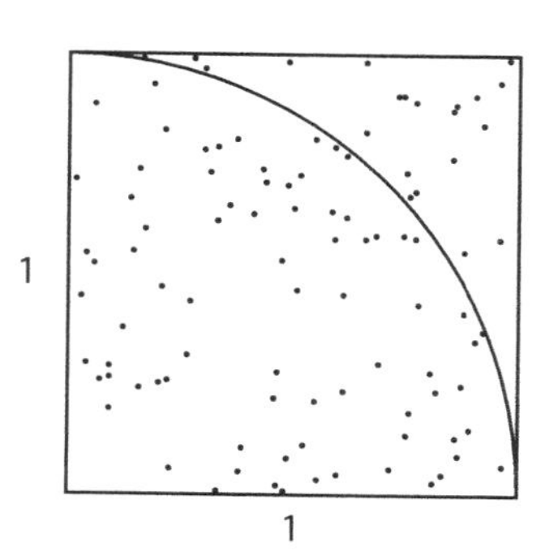

图T.13　用飞镖估算π

① 这里指作者自己进行的实验。——译者注

第9章

七边形、九边形以及其他正多边形

想象有一大张纸。上面画着直线、三角形、正方形、五边形、六边形以及其他图形。它们并非固定在原地，而是可以在平面四周、上面或是里面自由移动。但它们不能浮起来，也不能沉下去。它们就像影子，只不过有形体，而且边在发光。这样你应该就能对我的祖国和同胞有一个正确的认知了。

——埃德温·A. 艾勃特，《平面国：多维空间传奇往事》[1]

在数学文献中，我们常常能看到对三个古典问题的引用。很多学者会忽略作正 n 边形问题。这太令人遗憾了。它本是个迷人的问题，历史悠久而有趣。它完全应该和其他三个问题平起平坐。

正多边形是《几何原本》的重要组成部分。整个第四卷都是关于内接和外切几何图形的。在这一卷中，欧几里得作出了很多多边形。但还有无穷多的多边形，无论是他还是其他古希腊数学家都无法作出。在边数不超过 25 的正多边形中，有超过一半都令他们无法作图。这包括正 7、9、11、13、14、17、18、19、21、22、23 和 25 边形。正七边形和正九边形已经成了这一古典问题的代表图形。我们会介绍数位试图作出正七边形的数学家，而正九边形则把这个问题和三等分角联系了起来。

第四个问题落到如此境地多少让人有些惊讶，因为正多边形在艺术、建筑以及工程领域无处不在。或许这是因为最常见的多边形都是可以作图的。等边三角形、正方形还有正六边形都可以铺满平面，因此可以用作地面嵌花。

尽管《冰与火之歌》[2] 中出现了《七星圣经》，明日巨星合唱团以及彼得・维瑟奥的歌中出现了九边形 [3]，我们还是不太能碰到“野生的”七边形和九边形。

六边形和等边三角形

作圆的内接等边三角形和正六边形非常容易。《几何原本》中的第一个作图就是等边三角形。诚然，那不是个圆内接三角形，但是我们可以用命题 IV.2 来把一个相似的三角形内接到圆中。不过，那就有些复杂了。欧几里得在命题 IV.15 中给出了一个快速作圆内接正六边形的方法。利用这个六边形，我们可以轻而易举地得到一个内接等边三角形——只要每隔一个点连线即可。

圆内接正六边形背后的关键在于该六边形的边长等于圆半径。设圆心为 P，圆上一点为 A（图 9.1）。连接 AP 并延长，交圆于 D。以 A 为圆心、以 AP 为半径作圆，交圆于 B 和 F。然后连接 BP 和 FP 并延长，分别交圆于 C 和 E。那么 $ABCDEF$ 就是一个正六边形，而 ACE 是一个等边三角形。

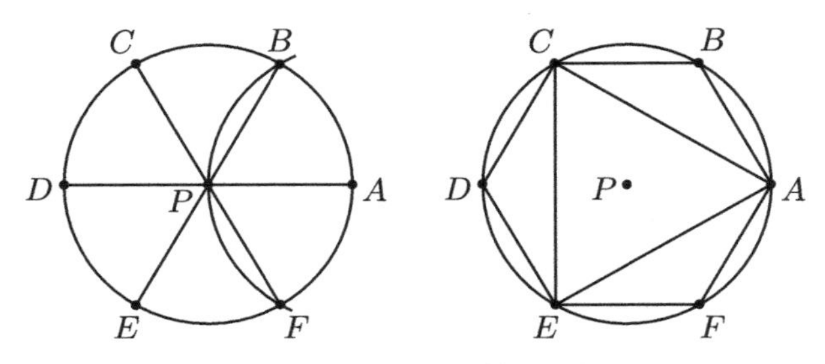

图 9.1　作正六边形和等边三角形

正方形

欧几里得在第一卷中就给出了正方形的作法，但圆内接正方形的作法是在第四卷中给出的。设圆心为 P，圆上一点为 A。作直径 AC（图 9.2）。然后过 P 作 AC 的垂线，交圆于 B 和 D。那么 $ABCD$ 就是一个正方形。

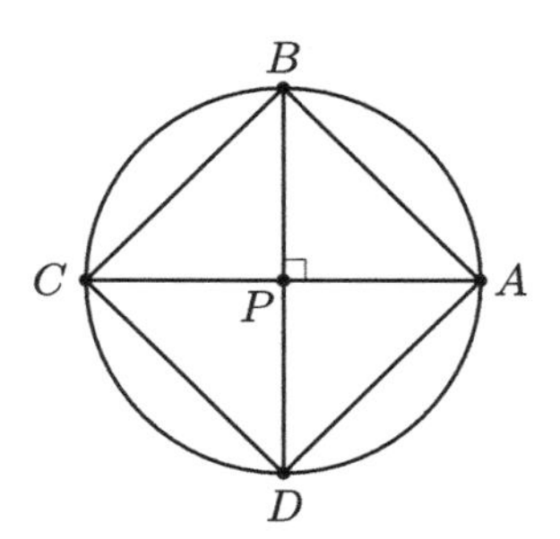

图 9.2　作圆内接正方形

五边形

欧几里得作圆内接正五边形的方法是杰出的。它几乎用到了前四卷中所涉及的全部几何知识。整个作图需要 35 步，多少有些麻烦。但是其核心在于作一个如图 9.3 所示的等腰三角形 ABC。该三角形的底角是顶角的两倍（也就是一个三个内角分别为 36°、72°、72° 的三角形）。然后作 $\angle BAC$ 和 $\angle ABC$ 的角平分线，分别交圆于 D 和 E。那么 $ABCDE$ 就是一个正五边形。

1893 年，赫伯特 · 里奇蒙德给出了下面这个更简单的方法。首先作两条互相垂直的直径 OP 和 OQ（图 9.4）。设 R 为 OQ 中点。连接 PR，作 $\angle ORP$ 的角平分线，交 OP 于 S。过 S 作 OP 的垂线，交圆于 T 和 U，那么 P、T 和 U 就是正五边形的三个顶点。用这三个点可以得到五边形的边长，然后就可以作出剩下的两个点。[4]

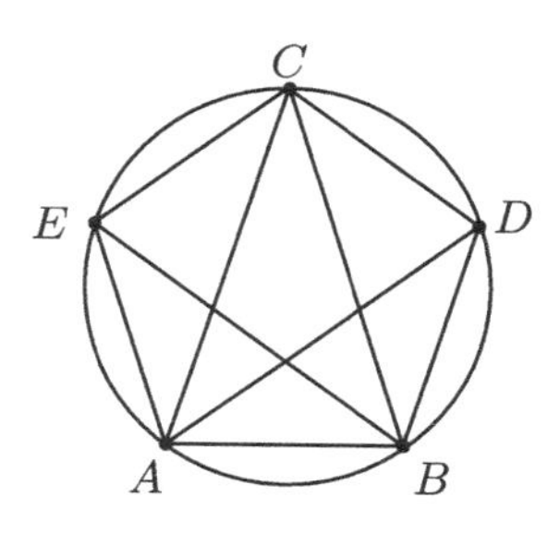

图 9.3　欧几里得的正五边形作法

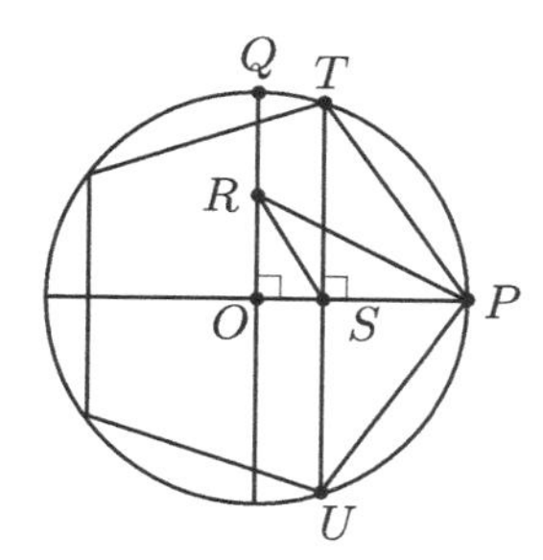

图 9.4　里奇蒙德的正五边形作法

十五边形和其他可作图多边形

在第四卷的最后一个命题中，欧几里得描述了如何作圆内接正十五边形。首先作一个内接等边三角形和内接正五边形，它们有一个公共顶点 A（图 9.5）。设 AB 和 AC 分别是三角形和五边形的一条边。那么弧 AB 就是圆周的 1/3，而弧 AC 是圆周的 1/5。所以弧

BC 就是圆周的 1/3－1/5＝2/15。因此，如果作弧 BC 的中点 D，我们就得到了十五边形的两条边：CD 和 BD。我们可以用这两条边来作出剩余的边。尽管欧几里得没有指出这一点，但该等边三角形和五边形的顶点均为所要求作的十五边形的顶点。事实上，因为弧 AE 是圆周的 2/5，弧 AB 是圆周的 1/3，且 2/5－1/3＝1/15，所以弦 BE 也是十五边形的一条边。

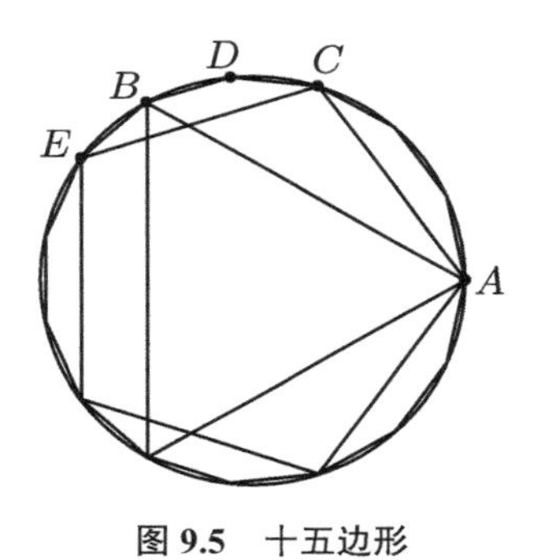

图 9.5　十五边形

至此，我们自然要问，究竟哪些正多边形是可以作图的？欧几里得解决了边数为 3、4、5、6 和 15 的情况。尽管没有明确说明，但他知道，已知一个圆内接正 n 边形，就能通过等分顶点之间的弧来得到正 $2n$ 边形。这一过程可以重复下去。我们可以从五边形开始，加倍边数来得到一个十边形，然后得到二十边形、四十边形等。简而言之，欧几里得和之后的古希腊人可以作图的正 n 边形，需要 n 可以表示成 2^k、2^k3、2^k5 或是 2^k15 的形式。而这个列表是否完整，就不得而知了。

在结束这个话题之前，让我们先回到作十五边形的问题。它是通过作等边三角形和正五边形来解决的。这并不是偶然，因为 $15=3\cdot5$。假设 p 和 q 互质，根据数论的一个标准结论，存在整数

a 和 b，其中一个为正，一个为负，使得 $1=ap+bq$。等式两边同时除以 pq，我们得到 $\frac{1}{pq}=a\cdot\frac{1}{q}+b\cdot\frac{1}{p}$。这一关系意味着，如果我们作圆内接正 p 边形和正 q 边形，并让它们共享一个顶点，那么只要沿同一方向数它们的顶点，q 边形的第 $|a|$ 个顶点和 p 边形的第 $|b|$ 个顶点就是正 pq 边形的两个相邻顶点。

例如，3 和 5 都是质数，所以它们互质。那么肯定有这样一个等式：$1=2\cdot3+(-1)\cdot5$。等式两边同时除以 15，我们得到 $2/5-1/3=1/15$。所以就像图 9.5 中看到的那样，等边三角形的第一个[①]顶点和五边形的第二个顶点都是十五边形的顶点。

那这和可作图的正多边形又有什么关系呢？假设 $p_1, \cdots, p_m$ 是不同的奇质数，如果我们能作出边数为这些数的正多边形，那么就能作出正 $(2^k p_1\cdots p_m)$ 边形。所以，理论上，如果我们真的能作出正七边形，那就也能作出有 $21=3\cdot7$、$35=5\cdot7$、$105=3\cdot5\cdot7$、$42=2\cdot3\cdot7$ 或是 $140=2^2\cdot5\cdot7$ 条边的正多边形。

但是这一结论无法帮助我们作出任何新的正多边形，因为我们只知道两个奇质数条边（也就是 3 和 5）的正多边形的可作图性。不过，我们至少有了一个可以在需要时应用的框架。正七边形、正十一边形、正十三边形、正十七边形等是否可作图？如果其中任何一个可以作图，我们就又多了很多可以作图的正多边形。

然而，即便知道所有奇质数条边的正多边形是否可作图，这还是离“哪些正多边形可以作图”这一问题的完整回答有很大距离。比如，如果 p 是奇质数，而正 p 边形可作图，那么我们不知道正 p^2

① 这里的“第一个”是指点 A 之后的第一个点，也就是点 B。下面的“第二个”同理，是指点 E。而就像上面提到的，点 B 和点 E 确实是圆内接正十五边形的两个相邻顶点。——译者注

边形或是正 p^3 边形等是否可以作图。等边三角形可以作图并不能保证正九边形也可以作图，因为正 3^2 边形实际不能作图！

阿基米德的七边形作法

关于古希腊人的七边形作法，我们仅有一个例子。当然，它不是尺规作图。这方法归功于阿基米德，但我们今天能看到的仅有 9 世纪的一个破损的阿拉伯语译本。该译本于 18 世纪得到修复。当时，它被称为《阿基米德的七等分圆之书》。[5]

这一作法依赖于非正统的作图法，十分巧妙。如图 9.6 所示，我们首先作正方形 $ABCD$ 及其对角线 AC，然后延长 AB。随后的步骤就不太寻常了：过 D 作直线交 AB 于 F，使得三角形 CDE 和 BFG 面积相等。这一步无法用尺规实现。一旦作出这条直线，就过 E 作 AF 的垂线交 AF 于 H。现在我们就可以作七边形了。取线段 $AHBF$，作点 I，使得 $HI=AH$，$BI=BF$。这样，A、I 和 F 就是正七边形的顶点。用尺规可以作出这三点所构成的圆，然后就可以作出剩下的点。（注意，直线 HI 和 BI 与圆的另外两个交点也是七边形的顶点。）该图形是正七边形的证明从略。[6]

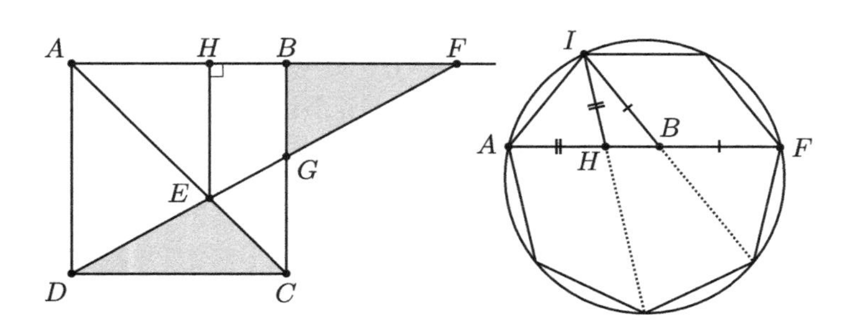

图 9.6　一个可能是阿基米德提出的正七边形作法

闲话　三等分角需要时间

时间和耐心是最强大的两个战士。

——列夫·托尔斯泰，《战争与和平》[1]

在这篇闲话当中，我们会介绍两个不同寻常的三等分角工具：时钟和圆柱。

用时钟三等分角。李奥·莫泽发现能用一台普通的模拟时钟（前提是它足够准确）来三等分任意角 θ。[2] 首先我们等到正午（或者简单地把它调到 12 点）。让钟的两根指针和角的一边对齐，然后把钟的中心和角的顶点重合。等到分针走到角的另一条边时，时针就走过了 $\theta/12$ 的角度（图 T.14）。用尺规将该角加倍两次，就得到了 $\theta/3$。

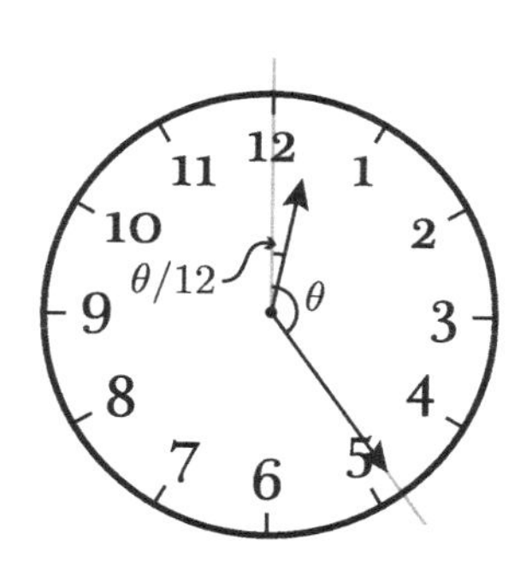

图 T.14　当分针走过 θ 时，时针走过了 $\theta/12$

用圆柱三等分角。如果能使用三维工具圆柱的话，我们就可以解决部分古典问题。

假设我们有尺规和一个用纸围住的圆柱，而我们的目标是三等分角。[3] 首先把角 $\angle ABC$ 画到圆柱底面上，使得 B 和底面圆心重合，而 A 和 C 在底面圆周上（图 T.15）。用一张纸围住圆柱的侧面。在纸上标出 A 和 C。然后把纸展平，放到平面上。三等分线段 AC（见第 1 章尾注 [9]），得到三等分点 D 和 E。把纸重新围在圆柱上，让纸上的点 A 和点 C 与底面上的点 A 和点 C 对齐。这样，BD 和 BE 就是 $\angle ABC$ 的三等分线了。

我们还可以用这个方法把 $\angle ABC$ 任意等分。此外，如果我们把这张纸的整条边当作线段 AC，就能用同一方法来作任意正多边形。

图 T.15　用被纸围住的圆柱三等分角

当然，纸的底边长 $2\pi r$，r 是圆柱的底面半径。用这张纸（使用第 15 章中的方法）不难得到一个边长为 $\sqrt{\pi}r$ 的正方形。这样，我们就把圆柱的底面化圆为方了。

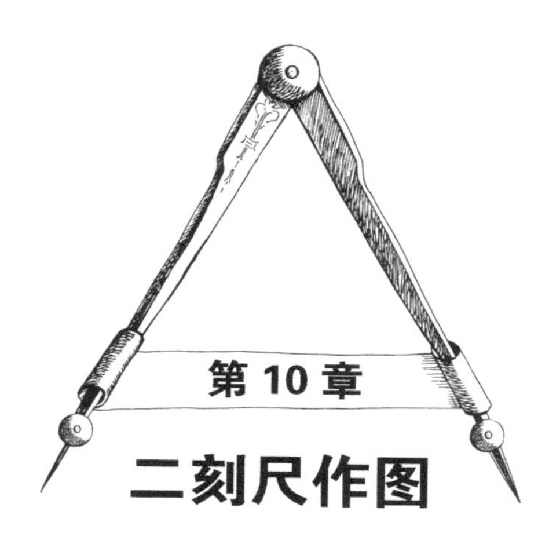

第10章 二刻尺作图

W. B. 兰塞姆（美国塔夫茨大学）用他敏锐的双眼在报章杂志上看到一个计算器公司“悬赏1000美元，征求能用尺规化圆为方、倍立方和三等分三角形的一个角的人”。数学协会的一个会员将该公司告上法庭，声称他已经成功地化圆为方。法官裁定他不曾成功。好吧，好吧，好吧！又来了！就和以前一样。我们可以给该公司提一个忠告：下次最好注明直尺不能有刻度。还有就是确保要三等分的是任意角。然后他们才能放心，因为这三个作图均不可能完成。我们衷心希望这一点能为大众所知。

——《数学拾遗》，《数学杂志》，1948[1]

尽管古希腊人使用尺规作为他们的几何学的基础，但偶尔也会无视这一典范。我们已经看到，他们会使用诸如圆锥曲线的其他曲线。他们也会使用其他工具，例如埃拉托斯特尼的中项尺。我们现在来看看传统直尺的一个变种——带有两个刻度的直尺。[2] 这一开始看起来可能有些普通。用圆规和这把刻度尺还是只能画出直线和圆，但它赋予了我们一种新的作图方法。这一方法让我们能够解决部分古典问题。

刻度尺

这项新技巧被称为“neusis”，它的意思是“濒于”或“倾向于”。已知一点和两条曲线（可以是直线，也可以是圆），我们可以让刻度尺经过该点，并且让两个刻度分别位于两条曲线上。然后就可以沿着刻度尺作直线了（图 10.1）。

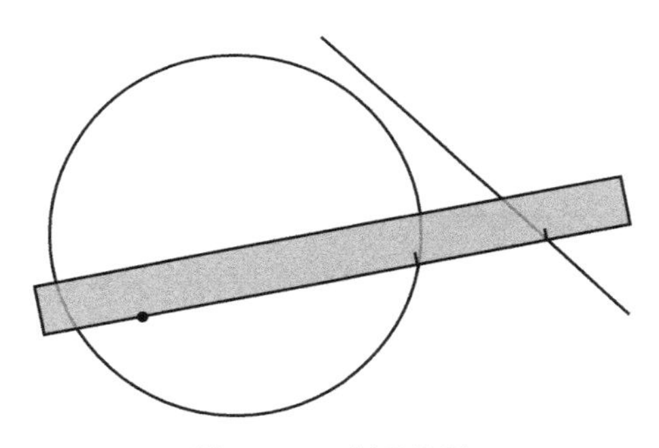

图 10.1 二刻尺作图

帕普斯给出了下面这个二刻尺作正五边形的方法。假设我们有线段 AB，并且要以它为边作五边形（图 10.2）。以 B 为圆心、以 AB 为半径作圆。作 AB 的中垂线。在直尺上标记出距离为 AB 长度的两点。随后使用二刻尺：过 A 作直线交圆于 C，使其在圆和中垂线之间的距离等于两个刻度之间的间距；假设两个交点分别为 C 和 D，那么 D 就是五边形的一个顶点。作剩下的顶点就很简单了。该图形是正五边形的证明从略。但需要注意的是，如果我们在五边形内部画出五角星，AD 和 BE 会交于 C。

这一作图作为第一个例子非常合适。它非常简单，比用直尺的复杂作法有效率得多。但是，用二刻尺的真正价值不在于效率，而在于它让我们能作出尺规无法作出的图。

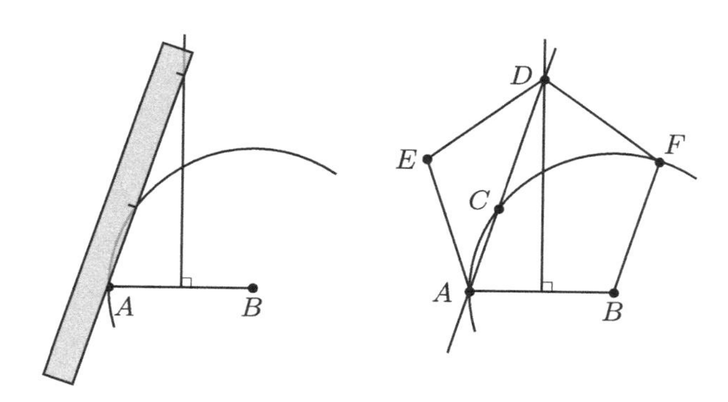

图 10.2　二刻尺作正五边形

在本例中，我们是在作图的过程中，根据问题中的一个长度来给直尺标上刻度。如果是一把标记好刻度的直尺怎么办？如果有一把刻度间距为 a 个单位长度的直尺，我们能把它当作一把刻度间距为 b 个单位长度的直尺来用吗？令人惊讶的是，答案是肯定的！我们只需要把图中相关部分以某点 O 为基准缩放 a/b 倍，[3] 然后用二刻尺作图，最后再把所有图形的大小还原（以 O 为基准，缩放 b/a 倍）。这很麻烦，也很花时间，但是确实是可能的。要点在于，无论是标好刻度还是在作图过程中标刻度，都不会影响作图。

二刻尺作图是一种古老的古希腊方法。它最早出现在希波克拉底的半月形作法中（第 7 章图 7.10 中右侧的半月形）。这个半月形和五边形都可以不用二刻尺——该半月形也是尺规可作图的。[4] 二刻尺最著名的应用就是阿基米德优雅的三等分角解法，而这是无法用尺规作出的。我们会在下一节介绍阿基米德的作法。据帕普斯所述，阿波罗尼奥斯写了一本两卷篇幅的书来介绍二刻尺方法。不幸的是，该书业已失传。在第 14 章，我们会看到 16 世纪的法国数学家弗朗索瓦·韦达从帕普斯的书中获得灵感，提议给欧几里得的公理加上使用二刻尺的选项。

阿基米德的三等分角

阿基米德优雅的三等分角解法出现在《引理集》中。假设我们想要三等分锐角 $\theta=\angle ACB$（图 10.3）。[5] 为简单起见，假设 AC 和 BC 的长度都等于二刻尺上刻度的间距。以 C 为圆心作圆，经过 A 和 B。然后我们使用二刻尺：移动直尺，使它经过点 B，而其刻度和圆还有 AC 的延长线重合。设直尺交延长线于 D，则 $\angle BDC=\theta/3$。[6]

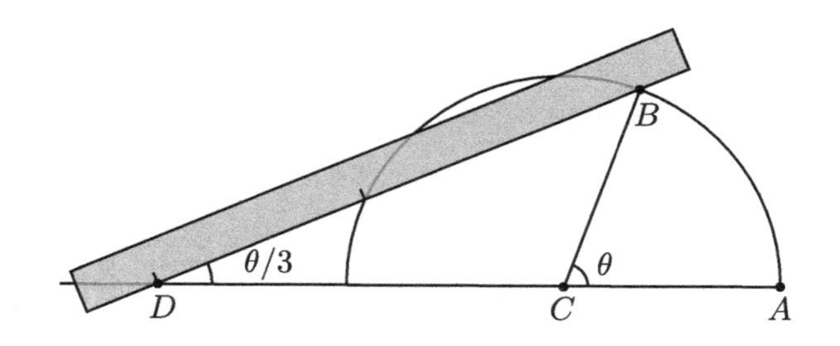

图 10.3　阿基米德的二刻尺三等分角作法

令 E 为 BD 和圆的交点（图 10.4）。根据假设，$BC=CE=DE$，因此三角形 CDE 和 BCE 都是等腰三角形，而等腰三角形的两底角相等。如图所示，设它们的底角分别为 α 和 β。根据初等几何知识，我们有 $2\beta=\alpha+\theta$ 以及 $\beta=2\alpha$。把第二个等式代入第一个，解得 $\alpha=\theta/3$。

帕普斯的《数学汇编》成书于阿基米德去世 500 多年之后。其中介绍了一个阿基米德的解法的变种。该方法很可能发明于公元前 3 世纪。[7] 它也是二刻尺作图，但使用了两条直线。我们想要三等分锐角 $\theta=\angle CBF$；如图 10.5 所示，假设 BC 是长方形 $BFCG$ 的对角线。在直尺上以 $2BC$ 为间距标记刻度，然后按以下步骤二刻尺作图：过 B 作直线，使得 CF 和 CG 长度均为 $2BC$；直线交 CG 于 D，交 CF 于 H，则 $DH=2BC$ 且 $\angle DBF=\theta/3$。

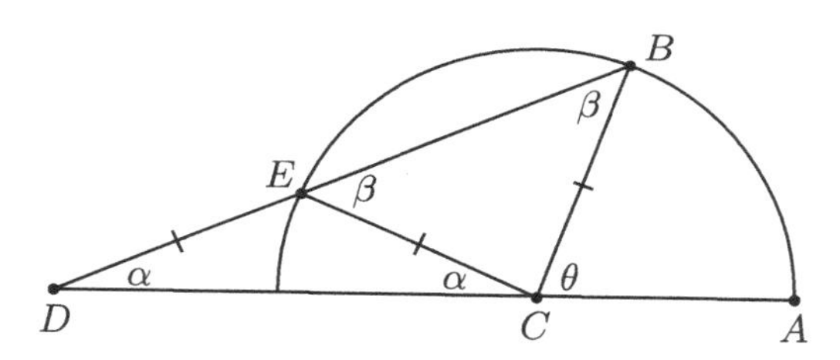

图 10.4　因为 $BC=CE=DE$，所以 BCE 和 CDE 都是等腰三角形

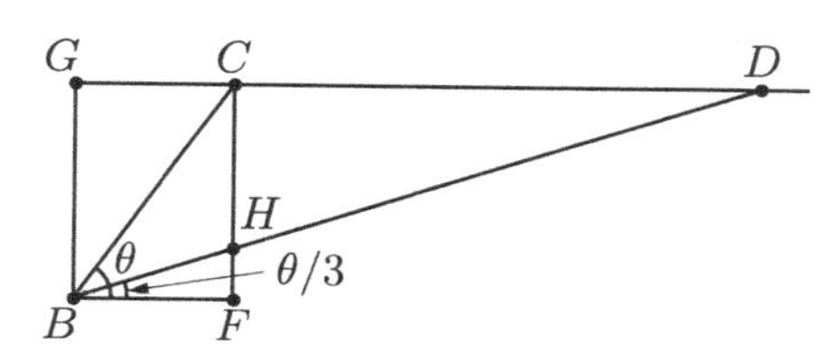

图 10.5　帕普斯的二刻尺三等分角作法

要证明该作法正确，首先作 DH 的中点 E 并连接 CE（图 10.6），则 $BC=EH=DE=CE$。根据作图步骤中所述，前三项已经相等，我们只需要证明它们和 CE 长度相等。我们知道 CDH 是直角三角形，所以如果作它的外接圆，DH 就会是外接圆的直径。这意味着 E 就是圆的圆心，所以 EH、DE 和 CE 都是圆的半径。因此 CE 和其他三项长度相等。

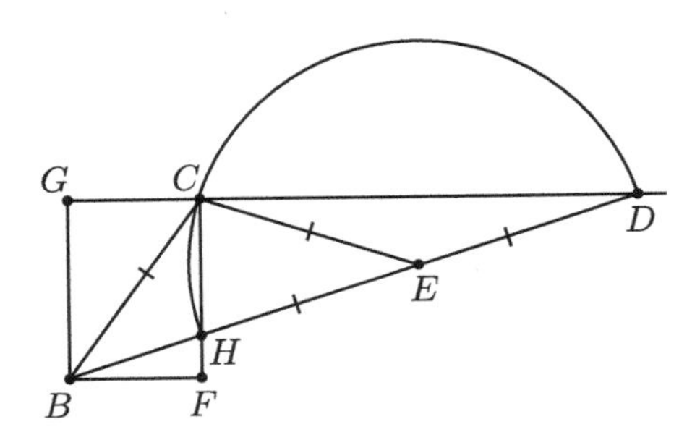

图 10.6　在帕普斯的作法中，*BC*=*EH*=*DE*=*CE*

接下来，如图 10.7 所示，以 C 为圆心、以 BC 为半径作圆，延长 DG 交圆于 A。至此，我们可以应用阿基米德的结果（图 10.7 就是将图 10.6 上下颠倒的结果，但我们没有改动各点的字母表示），以及 AD 平行于 BF 这一事实。因此，$\angle DBF=\angle BDC=\frac{1}{3}\angle ACB=\frac{1}{3}\angle CBF=\theta/3$。

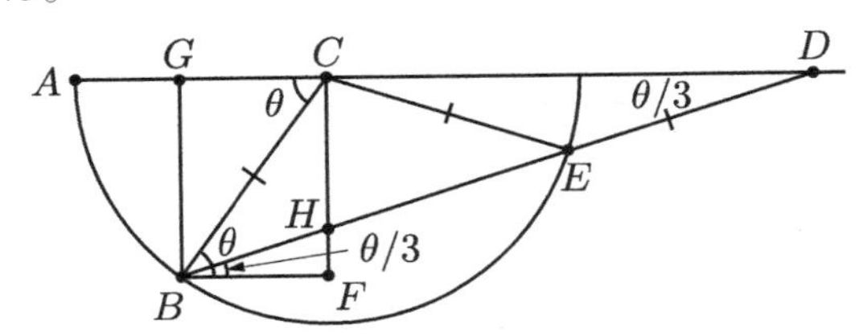

图 10.7　帕普斯的二刻尺作法其实就是阿基米德作法的另一形式

三等分角的一个副产物就是作正九边形。假设我们有一个圆，圆心为 O。首先在圆上作三点 A、B 和 C，使得 ABC 是等边三角形（图 10.8）。然后我们在圆上作点 D，使得 OD 三等分圆心角 $\angle AOC$。则 CD 就是九边形的一条边。

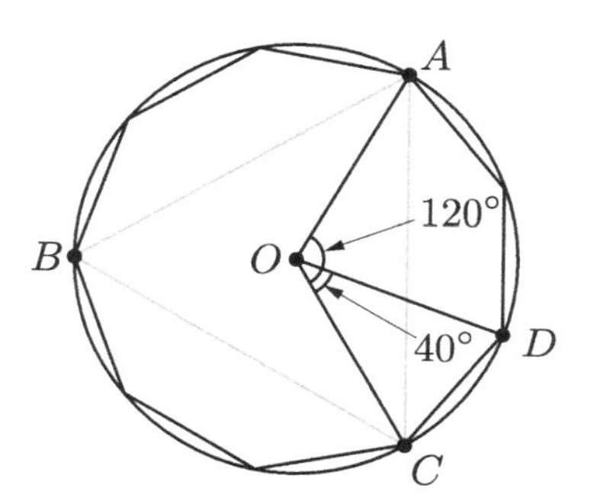

图 10.8　九边形可以用二刻尺作图

二刻尺倍立方

尼科美德（活跃于约公元前 250 年）发现了求两个比例中项，也就是倍立方问题的第一个二刻尺解法。关于他的生平，哪怕是他生活的年代，我们一无所知。不过，从已知的线索来看，我们知道他和阿基米德是同年代的人。

根据欧托修斯所述，尼科美德对他的二刻尺解法感到十分自豪，并且认为它比埃拉托斯特尼使用中项尺的解法更优秀。他还发明了一种叫作蚌线的新曲线，并将其用在该解法中。我们会在第 11 章更详细地介绍蚌线。因为尼科美德的作法多少有些烦琐，所以我们会介绍艾萨克 · 牛顿给出的一个简化版本。[8]

设两线段长度为 a 和 b，且 $a<b$。牛顿给出如下方法来作两个比例中项：设 AB 长度为 b，作 AB 的中点 C（图 10.9）。以 A 为圆心、以 AC 为半径作圆。在圆上作点 D，使得 CD 的长度为 a。延长 BD 和 CD。接下来使用二刻尺作图：过 A 作直线，使得它在 BD 和 CD 之间的距离为 $b/2$。设它和 BD 交于 E，和 CD 交于 F。这

样，AE 和 DF 就是所要求作的两个比例中项；换言之，设它们的长度分别为 x 和 y，我们有 $a/x=x/y=y/b$。

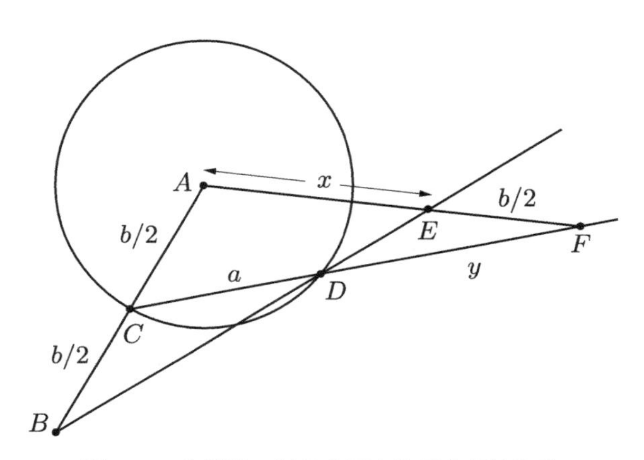

图 10.9　牛顿用二刻尺求两个比例中项的作法

证明该解法正确需要用到两个经典的几何定理，它们可能不为今天的几何学生所知。第一个是梅涅劳斯定理：直线 BE 穿过三角形 ACF，所以 $BC \cdot DF \cdot AE=AB \cdot CD \cdot EF$。因此 $bxy/2=ab^2/2$，整理可得 $a/x=y/b$。要完成证明，我们必须证明该等式还等于 x/y。如图 10.10 所示，延长 AF 来作圆的割线，交圆于 G 和 H。注意 EF 和圆半径等长，因此 FG 的长度也是 x 个单位长度。根据圆幂定理，[9] 我们有 $FH \cdot FG=CF \cdot DF$。因此 $x(x+b)=y(y+a)$。由这两个代数表达式，我们就可以推出所要证明的结论：

$$\frac{x}{y}=\frac{y+a}{x+b}=\frac{y+(xy/b)}{x+b}=\frac{y(b+x)}{b(x+b)}=\frac{y}{b}$$

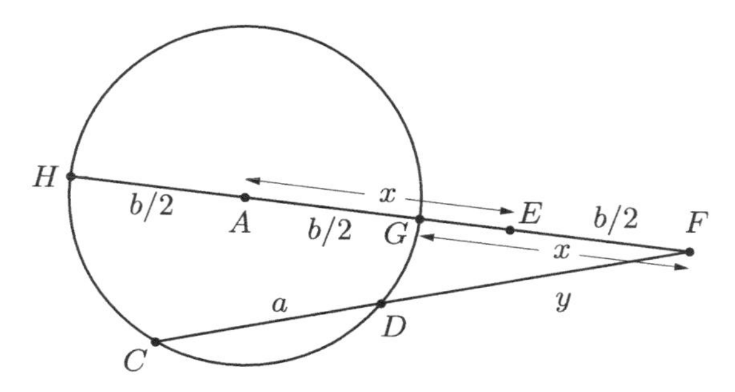

图 10.10　我们可以对 CF 和 FH 应用圆幂定理

牛顿的作法十分适合倍立方问题，也就是 $b=2a$ 的情况（简单起见，设 $a=1$）。首先我们作一个边长为 1 的正六边形。令 C 为六边形的中心，A、B 和 D 为如图 10.11 所示的三个顶点。连接 CD 和 BD。接下来用二刻尺作图：过 A 作直线，使得它在 BD 和 CD 间的距离为 1。设它和两条直线的交点分别为 E 和 F，则 AE 的长度就是 $\sqrt[3]{2}$。

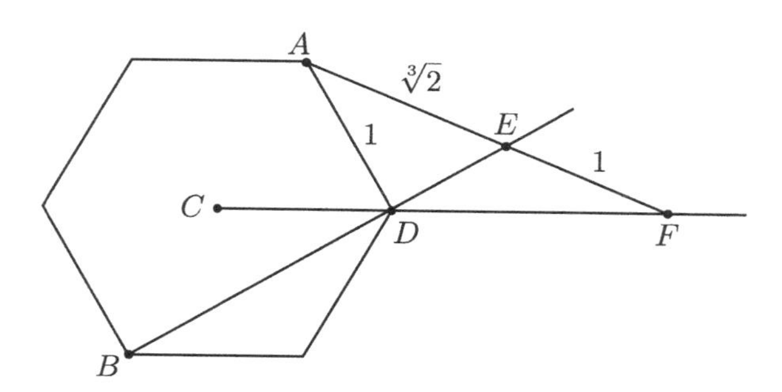

图 10.11　牛顿的二刻尺倍立方作法

韦达的七边形

在古典时代没有已知的正七边形二刻尺作法。我们在第 9 章看到了阿基米德类似二刻尺的作法。但那并不是真正的二刻尺作图；它需要我们作一条直线，来划出两个面积相等的区域。就我们所知，16 世纪的数学家弗朗索瓦·韦达发现了七边形的第一个二刻尺作法。我们会在第 14 章详细介绍韦达和他的数学成就。

比起只用尺规就能解决的问题，韦达想要解决更多几何问题。他本来可以引入更多曲线，比如圆锥曲线，但他还是坚持只用直线和圆。因此，在从帕普斯的书中学到二刻尺作图之后，他成了二刻尺的坚定支持者，他甚至认为数学家们应该把二刻尺纳入他们的几何工具之中。在 1593 年所写的《几何补遗》中，他引入了新的公设，允许使用两条直线间或者一条直线和一个圆之间的二刻尺作图。在该书开篇，他提到[10]

为了弥补几何的不足，承认下列陈述：

可以过一点向任意两条已知线作直线，其截距可以是任何定义好的距离。

这本书篇幅不长，书中的一部分作图是新发明的方法，而有些则不然。韦达在书中给出了阿基米德的三等分角的作法（图 10.3）。[11]韦达可能自行发现了这一证明，因为阿基米德的《引理集》直到 1659 年才被翻译成拉丁文。[12]他还介绍了如何用二刻尺求两个比例中项。[13]尽管他的方法乍一看很新颖，但其背后的几何原理其实和尼科美德的解法很相似。我们不知道韦达是否知道原来的作法。他还给出了难以解决的正七边形的二刻尺作图。就我们所知，这个方法确实有所创新，它是正七边形的第一个二刻尺作图。

正如欧几里得的正五边形作图需要作三个角分别为 θ、2θ 和 2θ 的等腰三角形（参见第 9 章的图 9.3），韦达的作法的关键也在于等腰三角形。该三角形的三个角分别是 θ、3θ 和 3θ，这意味着

$\theta=(360/14)°$（图 10.12）。

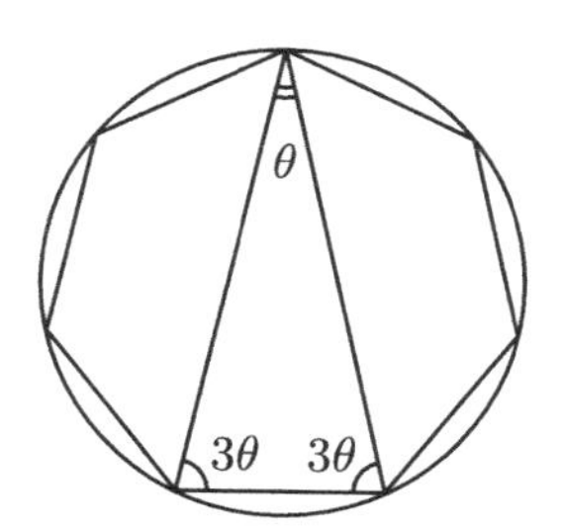

图 10.12　正五边形的三个顶点构成了内角分别为 θ、3θ 和 3θ 的等腰三角形

下面简述一下韦达的作法。[14] 假设有一个圆，圆心为 O，直径为 AB（图 10.13），而我们想要作它的内接正七边形。首先，在圆上作点 C，使得 $AC=OA$。然后在 OA 上作点 D，使得 $OD=\frac{1}{3}OA$。以 D 为圆心、以 CD 为半径作圆。接下来使用二刻尺：过 C 作直线，分别交小圆和直径 AB 的延长线于点 F 和点 E，使得 $EF=OA$。（这就是阿基米德的三等分角作图，因此$\angle AEC=\frac{1}{3}\angle ADC$。）最后，在圆上作点 G，使得 $EG=OA$。这样，BG 就是七边形的一条边。

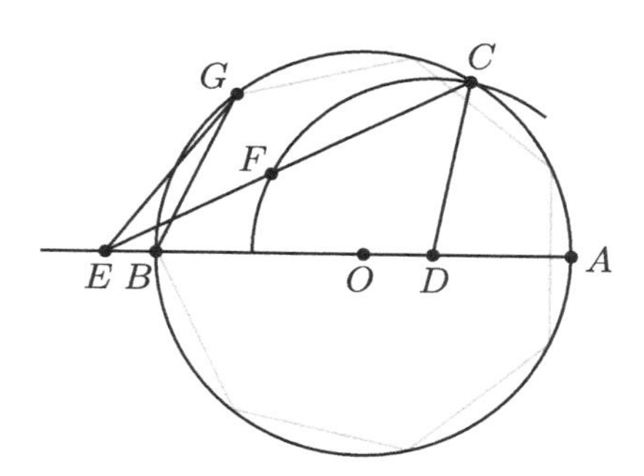

图 10.13　韦达的七边形二刻尺作法

我们不会给出韦达的完整证明。他使用自己新发明的代数，证明了 OH（H 是 EG 和圆的另一交点）和 AG 平行（图 10.14）。我们从这里开始继续证明。设 $\angle OAG=\theta$。因为 AG 和 OH 平行，所以 $\angle BOH=\theta$。因为圆周角 $\angle BAG$ 和圆心角 $\angle BOG$ 所对的是同一段弧，所以 $\angle BOG=2\angle BAG=2\theta$。因此，$\angle GOH=\theta$，且 OH 平分 $\angle BOG$。接下来，因为 $EG=OG$，所以 EOG 是等腰三角形，那么 $\angle GEO=2\theta$。这样，三角形 EHO 的外角 $\angle GHO$ 就是 3θ。最后，因为三角形 GHO 是等腰三角形，所以 $\angle HGO=3\theta$。因此，三角形 GHO 的三个角就是 θ、3θ 和 3θ。根据我们先前的讨论，$\theta=(360/14)°$。因此圆心角 $\angle BOG=2\theta=(360/7)°$，而 BG 就是七边形的一条边。

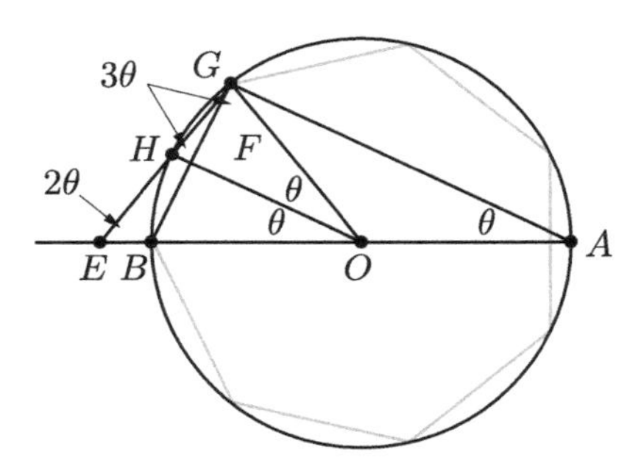

图 10.14　韦达的七边形作法的关键在于三角形 *GHO* 的三个角分别是 θ、3θ 和 3θ。

因此，稍微修改一下欧几里得的公设，几何学家们就可以使用刻度尺，我们就能解决三等分任意角和倍立方问题。它还让一些正多边形的作图成为可能，比如正七边形、正九边形，以及我们在第 9 章提到的正 (2・7) 边形、正 (4・9) 边形、正 (3・5・7) 边形，等等。[15]

闲话　克罗克特·约翰逊的七边形

突然，一个想法如盛开的玫瑰一般绽放，
涌过他的面容，在他悲痛的心里
掀起巨大波澜：然后他就献上
一个计策，吓得老妪蓦然站起。

——约翰·济慈，《圣阿格尼斯节前夜》，1820[1]

另一个巧妙的二刻尺作七边形的方法发明于1975年，可它的发现者实在令人意外。那是一位叫作戴维·约翰逊·莱斯克（1906—1975）的男子，他的笔名克罗克特·约翰逊要更加出名。[2]约翰逊是20世纪40年代的连环漫画《巴纳比》的作者、插画家和漫画家。他还创作了一套很受欢迎的系列儿童读物，该系列的第一本书名为《哈罗德与紫色蜡笔》（1955）。[3]

约翰逊没有接受过正式的数学教育，但他在晚年沉迷数学，尤其是几何。从1965年开始，他就把数学引入了自己的艺术中，创作了至少117幅以数学为灵感的绘画作品。其中每一幅都是对某个数学理论的艺术描绘——通常是著名的定理，但有时是他自己的数学发现。史密森学会如今藏有80幅他的作品。[4]

约翰逊尤其钟爱古典问题。它们常常成为他艺术创作或是数学冥想的主题。他甚至在1970年写了一篇文章，提出了一个化圆为方的近似解法。运用该方法可以得出$\sqrt{\pi}$的精确到小数点后五位的近似值。他随后创作了一幅绘画作品来展示这一方法。

在1973年秋天，约翰逊在西西里岛上的锡拉库扎，也就是阿基米德出生地的一家露天餐厅吃饭时得出了一个数学结论。他当时在摆弄菜单、酒水单和一些牙签。他意识到，如果把七根牙签放在菜单和酒水单中间呈“之”字形排列，就能得到一个等腰三角形（图 T.16）。[5] 而且，这不只是个简单的等腰三角形，它的三个角分别是 θ、3θ 和 3θ。约翰逊知道这个三角形就是作正七边形的关键。

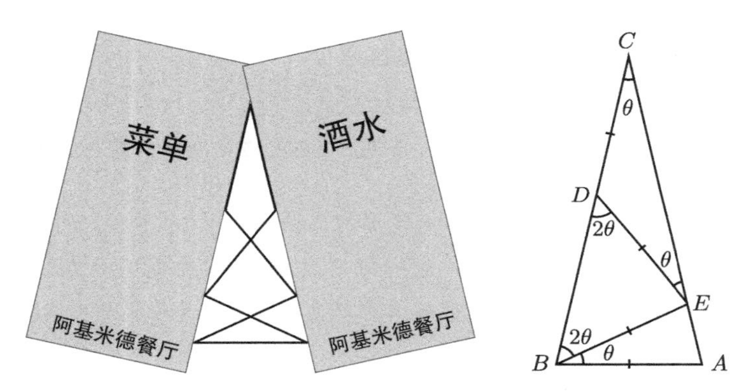

图 T.16　菜单和酒水单之间的牙签摆成了一个三个角分别为 θ、3θ 和 3θ 的三角形

证明约翰逊的三角形确实有此性质是比较容易的。设 $\angle ACB=\theta$。因为 CDE 是等腰三角形，所以 $\angle CED=\theta$。因此 CDE 的外角 $\angle BDE$ 是 2θ。因为三角形 BDE 也是等腰三角形，所以 $\angle DBE=2\theta$。最后，可以观察到 ABC 和 ABE 相似，所以 $\angle ABE=\theta$。因此，$\angle ABC=3\theta$。根据对称性，$\angle BAC=3\theta$。

这为他发明下述的七边形二刻尺作图提供了灵感。假设我们有线段 AB（图 T.17）。过 A 作垂线 AC，使得 AC 和 AB 等长。作 AB 的中垂线 l。以 B 为圆心、以 BC 为半径作圆。接下来使用二刻尺：作直线 AD，使得 D 在 l 上，且 D 到圆的距离等于 AB 的长度。则三角形 ABD 就是所要求作的三角形。最后，作三角形的外接圆。这样，A、B 和 D 三点就是圆内接正七边形的三个顶点。其他顶点可用尺规作出。

约翰逊的作法简单而优雅，肯定会让古希腊人感到高兴。不过他的证明就相当现代了：该证明需要余弦定理以及数个三角恒等式。[6][7]

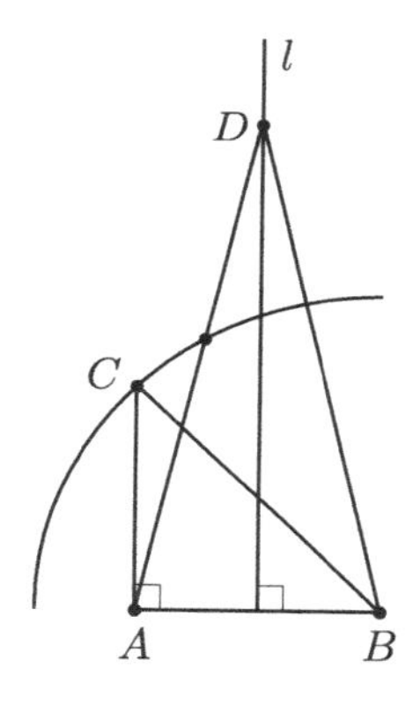

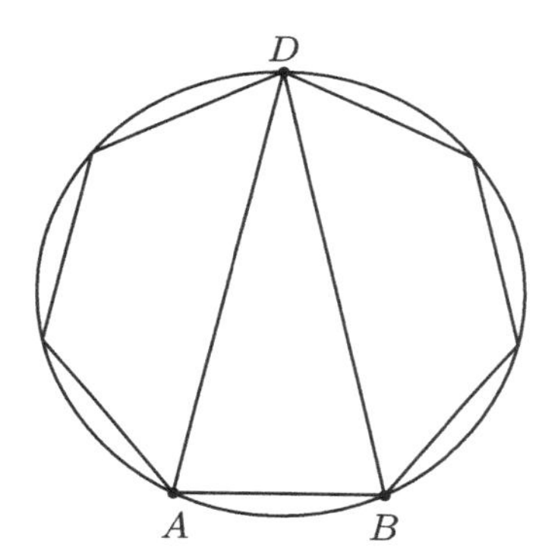

图 T.17　正七边形的一种二刻尺作法

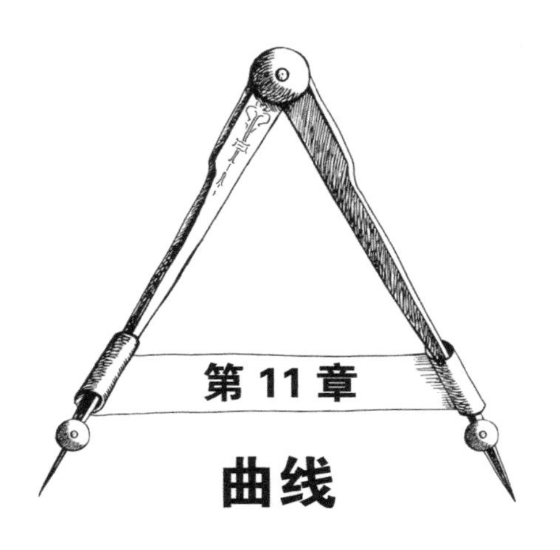

第 11 章

曲线

只有欧几里得曾见过赤裸之美。
让那些吹嘘美的人都住口，
让他们伏在地上，不要再
思考自我，他们的所见
虚无而肤浅，
变化有时；愚者们，
胡言乱语，气喘吁吁，但英雄寻求解放，
从尘埃束缚到光明满布。
哦，那蒙蔽的岁月！哦，那神圣而骇人之日！
一旦光辉在他视线中闪耀，
他便洞察万物！只有欧几里得，
曾见过赤裸之美。那些人是幸运的，
尽管稍纵即逝，
他们也曾听到了她的足音。

——埃德娜·圣文森特·米莱[1]

仅仅用尺规就能解决如此多的问题，这实在令人惊讶。尽管看上去简单，但直线和圆在试图解决几何难题的过程中是强有力的工具。尽管《几何原本》有力地展示了它们的功用，尽管柏拉图强烈反对向几何中引入其他曲线，古希腊数学家还是没法抵抗“禁果”的诱惑。

我们可以用很多种方式定义曲线。我们可以把曲线描述为点的轨迹——曲线是满足特定条件的点的集合。圆就是到定点（圆心）距离等于定长的点的轨迹。所有圆锥曲线都可以用这种方式描述。例如，椭圆是到两点（焦点）距离之和等于定长的点的轨迹。椭圆和其他圆锥曲线还可以通过切割圆锥得到。曲线还可以通过坐标运动定义；换言之，有一点按特定规则移动，而随着它移动，曲线就被画了出来。

这些定义催生了用来画曲线的专门工具，这些工具有的简单，有的复杂。用来画圆的圆规就很简单。用简单的两颗图钉和一根绳子就能画出一个椭圆——把绳子系成一个圈，绕过两颗图钉，然后把图钉固定在焦点，拉紧绳子，最后像行星公转那样移动铅笔，就能画出椭圆。阿基米德的椭圆规是一种更复杂的绘图工具（图 11.1）。在这个装置中，两个滑块可以沿着导轨移动。移动时，固定在连接滑块的长杆末端的铅笔就可以画出椭圆。

我们还会在接下来的几页看到一系列巧妙的绘图工具。正因为新曲线往往是使用这些工具来描述的，柏拉图才拒绝接受它们，认为它们没那么“几何”。他写道：“几何之美都被抛弃和摧毁了，因为我们再一次把它拉回感官的世界，而不是让它在无形的思想中浸透、升华。”[2] 直到 17 世纪，以笛卡儿为首的几何学家们才开始反对这一作法，并呼吁几何学吸纳这些所谓的“机械”曲线。

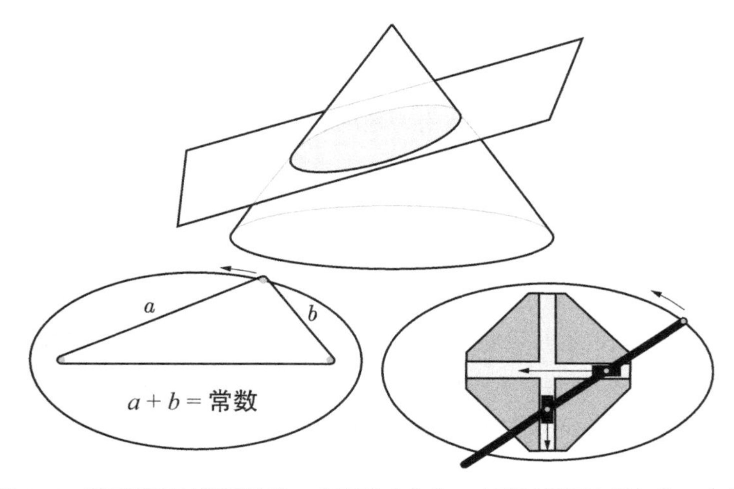

图 11.1 椭圆既可以是圆锥的一个截线（上），也可以用两个图钉和一条线圈（左下）或是阿基米德的椭圆规（右下）画出

这些新曲线本身就可以成为一个研究主题，比如我们曾提过，阿基米德计算了抛物线和直线围成区域的面积。但我们会在这一章看到，有些曲线的发明只是为了一个目的：解决古典问题。我们已经接触过这种想法了。在第 5 章，我们提到了可以用尺规和圆锥线解决倍立方问题。

割圆曲线

公元前 5 世纪，智者学派是一群并非雅典出身的巡游学者。他们周游古希腊，只要有人愿意掏钱，就可以向他们学习如何在商业、政治、法律等领域取得成功。智者们善于辩论，经常会教学生们如何用论证式的语言来说服他人，甚至是证明谬误。今天，“诡辩”① 一词的意思是“看似有理但实则错误的论证，被故意用来欺骗或者误导他人，也被用来证明某人长于推理”。[3]

对于智者学派，柏拉图是一位特别严厉的批评家。在他的对话录《智者篇》中，埃利亚异乡人说：“显然，智者不过是争论、辩论、论战、好斗、好战以及贪婪的职业中能赚钱的那一类。”[4] 柏拉图生于一个富裕家庭，他强烈反对收费教学。他认为教育只应面向贵族，而非平民。但智者学派却愿意教育一切能付钱的人。

但即便是在智者学派中，柏拉图也尤其鄙视一个人，那就是厄利斯的希庇亚（生于约公元前 460 年）。希庇亚在对话录中登场三次——《大希庇亚篇》《小希庇亚篇》以及《普罗泰戈拉篇》。他被描绘成一个自大、自私的守财奴。

希庇亚的自信尽管不招人喜欢，但可能是有充分理由的。他是一位博学家，在很多领域都有大量文字和演说：辩论、艺术、音乐、政治、天文学、神话、历史以及数学。他记性惊人，而他把这归功于一种系统的助记方法。他因为自己完全自给自足而感到骄傲。他就连衣服都能亲自制作。

显然，希庇亚还创造了全新的数学。尽管没有作品存世，普罗克洛在 5 世纪对《几何原本》第一卷的注解中提到，希庇亚发明了一种曲线，它后来被称作割圆曲线。如果这是真的[5]，那这可能就是直线和圆以外的第一条数学曲线。

希庇亚发明割圆曲线并不是为了把它留作作业折磨学生，而是因为其中一个应用：它可以被用来三等分任意角。随便给他一个角，希庇亚都可以用尺规和割圆曲线三等分它。值得一提的是，我们即将看到割圆曲线可以解决四个古典问题中的三个问题！它可以

① 原文为“sophism”，和智者学派的英文“sophists”语出同源。——译者注

用来作所有正多边形，也可以用来化圆为方（不过希庇亚不知道割圆曲线还有最后这个功效）。

要作割圆曲线，我们先在正方形 $OABC$ 里面内接一个四分之一圆。该四分之一圆以 O 为圆心，经过点 A 和点 B（图 11.2）。让圆上一点 P 从 A 向 B 匀速移动。在同一时间段内，令点 Q 从 O 向 B、点 S 从 A 向 C 匀速移动。连接 OP 和 QS。因此在任意时刻，都有

$$\frac{OQ}{OB}=\frac{\text{弧}AP}{\text{弧}AB}=\frac{\angle AOP}{\angle AOB}$$

而 OP 和 QS 的交点 R 的轨迹就是割圆曲线 BD。

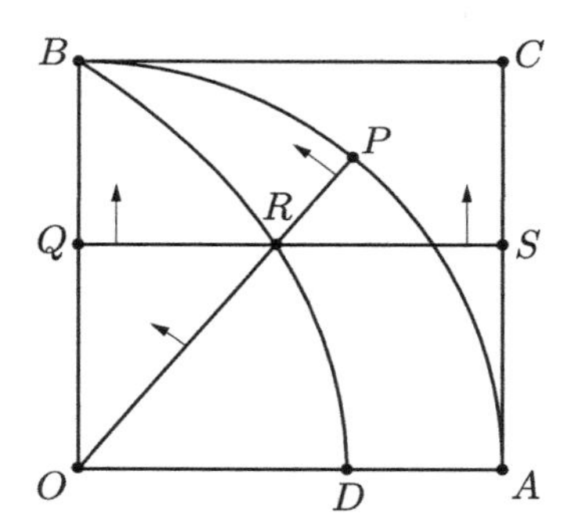

图 11.2　曲线 *BRD* 是一条割圆曲线

用割圆曲线三等分角则非常简单。假设我们要三等分的角是 $\theta=\angle AOE$（图 11.3）。以 OA 为边作正方形，在正方形内作割圆曲线，交 OE 于 R。过 R 作 OA 的平行线，交 OB 于 P。用尺规作出 OP 的三等分点 Q，使得 $OQ=\frac{1}{3}OP$。过 Q 作 OA 的平行线，交割圆曲线于 S。因为 QS 到 OA 的距离是 PR 到 OA 距离的 1/3，所以

$\angle AOS=\frac{1}{3}\angle AOE$。严格来说，根据割圆曲线的定义，

$$\frac{\angle AOS}{\angle AOE}=\frac{\angle AOS}{\angle AOB}\cdot\frac{\angle AOB}{\angle AOE}=\frac{OQ}{OB}\cdot\frac{OB}{OP}=\frac{OQ}{OP}=\frac{1}{3}$$

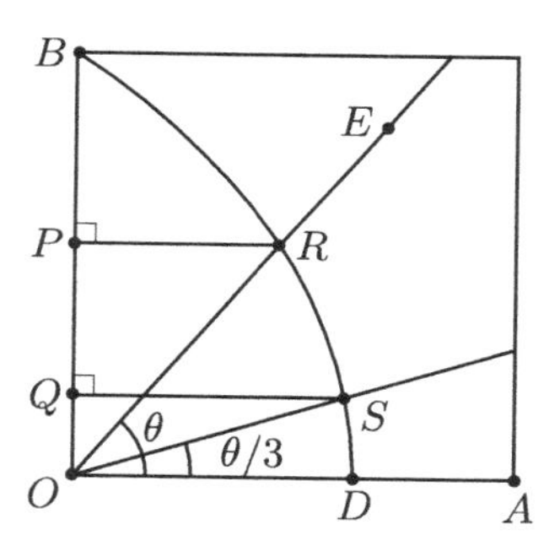

图 11.3　我们可以用割圆曲线三等分角

事实上，三等分角并非特例。对于任意正整数 n，我们可以用同样的技巧来作出大小为 $\theta/2$、$\theta/3$、$\theta/4$ 或是 θ/n 的角。而且，我们还能用这一方法来作任意圆内接正 n 边形。

值得一提的是，割圆曲线还能用来化圆为方。普罗克洛写道：[6]

> 至于化圆为方，迪诺斯特拉图斯、尼科美德还有最近的一些几何学家使用了一种特殊的曲线。这种曲线因为该性质而得名“构成方形的”曲线（割圆曲线）。

除此之外，我们对于割圆曲线怎样第一次应用于化圆为方就一无所知了。因为迪诺斯特拉图斯（活跃于约公元前 350 年）比尼科美德的时代更早，所以这一发现一般被归功于他。但是，克诺尔令人信服地声称，不是迪诺斯特拉图斯，而是尼科美德先使用割圆曲

线化圆为方，并且为它命名。这一过程中涉及的数学技巧和论证明显受阿基米德的工作所影响，而这对于比阿基米德年代更早的迪诺斯特拉图斯是不可能的。[7]

这一作法的关键在于，如果圆弧 AB 的半径为 r，那么图 11.2 中的线段 OD 长度为 $2r/\pi$。对此我们不会给出证明。[8] 特别的是，因为我们能作出这个长度为 $2/\pi$ 的线段（设 $r=1$），所以也能作长度为 π 和 $\sqrt{\pi}$ 的线段。

然而，使用割圆曲线化圆为方自从古希腊时代就多少有些争议。[9] 评论家尼西亚的斯波卢斯（约公元 240—约公元 300）注意到，割圆曲线与 OA 的交点 D 在我们的作法中并不是定义良好的。图 11.2 中定义了割圆曲线的两条线 OP 和 QS，在它们都是水平线的时候就会重合，因此没有唯一交点。但是，曲线确实是在逐渐逼近点 D。[10]

蚌线

我们提过，尼科美德使用了二刻尺作图来求两个比例中项。事实上，他所做的有些许不同。在著作《论蚌线》中，他引入了蚌线来完成许多二刻尺作图。[11] 这样，他就能不用刻度尺，而只使用这条曲线了。他使用蚌线成功地求得两个比例中项以及三等分角。

已知点 O、直线 l、直线或圆 c，我们想要过 O 作一条直线，使得该直线在 l 和 c 之间的截距为定长 k。如果我们有刻度尺，就能直接使用二刻尺作图。但如果我们只有直尺呢？这就需要用到尼科美德的蚌线了。

让我们来看看如何作蚌线。蚌线是由点 O、直线 l 和距离 k 决定的一对曲线（图 11.4）。[12] 假设有一个以 l 上一点 P 为圆心、以

k 为半径的圆。该圆交直线 OP 于点 Q 和点 R。想象我们沿着 l 滑动点 P，则 Q 和 R 的轨迹就分别构成了蚌线的一支。注意，根据 l 和 O 之间的距离是大于 k（图 11.4）、小于 k 还是等于 k，可以作出无穷多条蚌线。

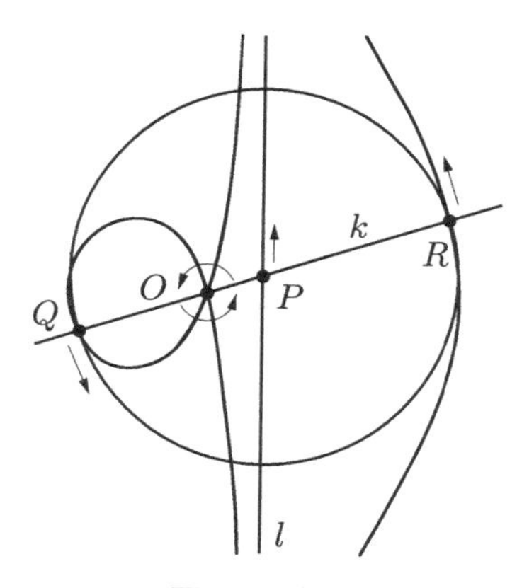

图 11.4　蚌线

有一种巧妙的机械工具，能画出蚌线其中一支的一部分（图 11.5）。这工具可能是由尼科美德发明的。尼科美德横木规包含两部分。一部分为 T 字形，顶端有一个凹槽，下端有一个钉子。我们让凹槽与直线 l、钉子与点 O 重合，把这部分固定在纸上。另一部分的末端固定有铅笔，中间有一个钉子，另一端有一个凹槽（钉子和铅笔之间的距离为 k）。这个钉子（也就是点 P）被放在 T 字形部分的凹槽中，而它的凹槽也卡在 T 字形部分的钉子上。随着钉子在凹槽中移动，铅笔就能画出蚌线。

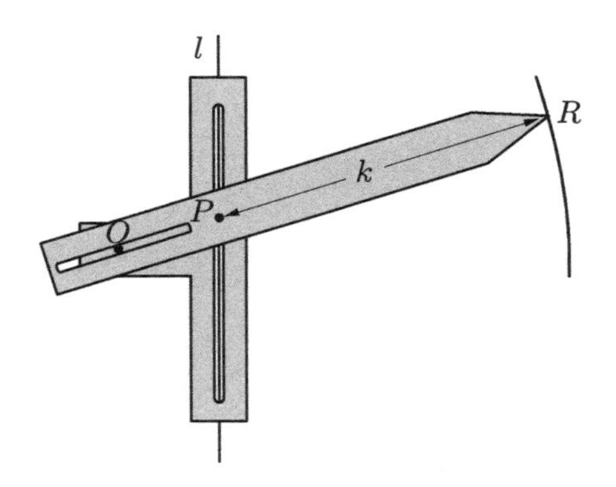

图 11.5　尼科美德横木规可以作出蚌线的一部分

接下来我们介绍如何用蚌线解决二刻尺问题。假设我们要过点 O 作直线，使其在 l_1 和 l_2 之间的截距为 k。我们用点 O、直线 l_1 以及尼科美德横木规作蚌线（图 11.6）。如果蚌线交 l_2 于点 R，那么 OR 就是所要求作的直线。这很容易证明——如果 P 是 OR 和 l_1 的交点，那么根据蚌线的定义，PR 的长度就是 k。

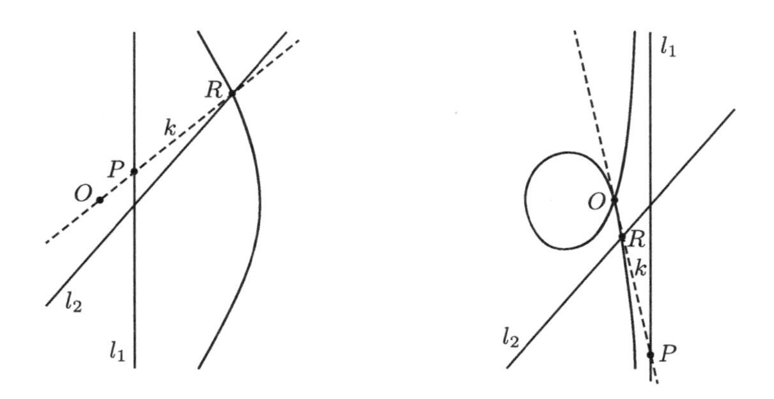

图 11.6　用蚌线进行二刻尺作图：经过 O 的虚线在 l_1 和 l_2 之间的截距为 k

注意，l_2 可能会与蚌线的两支有多个交点，每个交点都会给出一个新的解。图 11.6 中的两条虚线都是这个二刻尺问题的解，它们分别出自蚌线的两支。

让我们再看看如何用蚌线三等分角。本质上，这就是帕普斯的二刻尺三等分角作法（见第 10 章）。假设我们要三等分图 11.7 中的角 $\angle AOB$（为简单起见，假设 $\angle BAO=90°$）。按照帕普斯的作法，令 k 等于 BO 长度的两倍。用 O、AB 和 k 作蚌线。然后过 B 作 AO 的平行线，交蚌线于点 R。连接 OR，交 AB 于 P。根据蚌线的定义，PR 的长度就是 k。因此 $\angle AOR=\frac{1}{3}\angle AOB$。

就这样，尼科美德在古典问题的解决上迈出了重要的一步。他证明了割圆曲线可以化圆为方，蚌线可以用来完成三等分角和求两个比例中项的二刻尺作图。

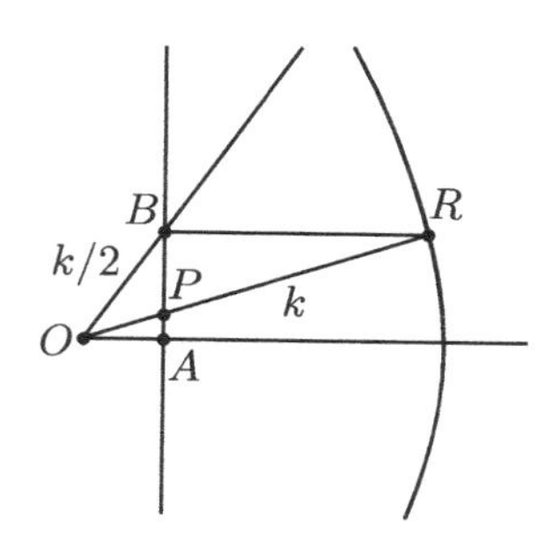

图 11.7　我们可以用蚌线三等分角

尽管蚌线对于今天的学生们（或者是专业的数学家们）来说有些陌生，它在 1588 年帕普斯的《数学汇编》出版后一段时间还是有过人气的。笛卡儿、费马、罗贝瓦勒、惠更斯和牛顿都曾研究过蚌线。牛顿尤其喜欢蚌线。他相信在几何中，简单的描述非常重要。他认为蚌线在这一点上仅次于圆。他写道：“我们要么把直线和圆以外的所有线都从几何中剔除，要么就根据能否被简单描述而接受它们。在这一点上，可以说蚌线仅次于圆。”[13]

帕斯卡蜗线

蜗线是另一种以二刻尺为灵感发明出来的曲线，它也可以用来三等分角。这条曲线不是由古希腊人发明的，它由阿尔布雷希特·丢勒（1471—1528）于1525年在《量度指南》中画出。但直到大约1650年，才有人从数学上研究蜗线，这个人就是埃蒂安·帕斯卡〔1588—1651，他的儿子布莱兹·帕斯卡（1623—1662）更有名〕。因此蜗线也常被称为帕斯卡蜗线。该曲线可被用来三等分角，则是后来才被发现的。[14]

我们可以通过如下步骤画出蜗线。如图11.8所示，假设我们有一个以C为圆心、以BC为半径的圆。每条经过B的直线都和圆交于B和另一点P。（当直线和BC垂直时，它和圆只有一个交点，此时$B=P$。）在BP上作两点F和G，使它们到P的距离等于BC长度。随着我们移动这条经过B的直线，F和G两点的轨迹就画出了蜗线。[15]

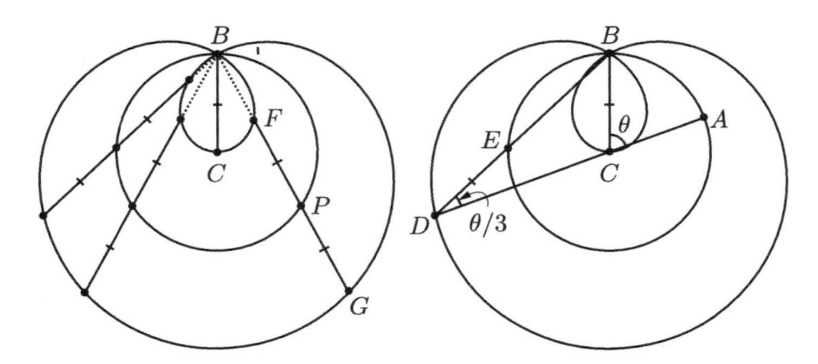

图11.8　蜗线上的点在直线BP上到圆的距离均为BC长度。阿基米德的二刻尺作图证明$\angle ADB=\frac{1}{3}\angle ACB$

假设我们想要三等分角 θ。在圆上作一点 A，使得 $\theta=\angle ACB$（图 11.8）。延长 AC，交蜗线于 D。连接 BD，交圆于 E。根据蜗线的定义，$DE=BC$。因此，根据阿基米德的二刻尺作图，$\angle ADB=\frac{1}{3}\angle ACB$。

阿基米德螺线

阿基米德的发现造就了我们对 π 的现代理解，他用曲线把几何图形化为方形，还发现了用二刻尺三等分角的方法，并用类似二刻尺作图的方法作出了正七边形。他还发明了螺线。使用螺线可以把一个角 n 等分、作任意正 n 边形、化圆为方以及化圆为线。

在《论螺线》中，阿基米德写道：[16]

> 假设平面内一直线绕定点匀速旋转并最终回到开始位置，同时一个动点随着直线旋转，从定点开始沿着直线匀速运动，则该动点会在平面内画出一条**螺线**。

图 11.9 中给出了阿基米德（等速）螺线的前三圈。

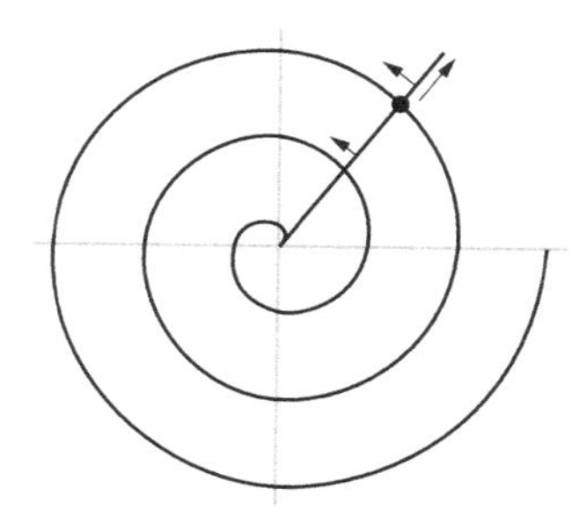

图 11.9　随着射线旋转，动点向外移动，并描绘出阿基米德螺线

用螺线把角三等分，或是更一般的 n 等分都非常容易。如图 11.10 所示，假设我们有角 $\theta=\angle AOB$。以 OA 为生成射线的初始方向，并作螺线。将螺线与射线 OB 的第一个交点记为 C。用尺规三等分线段 OC，假设 $OD=\frac{1}{3}OC$。以 O 为圆心、以 OD 为半径作圆，交螺线于 E。作射线 OE。那么 $\angle AOE=\frac{1}{3}\angle AOB=\frac{1}{3}\theta$。这个作法背后的原理和割圆曲线三等分角的原理类似。根据螺线定义，因为 D 是 OC 的三等分点，所以该射线转过了到 OC 所需角度的 1/3。

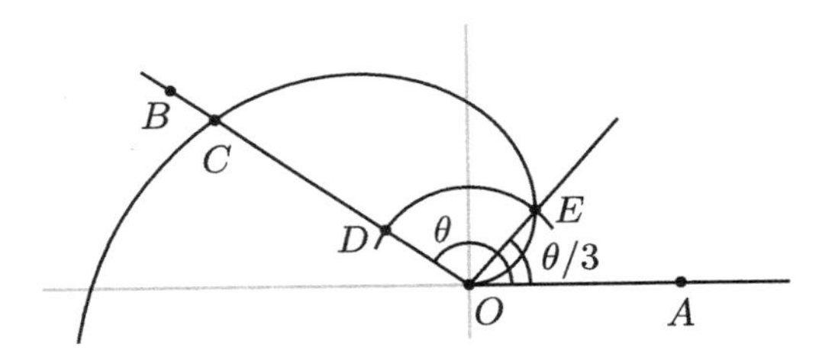

图 11.10 阿基米德使用螺线三等分角

注意，我们可以用类似方法把角任意等分。特别是，假定给我们一个 360° 角，对于任意 n，我们都可以作 $(360/n)°$ 角。因此，螺线使得我们可以作任意正多边形。

看到这一性质，我们肯定忍不住会想，螺线就是为此而被发明的。但是，螺线还有个不那么明显的用途，那就是化圆为方。这才是彰显了阿基米德的聪明才智的地方。

假设我们有一条以 O 为中心的螺线，令 A 为螺线第一圈的终点（图 11.11），设 B 为第一圈上一点，过 O 作 OB 的垂线 OC。阿基米德随后给出了过点 B 作螺线切线的方法。两千年后，随着微积分得到发展，作曲线切线也成了一个重要课题。阿基米德的这一作图很可能是除作圆切线以外第一次作曲线的切线。假设切线交 OC 于 D。以 O 为圆心、以 OB 为半径作圆，交 OA 于 E。然后阿基米德证明了线段 OD 和弧 EB[①] 长度相等。

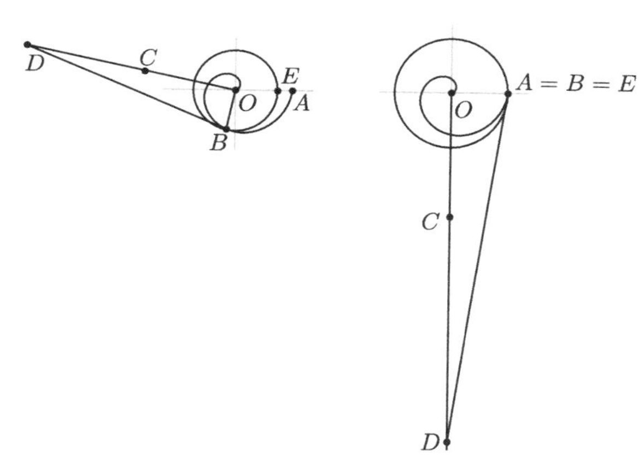

图 11.11　OD 的长度等于从 E 到 B 的圆弧长度。三角形 ADO（右）的面积等于以 OA 为半径的圆的面积

再来考察 $A=B$（这情况下也等于 E）的情形（图 11.11 右）。在这种情况下，OD 的长度等于以 OA 为半径的圆的周长。这样，阿基米德就成功地用螺线化圆为线！正如我们所知，这等价于化圆为方。注意，三角形 ADO 的一条直角边长度为圆周长，另一直角边是圆的半径。根据阿基米德在《圆的测量》中的工作，这个三角形和圆面积相等，而把这个三角形化为方形则非常简单。

关于螺线，我们还有最后一点要讲：当很多人想到螺线时，他们会想到海螺截面或是向日葵种子的排列形状。这些都是对数螺线，而不是阿基米德螺线。对数螺线由笛卡儿发明，后来被很多数

---

① 指从 E 逆时针到 B 的大圆弧。——译者注

学家所研究。这其中也包括了雅各布·伯努利（1655—1705）。他把对数螺线称为“spira mirabilis”，它在拉丁文中意为“神奇的螺线”。[17] 实际上，我们也可以用对数螺线来把角任意等分、作任意正多边形以及倍立方。2012年，皮耶特罗·米利西和罗伯特·道森在一篇论文中证明了这一点。在这篇论文中，他们还提出了一种可以画出对数螺线的圆规。[18]

我们没法介绍所有被发明或是被拿来解决古典问题的曲线，甚至都没法介绍所有的古希腊曲线。比如，古希腊数学家戴可利斯（约公元前240—约公元前180）曾在他的著作《论凸透镜》中使用了蔓叶线来倍立方。[19] 帕普斯在他的《数学汇编》中给出了两种使用抛物线三等分角的方法（他没有给出出处）。[20] 杨布里科斯提到阿波罗尼奥斯使用蚌线的一种“姐妹”曲线来化圆为方。他还提到卡尔普斯使用了一种“双动点”曲线来化圆为方。不过可惜的是，我们无法知道这些曲线到底是什么了。[21]

闲话 木工角尺

燃烧的火轮停下来了，
他手拿金制的双脚圆规，
是神的永恒仓库所备，
作为规划宇宙万物时用的。
他以一脚为中心，另一脚
则在幽暗茫茫的大渊上旋转一周，
他说："扩大到这儿，这是你
的界限，世界啊，这是你的范围。"①

——约翰·弥尔顿，《失乐园》[1]

在第5章，我们介绍了古希腊人如何使用两把木工角尺求两个比例中项。[2] 在1928年，亨利·斯卡德证明了可以仅用一把木工角尺三等分角。[3] 他的这把木工角尺需要在一条边上刻有刻度。该刻度到角的距离是另一条边宽度的两倍，换言之，假设一条边宽1英寸的话，另一条边上距离角2英寸的地方就刻有刻度。

要三等分图T.18中的$\angle AOB$，先作一条AO的平行线l，使得l和AO间距1英寸；这可以用尺规或者用木工角尺来完成。接下来的步骤是用尺规无法完成的：让木工角尺的内边经过O，2英寸刻度落在直线BO上，外角落在直线l上（记为点C）。则木工角尺的内边和直线CO就是所要求作的角三等分线。这一方法适用于任何小于270°的角。所要三等分的角越大，角尺的短边就要越窄。

事实上，我们并不需要木工角尺来完成这个作图。我们只需要一个顶边长2英寸的T字形工具（图T.18）。这个工具可以三等分

① 译文出自朱维之版。——译者注

角，是因为三角形 *CFO*、*CEO* 和 *DEO* 全等。这一工具为一种新型圆规提供了灵感。这种圆规可以画出能三等分角的曲线。[4] 如图 T.19 所示，这个圆规包括一个宽 1 英寸的直尺，和一个装有两支铅笔的 T 字形部分。T 字形的长边需要穿过一个装置。该装置位于直尺的一角，可以旋转。而 T 字形部分也可以在装置上前后移动。两支铅笔中的一支沿着直尺画直线，而另一支画出的就是木工角尺曲线。

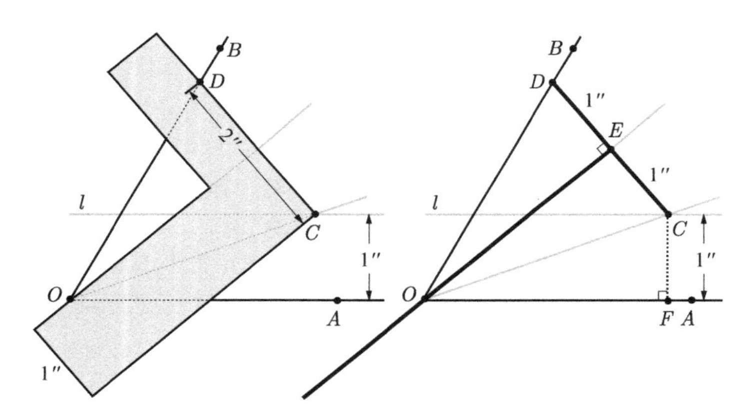

图 T.18　木工角尺或者 T 字形工具可以用来三等分角

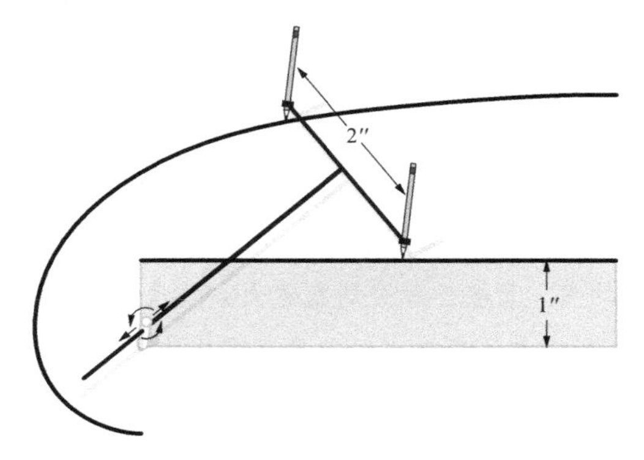

图 T.19　用来画木工角尺曲线的圆规

我们按照下面的方法来使用这支圆规。假设要三等分图 T.20 中的 $\angle AOB$。把直尺的底边放在 OA 上，底角（也就是和 T 字形相连的角）和 O 重合。用圆规画出直线 l 和木工角尺曲线。曲线交 BO 于 D。把一个普通圆规张开 2 英寸（为此，我们可以过 O 作 OA 的垂线，交曲线于 F。OF 刚好是 2 英寸），然后以 D 为圆心作圆。该圆和 l 交于两点，将其中右边的一点记作 C（图 T.20）。那么 OC 三等分 $\angle AOB$。

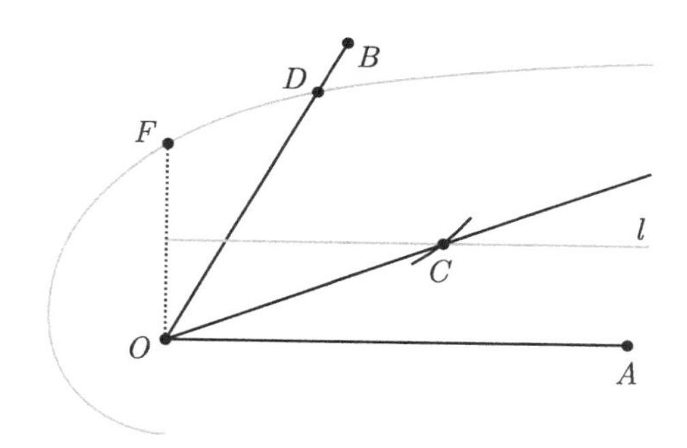

图 T.20 木工角尺曲线是一条三等分角线

2007 年，戴维 · 艾伦 · 布鲁克斯发现了一种用没有刻度的木工角尺三等分角的方法。[5] 要三等分 $\angle ABC$，首先作 BC 中点 D，然后过 D 作 AB 的垂线，交 AB 于 E（图 T.21）。以 C 为圆心、以 CD 为半径作圆。让角尺的一边经过 B，另一边和圆相切，顶点 F 落在 DE 上。这样，就有 $\angle ABF=\dfrac{1}{3}\angle ABC$。

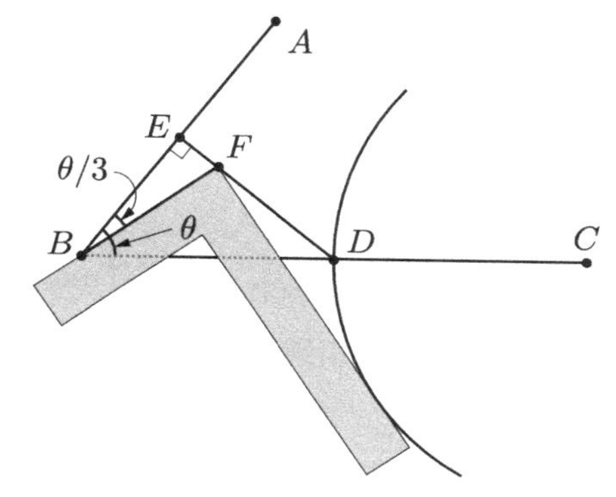

图 T.21 布鲁克斯的三等分角方法

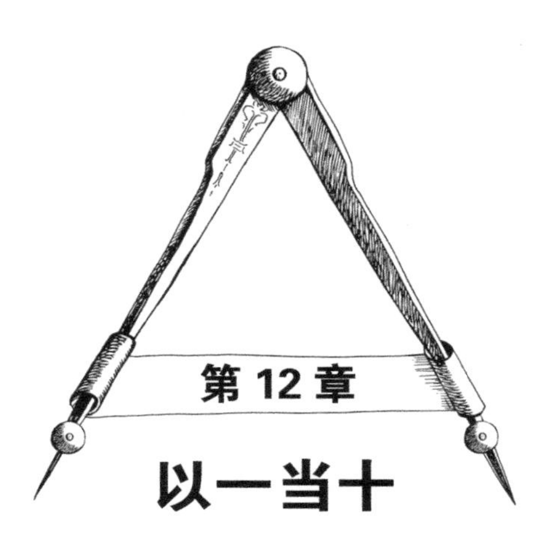

第 12 章 以一当十

> 我宁愿生锈而死，也不愿被无休止的劳动掏空。
>
> ——威廉·莎士比亚，《亨利四世》（下篇）[1]

只用尺规严重限制了我们可以完成的作图。在前几章里，我们在工具箱中增添了几样工具和曲线。但在这一章里，我们要采取相反的思路：我们能不能以一当十呢？要是我们进一步限制可用的工具会怎么样？假设圆规生锈，无法张开，会有什么影响？我们能不能彻底抛弃圆规？又可不可以不用直尺？

生锈圆规

圆规用起来多少有些麻烦，我们必须不断地调整到合适的张角。如果是那种用螺丝固定的昂贵圆规，调整起来既费力又费时。如果是那种两元店卖的便宜圆规，只靠摩擦力保持固定，那可能画完一圈之后，两脚的距离就已经有些许变化，画出的圆甚至都无法闭合。不论质量好坏，圆规都有一个最大半径的限制（画小圆同样很难）。因此，我们要聊一聊那些永远张开到固定半径的圆规。在相关文献中，这种圆规被称为“固定”圆规或者“生锈”圆规。（1694 年，英国测量师威廉·莱伯恩称之为“肉叉”。[2]）

古希腊人同样对生锈圆规作图感兴趣。但直到 20 世纪晚期，帕普斯的《数学汇编》的一份阿拉伯语译本被发现，我们才得知这一点。该译本中包括我们从未得见的章节。帕普斯在书中撰写了一章有关生锈圆规的内容，因为它有实际用途。[3] 没有证据能表明他想构建一套新的可作图性理论。他描述了如下一些作图：过直线上一点作垂线，把一条长于圆规张开长度的线段 n 等分，延长线段至两倍，等等。

图 12.1 给出了他过已知直线上一点 A 作垂线的方法。以 A 为圆心作圆，交直线于 B。以 B 为圆心作圆，交第一个圆于 C。连接 BC。最后，以 C 为圆心作圆，交 BC 于 D。因为三角形 ABD 是一个 30°−60°−90° 的三角形，所以 AD 就是所要求作的垂线。

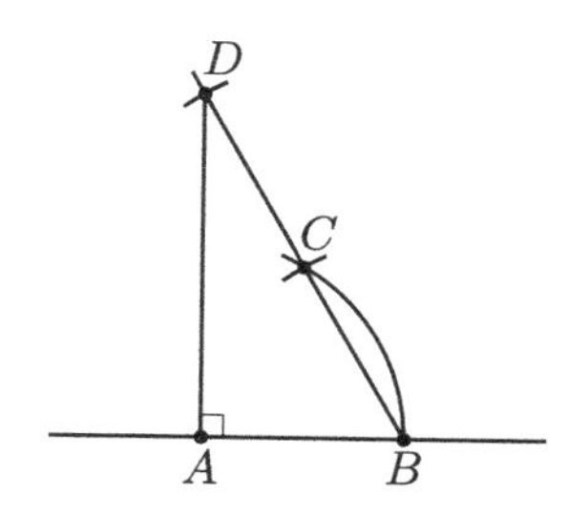

图 12.1　用生锈圆规过 A 作直线的垂线

就我们所知，下一位研究生锈圆规的是阿布·瓦法（公元 940—公元 997 或 998）。阿布·瓦法生于布兹汉（位于今天的伊朗），死于巴格达（位于今天的伊拉克）。他翻译并批注了下列数学家的作品：亚历山大港的丢番图（活跃于公元 250 年）、尼西亚的喜帕恰斯（约公元前 190—约公元前 120）、欧几里得以及花拉子密（约公元 780—约公元 850）。他曾撰写了关于实用算术、工匠几何以及天文学的书，这些书涵盖了众所周知的数学理论和一些新的成果。他还编制了改良的三角函数表。

阿布·瓦法给出了一系列生锈圆规作图，例如用已知线段和张开长度为该线段长度的圆规作正五边形、正八边形和正十边形，以及使用张开长度为圆半径的圆规，作圆的内接正方形或其他正多边形。[4]

中世纪的工匠、艺术家、建筑师、手艺人、石匠以及木匠都需要拥有对几何的实际理解。例如，他们可能需要为了装饰或者实际用途来构建正多边形。给车轮安装辐条就是一例。这些诀窍中的大部分通过学徒制度代代相传，从未留下书面记录。但在仅有的书面记述中，有一份出版于 15 世纪 80 年代末的短小、无题、匿名的技术手册，记载了用生锈圆规作正五边形的一个优雅的近似作法。这本手册后来被冠名《德语几何》（*Geometria Deutsch*）出版，而我们现在认为它的作者是建筑师马西斯·罗里策。[5]

我们从一支张开至线段 AB 长度的生锈圆规开始（图 12.2）。分别以 A 和 B 为圆心作圆，两圆交于点 C 和 D。连接 CD。以 D 为圆心作圆，交 CD 于 F，交两圆于 E 和 G。直线 EF 和 FG 分别交两圆于 H 和 I。最后，以 I 为圆心作圆，交 CD 于 J。则多边形 $ABIJH$ 就是一个近似正五边形。[6]

在发现《德语几何》之前，人们都相信是阿尔布雷希特·丢勒发明了这一作图，因为该作图也出现在他 1525 年的著作《量度四书》中。[7] 有趣的是，《量度四书》中也包括了一些欧几里得的作图。那时欧几里得的数学才刚刚再次为人们所掌握，这证明了丢勒在如此早的阶段就已经接触到了它们。

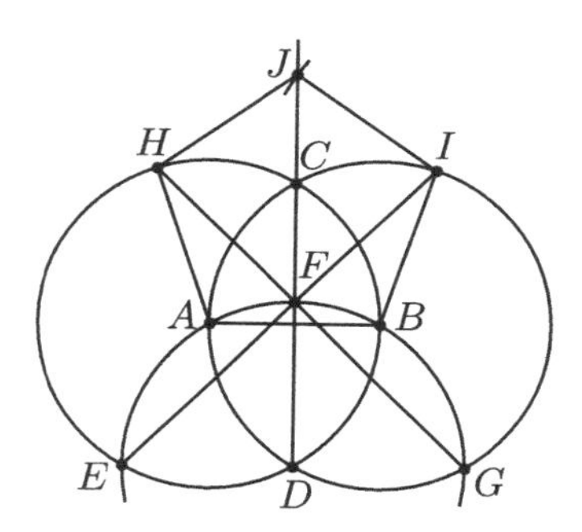

图 12.2　马西斯·罗里策使用生锈圆规的正五边形近似作法

就连达·芬奇也加入了这一行列。在他的笔记本中，至少有 10 个使用生锈圆规作图的例子。但就像他同时代的人那样，他只是把生锈圆规当作工匠和手艺人的工具，而非值得理论研究的课题。

在关于生锈圆规研究的早期，重点都被放在其实际应用上。因此，圆规的半径通常都被设定为有利于作图的长度。在 16 世纪，人们的注意力转移到了用生锈圆规能完成哪些作图这一理论问题上。这回，几何学家们没法控制圆规张开的长度了——“张开的长度可以是对方指定的任意常量”。[8]

就在这时，意大利发生了一起关于解三次方程的肥皂剧一样的事件。其中的戏码包括背信弃义、书信攻讦以及事件双方之间的数学对决。我们会在第 13 章更详细地介绍这一事件。简单来说，吉罗拉莫·卡尔达诺（1501—1576）出版了一本书，书中包括了他的三次方程解法。他曾保证过不会泄露尼科洛·塔尔塔利亚（1499 或 1500—1557）提供的一些秘密信息。但卡尔达诺食言并出版了该书。就这样，两人间形成了对立，卡尔达诺的学生（并最终成了其同事）——鲁莽的洛多维科·费拉里（1522—1565），也经常代表自己的老师出战。

1547 年，费拉里向塔尔塔利亚提出了一场数学对决。每人要提出 31 个数学谜题给对方解决。塔尔塔利亚的头 17 个问题就是需要用到生锈圆规的几何作图。[9] 费拉里果断地放弃了亲自解决这些问题。作为替代，他在使用生锈圆规的前提下证明了《几何原本》前六卷中的所有命题（本质上，他改变了第三公设）。[10] 当然，他略过了那些最终需要作圆的命题。[11] 就这样，塔尔塔利亚的问题都可以得到解决。

1556 年，塔尔塔利亚自己给出了这些命题的证明。他还声称自己一直都知道这是可能的。[12] 虽然我们可以预料到他知道交给费拉里的这些题目的解法，但除了他自己的话以外，没有证据能表明他知道证明“《几何原本》的所有命题”是可能的。这或许是真的，但他的成果晚于费拉里在 1547 年（其中 12 个关键命题的证明随后由卡尔达诺在 1550 年重新出版）[13] 和塔尔塔利亚自己的学生乔万尼·巴蒂斯塔·贝内戴蒂在 1553 年公布的证明。[14]

基于固定圆规的几何一直不断地被重新发现。从 1560 到 1700 年，不少于 13 位数学家写到了生锈圆规。[15] 其中很多内容都包括了一些作图，它们更多地被看作精巧的难题，而非高深的数学构造。但也有一个例外。1673 年，在阿姆斯特丹出版了一本 24 页的匿名小册子《欧几里得探求》（*Compendium Euclidis curiosi*）。[16] 它随后于 1677 年被翻译成英文。它向人们展示了用生锈圆规证明所有《几何原本》的命题是可能的。[17] 在引言中，作者承认他听说过这一可能性，但无法找到任何确切的引文，所以只好给出自己的证明。我们会在本章的后文中再次提到这一神秘的匿名作者。

意大利人的确证明了可以用生锈圆规代替普通圆规来证明“《几

何原本》的所有命题”，但是没有证据表明他们迈出了更加抽象的一步，也就是证明所有尺规作图都可以用生锈圆规和直尺完成。上述的匿名作者看起来好像做出了这种推论。在序言中，他断言自己本可以囊括其他作图，但“考虑到所有其他的平坦或简单（平面？）① 作图都可以由这些（书中提到的作图）简化而来，这样应该就足够了”。[18]

当然，正如意大利几何学家所知，这些作图方法并不等价。如果生锈圆规的半径是 1 英寸，那么就不可能作一个半径为 2 英寸的圆。但法国人让 – 维克托 · 彭赛列（1788—1867）发现，这并不是考察这些作图的正确方法。

彭赛列的人生轨迹和职业生涯都很有趣。他在巴黎综合理工学院学习了三年。随后他加入了工兵部队，并且作为法军的一名陆军中尉参加了俄法 1812 年战争。他在一场撤退中被俘，在伏尔加河畔萨拉托夫的一处监狱中度过了一年半的时光。在监禁期间，他在没有任何书本和合作者的情况下研究数学。他的笔记后来也得以出版。

他作为工兵时，会在业余时间研究几何（特别是射影几何）。他得出了一些重要成果，但也因为奥古斯丁 – 路易 · 柯西（1789—1857）的批评以及后来导致他和约瑟夫 · 格贡纳（1771—1859）及尤利乌斯 · 普吕克（1801—1868）关系紧张的一场优先权纠纷而多少有些郁闷。1824 年，他成了一位“应用于机器的力学”领域的教授。在那之后，他的研究和教学都着重于应用力学方面。他设计了一种改良的水车和一种新式吊桥。他也是名字被铭刻在埃菲尔铁塔的 72 位科学家、数学家以及工程师之一。

1822 年，彭赛列敏锐地发现，要证明一组作图工具等价于尺规，我们必须把注意力从作直线和圆移开，转而关注可作图的点，也就是

① 原文为“plain (plane?)”。应该是英文译本或作者本人作的批注，意即他们认为原文应该是想说“平面”（plane）而非“简单”（plain）。——译者注

直线和圆相交而形成的点。[19] 特别的是，我们可以进一步简化，只关注三样东西。我们必须证明我们的作图工具能像尺规一样（1）求两条直线的交点，（2）求直线和圆的交点，以及（3）求两个圆的交点。

如果我们能用生锈圆规和直尺完成上述三项工作，那么它们就和尺规等价。在生锈圆规这一情况中，我们可以把上述第（2）条重新叙述为“已知一条直线和两点 A、B，能否求得以 A 为圆心并且通过 B 的圆和该直线的交点”。换言之，我们需要找到交点，即便从未真正作出过这个圆。第（3）条也可以用类似的方法重新叙述。

当彭赛列发现这一点时，他正在考虑一个稍微不同而且更具一般性的问题。我们会在本章的后面探讨它。10 年后，雅各布·斯坦纳给出了完整而严格的证明。我们可以用彭赛列 – 斯坦纳定理来证明用生锈圆规和直尺可以完成上述（1）至（3）的工作。因此，任何可以用尺规完成的作图都可以用生锈圆规和直尺完成。

只使用圆规的作图

洛伦佐·马斯切罗尼（1750—1800）在米兰附近的帕维亚大学[①] 教授数学。他还是一位天赋异禀的诗人，他的诗歌在意大利多次出版。内森·库尔特写道：“把他看作‘数学家中最伟大的诗人’就太小看他了，因为文学家们就和数学家们一样热切地想把他划作自己人。”[20]

马斯切罗尼认为，直尺很少是真正笔直的，而且在使用时容易滑动，因此圆规生来就更为可靠。在他 1797 年的著作《圆规的几

① 原文为“the University of Privia”。应为作者笔误，实为帕维亚大学（the University of Pavia）。——译者注

何》(*Geometria del compasso*)[21] 中，他研究了只用圆规就能完成的几何作图。[22] 这样，我们可以作任意大小的圆——就和经典的尺规作图中一样，但没法用直尺来作直线或者线段。但只要作出了直线上的两点，他就认为这条直线已经被作出。

在他的书中，马斯切罗尼用的是一支固定圆规，而非欧几里得的折叠圆规。在欧几里得的证明（参见第 3 章）中，要想用固定圆规完成折叠圆规才能完成的作图，直尺是必需的。但是，奥古斯特·阿德勒（1863—1923）在 1890 年 8 月证明，马斯切罗尼使用固定圆规依然不失任何一般性。[23]

马斯切罗尼有个不一般的崇拜者：拿破仑·波拿巴。拿破仑喜爱数学并且尤其喜欢几何。马斯切罗尼支持法国大革命，也是拿破仑的一个支持者。他 1793 年的著作《勘测问题》(*Problemi per gli agrimensori*) 中有一段诗句致敬这位军事领袖。两人于 1796 年拿破仑进入意大利北部时见面，聊到了对几何共有的兴趣。之后，马斯切罗尼在《圆规的几何》的开篇为拿破仑写了一首诗——“献给意大利的波拿巴”①。马斯切罗尼把书中的一个问题命名为“拿破仑问题”，因为拿破仑喜欢用它来考验他的工程师们：已知一个圆和其圆心，只用圆规把圆周四等分。[24]1797 年，当拿破仑向数学家约瑟夫 – 路易斯·拉格朗日（1736—1813）和皮埃尔 – 西蒙·拉普拉斯（1749—1827）展示马斯切罗尼的一些作图时，据说拉普拉斯回答道：“将军，无论从您那里听到什么事我们都不会意外，但几何课程不在此列。”[25]

马斯切罗尼的作品流行于全欧洲。《圆规的几何》很快被翻译成法语，随后在 1825 年被翻译为德语。库尔特写道：“通过更甚于

---

① 原文为“A Bonaparte l'Italico”。——译者注

柏拉图的‘清教主义’①，马斯切罗尼把几何学中作图工具的职责这一问题带到时代的前沿。这一时代已经发展得足够成熟，并且准备好了解决该问题。”[26]

就像生锈圆规一样，要证明只用圆规的作图等价于尺规作图，只需要证明我们能找出两条直线、直线与圆以及两个圆的交点。为了略窥一斑，我们来看一个特殊的例子：已知圆 c 和圆心 O，以及和点 O 不共线的点 A 和点 B，我们要找到该圆和经过 A 和 B 的直线的交点（图 12.3）。我们分别以 A 和 B 为圆心，经过点 O 作圆。这两个圆交于点 O 以及另一点 P。以 P 为圆心，作一个和圆 c 半径相同的圆。这个圆就是圆 c 关于 AB 的反射。因此，它和圆 c 的交点即所要求作的点（如图 12.3 中的点 D 和点 E）。[27] 如果 A、B 和 O 三点共线，这一作图还需要许多额外的步骤。[28]

为了找出两条非平行直线的交点，马斯切罗尼的作法需要作 11 个圆，其中大部分使用固定圆规。我们不会给出他的作法，而是介绍阿德勒在 1890 年提出的一个方法。[29] 阿德勒的作法需要画 36 个圆。但比起效率，这一方法用到的思想更加重要。[30]

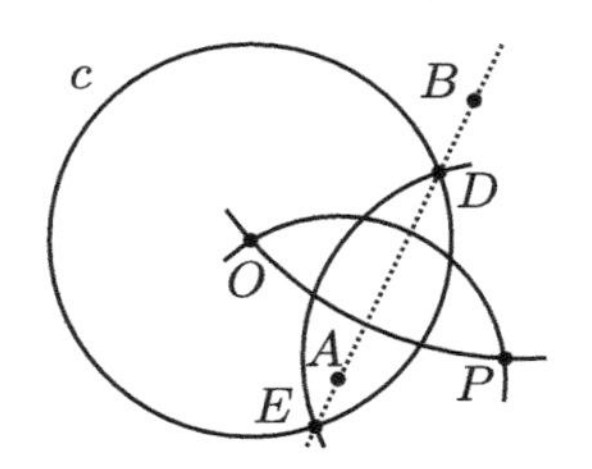

图 12.3　使用圆规求 AB 和圆 c 的交点

阿德勒运用了*反演*，这是一种由斯坦纳于 1824 年提出的方法。

① 指放弃使用直尺。——译者注

我们都熟悉关于一条直线的反射。点 A 关于直线 l 的反射点 B 到 l 的距离与 A 到 l 的距离相同，并且直线 AB 垂直于 l。反演是关于圆的反射，其定义如下：[31] 设圆 c 的圆心为 O，半径为 r。点 P（与 O 不重合）关于圆 c 的反演就是图 12.4 中的点 P'。它位于射线 OP 之上，到 O 的距离为 $r^2/|OP|$。

不难看出，如果点 P' 是 P 的反演，那么 P 也是 P' 的反演。如果其中一个点位于圆内，则另一个点就位于圆外。事实上，如果其中一个点离 O 越近，那么另一个点就会离 O 越远；点 O 没有反演，或者说它的反演位于“无穷远点”。如果 P 在圆上，那么它的反演就是自身。

圆和直线的反演不是圆就是直线。特别是，如果一个圆不经过点 O，那么它的反演还是圆。反之，它的反演是一条不经过 O 的直线。相对地，如果一条直线不经过点 O，它的反演就是一个经过 O 的圆。反之，它的反演是其本身。在图 12.4 中，虚线表示的圆和直线互为彼此的反演，点线表示的两个圆亦然。

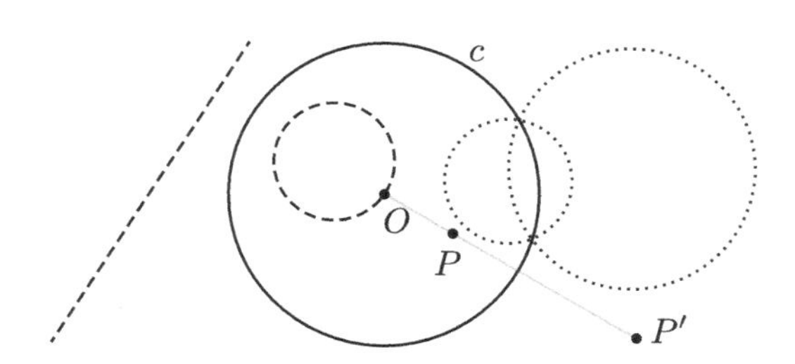

图 12.4　点 P 关于圆 c 的反演为点 P'。同样，圆和直线的反演不是圆就是直线

已知点 P、Q、R 以及 S，我们依下述方法使用反演来求得直线 PQ 和 RS 的交点：以 O 为圆心作任意圆 c（图 12.5）。关于 c 反演变换两条直线，得到两个圆。它们都经过点 O 和另一点 A。关于

c 反演变换 A，就得到了两条直线的交点 B。对于我们来说，这之中的关键在于所有这些步骤仅用圆规即可完成。[32]

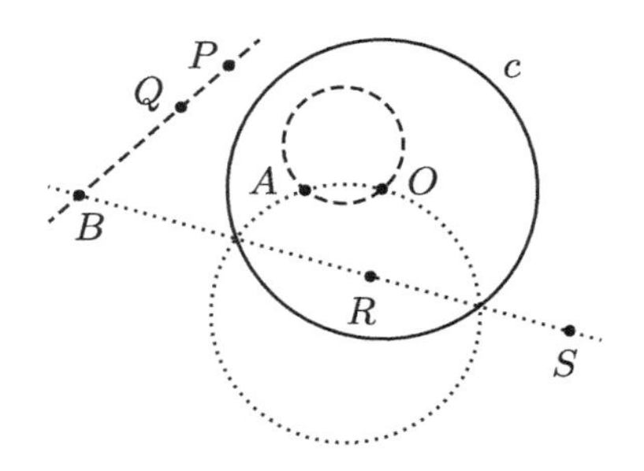

图 12.5　使用反演来求两条直线的交点

存在很多不以发现者的名字命名的定理。正如音乐家戴维·鲍伊所说："第一个完成的人并不重要。第二个才是关键。"[33] 只用圆规的作图常被称作马斯切罗尼作图。但我们现在知道马斯切罗尼并不是第一个分析这种作图的人。

1927 年，有一位逛二手书店的学生发现了一本旧几何书。书名叫《丹麦欧几里得几何》（*Euclides Danicus*）[34]，它的作者是格奥尔格·莫尔（1640—1697）。该书激起了这位学生的兴趣。他买下了这本书并展示给了他的教授——丹麦哥本哈根大学的约翰内斯·叶尔姆斯列夫（1873—1950）。幸运的是，叶尔姆斯列夫认出了这本书——这是一本关于马斯切罗尼作图的书。但这本书出版于 1672 年，比马斯切罗尼出版《圆规的几何》还要早 125 年！一年后，叶尔姆斯列夫出版了该书的德语译本。

《丹麦欧几里得几何》几乎失传并不是什么稀奇事。因为该书只出版了丹麦语和荷兰语版本，所以在当时没什么人对它感兴趣。这在一定程度上可以说是毫无疑问的。此外，莫尔也没费心思让读者意识到书中包含全新的重要结果。塞登伯格这样写道："注意力不集中的读者很容易错判这本书的价值。"[35] 同时代的文献对它的引用看上去是在暗示它是《几何原本》的一本汇编。这也就难怪马斯切罗尼没有意识到莫尔的工作了（在序言中，马斯切罗尼声称他的工作是原创的）。

即便如此，莫尔在他的时代也不是默默无闻的。他生于哥本哈根，但后来离开丹麦，前往荷兰学习数学和哲学。显然，他在荷兰时受到了 1672 年到 1673 年法荷冲突的影响，他甚至被法国士兵囚禁，度过了一段痛苦的时光。他颠沛流离，在法国和英国都生活过一段时间。他和其他的一些数学家见了面，这之中包括莱布尼茨。在 1676 年 5 月 12 日写给英国皇家学会秘书亨利·奥登伯格（约 1619—1677）的信中，莱布尼茨称他为"精通几何和分析的丹麦人格奥尔格·莫尔"[36]。

《丹麦欧几里得几何》被重新发现固然令人惊喜，但这还不是格奥尔格·莫尔的故事的终点。在本章早些时候，我们讨论过关于生锈圆规的匿名手册《欧几里得探求》。直到 1939 年，我们都不知道它的作者。但在那年，一本詹姆斯·格雷果里（1638—1675）的书信集得以出版。在 1675 年 9 月 4 日给格雷果里的一封信中，约翰·柯林斯（1625—1683）写道：[37]

"在那里和他一起出现的是丹麦人格奥尔格·莫尔。莫尔最近出版了两本荷兰语的书。一本名叫《丹麦欧几里得几何》，他在书中自称能不用直尺，只用圆规完成所有《几何原本》里的问题。另一本叫作《欧几里得探求》，他在书中用直尺和叉子（或者说固定半径的圆规）完成了同样的事。"

《欧几里得探求》一书比《丹麦欧几里得几何》吸引了更多注意，它甚至在 1677 年被翻译成了英文。我们不知道莫尔为什么匿名出版这本书。正如基尔斯蒂·安德森所提到的："因为《丹麦欧几里得几何》未能吸引人们的注意以及《欧几里得探求》被匿名出版，莫尔的名字很快就被遗忘了。"[38] 现在我们很开心地看到莫尔又得到了他应得的认可。

只用直尺的作图

任何可用尺规作出的图都可以仅用圆规完成。那只使用直尺的作图呢？这类作图可以追溯到 1759 年约翰·朗伯（1728—1777）进行的研究。我们还会在第 21 章介绍他关于 π 的工作。但是对于上述问题的满意答案要直到 19 世纪才出现。

我们不能仅用直尺完成所有可以用尺规完成的作图。一种解释是这样的：《几何原本》第三卷的第一个命题是求圆的圆心，这不可能只用直尺完成。下面我们来简述一下戴维·希尔伯特（1862—1943）给出的一个精妙论述。[39] 这是一个用反证法完成的证明。首先假定仅用直尺是可能的，那么就会有一系列仅用直尺的作图步骤，并最终得到两条直线交于圆的圆心。他随后描述了一种平面变换。我们可以想象成把空间扭曲来让点四处移动。这种平面变换具有一些重要的性质：圆仍然保持圆形，直线也仍然是直线，但圆的中心移动到了一个不再是中心的位置。那么同样的一系列直线（或者更精确地说，变换后得到的直线的像）仍然会求得圆心。但这个交点是原来的中心，而非变换后的中心。这样我们就推出了一个矛盾。

尽管只用直尺不等价于尺规作图，但在 1822 年，彭赛列猜测，如果已知任意圆和它的圆心，那么我们就可以仅用直尺完成所有尺规作图。[40] 彭赛列是正确的，但他没有证明自己的猜想。瑞士数学家雅各布·斯坦纳于 1833 年给出了第一个严格证明。[41]

斯坦纳生于瑞士伯尔尼的一个农民和技术工人之家。因为必须帮父母工作，所以他没有接受多少教育。他在 14 岁时才学习写字。不过，他在青少年时期的晚期离家去接受正规教育，并最终成为柏林大学的一位教授。

尽管斯坦纳在多个数学领域都做出了成果，他最为人所知的是在综合几何领域杰出且重要的工作。综合几何是指像欧几里得几何那样的几何，而非笛卡儿等人推广流行起来的解析几何。斯坦纳一半时间在家试图寻找把看起来不相关的定理结合起来的包罗万象的主题，另一半时间则花在解决实际问题上。

海因里希·多里大胆地提出，斯坦纳是“阿波罗尼奥斯时代以来最伟大的几何学家”。[42] 与斯坦纳同时代的卡尔·雅可比（1804—1851）写道：[43]

从一些空间性质出发，斯坦纳依靠一个简单的方案，尝试着全面审视许多撕裂的几何定理。他试图根据每个定理和其他定理之间的关系，为它们指定一个特殊的位置。就这样，他为混沌带来秩序，让所有零件依其天性环环相扣，并把它们汇集成明确的群组。

据约翰·伯克哈特称，“学生们以及同时代的人都记录下了斯坦纳的几何研究多么才华横溢，以及他在率领他人探寻自己发现的未知领域时有多么激动兴奋”。但是，“他经常举止粗野，谈吐耿直，因此让很多人疏远了他”。[44]

我们在此略过彭赛列–斯坦纳定理的证明，但会给出一个只用直尺作图的例子。[45] 让我们来看一看斯坦纳的第三个问题。该问题要求过点 P 作直线 AB 的垂线（图 12.6）。[46] 我们可以假定自己能够过任意点作任意已知直线的平行线（这也正是斯坦纳的第一个问题）。我们曾提到过，假定已知一个以 C 为圆心并且经过 D 的圆。首先，我们过 D 作 AB 的平行线。记该直线与圆的另一交点为 E。连接 CD 并延长，交圆于 F。那么 DF 就是圆的直径，因此 EF 垂直于 DE 和 AB。最后，过 P 作 EF 的平行线。[47]

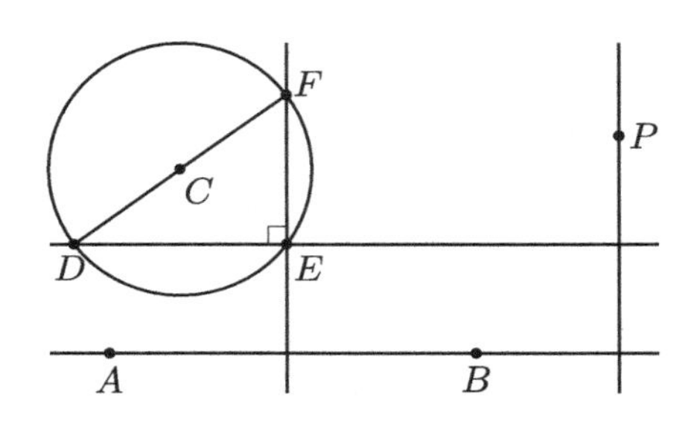

图 12.6　仅用直尺过 *P* 作 *AB* 的垂线

优秀的数学家不会不检验一个定理用到的假设。我们还能做得更好吗？我们能不能去掉某些假设？我们真的需要一个圆心吗？我们确实需要。正如我们先前提过的，只用直尺不可能画出一个圆的圆心。（斯坦纳的著作的初版中并没有明确提到圆心是必要的，而这是不正确的。）

希尔伯特提出，我们是否可以把一个圆及其圆心替换为两个或者三个圆，而无须圆心？[48] 换言之，如果我们有两个或者三个圆，是否就可以用直尺找到其中一个的圆心？德特勒夫·考尔（1889—1918）发现，一般来说，只用两个不相交的圆而不借助它们的圆心是不够的。然而，如果这两个圆相交，或者它们是同心圆，那么我们就不需要它们的圆心了。给定任意三个圆也足够让我们不去求助它们的圆心了。[49]

最后，我们想要问：我们是否需要整圆，或者说，我们能否用半圆或四分之一圆呢？1904 年，弗朗切斯科·塞维里（1879—

1961）证明只要我们已知圆心和一段圆弧，无论这段圆弧有多短，定理的结论依然成立。[50] 因此，如果我们坐下来，手握尺规开始画第一个圆，而且刚画了一点，圆规就坏掉，这也不会带来任何问题。我们可以只用直尺继续完成需要的作图。

最后再提一句，回想一下我们在前文中提到（见本章“生锈圆规”一节），生锈圆规定理是彭赛列－斯坦纳定理的一个推论。的确，如果我们有一把生锈圆规和一把直尺，就可以用圆规画一个圆（或者一段圆弧）。然后我们就可以把生锈圆规放回抽屉。根据彭赛列－斯坦纳定理，我们能够只用直尺完成剩余作图！因此，任何尺规作图都可以用直尺和生锈圆规完成。

闲话　折纸

孩子们喜欢用五颜六色的正方形纸折出天鹅、仙鹤、青蛙、鲜花、盒子和小船。专业的折纸艺术家们能用这简单的正方形制作出令人目瞪口呆的复杂物体。尽管折纸在历史上一直都属于艺术范畴，但近年来也吸引了数学家们的注意。一些数学家致力于解决实际问题：我们能否创造出某物体的折纸原型？什么样的折法能得到一个特定的形状？

我们在这里要考察一个更理论化的问题。在尺规作图中，基本对象是直线、圆以及它们的交点。在折纸中，基本对象是直线，也就是折痕，以及交点。因此我们想知道：什么样的点和线是可以折出的？我们能三等分角吗？能倍立方吗？化圆为方呢？又或者，作正多边形呢？

正如我们对尺规的使用有一定的限制，折纸也有一组被明确定义的方法。[1] 一些折纸规则明显和某些欧几里得几何中的对象相对应。欧几里得几何中两点确定一条直线的假设在折纸中就有一个明显的类似：我们可以经过任意两点折叠一张纸。另一个折法让我们能把直线 l_1 叠到 l_2 上来形成新的直线 l_3。l_3 要么平行于 l_1 和 l_2，并且到它们的距离相等，要么平分 l_1 和 l_2 形成的夹角之一。无论是哪种情况，l_3 都是可以尺规作图的。事实上，所有可以用尺规作图的点都可以用折纸折出。[2]

折纸作图有趣的地方在于，有一种折叠方法没有对应的尺规作图，就像二刻尺作图一样。假设我们有两个不同的点 p_1 和 p_2，以及两条不平行的直线 l_1 和 l_2。我们可以折叠这张纸，使得 p_1 落在 l_1 上，而 p_2 落在 l_2 上。[3] 这让我们可以作出尺规作图不能作出的点，我们也因此得以解决部分古典问题。

1986 年，彼得・梅瑟发现了下述用来倍立方的折纸方法。[4]

图 T.22 中的前三步让我们得到了直线 l_1 和 l_2，它们可以三等分整张纸。其中最后一次折叠无法用尺规完成。我们折叠纸，使得点 Q 落在直线 l_2 上，点 P 落在正方形的左边上。这样，P 就把正方形的左边分成了长度分别为 a 和 $\sqrt[3]{2}\,a$ 的两条线段。

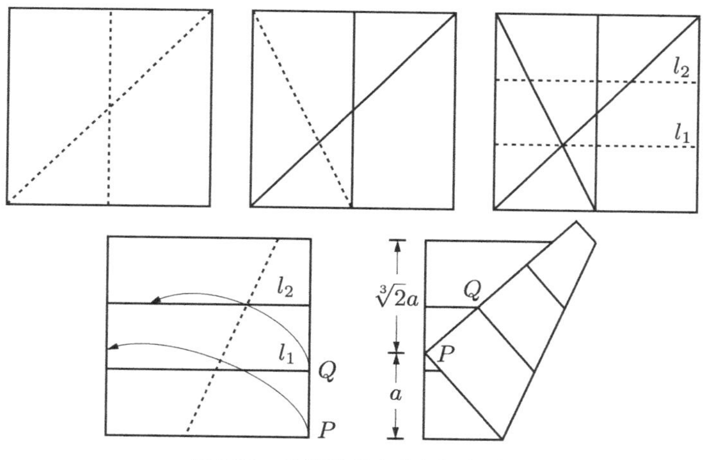

图 T.22　梅瑟的倍立方折纸解法

在 20 世纪 70 年代，阿部恒发现了一个用折纸三等分角的精巧方法。[5] 如图 T.23 所示，假定我们已知一个由纸的底边和经过左下角 P 的直线 l_1 构成的锐角 θ。任意折叠出一条水平折痕 l_2，然后把底边折到 l_2 来获得 l_3。记 l_2 的左端点为 Q。折叠纸，使得 P 和 Q 分别落在 l_3 和 l_1 上。让纸保持折叠，沿着 l_3 重新折叠，得到新折痕 l_4。将纸展开，延长 l_4 成为一条通过 P 的完整折痕。最后，把纸的底边折到 l_4 来获得折痕 l_5。直线 l_4 和 l_5 就是角 θ 的三等分线。

事实上，折纸可以得到的可作图的点与我们用圆规、直尺以及圆锥曲线得到的点是完全一致的。[6] 尤其是，我们可以折出难以作图的七边形和九边形。[7] 当然，折纸对化圆为方并没有帮助，这也许并不令人感到惊讶。

尽管并非折纸，我们还可以用另一种方式把纸变成正多边形。[8] 如图 T.24 所示，用一张长条纸，按图示方法打结并仔细拉紧，这样就可以得到正五边形和正七边形。

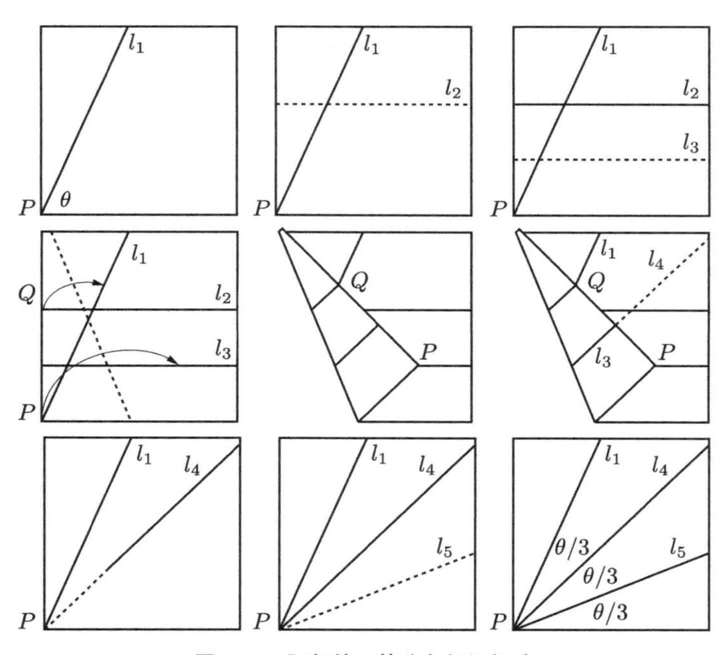

图 T.23　阿部的三等分角折纸解法

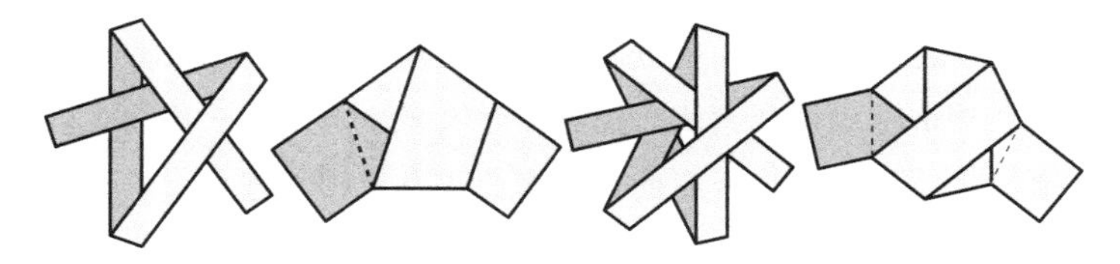

图 T.24　通过把纸打结得到的五边形和七边形

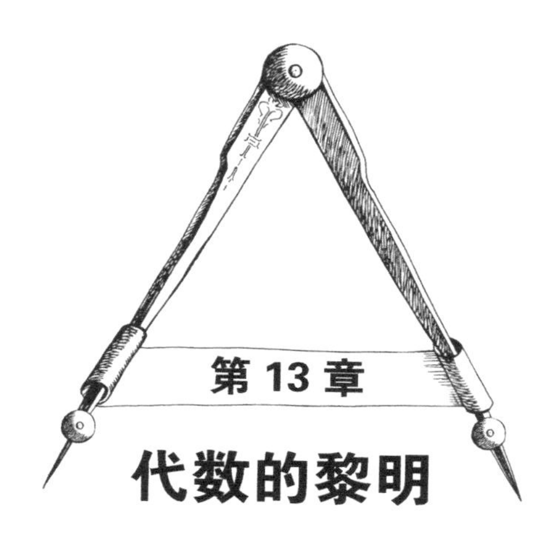

第 13 章 代数的黎明

代数是慷慨的：她给予的通常比索求的更多。

——让·勒朗·达朗贝尔[1]

我们不能指责古希腊人——那些几何大师——解不出古典问题，因为它们是不可解的。我们同样也不能指责他们没能证明这些问题不可解。古典问题虽然是几何问题，但其不可能性的证明却不是用几何完成的；这需要代数。而代数直到希腊化时代①才出现。

尽管在数学史上，我们不时瞥见代数或者代数思维的身影，而我们现在所知的代数——包括青少年在学校学习的代数，当然还有用来证明古典问题不可能性的代数——只有几百年的历史。

在本章，我们要暂别古典问题，转而对从最古老的文明开始到

① 希腊化时代始于亚历山大大帝之死，终于罗马共和国在公元前 146 年征服希腊本土，或终于公元前 30 年最后的“继业者王国”——托勒密王国灭亡。19 世纪后的西方史学界认为在这段时期，古希腊文明主宰了整个地中海东部沿岸的文明，所以该地区于这段时期被称为“希腊化时代”。——译者注

16 世纪为止的代数发展史做一个旋风式的介绍。因此我们只能粗略地描述历史，只触及一些最关键的里程碑。

代数是什么？

在讨论代数史之前，我们必须确定自己知道代数是什么。回忆一下高中的代数课，我们会想起通过符号变换、因式分解、用二次方程求根公式来求多项式的根，或是解方程组、解应用题、画图……的确，上述内容抓住了代数的许多特征。

在代数这个数学领域中，抽象发挥了重要作用。正如教科书上的应用题那样，同样的由 x 和 y 构成的方程可以代表服装店的库存、直角三角形的直角边长度、在银行投资的金额，或者道路上汽车的位置。在代数课上，学生会学习新代数方法，然后被要求运用它解决一系列问题。正是代数的普遍性本质让它变得如此强大。

代数不仅仅是被抽象以应用在无数情景中，它还可以被抽象以应用在数字上，却又不限于特定数字。无论是 $x=1$、$y=2$，还是 $x=1\ 000\ 001$、$y=\sqrt{2}$，代数表达式 $x^2-y^2=(x+y)(x-y)$ 都是正确的。

还有一点非常重要，那就是代数论述使用一套通用的符号。在有必要的时候当然也会用到一些文字。我们使用字母来表示变量和任意常数，用 +、−、×、÷ 以及 $\sqrt{\ }$ 表示运算，用 =、< 以及 > 表示值之间的关系，用正、负、分数以及实数指数来表示幂，不一而足。这种通用的语言使得数学家们可以忽略问题的上下文，转而关注其背后的数学。

代数包含正式变换表达式的方法。如果我们给两个相等的表达式加上相同的量，它们还会是相等的。我们可以使用代数规则和过程来修改表达式，比如 $(a+b)^3=a^3+3a^2b+3ab^2+b^3$。我们可以简洁而清楚地表示复杂的数学过程。如果已知一个形如 $ax^2+bx+c=0$ 的二次方程，我们就能用求根公式来求得它的两个根

$$x=\frac{-b\pm\sqrt{b^2-4ac}}{2a}$$

现在，学习代数的学生们还经常被要求画出代数表达式的图像。例如，$y=2x+3$ 的图像是一条直线，$x^2+y^2=1$ 是一个圆，$y=x^2$ 是一条抛物线，等等。这并不是纯粹的代数，这是代数和几何的一个非常有用的融合产物——解析几何。解析几何在我们研究数学的方式中已经相当根深蒂固，我们甚至会更多地把它当成代数，而非几何。（当想到几何时，我们心中描绘的是欧几里得几何那样不用坐标的综合几何。）

理解和使用代数需要对数有良好的理解。但是，数学家们花了数千年才有了现代的数的概念：整数、有理数、无理数、零、负数、复数，等等。

古埃及和美索不达米亚的代数

代数不是一个人发明的。事实上，代数的发明是一个漫长而逐步的过程。那些最古老的文明中用来解决特定问题的方法，已经用到了今日被我们视为再基本不过的代数技巧。他们的数学是构建在实际应用之上的，这包括农业、会计、商业、勘测、金钱交易以及丈量等领域。他们经常满足于近似而不是准确的结果。

我们在第 6 章提到过的莱因德纸草书中有一些需要解线性方程组的问题。问题 32 叙述如下：“一个量，加上它的 $\frac{2}{3}$，加上它的 $\frac{1}{2}$，

再加上它的$\frac{1}{7}$等于37，这个量是多少?”[2] 用现代的符号来写的话，这个问题就是求线性方程$x+\frac{2}{3}x+\frac{1}{2}x+\frac{1}{7}x=37$的解。尽管对今天的我们来说，解线性方程看上去十分基本，甚至可以说毫无研究价值，但回想一下，古埃及人并没有一个进位制的数字系统，而且他们把有理数表示成单位分数（以及$\frac{2}{3}$）的和。在这种情况下，古埃及人给出了$16+\frac{1}{56}+\frac{1}{679}+\frac{1}{776}$这个解。在验算过程中，抄写员需要计算$\frac{2}{3}\cdot\frac{1}{179}=\frac{1}{1358}+\frac{1}{4074}$，这可一点儿也不简单！

尽管这样的数学没有包括代数的全部特点，但我们能清楚地看到一些代数的痕迹。“一个量”这样的描述就是我们会用x来表示的未知量。古埃及人也有明确的方法来解决上述问题以及和它类似的问题。

和古埃及人不同，古巴比伦人确实有进位制系统——60进制。这让他们能解决更困难的问题。他们可以解线性方程组和特定的二次方程。不过，就像古埃及数学一样，我们如今能看到的古巴比伦数学也采用问题和解答的形式。他们有明确的解题步骤，但用到的算法都是通过例子来展现的。学生们通过解题来学习解决类似问题的方法。这些方法也没有用抽象形式呈现，它们一点儿也不代数。

此外，古埃及和古巴比伦的问题都是用文字而非符号写成的。代数史的这个早期阶段被称作言辞期。因此，尽管这个时代出现了代数的一些早期征兆，但这些古文明都错失了代数的许多基本特征。

古希腊的几何代数

虽然古希腊人在几何和数论领域取得了大量成果，但是他们并未涉足明显可以看出是代数的领域。不过，关于古希腊人是否展现了代数思维以及用代数方法研究数学，存在一场著名的学术争论。

1885 年，热罗尼莫·措伊滕（1839—1920）发明了“几何代数”这一词语，来指代《几何原本》中的某些部分。[3] 随后将近一个世纪中，经常有人反复声称欧几里得的部分命题是伪装成几何的代数。事实上这种主张也并不新鲜了，它早在代数仍是最尖端的数学领域时就业已存在。1685 年，约翰·沃利斯写道：“在我看来，古人毫无疑问已经多少掌握了本质和我们的代数相近的东西；想想他们如何推导出那许多冗长而复杂的证明就可以知道这一点。我发现在这一点上，还有其他一些现代作者和我持同样的观点。”[4]

让我们来看一些例子。《几何原本》的命题 II.4 叙述道：“任意分割一条直线，整条线长度的平方等于各部分长度的平方，加上由它们构成的长方形的面积的两倍。”[5] 从几何角度来解释，我们先作一个正方形，然后横纵各切一刀，把它分成两个面积相同的长方形，以及两个正方形，如图 13.1 所示。

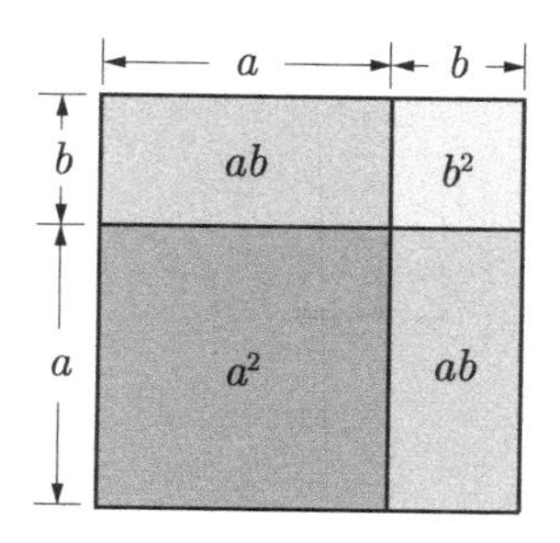

图 13.1　《几何原本》命题 II.4 背后的几何

古希腊人没有为他们的线段赋予长度。线段就是量，而两条线段的乘积是另一个量——一个长方形的面积。但是，如果我们给线段赋予长度，给长方形赋予面积，就可以把命题 II.4 看成一句代数陈述："任意分割一条直线（为长度 a 和 b 的两部分），整条线长度的平方（$(a+b)^2$）等于各部分长度的平方（a^2 和 b^2），加上由它们构成的长方形的面积的两倍 $(2ab)$。"或者用代数的表达方式，$(a+b)^2=a^2+b^2+2ab$。

命题 II.6 是一个更复杂的例子。它等价于代数表达式 $x(x+a)+(a/2)^2=(x+a/2)^2$。我们在欧几里得的描述中加入 x 和 a 来让它更简单易懂：

> 如果我们平分（长度为 a 的）直线，然后加上一条（长度为 x 的）直线来组成一条新直线，那么由被加上的直线和整条新直线形成的长方形（面积为 $x(a+x)$）加上原直线一半的平方（面积为 $(a/2)^2$）等于被加上的直线与原直线的一半的和的平方（面积为 $(x+a/2)^2$）。

图 13.2 描绘了这个命题背后的几何：$x\times(a+x)$ 的长方形面积加上 $(a/2)\times(a/2)$ 的正方形面积就等于 $(x+a/2)\times(x+a/2)$ 的正方形面积。我们可以把这个命题看作代数变换的严格几何证明。

自从 1969 年以后，一群数学史学家的一系列文章批评了古希腊几何代数的说法。他们认为欧几里得的几何仅仅是几何，而试图从中寻找代数则是种"辉格史"[①] 学派的行为。我们如今了解代数，

① 辉格史（Whig history）是一个历史学派，该学派认为人类文明不可逆转地从落后到先进，从愚昧到开蒙。这个学派的历史学家对历史的解释往往从今天的角度出发，来评判历史事件的价值。——译者注

所以当我们回顾古希腊人的数学时，就可以用代数来构建它们。但那并不意味着古希腊人也了解代数。

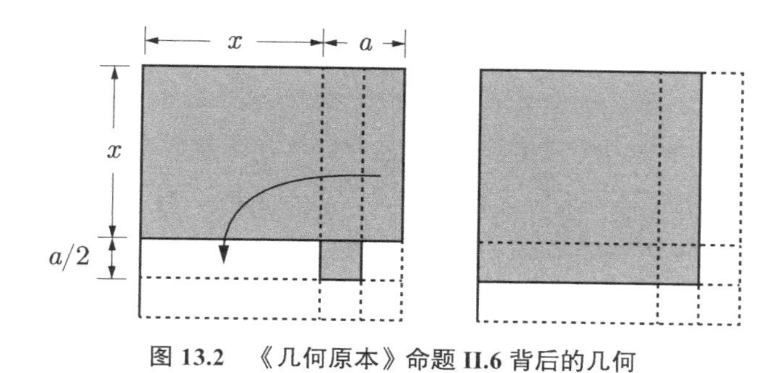

图 13.2　《几何原本》命题 II.6 背后的几何

这些几何定理确实存在代数等价。但如果我们仔细研究它们，就会发现缺失了许多代数的特征。它们之中不存在未知量，没有代数等式，也没有符号的变换。事实上，古希腊人根本不把量看作数。

我们不会涉足这场争论。数学史界肯定已经不再支持《几何原本》包含几何代数的观点，但这场争论还未有定论。[6]

亚历山大港的丢番图

在公元 250 年左右，也就是古希腊数学最高峰大约 5 世纪后，亚历山大港的丢番图迈出了重要的一步。他让代数从古时候使用言辞的方式中脱离出来，转而使用了更现代的方法。尽管并非全部，但这一方法中包含了部分代数方程构成要素的符号。

不过，丢番图没有从几何出发，或是从有实数解的问题出发来研究代数。在他最著名的作品《算术》中，他写到了数论。他给出了大量问题，而这些问题的目标都是求整数系数多项式方程的正整数（或者正有理数）解。

他考察了诸如“找出一个能写成两个平方数之和的平方数”这样的问题，这个问题等价于求满足 $x^2+y^2=z^2$ 的整数 x、y 和 z。早在丢番图之前，人们就知道存在无数组这样所谓的勾股数[①]：$3^2+4^2=5^2$、$5^2+12^2=13^2$，等等。这个方程并不难解，但是一般来说，丢番图问题要么出奇困难，要么根本无解。我们已经提到过（第 2 章）最声名狼藉的一类丢番图方程：$x^n+y^n=z^n$。费马正是在他自己的一本《算术》的页边空白处写下了他的“最后定理”，亦即当 $n \geqslant 3$ 时该方程没有正整数解。

丢番图用符号来表达他的方程。他用了一个形似 ς 的符号来表示我们称作 x 的变量。至于变量的幂，他使用了 Δ^{Υ}、K^{Υ}、$\Delta^{\Upsilon}\Delta$、ΔK^{Υ} 以及 $K^{\Upsilon}K$（分别表示 x^2、x^3、x^4、x^5 以及 x^6），其中 Δ^{Υ} 是“dynamis”（幂）一词的前两个字母，而 K^{Υ} 是“kybos”（立方）一词的前两个字母。特别是，他并没有像后世的代数学家那样从几何角度看待代数，因而限制自己只使用到三次幂。对于这些幂的倒数，他有自己的一套写法；他描述了如何变换有正（“现成的”）项和负（“缺少的”）项（“缺少的”乘上“缺少的”就得到“现成的”）的表达式，并且给出了许多我们如今熟知的等式变换的基本代数规则。

不过丢番图的代数还谈不上现代。他只能用一种方式表达未知量，但他的方程经常有不止一个未知量。他也没有用符号方式来表达一般的系数（比如，他会用“x，但是更大”或者“若干 x”来表达 nx）。

---

① 原文为“Pythagorean triples”，亦即毕达哥拉斯三元数，也就是中文语境下的勾股数。——译者注

古印度

缺少有效的记数系统成了代数发展的主要障碍。古希腊人有一个不好用的并非进位制的十进制系统，而罗马数字在实际使用中就更混乱了。让我们试着不转换成十进制表示来计算 MMMMDCCCXCVI ÷ XVIII。开始！答案是？ CCLXXII。这并不容易，但如今小学生都能用长除法计算出 4896 ÷ 18 = 272。代数学家们需要一个更好的记数系统，而这个系统就来自古印度。

正如法国数学家拉普拉斯写道：[7]

> 古印度人为我们提供了用十个符号表示所有数字的巧妙方法。每个符号都有一个位值①和一个绝对值；因为它如今看上去再简单不过，所以我们常常忽视这深奥而重要的方法的真正价值。它把简单和易于使用的特点带到了所有计算中，这让我们的算术跻身最有用的发明之列；阿基米德和阿波罗尼奥斯是古典时代最伟大的人之二，天才如他们都未能想出这个方法，我们就更能意识到它有多伟大了。

十进制记数法并非由一人发明。它的发展经过了几百年。我们知道婆罗摩笈多（约公元 598—约公元 668）在其中起了关键作用。在他公元 628 年的著作《婆罗摩历算书》中，他提到了用十进制记数法进行算术运算的方法。他还写到了 0，以及涉及 0 和负数时的算术规则。他这样写道：[8]

---

① 以十进制为例，57 事实上表示 $5\times10^1+7\times10^0$。这里的 10 的幂就是位值。换言之，我们所说的十、百、千等就是位值。而 5 和 7 就是这两个符号的绝对值。（此处的绝对值是拉普拉斯所用的词，应该不同于我们通常意义上所说的绝对值，尽管在这里，两者实际上相等。）——译者注

负数和正数的乘积是负数，两个负数的乘积是正数，两个正数的乘积是正数；零和负数、零和正数、两个零的乘积都是零。

零在记数法中有两个作用：它既是一个用来表示什么都没有的数，也是一个占位符，用来表示展开数时缺失的 10 的某个幂。例如，我们把 $7 \cdot 10^3+8 \cdot 10^1+9 \cdot 10^0$ 写作 7089，而这里的 0 就表示我们没有用到 10^2。

婆罗摩笈多还给出了二次方程的一般解法。他对方程 $ax^2+bx=c$ 的解法如下：[9]

用**色**①乘以二次项系数的四倍与中间（数）的平方之和的平方根减去中间（数），（差）再除以二次项系数的两倍。（结果）就是未知数。

这用今天的符号来表示就是 $x=(\sqrt{4ac+b^2}-b)/(2a)$。注意，婆罗摩笈多使用“色”一词来表示方程中的已知数，或者说常数项。（有趣的是，他使用不同的颜色来表示不同未知量。）

事实上，婆罗摩笈多的解法给出了二次方程的两个根，即便其中一个是负数。和丢番图一样，婆罗摩笈多用一种混合了符号和单词缩写的简略写法来书写代数表达式。

① 原文为“rupas”，指佛教与婆罗门教中的“色”这一概念。下文也有解释，《婆罗摩历算书》中使用这一词来表示二次方程的常数项。另外，原文使用了较为晦涩的句式，翻译时为了保留韵味也采用了晦涩的译法。简单来说，原文就是说“色乘以二次项系数的四倍，加上中间数的平方，取平方根，减去中间数，再除以二次项系数的二倍”。——译者注

阿拉伯世界

当婆罗摩笈多在古印度撰写数学典籍时，在阿拉伯半岛，数学也即将见到曙光。750 年，阿拔斯王朝统治了帝国，后来把首都从大马士革迁往巴格达。建于 762 年的巴格达位于底格里斯河畔，距离古巴比伦城大约 50 英里。那之后开始了文化和智慧的复兴，而巴格达也成了这场复兴运动的中心。学者们汇聚在这座城市中，让它成了阿拉伯版本的亚历山大港。就和亚历山大港一样，巴格达也有它自己的图书馆——智慧宫，它是由马蒙创立的。

马蒙在梦中见到亚里士多德，这启发了他把能得到的所有古希腊典籍翻译为阿拉伯文。《几何原本》在公元 8 世纪传到巴格达，并在马蒙的父亲哈伦·拉希德在位时被翻译为阿拉伯文。但在马蒙时期，更多典籍得到翻译。其中包括阿基米德、阿波罗尼奥斯、丢番图和托勒密的著作。在某种程度上，正是因为这些翻译，我们才能对古希腊数学有如今的了解。但阿拉伯数学家并不仅仅是知识的看管人。他们吸收、结合并扩展了古希腊、美索不达米亚以及古印度数学。他们因为在算术、代数、三角学以及几何领域的贡献而著名。

穆罕默德·伊本·花拉子密是智慧宫的一位学者。他著有超过 6 本天文学和数学书。他的著作《关于印度算术》[10]——很可能是基于婆罗摩笈多的作品所写——描述了古印度人的记数法以及如何用它进行计算。花拉子密的书影响力巨大，以至于使人广泛误解我们如今使用的记数法是由阿拉伯人而非古印度人发明的。即便是今天，我们也经常把它们叫作“阿拉伯数字”。在欧洲，这些计算技巧常被叫作“花拉子密方法”。在一些错误的翻译中，花拉子密也被写成 algorismi；这也就是今天“algorithm”（算法）一词的由来。

花拉子密最重要的工作就是他的代数课本《代数学》（*Al-jabrwa'l*

muqābala）①。书中的数学完全由文字表述,就连数字都是写成单词的。（丢番图用简略写法来表述代数的著作在当时尚未被翻译成阿拉伯语。）不过，方程仍然有清晰的表述。花拉子密没有用一系列问题来呈现代数，而是给出了一般的、抽象的一次和二次代数方程的解法。受古希腊人用严密的几何方法研究数学的启发，他也使用几何来证明代数关系。同样，就像现代教科书作者一样，花拉子密提供了大量的问题来展示如何应用他所描述的理论工具。

他把解二次方程分成五种情况。今天我们会说只有一种二次方程，形如 $ax^2+bx+c=0$。但花拉子密要求所有系数均为正数。所以，举例来说，$x^2+2x=3$ 和 $x^2+3=2x$ 就被分为两类。

该书标题中的“al-jabr”一词意为“还原”或者“完成”，它指的是向方程两端加上同一个量的方法。这使得方程得以摆脱负数项。“al-muqābala”一词意为“简化”或“平衡”，它指的是消去同类项的过程。“algebra”（代数）一词正是来自花拉子密的“al-jabr”这一术语。[11]

《代数学》是写给非数学家的，例如商人、律师和工程师等。尽管花拉子密用来解线性和二次方程的技巧并不新颖，但他对解的几何表示则是未曾有过的。在很多年里，它们都成了标准做法。

尽管花拉子密是最著名的一位阿拉伯数学家，但他当然不是唯一一位对代数史做出贡献的阿拉伯数学家。例如，阿布·卡米勒（约公元850—约公元930）基于花拉子密的工作写了一本更高等的代数教材。在这本书中，几何证明也非常重要。书中的问题通常既有代数解法，也有几何证明。他的这本书可能是第一次把无理数接纳

① 英文译名为 *The Compendious Book on Calculation by Completion and Balancing*，意为“还原平衡计算简明之书”。后文提及了该书英文译名由来以及其中词汇的意义。《代数学》是不断简化后的中文译法。——译者注

为数。

数学家、天文学家欧玛尔·海亚姆（1048—1131，如今，他可能因诗集《柔巴依集》而更出名）挑战了解三次方程这一难题。他不相信这些方程有代数解，于是转而专攻几何方法，用交叉的圆锥曲线来解它们。

欧洲

罗马人对抽象数学不感兴趣。相反，他们把数学当作一种用在工程和商业中的实用工具。但当罗马帝国在 5 世纪覆灭时，就连这一数学文化都跟着消亡了。随后的五个世纪是欧洲数学史上相对平淡的一段时间。

在 10 世纪晚期，游历阿拉伯城市的基督教学者把他们见到的科学和数学教材翻译成了拉丁文，并带回了西欧。译本的数量在 11 和 12 世纪又得以增加，其中后者尤甚。它们都翻译自数学家们撰写的典籍。这之中既有阿拉伯数学家，例如花拉子密，也有非阿拉伯数学家，例如欧几里得和托勒密（约公元 100—约公元 170）。

到了 13 世纪初，海上旅行已经变得更安全，商业也已经从旅行商人以物易物过渡到货运以及基于货币交易的经济制度。商人们住在诸如意大利卢卡、锡耶纳以及佛罗伦萨这样的城市。银行业以及国际金融的成功需要更好的会计和记账方法，以及更有效的计算方法。而罗马数字就太麻烦了。

向印度–阿拉伯数字的过渡在 13 世纪早期真正地开始了。这很大程度上归功于列奥纳多·皮萨诺（1170—1250），他的昵称斐波那契（“波那契之子”）更加出名。他生于意大利，却在北非长大并接受教育，因为他的父亲在那里当税吏。列奥纳多正是在那里学习到了更先进的记数法，他意识到它不仅对理论数学，而且对实际的算术也大有用处，尤其是在商业和金融会计领域。

1202年，他回到意大利出版了《计算之书》(*Liber abaci*)，在其中介绍了这种记数法。该书显然受到了阿布·卡米勒的代数教材的影响，《计算之书》中几乎原封不动地呈现了卡米勒书中的29个问题。自那之后，有人开办学校来训练商人使用这种新记数法。不过，距离真正抛弃罗马数字并转投更高效的记数法的怀抱，还有几个世纪。

在14世纪，欧洲遭到黑死病的毁灭性打击，欧洲三分之一的人口在瘟疫中丧生。而持续到15世纪的百年战争也让欧洲无暇分神。结果，这成了欧洲数学史上另一段萧条时光。

解三次方程

二次方程存在"根式解"。二次方程求根公式让我们可以通过对系数进行加、减、乘、除以及开方运算（在这里，我们用到了开平方）来表示根。我们自然要问，更高次的方程是否有根式解？尤其是，比二次再高一次的三次方程是否存在根式解？

对于三次方程，答案是肯定的。而发现该公式的过程充斥着好莱坞式的阴谋、秘密、欺骗以及对抗。这也同样是数学史上一个重要的篇章。整个故事始于15世纪末的意大利。

卢卡·帕西奥利（1447—1517）是方济各会的一位修士。他撰写了数本数学图书。（其中一本的插画家十分著名，那就是他的朋友列奥纳多·达·芬奇！）1494年，他写下了《算术、几何、比例总论》。这本教材使用意大利语，而非拉丁语。它极具影响力，对文艺复兴时期数学的现况做了一个全面介绍。它涵盖算术、代数、几何、三角学以及会计等领域。因为这本书出版于谷登堡 1450 年发明印刷机之后，它也成了最早一批印刷出版的数学书之一。

他在书中介绍了如何解线性方程和二次方程，并且断言三次方程就和化圆为方一样不可解。帕西奥利在化圆为方这一点上是正确的，但他对三次方程的判断出了错。而他的一位朋友，意大利博洛尼亚大学教授希皮奥内·德尔·费罗（1465—1526）正要证明这一点。

一元三次方程形如 $ax^3+bx^2+cx+d=0$，但因为 a 不为 0，所以我们可以从等式两端同时除以 a。因此，我们也可以假设 $a=1$。16 世纪的数学家们和花拉子密一样，只考虑非负系数。所以，例如 $x^3+6x=20$ 这样被称为“立方加上倍数等于一个数”[12] 的方程和 $6x$ 在等号右边的方程①（“立方等于倍数加上一个数”）就属于不同种类。因此，当他们思考方程的解时，要想象许多不同情况。德尔·费罗可能完全解出了每种情况，但我们不得而知，因为他把自己的发现当成秘密保守了起来。

在数学史和科学史上，大部分时候，得到新发现的个人都会写下它并公之于众。这既出于想要把成果尽可能迅速、广泛传播的无私意愿，也包含想要作为发现人表明所有权的私心。但在 16 世纪的意大利，情况有些不同。数学学者们会互相发起“数学对决”，他们为对手提出一些数学问题。他们自己知道这些问题的解，而对手则未必。谁解出更多对方的问题，谁就赢得了对决。这些对决既是为了获得荣誉，也是为了吸引更多的学生和教学机会。所以当时的数学家们有时会避免发表成果，他们会把新成果当作秘密武器或是“撒手锏”，希望在对决中必要的时候能拿得出手。那时的人们

---

① 这里指 $x^3=6x+20$。——译者注

就像今天看待商业机密那样看待这些知识。

德尔·费罗对自己发现了特别的东西这一点确信无疑，所以他可能把它们藏了起来，想着有一天对决时可能会有用。我们知道他能够解出“立方加上倍数等于一个数”这一情况，因为他与学生安东尼奥·菲奥雷（约 1506—？）分享了这一方法。这种三次方程是不完全三次方程的一种情况。不完全三次方程指不含二次项的三次方程。

二次方程可能没有实数解，但每个三次方程都至少有一个实数解。用现代写法，德尔·费罗发现了不完全三次方程 $x^3+cx+d=0$ 的一个根是

$$x=\sqrt[3]{-\frac{d}{2}+\sqrt{\left(\frac{d}{2}\right)^2+\left(\frac{c}{3}\right)^3}}-\sqrt[3]{\frac{d}{2}+\sqrt{\left(\frac{d}{2}\right)^2+\left(\frac{c}{3}\right)^3}}$$

当 c 和 d 均为正或均为负时，该公式成立，但德尔·费罗与菲奥雷分享的情况却是 c 为正、d 为负。[13] 对方程 $x^3+6x=20$ 应用该公式，我们得到根

$$x=\sqrt[3]{10+\sqrt{108}}-\sqrt[3]{-10+\sqrt{108}}$$

尽管双重根号看起来很混乱，但这个结果刚好就是 2。

与此同时，一位更有天赋却自学成才的数学家尼科洛·方塔纳（1499—1557）同样在研究三次方程。方塔纳通常被叫作塔尔塔利亚（“口吃者”）。他在少年时期被一名士兵用剑砍伤了面部，因为这个伤，他变得说话困难。塔尔塔利亚发现了解决三次方程另一种情况的方法。这种情况不同于菲奥雷所知——包含二次项，却没有一次项。

在德尔·费罗死后，菲奥雷吹嘘自己能解三次方程，尽管他不

是一个优秀的数学家。1535 年，塔尔塔利亚听说了菲奥雷的主张，于是向他发起数学对决。他们每人给对方送去了 30 个问题，并要在大约一个半月内解决它们。菲奥雷孤注一掷，给塔尔塔利亚送去了 30 个他自己知道解法的那类不完全三次方程。而塔尔塔利亚则送去了各种数学问题。塔尔塔利亚不眠不休，在对决快要结束时，发现了解决菲奥雷问题的方法。随后他花了两个小时就解决了全部 30 个问题。菲奥雷在塔尔塔利亚的问题上没取得多少进展。最终塔尔塔利亚赢得了对决，而菲奥雷则消失在公众视野中。

吉罗拉莫·卡尔达诺是一位天才而多难的医生、数学家。他患有多种疾病，经常忙于处理家庭问题，他因为赌瘾（骰子、象棋以及纸牌）浪费了大量时间和金钱，甚至一度因为异端邪说（给耶稣算命）被宗教法庭逮捕并监禁。在自传中，他写道："我是一名受害者……受害于生命中许许多多的巨大挫折和障碍。首先就是我的婚姻，其次是丧子之痛，第三是被囚，而第四则是我小儿子的卑劣性格。"[14]

卡尔达诺的个性难以相处，他不断与人发生冲突。他写道："我认为自己最独特、最突出的错误，就是我坚持的一个习惯。比起其他言辞，我宁愿向听众吐露那些自知令人不快的言语。我意识到了这一点，但还是不愿改正，即便我不可能不知道这为我树立了多少敌人。"[15]

但就算这个人不太好让人接近，他还是极富智慧。他在孩童时期就是位优秀的学生。他最终拿到了医学博士学位，成为欧洲最受追捧的医生之一。他还展现了数学方面的天分。他因为赌博而输尽家财，却发展出了一套非常先进的思考概率的方法。在他死后，他的著作《机会游戏之书》得以出版。这是第一次有人正经研究概率论。他的作品集超过 7000 页，囊括数学、医学、物理、哲学、宗教以及音乐领域的内容。莱布尼茨写道：“卡尔达诺是一位有着种种缺点的伟人，要是没有这些缺点，就没有人可以比得上他。”[16]一位传记作者写道：“即便是从他的早期作品也能看出端倪，那就是他的个性极度不稳定：知识广博，聪慧过人，但是又像孩子一样容易受骗，难以战胜自己的恐惧，并妄想着成功。”[17]

卡尔达诺曾相信帕西奥利关于三次方程不可解的断言。但当听说塔尔塔利亚解出了 30 个三次方程时，他深感钦佩，并且被吸引住了。他恳求塔尔塔利亚向自己展示解法。为了怂恿塔尔塔利亚这样做，他把塔尔塔利亚介绍给了米兰的统治者。他甚至发誓保守秘密：[18]

我对着神圣的福音书，用我作为绅士的信条起誓，如果你能把你的发现告诉我，我绝不会公开它们。作为一位真正的基督徒，我还用自己的信仰保证，我要把它们加密记录，即便是我死后，也不会有人能看懂它们。

1539 年，塔尔塔利亚终于心软了。他告诉了卡尔达诺如何解不完全三次方程，不过他没有分享解法有效的证明。

而这些信息足够让卡尔达诺开始他自己对这个问题的研究了。随后，凭借一次关键的灵光一闪—— 一点儿代数的小花招——卡尔达诺意识到，知道如何解不完全三次方程就足够让他解出任何三次方程了。对于形如 $x^3+bx^2+cx+d=0$ 的三次方程，如果我们令 $x=y-b/3$ 并代入方程，就会得到一个关于 y 的三次多项式，而其中不含二次项。我们可以解出这个关于 y 的不完全三次方程，然后就能通过线性方程解出 x。这就使得卡尔达诺可以解出任意三次方程了。

即便用今天的代数符号，解三次方程也足够困难[19]，在代数仍处于起步阶段的 16 世纪，这更是一项巨大的成就。卡尔达诺用几何证明了他的结果。我们粗略地看一看他的方法。假设 t 和 u 都是正数，并且 $u<t$。我们可以把一个体积为 t^3 的立方体分解为两个体积分别为 u^3 和 $(t-u)^3$ 的立方体、两个体积为 $tu(t-u)$ 的长方体、一个体积为 $u^2(t-u)$ 的长方体，以及一个体积为 $u(t-u)^2$ 的长方体（图 13.3）。这一几何分解意味着

$$t^3=u^3+(t-u)^3+2tu(t-u)+u^2(t-u)+u(t-u)^2$$

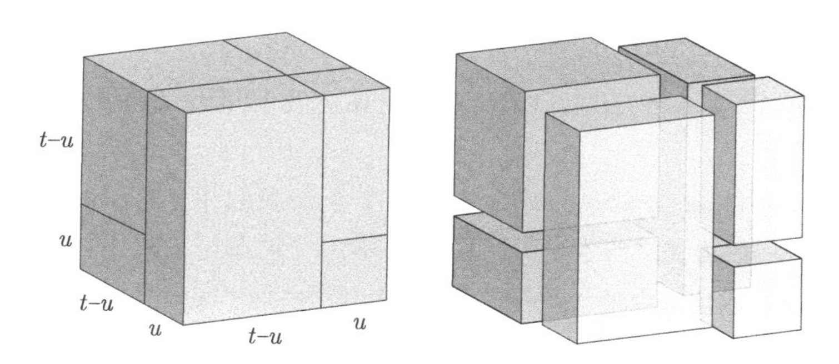

图 13.3　三次方程的几何描述

此外，卡尔达诺也用文字的形式描述了他的结果。他对形如 $x^3+cx=d$ 的不完全三次方程的求根公式的描述如下：[20]

取“倍数”系数的三分之一的立方，加上方程右边常数一半的平方，对二者之和开平方。在一种情况中，我们要用这个平方根加上常数的一半，也就是刚刚求平方的量。在另一种情况中，我们要用这个平方根减去常数的一半。这样，就分别得到了一个“二项线”① 和一个“余线”；用二项线的立方根减去余线的立方根，得到

① “二项线”和“余线”的原文分别为“binomial”和“apotome”。这里应该是借用《几何原本》中的词。二者的定义分别在命题 X.36 和 X.73。——译者注

的差就是所求物的值。

尽管卡尔达诺没有用符号来表示他的代数，但他在做算术时的确使用了符号。他使用的是帕西奥利的符号：p̃ 表示加法，m̃ 表示减法，R̃ 表示开方。例如，他会把 $x^3+6x=20$ 的根 $\sqrt[3]{\sqrt{108}+10}-\sqrt[3]{\sqrt{108}-10}$ 写成[21]

R̃. v. cu. R̃.108. p̃.10.
m̃.R̃. v. cu. R̃.108.m̃.10.

而我们今天熟悉的代数符号是在 15、16 以及 17 世纪才慢慢地发展起来的。

在 15 和 16 世纪，数学家们对于今天我们用 x 表示的未知量——或者说“所求物”①——叫法不一。它在拉丁语中被叫作“res”，在法语中是“chose”，在意大利语中是“cosa”，而在德语中则是“coss”。其中最后一个术语广为流传，以至于代数曾经一度被叫作“cossic art”②。

这场闹剧的最后一位角色是洛多维科·费拉里。费拉里和卡尔达诺的关系始于他 14 岁那年。卡尔达诺雇用费拉里当佣人，但是很快发现了后者的数学天分。聪明的费拉里就这样从卡尔达诺的佣人变成了他的秘书，然后成为他的学生，并最终成为他的同事。卡尔达诺写到过费拉里，说他“作为一个年轻人却拥有极高的学术水平，超过了我的所有学生”。[22] 卡尔达诺在解三次方程的过程中也让费拉里当他的助手；自然，这样做就打破了他向塔尔塔利亚许下

① 原文为“thing”。上文提到的“倍数”，原文其实就是“things”，也就是指多个所求物，或者说“nx”。——译者注

② 意为关于“coss”的技巧，求未知量的技巧。——译者注

的不会把不完全三次方程的解法泄漏给他人的誓言。

费拉里变得精通三次方程，以至于他在 18 岁时就发现了一种把一般的四次方程简化为三次方程的方法。这样，卡尔达诺和费拉里就掌握了解任意三次或四次方程的方法。但这些知识全源自食下“禁果”。因为卡尔达诺对塔尔塔利亚许下的誓言，他和费拉里都不能发表这些成果。对于应当如何继续下去，他们手足无措。

然而 1543 年，卡尔达诺在阅读德尔·费罗的非公开论文时确认了一个事实，那就是塔尔塔利亚也不是第一个发现不完全三次方程解法的人。卡尔达诺相信这一发现可以为他发表成果开绿灯。没错，他的确向塔尔塔利亚保证过他会保守解法的秘密，但既然他从另一个地方看到了该解法，那他就没有这个保密义务了。所以卡尔达诺就在 1545 年出版了《大术》（*Ars magna*）一书，书中记载了他和费拉里关于四次以下方程解法的工作。

在第 9 章开头，卡尔达诺提到了塔尔塔利亚，并承认自己从后者那里学到了解法：[23]

博洛尼亚的希皮奥内·费罗在几乎 30 年前发现了这一法则，并把它教给了威尼斯的安东尼奥·玛丽亚·菲奥雷。后者在和布雷西亚的尼科洛·塔尔塔利亚对决时让尼科洛有机会发现了它。他（塔尔塔利亚）回应了我的请求，把它告诉了我，但没有告诉我证明。因为这份协助，我找到了（多种）证明。而这十分困难。

尽管有这份致谢，塔尔塔利亚还是怒不可遏。他猛烈抨击了卡尔达诺。但比起亲自回应，卡尔达诺选择让鲁莽而忠诚的费拉里去代替他出战。随后双方展开了持续的拉锯战，其中包括我们在本书第 12 章提过的每人为对方出的 31 个数学谜题（塔尔塔利亚的问题中有 17 个是关于生锈圆规的）。最终，塔尔塔利亚和费拉里决定于

1548 年 8 月 10 日在米兰的圣玛丽亚花园教堂展开辩论。塔尔塔利亚对于没能和卡尔达诺辩论感到失望，但他还是满怀自信。然而，费拉里有主场群众优势，辩论的第一天对塔尔塔利亚来说糟糕透顶。塔尔塔利亚当晚就选择离开米兰，因此费拉里被认定为胜者。卡尔达诺当天并未现身。

后来，塔尔塔利亚失去了在布雷西亚的教职，而费拉里则被邀请到塔尔塔利亚的故乡威尼斯讲学。尽管塔尔塔利亚在解三次方程方面做出了突破性的工作，尽管他还有许多其他的数学成果——例如第一个把欧几里得和阿基米德的著作翻译成一门现代语言（意大利语），给出了用四面体边长求体积的公式，在生锈圆规以及弹道问题上做出了贡献——他还是身无分文、不为人知地去世了。

在《大术》出版后，数学家们得以解出线性、二次、三次以及四次方程。一位数学史学家写道："这样未曾预料到的显著进步对代数学家们产生了极大的影响，以至于 1545 年常常被当作现代数学的开端。"

我们接下来自然要问，我们还能前进多少呢？然而这个数学故事有个神奇的转折。问题的答案是"到此为止"。接下来的 300 年中，数学家们都在尝试解决一般的五次方程。但这最后被证明是不可能的。（我们在"闲话 九个不可能性定理"中提过这一事实。）保罗·鲁菲尼（1765—1822）于 1799 年给出了第一个证明，但他的证明中存在一个错误。而阿贝尔在不知道鲁菲尼的证明的情况下，于 1826 年给出了他自己的（正确的）证明。[①] 至于更高次的方程，它们有些有根式解，有些没有。最终，埃瓦里斯特·伽罗瓦

① 在第 2 章后的"闲话 九个不可能性定理"中，作者也提到过，阿贝尔是在 1824 年给出的这个证明。这里可能是笔误。——译者注

（1811—1832）给出了多项式可用根式解的充要条件。

关于三次方程的解，我们还有最后一点要说。不完全三次方程求根公式还有一点恼人的小问题：二次根号下的表达式有可能为负。这一开始可能看上去不成问题。解二次方程时经常会遇到这种情况，而这意味着该方程没有实数根。但三次方程不太一样。例如，对 $x^3=15x+4$ 应用该公式，我们会得到

$$x=\sqrt[3]{\frac{4}{2}+\sqrt{\left(\frac{4}{2}\right)^2+\left(\frac{-15}{3}\right)^3}}-\sqrt[3]{-\frac{4}{2}+\sqrt{\left(\frac{4}{2}\right)^2+\left(\frac{-15}{3}\right)^3}}$$

$$=\sqrt[3]{2+\sqrt{-121}}+\sqrt[3]{2-\sqrt{-121}}$$

这看起来明显不是实数。然而，该方程有三个实数根：4 和 $-2\pm\sqrt{3}$。而且事实上，这个看起来像是复数的根就是 4！

结果表明，如果一个三次方程有三个不同的实数根，那二次根号下的值就会是负数。历史上，这样的三次方程被叫作“不可约情形”（casus irreducibilis）。这些三次方程正是向数字王国引入复数的主要推手。我们会在第 18 章讨论复数的历史。

闲话　库萨的尼古拉

这人在城中四处宣扬："我发誓，
我具备能化圆为方的天赋。"
但他发现为此所需的努力
过于沉重，他的头脑无法负担，
所以他就退回去化方为圆了。

——佚名[1]

库萨的尼古拉枢机（1401—1464）是一位15世纪的德国神学家、哲学家、神职人员。他不是一位伟大的数学家，但他在中世纪末期协助重新唤起人们对数学的兴趣。他对无穷的本质、天文学、化圆为方和化圆为线等问题尤其感兴趣，但他的贡献更多是启发式的，而非严密的数学式的。正如一位学者写道："库萨的数学的真正力量在于其'发现的技巧'（ars inveniendi），而非'证明的技巧'（ars demonstrandi）。"[2] 开普勒也同样受到尼古拉无穷小量理论的启发，并称其为"我神圣的库萨"（divinus mihi Cusanus）。

对于经典的几何问题，他持有看起来互相矛盾的看法。他断言"圆面积不可用圆形以外图形的面积公度"[3]，但又给出了圆形求积和求周长的"证明"。

对于库萨的尼古拉来说，这些问题既是其哲学和宗教信仰的象征，也是数学难题。在其最重要也最著名的哲学著作《有知识的无知》（*De docta ignorantia*，1440）中，他认为所有有关上帝、真理和现实的知识都不过是近似，我们对无限只能有有限的理解。他给出了一个几何比喻：[4]

本身不正确的东西不能用来度量真理。就像不是圆的东西不能用来度量圆，因为圆是不可分的。因此，因为我们的理性不是真理，所以它也不能理解真理到无限接近极限的程度。理性和真理的关系正如多边形和圆的关系那样：多边形的顶点越多，它就越接近圆；但即便顶点的数量无限增加，多边形也不可能等价于圆，除非它的本质变成了圆。

化圆为方和化圆为线这两个问题并不等价于说圆是一个多边形，但他坚称这两者同样不可能。其观点中的关键在于等价的含义。他认为有可能找到一个多边形，它的周长或者面积既不大于，也不小于，更不等于圆的周长或面积，但这两者有可能只相差一个无穷小量。在《论圆的求积》(1450)中，他解释道：[5]

那些坚持第一种看法（也就是圆可以被化为方形）的人看起来满意于存在一个既不大于也不小于已知圆的正方形的这一事实……如果这个正方形既不大于也不小于圆，它们相差不超过哪怕最小的可赋值的分数，他们就认为两者相等。这就是他们对相等的理解——如果一个物体比另一个既不多出，也不缺少比最小的有理分数还小的数量，那么它们就相等。如果一个人这样理解相等的定义，那么我相信他可以正确地认为存在与已知多边形周长相等的圆。但如果一个人用数量上的含义来理解相等，绝不涉及有理分数，那么另一种论断才是正确的：不存在和圆形区域面积完全相同的非圆形区域。

他又继续论述，并断言微积分学中如今得到公认的介值定理不成立：[6]

无论以何种方式看待，都不可能有某物体等于另一个物体；即便在某一时刻，该物体小于另一个，而在另一（时刻）大于另一个，这一转变过程中存在一个特异点，这样它永远也不会精确地等于（另一个物体）。类似地，随着圆内接正方形——在面积意义上——从比圆小，变得比圆还大，绝不会出现它们相等的情况。

不过，尽管他不断重复这些几何问题不可解的论调，还是给出了几种他认为能化圆为方或化圆为线的作图（可能是能画出和圆周长或面积相差无穷小量的多边形）。他给出了如图 T.25 所示的技巧。*ABC* 是一个等边三角形。*D* 是 *AB* 的中点，而 *E* 是 *BD* 的中点，*M* 是三角形的中心。他声称以 *EM* 长度的 5/4 为半径的圆的周长等于三角形周长。

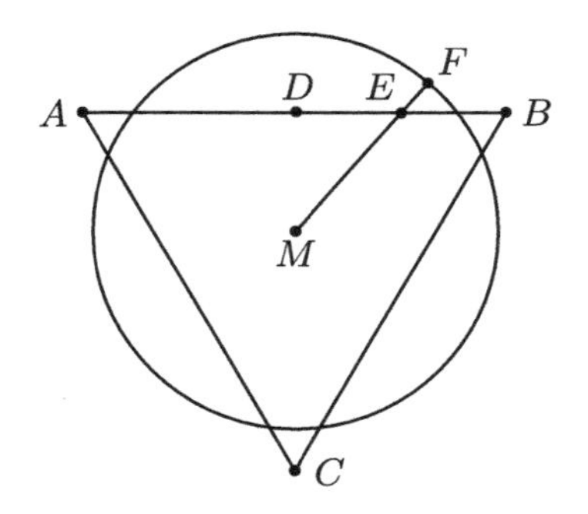

图 T.25　库萨的尼古拉声称图中的圆和三角形周长相等

他这样写道："你们不应认为这仅是猜想，或者认为沿着其他思路就无法推出这一主张，你们可以得出严密的结论，而这结论完全准确，十分可靠，不差分毫。"[7] 他解释道，如果我们用类似的方法，但选择了点 *D* 附近的一点，而不是点 *E* 的话，最后得到的圆的半径就会太小。如果我们选择了 *B* 附近的一点，圆的半径又会过大。他随后声称 *D* 和 *B* 中间一定有一点能给出正确的半径。他不

加证明地选择了 D 和 B 的中点 E。

假如这个化圆为线的解法正确的话，那就意味着 $\pi=24\sqrt{21}/35\approx3.142\ 337\ldots$，这个值位于阿基米德给出的上限内（它比 22/7 小一点儿），所以它确实通过了这一基本的正确性测试。但他的其他尝试就不太成功了。1464 年，一位更厉害的数学家雷吉奥蒙塔努斯①（约翰内斯·缪勒，1436—1476）[8] 证明了尼古拉的其他所有尝试都只能给出阿基米德的上下界之外的 π 值。

① 德国天文学家、数学家。雷吉奥蒙塔努斯是他的拉丁文名。——译者注

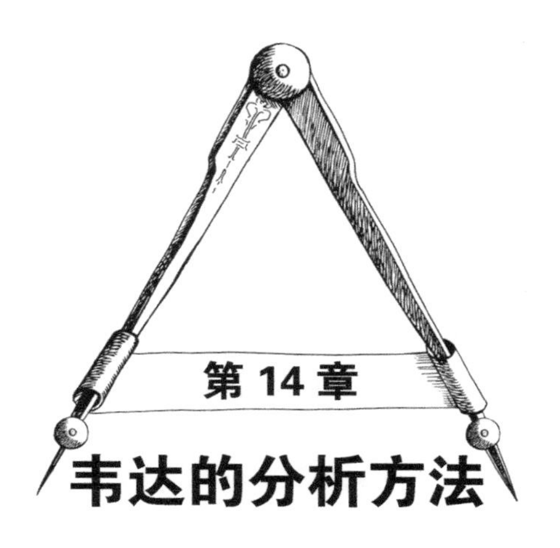

第 14 章 韦达的分析方法

对于几何学家来说，代数称得上是“浮士德式的契约”……代数就是恶魔向数学家们提出的契约。恶魔说：“我会给你这强大的机器，它能回答你的任何问题。你只需要向我献上灵魂：放弃几何，这样你就能拥有这不可思议的机器。”……当然，我们喜欢兼顾事情的两面；我们可能会欺骗恶魔，假装出卖了灵魂，但并不真的献出它。但无论如何，对我们灵魂的威胁仍在，因为当你开始进行代数计算时，本质上你就放弃了思考；你放弃了进行几何式的思考，你放弃了思考背后的含义。

——迈克尔·阿蒂亚爵士，2001[1]

我们在第 10 章提到了弗朗索瓦·韦达。他是一位几何学家。他坚信二刻尺作图的力量，以至于认为它应该被列入欧几里得的公理中。有了这一新公理，他就可以解决部分古典问题，以及其他先前不可解的问题。韦达因他在几何、代数以及两者之间的相互作用上的工作而著名。他还研究过天文学、平面和球面三角学，以及密码学。

韦达于 1540 年生于法国的丰特奈勒孔特。他在本科时学习法律，但在四年的实习之后，他转行去当数学和科学方面的私人家教。在其余生的大部分时间里，他都在为法国国王亨利三世及其远房亲戚同时也是其后继者的亨利四世工作。

16 世纪晚期的法国经历了宗教动乱。1572 年，当查理九世下诏实施圣巴多罗买大屠杀，清洗胡格诺派新教徒时，身为新教徒的韦达正好住在巴黎。韦达一生都在法国四处游历——从丰特奈勒孔特，到拉罗谢尔、巴黎、雷恩、滨海博瓦尔、图尔——有时是出于自愿，有时是为了侍奉君主，也有时是出于政治原因被流放。

韦达不是一位专业的数学家。在一篇论文的引论部分，他写道：“我并不称自己为数学家，但我一有时间就会投入数学研究，并以之为乐……”[2] 在一次长达四年的流放期间，韦达把时间全部投入数学之中，产出了我们即将讨论到的丰富的数学成果。

他还花时间研究了密码学。在 1589 年，未来的法国国王亨利四世当时还只是纳瓦拉国王。他得到了一封写给西班牙的菲利普二世的信，这封信是用密码书写的。亨利把信交给韦达解密，韦达最终解密成功。因为这一工作，所有被截获的来自西班牙的密文都能被解读了。

韦达并不像其他一些现代数学的奠基者那样出名，但他在我们的故事中扮演了重要角色。除了用圆规和刻度尺来挑战古典问题，他还发展了能用来解决几何问题的代数技巧，帮助建立了代数工具和方法，引入了崭新且实用的代数符号，并且为三次方程和四次方程的研究做出了重要贡献。他的工作把古典问题、解代数方程、几何问题的解以及使用刻度尺的几何美妙地结合在了一起。

分析方法

韦达是一位几何学家。他在代数领域的工作都是为了给解决几何问题提供方法。在他的想象中，一个几何问题会首先被转换为代数问题，然后他就可以用代数来解决它，最后用代数解来帮助解决原本的几何难题。但为了做到这一点，他必须要让代数得到进一步发展。

1591 年，韦达写下了《分析方法入门》（*In Artem Analyticem Isagoge*）。正如标题所示，他把他的代数技巧称作“分析方法”，而在 17 世纪的大部分时间里，代数都以此名字，或是其简称“分析”为人所知。这一术语来源于古希腊人。对古希腊人来说，分析指的是先假设存在解，然后反推出某些已知条件的过程。这些已知条件包括公理或已被证明的定理。分析之后的过程叫作“演绎”。在演绎中，我们从已知出发，使用逻辑数学论述来推出结论。

在《数学汇编》中，帕普斯写道：[3]

在分析中，我们假定自己（已经）找到了所求，然后探寻是什么导出了这一结果，接着再寻找后者的前因。不断重复这一过程，直到我们追溯到已知的或是属于第一原理的某物。像这样反推答案的过程，我们称之为分析。

但在演绎中，我们要反转整个过程。我们从分析中最后抵达的条件出发，按自然的顺序排列因果，把它们联系起来，并最终构建出所求；这就是演绎。

韦达认为代数是分析的上位方法。要解决几何问题，他首先假设它已经得到解答，并把某些关键的未知量记作 x（或者用他的记号 A）。然后他用几何来导出一个关于 x 的代数方程。如果可能的话，他就解出 x。那这就是分析的最后一步。接下来他就可以把 x 的值转化为几何图形，并最终解决问题。最后一步则是要验证他的作图是正确的。

这一描述看起来可能既抽象又令人迷惑，所以我们来看一个例子。如图 14.1 所示，假设圆的直径 AB 垂直于直线 l，并和其交于点 C。[4] 此外，假设 c 是一个大于 BC 长度的常量。我们的几何问题是：寻找直线 AE，使得它与 l 交于 E，与圆交于点 D，且 $DE=c$。换言之，我们必须经过点 A，在直线 l 和圆之间使用二刻尺作图。

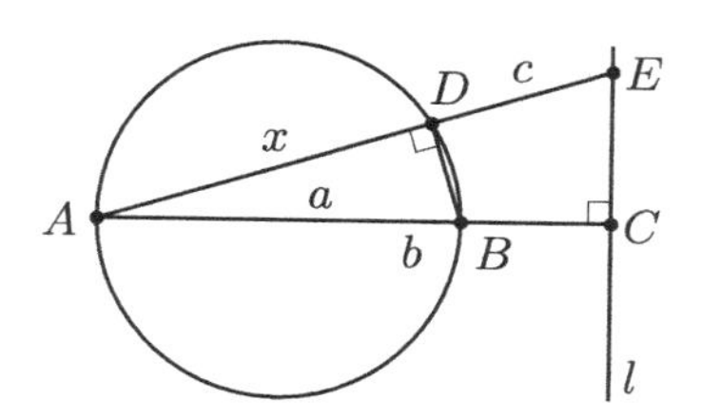

图 14.1　我们必须找到使得 $DE=c$ 的直线 AE

现在我们来进行分析：假设存在这样的点 E。令线段 AD 的长度为 x。因为三角形 ABD 和 ACE 相似，所以 $AC/AE=AD/AB$。如果让 $a=AB$，$b=AC$，那么 $b/(x+c)=x/a$。这样，我们就得到了一个二次方程 $x^2+cx-ab=0$。该方程的正根为 $x=(-c+\sqrt{c^2+4ab})/2$。

这样，我们就完成了问题的分析。要解决问题，我们必须以 A 为圆心、以 x 的值为半径作一个圆。它与已知圆的交点即所求的点 D。作这样的圆是可能的（尽管这里我们略去了其细节）。有趣的是，二刻尺作图一般来说是无法用圆规和无刻度的直尺完成的，但此问题中的作图可以用它们完成。

使用代数带来的好处之一，就是我们可以用机械性的规则来轻而易举地处理表达式。而用几何来表示这些表达式就太过冗长，令人迷惑，还经常有表达式无法用几何表示。但这也是它的坏处之一。传统的几何分析会帮助我们厘清如何进行演绎。在最理想的情况下，演绎就是分析的反过程。但是，我们这里可以看到，代数分析和几何作图相差深远，把代数解转换为几何解可能会很困难。

韦达用他的真正目标来给《分析方法》作结："最后，分析方法……声称自己要解决最伟大的问题，也就是解决每一个问题（nullum non problem solvere）。"[5]

韦达把代数从言语缩略的形式发展到了接近我们今天所知的符号形式。他没有用 cosa 或其缩写 co 来表示未知量，而是使用 A、E 或者其他元音。他用辅音字母表示常量。他写道：[6]

> 为了从另一种角度来帮助这本书变得更好，我们会用固定的、一般的并且容易辨认的符号来区分已知量和未知量。比如我们规定未知量由字母 A 和其他元音字母 E、I、O、U 和 Y 表示，而已知量由字母 B、G、D 以及其他辅音字母表示。

韦达的代数没有完全采用符号；他没有表示等式的符号，而现代的指数表示法那时也还没出现。所以他用 A quadtratum（或 A quad. 以及 Aq.）来表示 A^2，A cubus 表示 A^3，A quadrato-quadrato 表示 A^4，以此类推。即便如此，要把（关于 A 的）三次方程[7]"A cubus-B quad. 3 in A, aequetur B quad. in D"转换成现代写法 $A^3-3B^2A=B^2D$ 也并不困难。在另一处，他写道：[8]"如果 $\frac{A\,\text{plano}}{B}$ 加上 $\frac{Z\,\text{quadratum}}{G}$，和会是 $\frac{G\,\text{in}\,A\,\text{planum}+B\,\text{in}\,Z\,\text{quadras}}{B\,\text{in}\,G}$。"这其实就是

$$\frac{A}{B}+\frac{Z^2}{G}=\frac{GA+BZ^2}{BG}$$

注意，方程 $A^3-3B^2A=B^2D$ 中的每一项都是三次项。而提到分数的和的第二个例子也有同样的性质。字母 B、G 和 Z 都是一维常数，而 A 是一个表示未知面积的二维变量。因此，每个分数都是一次的——一个二次项除以一个一次项。对韦达来说，这对所有方程来说都是必要的。他把这叫作“齐次项定律”。他写道：“齐次项只能和齐次项相比。（Homogenea homogeneis comparari.）”[9] 韦达坚信一个古老的看法：我们只能加减同类项。举例来说，不能把面积加到体积上。因为他对齐次以及代数背后的几何基础的坚持，韦达从未写过诸如 A^2+A 这样的表达式，尽管这样的表达式在我们看起来一点儿也不奇怪。

韦达的代数包括任意常数，这一事实是具有突破性的。在过去，代数方法都是用代表某一类问题的具体例子来呈现的。然而通过使用字母来表示任意常数，韦达得以写出一般性的方程或恒等式。例如，1631 年，韦达证明了 [10]（我们这里采用了现代写法）$(a+b)^3=a^3+3a^2b+3ab^2+b^3$。这一简短的等式意味着，对任意 a 和 b，等式左边都等于右边。这一恒等式比用一两个例子来展现这一关系要更客观、更简洁，也清晰得多。此外，尽管我们会说“塔尔塔利亚 – 卡尔达诺公式”，但无论是这两个人还是其他人都没有真的写出这个公式。韦达是第一个这么做的人。要想给出一般性的公式，我们必须有任意系数这一概念。无论我们怎么强调这种书写方程的新方法的重要性都不过分。

尽管韦达研究代数最终是为了背后的几何，但他让代数开始以方程为中心。数学家们对方程系数和根的关系变得越来越感兴趣。方程当然还被用来解决几何问题，但它们自己也变成了有趣的研究课题。马哈尼写道："这种重心的转移反映在代数在 16 和 17 世纪肩负的别名上；因为韦达对代数的目标和方法的系统阐述，'求未知量的技巧'变成了'方程的学说'。"[11]

三等分角和三次方程

在对三次方程解的讨论的最后，我们注意到了一个奇怪的现象，那就是塔尔塔利亚 – 卡尔达诺公式没法很好地处理三个根都是实数的情况——所谓的不可约情形。当我们对这样的多项式应用公式时，会得到一个用复数表达实数根的表达式，这个情况也让数学家们困惑了许多年。

韦达发现，三等分角、二刻尺作图以及不可约情形间有一些令人惊讶的联系。他的命题 16 叙述如下（图 14.2）：[12]

如果两个等腰三角形腰长相等，第二个三角形的底角是第一个三角形底角的三倍，那么第一个三角形底边长度的立方减去第一个三角形底边和公共边的平方构成的立体体积的三倍，其差值等于第二个三角形底边和公共边的平方构成的立体体积。

韦达的这一命题只简单提到了两个腰长相等的等腰三角形。但在配图中，两个三角形顶点重合，而底边则共线（图 14.2 中的三角形 *CDE* 和 *BCF*）。[13] 他的图就是阿基米德二刻尺三等分角的配图（参见第 10 章的图 10.4），只不过加上了线段 *BF* 来形成第二个等腰三角形。用图中的符号，韦达的命题陈述的是 $(CD)^3-3(DE)^2(CD)=(DE)^2(CF)$。如果我们令等腰三角形的腰长为 a，令 $x=CD$，$b=CF$，那么这一命题就是在说 $x^3-3a^2x=a^2b$。

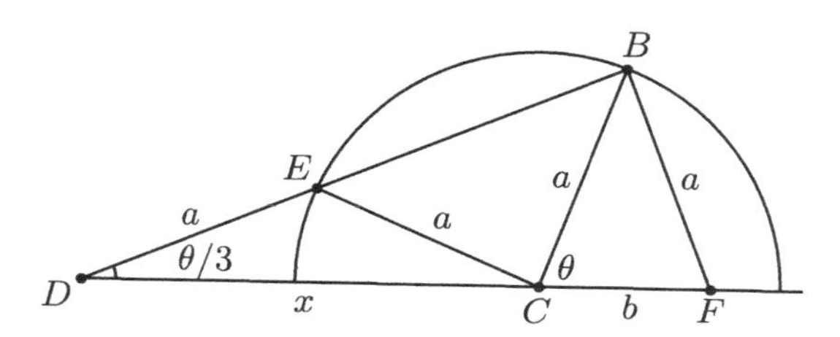

图 14.2　韦达把三等分角和三次方程联系了起来

特别是，如果我们要三等分角 θ，那么就构造一个等腰三角形 BCF。它的底角 $\angle BCF=\angle BFC=\theta$，腰 BC 和 BF 长度均为 $a=1$。如果底边 CF 的长为 b，那就解三次方程 $x^3-3x=b$。这样，三边长度分别为 1、1 和 x 的等腰三角形的底角就是 $\theta/3$。

反过来，假设我们已知一个形如 $x^3=px+q$ 的不可约情形。通过线性换元，以及重命名常数项，就可以得到形如 $y^3-3y=b$ 的三次方程，其中 $0<b<2$。[14] 然后我们构造一个三边长分别为 1、1 和 b 的等腰三角形 BCF。令其底角为 θ。那么，如果我们能三等分角，尤其是如果能使用二刻尺的话，那就可以构造如图 14.2 所示，底角为 $\theta/3$、腰长为 1 的三角形 CDE。那么该三角形的底边就是方程的根。

简单来说，韦达证明了当且仅当能三等分任意角时，我们才能用几何方法解决不可约情形。事实上，有一个更强的结论：当且仅当三次方程有三个实数根时，我们可以用圆规、直尺以及三等分角的仪器（比如我们在“闲话 战斧”中介绍的战斧）来解该方程。[15] 而这恰好就是不可约情形。这一事实意味着，我们没法通过三等分角解决倍立方问题，因为 $x^3-2=0$ 只有一个实数根。

1591 年，韦达给出了另一个通过三等分角来解决不可约情形的方法——这是一个使用三角学的方法。用现代三角学的记号来写，这一方法的思路如下。[16] 假设我们已知一个不可约情形的三次方程 $x^3=px+q$。通过换元，我们可以把它变换为形如 $4y^3-3y=c$ 的三次方程，其中常数 c 满足 $-1 \leqslant c \leqslant 1$。[17] 现在我们要用一个你在三角学课上可能没记过的三角恒等式：$4\cos^3(\theta/3)-3\cos(\theta/3)=\cos\theta$。[18] 我们很容易看出这个恒等式和三次方程的相似之处。接下来，我们找一个使得 $\cos\theta=c$ 的角 θ。那么 $y=\cos(\theta/3)$ 就是方程的根。此外，我们还可以用余弦函数的周期性来找到另外两个根。特别是，因为 $\cos(\theta+360°)=\cos(\theta+720°)=c$，所以 $\cos(\theta/3+120°)$ 和 $\cos(\theta/3+240°)$ 就是另两个根。最后，用这三个 y 值就可以找到原方程的三个根。[19] 反过来，如果我们要三等分角 θ，只要令 $c=\cos\theta$，再找到上述三次方程的根就足够了。

这一方法只适用于特定的 p 值和 q 值，也就是那些让 c 落在 -1 和 1 之间的值。但这些值恰好就是不可约情形对应的值。作为结果，我们总是可以在解三次方程时避开复数——只要在解不可约情形时用韦达的三角学解法，而在解其他三次方程时用塔尔塔利亚 - 卡尔达诺公式。

所以韦达证明了三等分角可以用来解不可约情形，但他没有止步于此。运用他的代数，他证明了所有三次方程都可以被化简为几种标准形式之一。随后，他证明了这些方程要么可以像先前展示的一样，用三等分角来解决，要么可以用两个比例中项来解。比如，解方程 $x^3=a^2b$ 就等价于找到 a 和 b 的两个比例中项中的第一个，因为 $a/x=x/y=y/b$。此外，他从费拉里的工作中发现，每个四次方程都可以被化简为三次方程，并因此可以用这种方式解决。他在命题 25 中这样写道：[20]

一般来说，那些用其他方法无法解决的，让三次方等于三维立体，或者让四次方等于四维图形的问题，无论有没有低次项[①]，都可以通过构造已知量的两个比例中项，或是三等分角来解决。

因为三等分角和求两个比例中项都可以用二刻尺作图解决，所以韦达得出结论，所有能用五次以下方程表示的几何问题均可以用圆规和刻度尺解决！

但韦达没有提到，他的工作其实能得出一个有趣的推论。正如我们所见，三等分角和求两个比例中项可以用圆规、直尺和圆锥曲线来解决。所以，能用五次以下方程表示的几何问题也可以用圆锥曲线求解。特别是，按照帕普斯的分类标准，这些就都可以算是平面或者立体问题。相对地，两个圆锥曲线的交点可以通过解四次以下方程找到。因此，所有平面或者立体问题都可以被简化为解五次以下方程。

韦达的π值公式

韦达为我们在作正多边形、三等分角以及求两个比例中项的问题上提供了更深刻的见解。事实上，他甚至还在某种程度上为化圆为方问题做出了贡献。在韦达之前，数学家们可以使用阿基米德的多边形近似法来尽可能精确地计算 π。他们必须小心谨慎，而这个过程又是十分单调乏味的。但是，并没有一个能用来计算 π 的公式。

1593 年，韦达给出了第一个数值精确的 π 的表达式。它是无

① 原文为“affections”。在韦达的书中，方程的最高次项如果加上或减去了一个齐次项（这里指低次项和常数的乘积，韦达把诸如 ax^2 的项也当作三次项），那就说它被影响或感染了（affected）。——译者注

穷个多重平方根的乘积：[21]

$$\frac{1}{\pi}=\frac{1}{2}\sqrt{\frac{1}{2}}\sqrt{\frac{1}{2}+\frac{1}{2}\sqrt{\frac{1}{2}}}\sqrt{\frac{1}{2}+\frac{1}{2}\sqrt{\frac{1}{2}+\frac{1}{2}\sqrt{\frac{1}{2}}}}\cdots$$

等式两边同时取倒数，我们可以得到

$$\pi=2\frac{2}{\sqrt{2}}\frac{2}{\sqrt{2+\sqrt{2}}}\frac{2}{\sqrt{2+\sqrt{2+\sqrt{2}}}}\cdots$$

这是我们已知的第一个无穷乘积的例子，也是在接下来的几百年中变得十分重要的无穷过程研究的开始。[22]

闲话　伽利略的圆规

威尔弗里德，你来要求我解出方程，在雨云上翱翔，跃入峡湾，再像天鹅一样浮出水面。如果科学和奇迹是人类的终极目标，摩西早就给你留下流数的算法了；耶稣基督早就解释清科学中的疑问……现如今，最伟大的奇迹就是化圆为方了，你认为这不可能实现，而在那些已经抵达上界的人的眼中，那些星辰变化描绘出的相交的数学线条再清晰不过，而它们毫无疑问已经解决了这一问题。

——奥诺雷·德·巴尔扎克，《塞拉菲塔》，1834[1]

对工匠、手艺人、制图员、工程师、军事领袖、导航员、天文学家以及勘测员来说，圆规是必不可少的工具，所以它也就变得越来越精致了。在文艺复兴时期，“compass”（或者“compasses”，意为“罗盘”或“圆规”）一词指代了一系列工具。它们可以画圆、椭圆和其他圆锥曲线（绘图圆规），可以转写距离（两脚规），可以按比例缩放图形（缩减罗盘），可以测量球状或柱状物体的大小（卡尺），可以在地图上转写距离（三脚圆规），以及进行和比例相关的计算（比例规）。

1597年，伽利略·伽利莱（1564—1642）让仪器工匠马尔坎托尼奥·马佐莱尼制作了一个自己亲自设计的多功能圆规（图T.26）。[2] 它现在被叫作伽利略几何军事圆规，而更广泛的叫法是比例规。它是一种比例圆规，用黄铜制成，长约25.6厘米。它的脚又宽又平，两边从铰链处开始刻着向外伸展的刻度线。它带有一个可拆卸的弧（被称作象限仪）、一个铅锤，以及一个让它能立起来的底座；这些配件是为了察看角度的，因此在后来的版本中常常被略去。[3]

图 T.26 伽利略圆规（历史科学仪器收藏馆，哈佛大学）

伽利略圆规，以及所有比例圆规，背后数学的关键都是相似三角形。两脚上的刻线和刻度都是相同的，所以它们能用来画出许多种相似等腰三角形。从实用角度来看，使用者可以在实际图形和比例规之间来回使用两脚规。首先，使用者可以把一个两脚规放在比例规两脚的相同刻度间，从而量出等腰三角形底边的长度（或者放在铰链处和一个刻度之间，从而测量腰的长度），然后再用这个两脚规把测量值转写到实际图形中。其次，使用者也可以用两脚规测量图形上的一个长度，然后张开比例规，使得两脚上两个相同刻度间的距离等于两脚规张开的长度。

尽管该仪器纯粹是用于实地应用的实用工具，它也可以被用来解决部分古典问题。它可以化正多边形为方，当然这用尺规也可以做到。它还可以化圆为方，而这就是尺规不能做到的了。要化圆为方，我们需要用到仪器上的正方刻线。这些刻线上标有从 3（远端）到 13（铰链端）的整数，而在 6 和 7 之间有一个圆（图 T.27）[4]。这些刻度的标法满足如下条件：以两脚上两个圆形刻度之间的距离为半径的圆的面积，等于边长为两个刻度 n 之间距离的正 n 边形的面积。

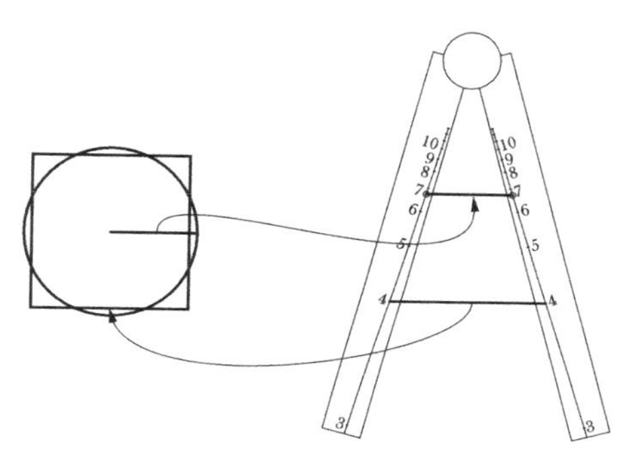

图 T.27　我们可以用正方刻线化圆为方

要化圆为方，首先用两脚规量出圆半径。然后张开比例规，使得正方刻线上两个圆形刻度间的距离和两脚规张开的长度相等。那么，正方刻线上两个刻度 4 之间的距离就是所要求作正方形的边长。我们可以用类似方法把任意正多边形化为方形。[5]

我们还可以用这个仪器来作正多边形。假设已知一个以 C 为圆心、以 AC 为半径的圆，我们想要作它的内接正九边形，如图 T.28 所示（这个任务用尺规是不可能完成的）。我们只需要在圆上寻找一点 B，使得 AB 是所要求作的多边形的一条边即可。为此，我们需要用到多边刻线。[6] 首先，用一个普通的两脚规来量出圆的半径。然后张开比例规，使得两脚规的两脚分别落在比例规两脚的刻度 9 上。多边刻线是这样标记的：如果 AB 是一个圆的内接正 m 边形的一条边，那么两脚上刻度 m 间的距离就是该圆的半径。特别是，因为圆内接正六边形的边长等于圆半径，所以两个刻度 6 之间的距离就是 AB 的长度。因此，我们可以张开一个圆规，使其两个尖端落在两个刻度 6 上，然后就可以画出圆上的点 B。

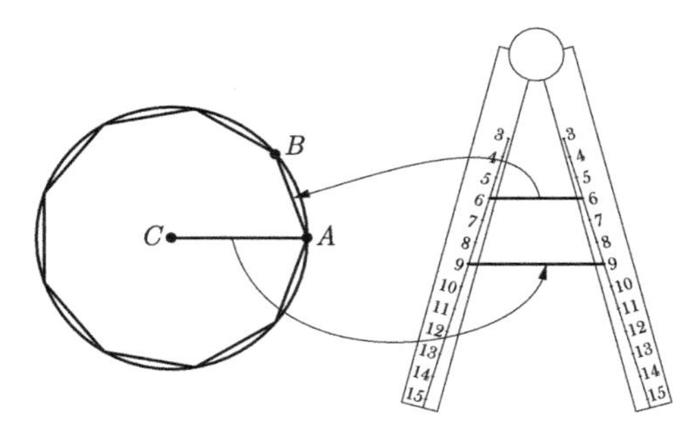

图 T.28　我们可以用多边刻线来作九边形

我们可以用体积刻线来求任意数量相似立体的体积和（图 T.29）。[7] 特别是，我们在这些立体中找一个公共长度，例如立方体的边、相似圆柱的高、球的直径，等等。任意张开比例规。用两脚规量出立体上的距离，然后在比例规上找到和这些距离对应的数字。假设我们有三个球。第一个球的直径等于体积刻线上刻度 10 之间的距离，第二个球的直径等于刻度 25 之间的距离，而第三个球的直径等于刻度 58 之间的距离。那么因为 10+25+58=93，所以这三个球的体积之和就等于以刻度 93 之间距离为直径的球体积。这些体积刻线让我们能够倍立方。如果一个立方体的边长为刻度 x 间的距离，那么边长为刻度 $2x$ 间距离的立方体就是第一个立方体体积的两倍。[8]

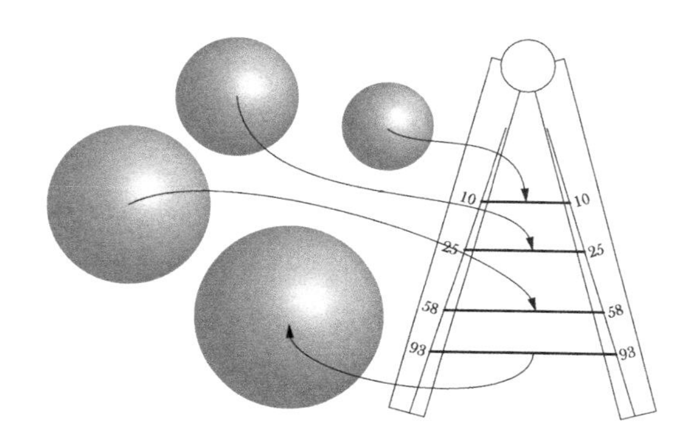

图 T.29　我们可以用体积刻线来求体积和

这些古典问题解法并不理想。它们的质量取决于仪器制造者。而制造这种仪器，并且在两脚上精确地标记刻度并不容易。尤其是，我们没法用尺规完成标记！

伽利略曾试着保守这一圆规的秘密。很多年间，他都没有写到任何对这个工具的描述。不过，他教会了其他人如何使用它。1606年，他印刷了几份自己笔记的副本，名为“几何和军事圆规操作”（Le operazioni del compasso geometrico et militare）[9]，但它没有包括该设备的插图。最终，一位名叫巴尔达萨尔·卡普拉的竞争者得到了这份笔记，然后对这个仪器进行了逆向工程，尽管并不完美。伽利略起诉了这位模仿者，而法官站在了伽利略一边。法官判决销毁卡普拉的书，但还是有些副本逃过一劫。随后，伽利略的这一仪器就开始在别的地方出现了。[10]

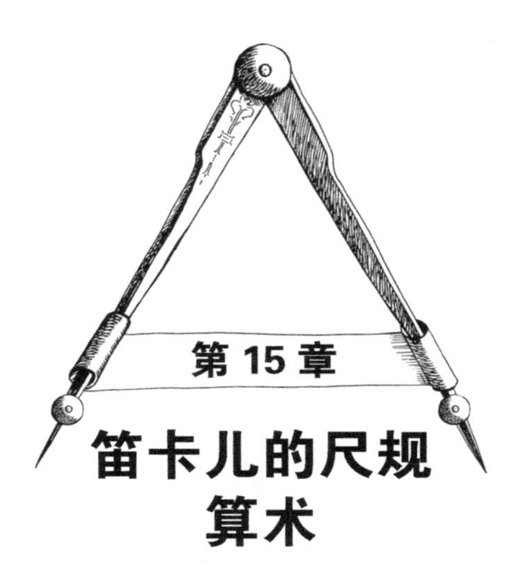

第15章 笛卡儿的尺规算术

笛卡儿的学说，完全不是萌芽自任何古代几何学家的著作……它是没有母亲的孩子（problem sine matre creatam）。

——米歇尔·夏斯莱，1875[1]

"Cogito ergo sum."——"我思，故我在。"

要问勒内·笛卡儿是谁，路人很可能会说出这句世人皆知的哲学命题——一个被一代又一代的大学生思索、讨论的命题。更喜欢数学的人可能会提到在代数课上学过的笛卡儿平面。但可能不会有多少人说，笛卡儿写了一本重要的教材，它让数学家们对哪些几何问题能或是不能用直线、圆以及其他曲线来解决有了更深刻的理解。

哲学家、数学家、科学家勒内·笛卡儿于1596年生于法国拉艾的一个中产阶级家庭。他的家族中出过很多医生和律师。他的父亲就是一位律师，并且是布列塔尼高等法院的一员。笛卡儿的母亲在生下他之后不久就去世了，他是由外祖母养大的。甚至在他的父亲再婚之后，这种情况依然如此。

笛卡儿儿时体弱多病，经常持续性地咳嗽。他可能患有肺结核。11 岁时，他被送往拉弗莱什的耶稣会学校。因为体质虚弱，笛卡儿可以不像其他学生一样必须在早晨 5 点起床。他可以一直睡到上午 10 点左右——他后来一直坚持这一习惯。在从学校休学几年之后（可能是因为精神失常），他从普瓦提埃大学获得了法律学位。

1618 年，笛卡儿志愿加入荷兰拿骚的莫里斯的军队。他在那里学习军事工程学，但他遇到了荷兰科学家艾萨克·贝克曼（1588—1637）。他们两人会一起讨论数学和物理。1619 年 3 月 26 日，他向贝克曼讲述了一套崭新的数学方法，而这后来就成了解析几何。

1619 年，他前往德国的乌尔姆，加入马克西米利安一世的军队。在那里，他萌生了三个他视为未来探索原动力的梦想：绝不能依靠他人——他必须自己完成所有研究来寻求真知；必须质疑一切，并寻找最基本的原理来构建他的哲学学说；而最核心的，便是“我思，故我在”。

从 1620 年到 1628 年，笛卡儿游历欧洲。正是在这期间，他遇到了法国博学家马林·梅森神父（1588—1648），正是后者后来帮助笛卡儿和科学界保持联系。笛卡儿最终于 1628 年回到荷兰，在那里度过了接下来的 20 年。笛卡儿那时已经闻名于全欧洲，他想要找一个能平静独处的城市环境，而荷兰刚好适合他。

1649 年，瑞典的克里斯蒂娜女王说服笛卡儿前往瑞典教授她哲学。无论是从个人角度还是从地理角度来说，这并不是什么好选择。两个人没有相处很长时间，天气太冷，而笛卡儿又要每天早起，而这正是笛卡儿所厌恶的。他最终罹患肺炎，于 1650 年在瑞典逝世。

我们不会讨论笛卡儿的哲学著作，例如他已经完成、却因为在1633年听说伽利略因异端邪说而被定罪①后决定不出版的《论世界》、《第一哲学沉思集》(1639)、《哲学原理》(1644)，以及《灵魂的激情》(1649)等。我们也会略过他对数学和科学做出的很多贡献。[2] 我们的重心在于他的《几何学》一书。该书是他于1637年出版的《谈谈方法》(*Discours de la Méthode*)一书的三个附录之一，另两个附录分别是《屈光学》(*La Dioptrique*，该书讨论光学)和《气象学》(*Les Météores*)。

笛卡儿的《几何学》

19世纪的数学家米歇尔·夏斯莱（1793—1880）对笛卡儿的《几何学》有一段著名的描述，他称其为“没有母亲的孩子”（参见本章引言）。这一评论显然夸大了事实:《几何学》的确是基于前人——比如韦达——所构建的基础。但正如朱迪思·格拉比纳所写：[3]

> 尽管有这些先行者，但笛卡儿用一种前所未有的方式把这些过去的想法结合、扩展，并加以开发……至少，我们可以用托马斯·库恩对哥白尼的《天体运行论》的评价来评价《几何学》，它可能并不具有革命性，却能“带来革命”。

今天，当我们提到解析几何，或者说笛卡儿几何时，就会想到垂直坐标系——x轴和y轴、有序对，还有用关于x和y的方程表示的曲线。我们不能错误地认为这种数学观点是由笛卡儿提出的。

---

① 因为伽利略坚持日心说。——译者注

如果一个现代的读者翻阅笛卡儿的《几何学》，他可能根本看不出今天的解析几何的影子。

正如其标题所述，笛卡儿的目标是解决几何问题，但他计划用尺规，或者是用他的新式圆规作出的更复杂的曲线来解决它们。为了达成这一目标，他引入了变量和代数方程。这也就是解析几何的开始。代数不过是通往目标的手段，而非目标本身。

例如，他用代数帮助解决了帕普斯提出的一个著名几何问题。我们不会在这里详细介绍该问题。该问题始于一系列直线，而目标是找到所有满足某条件的点。这一条件与点到这些直线的距离有关。古希腊人能够解决三条或四条直线的情况——所求点的集合正是圆锥曲线。笛卡儿用他的新方法得到了同样的结论，并且把结论推广到更多直线的情况。例如，他发现五条直线的解正是三次曲线。今天，我们可能会对画出曲线感兴趣，但笛卡儿没有这么做。他感兴趣的是，这条曲线能否用他的机械仪器画出来，以及能否帮助他解决其他几何问题。

《几何学》中的数学十分艰深，过去如此，现在亦然。荷兰数学家弗朗西斯·范·舒滕（1615—1660）在出版并批注该书的拉丁文译本时帮助厘清了一些混乱之处。该译本第一版出版于 1649 年，而更加详尽的第二版出现于十年之后。他的工作帮助推广了笛卡儿解析几何。正如卡尔·波耶所写的，笛卡儿的书象征着解析几何的“少年时期”；而它从“笨拙的青少年成长期”到“成年期”的过渡则花费了 160 年。[4]

尽管笛卡儿的数学论述很难弄清，但他的代数看上去就眼熟多了。一位历史学家警告现代读者：“笛卡儿能轻松使用我们今天熟知的符号记法，但这绝不能掩盖它在当时深邃的创新性……当代数学家们不能错把《几何学》当作解读符号体系的‘罗塞塔石碑'①……这一新的符号体系最终成为科学革命的一个重要元素。"[5]

线段算术

韦达最大的障碍之一在于他的齐次假设。他的代数方程中的每一项次数都必须相同。他不会把 x 和 x^2 相加，因为那对他来说意味着把长度和面积相加。

而笛卡儿对解析几何最重要的贡献之一就是发现了如何用线段完成算术——不是面积也不是体积，而是对线段进行加、减、乘、除、开 n 次方运算并得到另一条线段。[6]这使得齐次假设不再有意义，也让笛卡儿能够把几何问题转化为代数问题。

最简单的做法就是用线段长度完成线段算术。这适用于求和以及求差的情况，但对于其他算术运算却不适用。假设 AB 长 2 厘米，CD 长 3 厘米。那 $AB \cdot CD$ 应该是多长？也许是 $2 \cdot 3=6$ 厘米？那如果我们用米作为长度单位呢？那样 $AB \cdot CD$ 就会变成 $0.02 \cdot 0.03=0.0006$ 米 $=0.06$ 厘米长！如果我们换用英寸，那长度就会变成 $(0.784...)(1.1811...)=0.9300...$ 英寸 $=2.3622...$ 厘米（图 15.1）。简而言之，$AB \cdot CD$ 的长度取决于我们用什么单位去测量线段。这个单位可能是厘米、英寸、英里、光年、秒差距、浪、埃或者肘。②

① 古埃及托勒密王朝著名石碑，刻有古埃及国王托勒密五世登基的诏书，是今日研究古埃及历史的重要里程碑。——译者注

② 1 光年≈9.46 兆千米，1 秒差距≈3.26 光年，1 浪≈201.17 米，1 埃 =0.1 纳米。——译者注

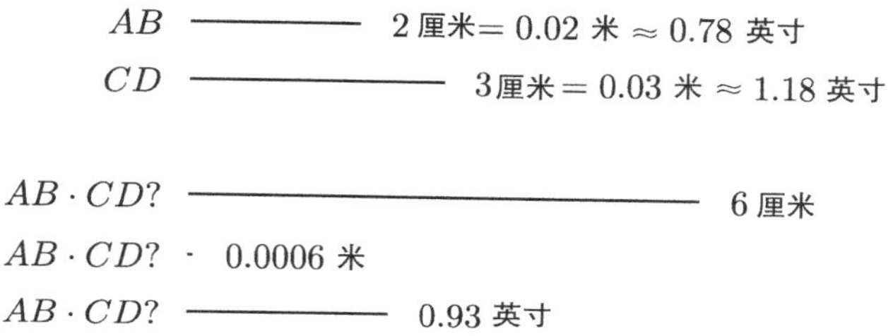

AB ———— 2 厘米 = 0.02 米 ≈ 0.78 英寸

CD —————— 3 厘米 = 0.03 米 ≈ 1.18 英寸

$AB \cdot CD$? ———————————— 6 厘米

$AB \cdot CD$? · 0.0006 米

$AB \cdot CD$? ———— 0.93 英寸

图 15.1　线段 $AB \cdot CD$ 有多长？

这看上去好像是个不可逾越的障碍，但实则不然。为了让线段算术变得可能，我们要在问题一开始就选择好单位——是什么单位都没关系——然后一直使用它。这就是笛卡儿的关键见解。他没有用厘米、英寸或是其他任何熟悉的单位来阐述这一假设，而是使用几何方式来进行叙述。

在问题的开始，我们先选择一条线段，并声明其为单位长度。我们在整个问题中都用这条线段作为标尺，所有线段都以它为标准来丈量。用算术的术语来说，就是我们要决定“1”有多长。只要我们这样做，所有数学就都能有条不紊。

笛卡儿没有浪费时间慢慢传授这一作法。《几何学》的第一句话就直截了当地阐述了这一主张：[7]

> 任意几何问题都可以被简化到只要我们知道某条线段①的长度就足够作图的程度。

他继续写道（我们会用粗体标出他关于单位线段的介绍）：

> 算术只包括四种或五种运算，也就是加、减、乘、除以及开

① 原文为“lines”，即“直线”，但从上下文可以看出，笛卡儿所指确实为线段。后面引文中的“lines”大多也译为“线段”。——译者注

方。开方也可以被认为是一种除法。同样，要在几何中找到所需线段，也只需要加减其他线段；或者，**用一根被我称为单位线段的线（这样叫是为了让它和数字的关系尽可能紧密，这条线也可以任意选取）**和已知的两条线段，去求第四条线段，使得所求线段与一条已知线段的比等于另一条线段与单位线段的比（这等价于乘法）；或者，同样是求第四条线段，但让它与一条已知线段的比等于单位线段与另一条线段的比（这等价于除法）；再或者，求单位线段和其他线段的一个、两个或者多个比例中项（这等价于已知线段开平方、立方或更高次方）。为了使叙述更清楚，我会毫不犹豫地把这些算术术语用于几何中。

换言之，笛卡儿用比来定义乘法、除法以及 n 次方根。如果 PQ 长度为单位长度，那么依笛卡儿所述，满足 $EF : AB :: CD : PQ$ 的 EF 即 AB 和 CD 的积。如果我们把比换成商，把 PQ 换成 1，这就变成了 $EF/AB=CD/1$，或者说 $AB \cdot CD=EF$。这样就让笛卡儿的定义更加清楚了。除法也可以用类似方法处理。注意，两条线段的积并不是一条唯一确定的线段。我们可以把 EF 换成任意长度相同的线段，它可以位于欧几里得平面的其他地方，也可以任意旋转。我们唯一关心的就是长度。

n 次方根也是用比例中项定义的。例如，如果存在线段 CD 使得 $AB : CD :: CD : EF :: EF : PQ$，那么 EF 就是 AB 的三次方根。用分数来写的话，这就等价于 $AB/CD=CD/EF=EF/1$。运用一点点代数知识，我们就能证明 $EF=\sqrt[3]{AB}$。只要简单地推广这一方法，就能求 n 次方根。

笛卡儿清楚地向读者表明，他把这些几何运算看作一种新的算术形式。他这样写道：[8]

通常这样就不需要在纸上画线，只需要把每条线用一个字母表示就足够了。因此，要求线段 BD 和 GH 的和，我们把一个写作 a，把另一个写作 b，而两者的和就写作 $a+b$。那么 $a-b$ 的意思就是从 a 减去 b，ab 意味着 a 乘以 b，$\frac{a}{b}$ 就是 a 除以 b，aa 或者 a^2 就是 a 乘以本身，a^3 就是前一个结果再乘以 a，以此类推。同样，如果想要求 a^2+b^2 的平方根，我就会写 $\sqrt{a^2+b^2}$；如果要求 $a^3-b^3+ab^2$ 的立方根，我就可以写 $\sqrt{C.a^3-b^3+abb}$ [9]，而其他根也一样。注意，当使用 a^2、b^3 或是类似表达式时，我通常用来表示线段，但我会把它们称作平方、立方等，这样就可以用代数中的术语了。

笛卡儿的符号表述非常现代。他引入了今天的代数学生也熟悉的符号和规则。他用字母表末尾的字母，例如 x、y 和 z 来表示未知量，用字母表前面的字母表示已知量。他引入了我们今天使用的幂表示法：用 a^3 表示 aaa，用 a^4 表示 $aaaa$，以此类推。不过，他的指数只有正整数，而且他还混用 aa 和 a^2。[10] 现代的等号那时已经由罗伯特·雷科德 [11]（约 1512—1558）发明，但还没有被广泛使用。作为替代，笛卡儿使用 ∞ 表示相等。

尺规算术

当笛卡儿表明自己能让线段算术具有意义之后，他转而关注那些需要作特定长度线段的几何问题。他证明了四种算术运算以及开平方根都可以用尺规完成。事实上，《几何学》的第一卷（或者说第一章）——“仅使用直线和圆的作图问题”——就高呼着圆规和直尺。

用尺规完成线段的加减太过简单，笛卡儿根本没有描述它们。假设我们已知线段 AB 和 CD，张开圆规至 CD 长度，然后以 A 为圆心画圆。如图 15.2 所示，$BF=AB+CD$，$BG=AB-CD$。

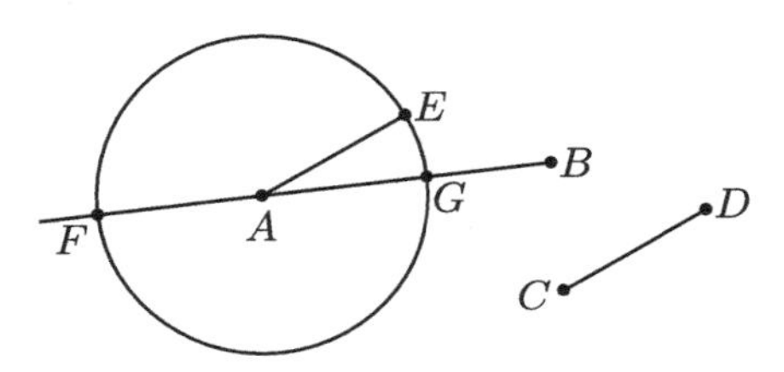

图 15.2 线段的加减

线段的乘法、除法以及开平方根是通过相似三角形完成的。假设我们要把两条线段 OA 和 OB 相乘，它们共享一个端点，并且不共线（图 15.3）。回想一下，我们已经指定了单位长度的线段。在 OB 上寻找一点 C，使得 OC 为单位长度。连接 AC，作 AC 的平行线 BD，交 OA 于 D。这样构造出的三角形 ACO 和 BDO 相似。因此 $OD : OB :: OA : OC$。正如我们之前讨论的，这意味着 $OD=OA \cdot OB$。换一种说法的话，如果 OA、OB 和 OC 的长度分别是 a、b 和 1，那么 OD 的长度为 ab。线段除法的方法也类似。我们只不过要用到一组不同的线段 OA、OB 和 OC（图 15.3）。

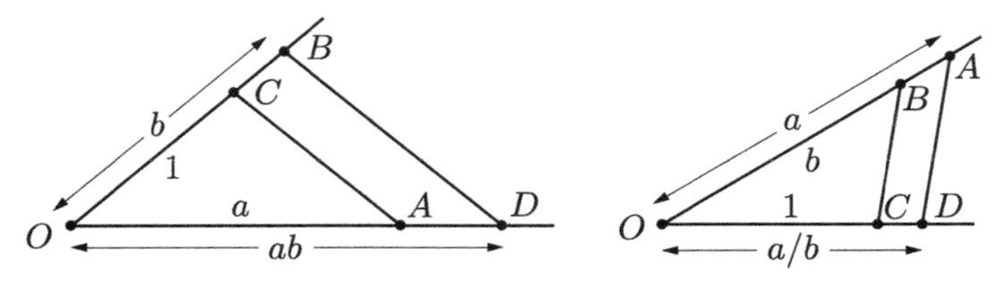

图 15.3 使用相似三角形进行线段乘法（左）和除法（右）

最后，我们来看一看笛卡儿是怎样求长度为 a 的线段 AB 的平方根的。在 AB 往 A 方向的延长线上找一点 C，使得 $AC=1$（图 15.4）。以 BC 为直径作圆。过 A 作 BC 的垂线，交圆于 D。三角形 ACD 和 ABD 相似，因此 $AB/AD=AD/AC$。把 AC 换成 1，我们就得到了 $AD^2=AB$，或者说 $AD=\sqrt{AB}$。

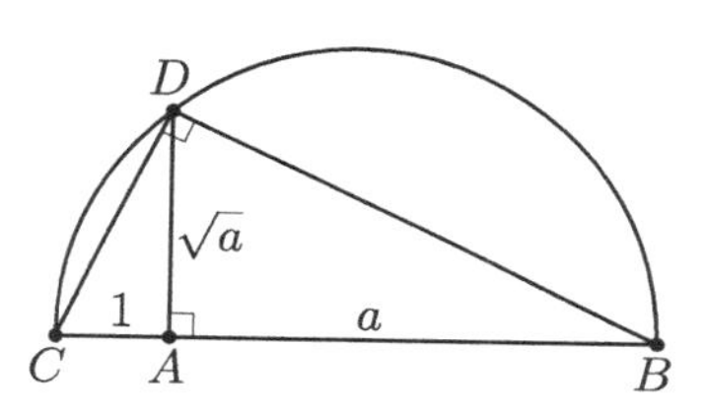

图 15.4　笛卡儿求平方根的方法

笛卡儿用下面这个例子来展示他的方法。[12] 假设为了解某个几何问题，他需要解方程 $z^2=az+b^2$。假设，他可能已经作出，或者他知道他能作出长度为 a 和 b 的线段，而他希望作出一条长度为 z 的线段。因为 z 表示线段，所以他只需要作上述方程的正根，也就是 $z=a/2+\sqrt{a^2/4+b^2}$。

为此，他用尺规画了一个直角三角形 LMN，其直角边长分别为 $LN=a/2$ 和 $LM=b$（图 15.5）。然后他以 N 为圆心、以 LN 为半径作圆，延长 NM 交圆于 O。根据勾股定理，$MN^2=LN^2+LM^2$。另外，$MN=MO-NO=MO-LN$，代入上式，我们得到 $(MO-LN)^2=LN^2+LM^2$。展开并化简，我们就可以得到 $MO^2=2MO\cdot LN+LM^2=aMO+b^2$。这意味着 $z=MO$ 就是所求方程的解。

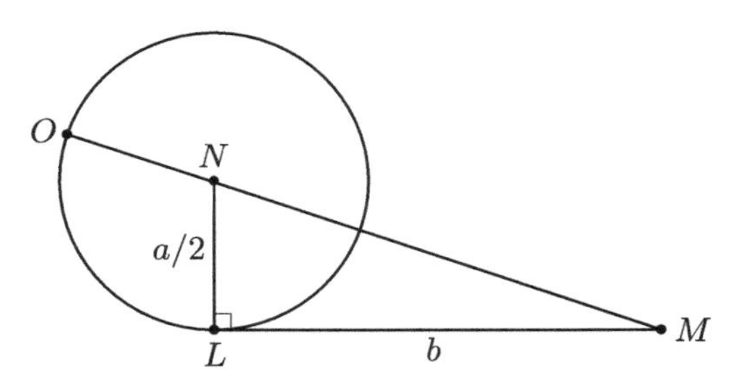

图 15.5 线段 MO 就是方程 $z^2 = az + b^2$ 的解

可作图点和可作图数

这样，我们就可以理解接下来要做的事了，我们要弄清从笛卡儿的工作中可以得出关于可作图性的何种结论，这非常重要。不幸的是，《几何学》没有采用现代写法——用表达清楚的定义、仔细叙述的定理以及坚如磐石的证明来构成。因为我们想用让前路更加清晰的方式来展示结论，所以在这一节中要回到现代，考察一下从笛卡儿的书中可以得出的一些结论。我们会用清晰、严密而且现代的方式进行，而不是用笛卡儿的写法进行。

尽管在观察尺规作图时看到的是直线和圆，重要的其实是它们的交点。要用最一般的形式定义可作图性，我们必须尽可能从一片空白开始。假设一开始有两个点，并且它们相距一个单位长度（或者等价地，从一条单位线段开始）。有时，假设我们使用坐标系会更加便利；在这里，我们假定这两个点分别是 (0, 0) 和 (1, 0)。（如果我们愿意的话，甚至还可以用尺规画出 x 轴和 y 轴。）现在，我们可以用这些假设定义两个概念：可作图点和可作图数。

如果从我们的两个点开始，通过一连串合法的尺规作图步骤（我们在第 3 章中给出了“游戏规则”），可以让点 P 是作出的两条

曲线（直线或圆）的交点，那么点 P 就是一个可作图点。如果存在可作图点 P 和 Q（也可能 $P=Q$），使得 $|a|$ 等于线段 PQ 的长度，那么实数 a 就是可作图数。

因为我们是从点 $O(0, 0)$ 和点 $P(1, 0)$ 开始的（图 15.6），所以就算不用尺规，我们也知道 O 和 P 是可作图点，而 0、1 和 -1 是可作图数。（注意，-1 可作图，因为 $|-1|=1$ 就是 O 和 P 间的距离。）然后用圆规以 OP 为半径画两个圆，一个以 O 为圆心，另一个以 P 为圆心。它们交于点 $Q(1/2,\sqrt{3}/2)$ 以及 $R(1/2,-\sqrt{3}/2)$。连接 QR，交 OP 于点 $S(1/2, 0)$。因此，点 O、P、Q、R 和 S 均为可作图点。通过计算这些点之间的距离，我们可以得出结论，0、±1、$\pm1/2$、$\pm\sqrt{3}/2$ 以及 $\pm\sqrt{3}$ 都是可作图数。

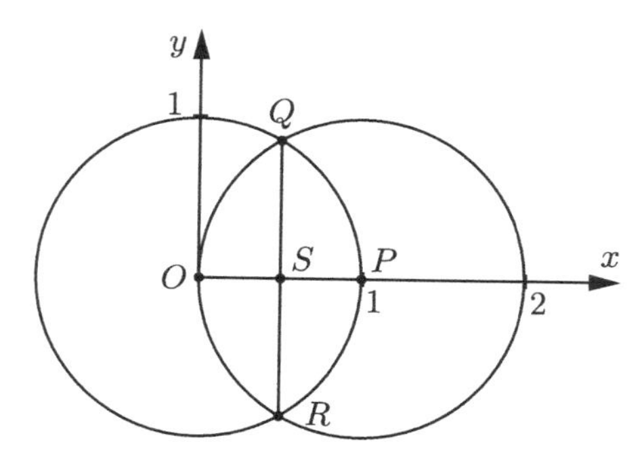

图 15.6　两个圆和一条直线就可以给出可作图数 0、±1、$\pm1/2$、$\pm\sqrt{3}/2$ 以及 $\pm\sqrt{3}$

可作图数和可作图点还有另一种关系。如果我们从点 $(0, 0)$ 和点 $(1, 0)$ 开始，那么当且仅当 x 和 y 均为可作图数时，点 (x, y) 才是可作图点。举例来说，我们知道 1 和 $-\sqrt{3}/2$ 都是可作图数，所

以点 $(-\sqrt{3}/2, 1)$ 是可作图点。

尽管可作图点比可作图数更自然，后者却更有用。本书的主要目标之一就是判断哪些数可以作图，而哪些数不能。笛卡儿为这个问题给出了一个令人满意的答案。

在数学中，域是指满足基本算术运算——加、减、乘和除（除数不为零）的一组数。[13] 当我们说“满足”的时候，意思是它在这种运算下是闭合的；也就是说，域中任意两个数（除了零作为除数以外）的和、差、积以及商仍然是域中的数。实数是一个域。对实数进行算术运算无法得到一个不是实数的数。有理数和复数也是域。但整数不是域。整数在加法、减法和乘法下是闭合的，但在除法下不是；1 和 2 都是整数，但 1/2 不是。自然数的情况就更糟了，它们不仅有除法的问题，甚至就连减法都有问题：1 和 2 都是自然数，但 $1-2=-1$ 不是。

笛卡儿证明可以用尺规完成线段的加、减、乘、除。那么本质上，笛卡儿就证明了可作图数的集合构成了一个域！这样，因为 1 和 $\sqrt{3}/2$ 是可作图数，所以 $1-\sqrt{3}/2$ 和 $(\sqrt{3}/2)^3=3\sqrt{3}/8$ 也是可作图数。

事实上，可作图数比域具有更多结构。笛卡儿证明我们可以对线段开平方。任意非负可作图数的平方根还是可作图数。所以，用开始的一小撮可作图数，我们还可以推断出

$$1+\frac{3\sqrt{3}}{8}+\sqrt{1-\frac{\sqrt{3}}{2}}$$

也是可作图数。

这条论证可以得到一个必然结论，那就是任何可用整数、加法、减法、乘法、除法和平方根表示的实数都是可作图数。所以

$$3+\sqrt{\frac{11}{3}-\sqrt{2+\sqrt{3}}}+\sqrt{\frac{15}{34}+\frac{8-\sqrt{7}}{5+\sqrt{1+\sqrt{3}}}}$$

也是可作图数。尽管作出上述长度的线段可能需要很多步尺规作图，但笛卡儿已经给出了为此所需的全部方法。

这样我们就找到了很多可作图数。所有整数、所有有理数，还有上面这样的无理数都可以作图。但所有实数都可以作图吗？答案是“否”。

尽管笛卡儿的说法不同，而且他也没有证明，但他知道只有上述形式的数是可作图的。[14] 证明十分初等，却有些复杂。简单来说，如果一条直线由两个可作图点确定，那么它形如 $ax+by+c=0$，其中 a、b 和 c 均为可作图数。类似地，如果一个圆由两个可作图点确定，那么它形如 $(x-d)^2+(y-e)^2=r^2$，其中 d、e 和 r 均为可作图数。这样，如果我们解出两条这样的直线、一条直线和一个圆或两个圆的交点，交点坐标就可以用直线和圆方程的系数、算术四则运算以及平方根表示。而这就是我们想要的形式。因此，我们得到了一个著名结论。

笛卡儿可作图数定理：一个实数可以作图，当且仅当它可以用整数的加法、减法、乘法、除法以及平方根表示。

这是个非常强的结果。要证明一个数不可作图，我们只需要证明它无法用四则运算和平方根表示。如果我们能证明 $\sqrt[3]{2}$ 不可作图，那么倍立方也是不可能的。$\sqrt[3]{2}$ 是一个整数的立方根，而不是整数的平方根，所以证明完毕，对不对？

先别急！我们必须要小心。一个数可能有多种表示方法。例如，$\sqrt[3]{8}$ 也不是所需的形式，但它就是 2，所以它可以作图。类似地，$\sqrt[4]{1+\sqrt{2}}$ 也可以作图，因为四次方根就是求两次平方根：

$$\sqrt[4]{1+\sqrt{2}}=\sqrt{\sqrt{1+\sqrt{2}}}$$

事情还可能更糟：$\sqrt[3]{7+5\sqrt{2}}$ 当然是不可作图的，对不对？立方根让它暴露无遗。真是这样吗？不难证明，$\sqrt[3]{7+5\sqrt{2}}=1+\sqrt{2}$。只要把等式两边同时立方就能看出来了。[15] 所以它也是可作图的。

回到我们在第 1 章介绍的四个数：$\sqrt[3]{2}$、$\cos(\theta/3)$、$\cos(2\pi/n)$ 以及 π。如果我们能证明这些数不可作图，就能证明无法倍立方，无法三等分角 θ，无法作正 n 边形，也无法化圆为方。但是，正如上面警示的那样，我们必须小心，不能草率地得出结论。

作为这一段落的注解，回想一下，我们在三角学课上学过，有些角度的三角函数值是整数的平方根，例如 $\cos(30°)=\sqrt{3}/2$，$\tan(45°)=1/\sqrt{2}$。我们曾在第 1 章看到，如果能作角 θ，那么就可以作出 $\cos\theta$，反之亦然；这对任意三角函数均成立。因此，可作图性定理告诉我们，当且仅当 $\cos\theta$（或等价地，$\sin\theta$ 和 $\tan\theta$）可以用四则运算和平方根表示时，θ 才是一个可作图的角。

新的曲线和新的圆规

笛卡儿对数学的贡献之一就是向几何领域引入了新的曲线。两千年来，直线和圆是仅有的被完全承认的几何曲线。圆锥曲线尽管被大量研究，却还是“二等公民”。而诸如螺线或是割圆曲线这样的曲线则肯定不属于几何。笛卡儿还没做好引入所有这些曲线的准备，而他也相信曲线越简单越好。但他在扩张几何家庭的路上走了很远。

今天我们可以断言，笛卡儿把所有代数曲线——那些满足二元多项式方程的点的集合——引入了几何。例如，$y=x^2$ 表示抛物线，$x^2-y^2=1$ 表示双曲线。但这一论断也有些误导性。笛卡儿是个几何学家，所以他不会也确实没有用代数定义曲线。

这个争议的关键是几何学家争论了数个世纪的一个问题：究竟怎样定义曲线才能被接受？在笛卡儿之前，曲线的代数表示形式是不存在的。欧几里得用公设来定义直线和圆。圆锥曲线被定义为圆锥截面的边界。其他数学家们使用或简单，或复杂的仪器来描述曲线，比如直尺可以用来画直线，圆规可以用来画圆，尼科美德横木规可以用来画蚌线，等等。两条相交直线或者曲线的同时运动也可以定义曲线——想想描绘出割圆曲线的两条移动的直线。我们可以实际完成这些构造，也可以在脑海中想象它们。而在后者的情况下，数学家们相信这些曲线是定义良好的。

从柏拉图到帕普斯，再到笛卡儿，学者们相信可以接受这些方法中的一部分来定义几何曲线，但另一部分则不行。和前人不同，笛卡儿认为用特定绘图工具或两条移动的相交曲线来定义的曲线应当被纳入几何。[16] 结果证明，这样定义的曲线刚好就是代数曲线。

几乎是在写出《几何学》的20年前，笛卡儿在给贝克曼的一封信中阐述了他对几何的展望：[17]

所以我希望我将来可以证明，某些涉及连续量的问题可以只用直线和圆来解决，另一些则只能用由单一运动构成的曲线来解决。这样的曲线包括那些可以用新式圆规画出的曲线（在我看来，这些曲线和用传统圆规画出来的曲线同样精确，同样属于几何）。剩下的问题则只能用不同的独立运动产生的曲线来解决。这些曲线只存在于想象中，例如著名的二次曲线（割圆曲线）。我认为，在可以想象到的问题中，不存在无法用这些线解决的问题。我希望能证明哪些线可以用哪种方式解决，这样几何中几乎就不存在尚未被探索的角落了。

古希腊几何学家们鄙视使用“机械”工具解决几何问题。但笛卡儿不能接受这样的观点。他在《几何学》中主张圆和直线同样是用机械工具画出来的：[18]

如果我们因为使用了某种工具来描画就说（曲线）是机械的，那为了统一标准，我们也必须放弃圆和直线，因为它们没法不用尺规在纸上画出。而尺规也算是工具。

他提议在欧几里得公理中加上一条：[19]

现在为了能探讨所有我想要引入的曲线，我们还需要一个额外的假设。那就是，两条或者更多的直线可以一条随一条地移动，并由它们的交点确定其他曲线。这在我看来绝不会更困难。

对于将曲线纳入几何，他的判断标准是该曲线能否由依赖于单一运动的移动曲线的交点来确定。[20] 例如，他设计了一些圆规，移动圆规的一只脚会同时移动另一只。要画出割圆曲线或螺线需要协调线性和环形的运动。笛卡儿相信这需要能化圆为线，而这在几何上是不可能的。他保留了“机械的”一词来描述这些曲线，并认为它们不属于几何。

笛卡儿认为所有能用这一规则构造的曲线都是代数的。他没有明确声称其逆命题——每条代数曲线都可以用他的一种工具来描绘——也是真的，但他的工作暗示他确实如此认为。他对此保持沉默可能是因为无法证明这一点。逆命题的证明要等到几乎一个半世纪之后的 1876 年才由阿尔弗雷德·肯普（1849—1922）给出。[21]不过，正是出于这个原因，我们才把将代数曲线引入几何归功于笛卡儿。

此外，虽然帕普斯根据几何问题是否可以用直线和圆、圆锥曲线或是更复杂的曲线解决来给它们分类，笛卡儿的代数表示法让我们有了一个更细致的分类法：根据多项式的次数分类。

类似韦达，笛卡儿证明了如果我们能三等分角以及作两个比例中项，就可以解决任意立体问题。因此，他发明了能完成这两项任务的圆规。

图 15.7 展示了笛卡儿用来三等分任意角的四臂圆规。[22]它由四根长度均为 a 的短杆组成（AE、BF、CE 和 DF）。在 A、B、C 和 D 处有铰链，它们到点 O 的铰链距离都是 a。这些杆可以沿着位于点 E 和点 F 的中心臂自由上下滑动。在点 F 处有一支铅笔，可以随着整个装置张开与闭合描绘出曲线。

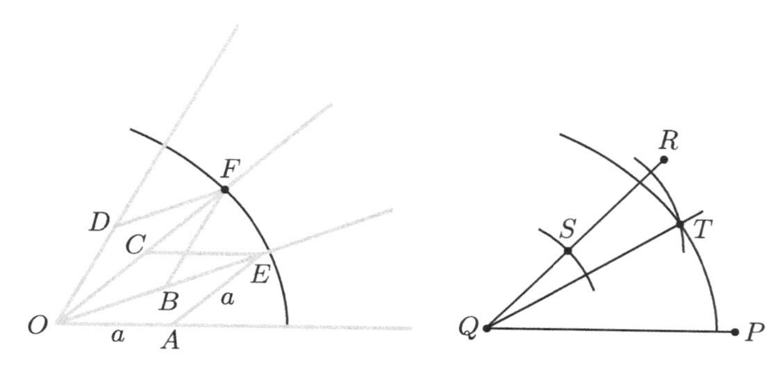

图 15.7　笛卡儿的角三等分规（四臂圆规）

假设我们想三等分 $\angle PQR$。把铰链 O 放在点 Q 上，沿 PQ 摆放圆规。张开圆规，画出曲线。用一支普通圆规，以点 Q 为圆心、以 a 为半径作圆，交 QR 于点 S。然后以 S 为圆心、以 a 为半径作圆，交第一条曲线于 T。那么 $\angle RQT=\frac{1}{3}\angle PQR$。如果给这个圆规加上更多根杆，它就可以把角等分成更多份。

大约 1619 年，笛卡儿设计了埃拉托斯特尼中项尺的一个推广版本（图 15.8）。[23] 这让他能求任意数量的比例中项，因而能解某些代数方程。[24] 这个工具在点 Y 有一个铰链。杆 BC 和 XY 相连，并且和 XY 成直角；所有其他的杆都可以沿着 XY 或 YZ 滑动，与此同时与它们成直角并保持不变。当这一铰链工具打开时，BC 推动 CD，CD 推动 DE，DE 推动 EF，以此类推。我们可以任意增加杆的数量。点 D、F、H 等描绘出图中点线表示的曲线。

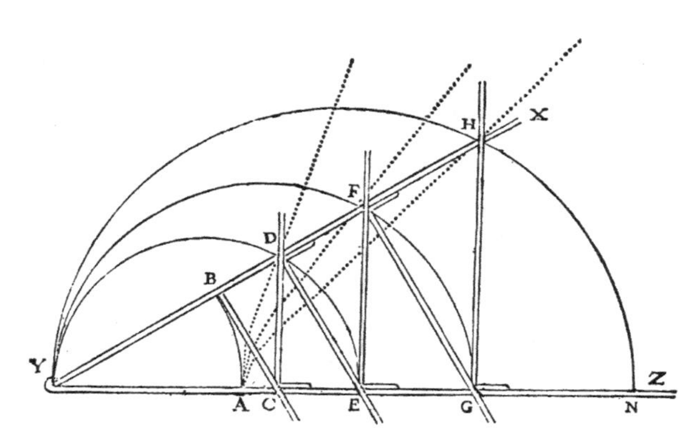

图 15.8　笛卡儿的中项尺规（R. Descartes, 1637, *La géométrie*, Leiden: De l'Imprimerie de Ian Maire）

这一工具有着大量的相似三角形，它们是解决几何问题的关键。比如，从相似三角形 BCY、CDY 和 DEY 中，我们可以得到 $BY:CY::CY:DY::DY:EY$。因此 CY 和 DY 就是 $AY=BY$ 和 EY

的两个比例中项。如果我们张开圆规，使得 EY 变成 AY 的两倍长，那么 $CY=\sqrt[3]{2}\cdot AY$。同样，如果用圆规画点线表示曲线 AD，那么我们可以通过求曲线和以 AY 为直径的圆的交点来找到点 D。

笛卡儿介绍了如何用这一工具解代数方程。以 $x^3=x+2$ 为例。令 $BY=1$，张开圆规，使得 $CE=2$。令 $CY=x$。根据几何，我们有 $x^3=x+2$。因此 CY 的长度就是该三次方程的正实数根。

笛卡儿向几何中引入了一大类新曲线。但他的判断标准没有包括其他一些新发现的重要曲线，例如摆线、对数螺线和悬链线。如今，我们用莱布尼茨提出的术语来表示非代数曲线：超越曲线。问题又一次变成了数学家们无法精确描述这些曲线。到 18 世纪末，数学家们已经接受了笛卡儿对曲线的代数表示，但根据其定义，还没有能表示超越曲线的方法。

而今天，我们能通过解析的方法，用指数函数、三角函数、对数函数、无穷级数等来表示它们。但我们用了很多年来引入、理解、严格定义这些函数，并且接纳它们成为数学家们的工具。与此同时，数学家们用这些曲线帮助解决了微积分早期阶段的问题。因此，他们又要用能否用机械方式作图来证明它们的存在。

戈特弗里德·莱布尼茨、克里斯蒂安·惠更斯（1629—1695）、纪尧姆·德·洛必达（1661—1704）、雅各布·伯努利以及约翰·伯努利（1667—1748）提到了可以由用绳子拖动重物形成的曲线。这类曲线中最简单的就是曳物线。假设你手里有一根绳子，绳子连着一个位于你侧面的重物（或者想象你牵着狗绳，另一端是一条倔狗）。你直线前进，想拉紧绳子。而随着重物（或者狗）被你拖走，它产生的轨迹就是曳物线。这样的一条曲线描述起来很简单，而且是由单一线性运动产生的（不像割圆曲线或者螺线）。因此，他们认为曳物线在几何上也应该被接受。但它不是代数曲线。

1692 年，惠更斯写道：[25]

当笛卡儿从他的几何中剔除那些无法用方程表示其本质的曲线时，他就错了。要是他能承认自己的几何的缺陷程度，取决于没有讨论的这些曲线就好了；因为他充分意识到，这些曲线的性质以及应用同样可以使用几何方法研究。

莱布尼茨则更极端。他在 1693 年写道，几何探讨“任何可由连续运动精确描绘的事物”。[26] 他描述了（但没有实际制作）一些非常复杂的绘图工具。这些工具实质上可以对函数进行积分。[27]

从结果来看，人们从未就究竟能用哪些机械方法来构建几何曲线达成共识。到了 18 世纪后半叶，数学界已经走得更远，不再需要为曲线作图了。以欧拉为代表的数学家们已经让解析式的数学成为标准。这种对曲线和几何的见解如此成功，以至于现代的数学学生要花些力气才能看懂当时的论述。

闲话　为π立法

一知半解危险至极；
那智慧之泉，如不畅饮，便应摒弃；
浅尝会让头脑迷醉，
酣畅始见意识明晰。

——亚历山大·蒲柏[1]

1897年1月18日，泰勒·瑞科德向美国印第安纳州众议院提出了一项立法。它由一位小镇医生埃德温·J. 古德温（1825？—1902）提出。这项立法得到全体一致通过。

显然，古德温得到了一些数学发现，然后在《美国数学月刊》上发表了他的成果，并在美国、英国、德国、比利时、法国、奥地利以及西班牙获得了成果的版权。他想要通过这一法案赋予印第安纳州的学校免费使用其成果的权利。今天，这项臭名昭著的众议院246号法案被称作“印第安纳π法案”。[2]

古德温医生也是个化圆为方者。这一法案声称“圆直径与周长之比等于四分之五比四”（换言之，$\pi=16/5=3.2$），而“当前使用的值……应该被摒弃，因为它在实际应用中完全不合格，并且会导出错误结论”。

就像大多数科妄一样，古德温受过一点儿数学训练。他的灵感来自宗教，而非数学；他写到自己“被神奇地教授了圆的精准大小”。[3] 同样，就像大多数科妄一样，他完全相信自己是正确的。他和华盛顿特区的美国国家天文台的学者通信，并且确信他让对方相信了自己的正确性。他甚至试图在1893年芝加哥世界博览会上得到一个演讲人席位。

如果我们仔细看他在《美国数学月刊》上发表的文章——《圆的求积》，就会发现它不是一篇学术文章，而是“询问和信息”板块的一封来信，并且注有声明“依作者要求发表”。[4] 有人可能会问，为什么编辑们发表了这份无稽之谈？可能他们只是想为新期刊（这是如今久负盛名的《美国数学月刊》的第一期）找点填充版面的东西。古德温在第一句话中写道：“正方形面积等于与其周长相同的圆的面积。”这显然是荒谬的。而第二段开头是这样一句：“而对圆求积，就是要求与已知圆周长相同的正方形的边长。”显然，这两个面积必然相等①。这些错误之后的数学也强不到哪里去。

古德温的论述过于糟糕，以至于我们根本不清楚他到底想提议用什么数作为π值。除了3.2，数学家亚瑟·哈勒贝格和戴维·辛马斯特发现，古德温令人费解的论述暗示了另外至少8个π值，它们的范围在2.56和4之间。

新闻界一开始被骗了，他们把古德温称作“一位著名的数学家”。[5] 但最后他们理解了现状，把该法案称作“印第安纳州议会通过的最奇怪的法案”。[6] 最终，美国普渡大学的数学家C. A. 沃尔多听到这一法案的消息。他告诉了印第安纳州参议会真相。[7]《印第安纳波利斯新闻报》这样描述了参议会对于该法案的反应：[8]

参议员们针对这一法案开了许多糟糕的玩笑，他们嘲笑它，笑着谈论它。这段欢乐时光持续了半个小时。参议员哈贝尔说，参议院每天要耗费印第安纳州250美元，因此不适合在这种无聊事情上浪费时间。他说他在读过芝加哥和东部几份主流报纸之后，发现印第安纳州议会已经因为在该法案上采取的行动被人肆意嘲讽。他认为考虑这样的提案不会让参议院增光，也不值得参议院去做。

① 根据他的第一句话，圆与正方形周长相等，则面积相等。——译者注

就这样，因为这位教授的一席话，或者更可能是因为害怕继续被嘲讽，印第安纳州参议院无限期推迟审议该法案。

古德温不仅是一个化圆为方者，π 法案还主张他能三等分角以及倍立方。1895 年，他写道：[9]

（A）三等分角：三等分圆的任意弧所对应的弦，就能三等分该弧对应的角；（B）倍立方：如果加倍立方体边长，其体积会变成八倍，而加倍其体积会让其边长增加百分之二十六。

他的三等分角方法就是“闲话 科安”中所写的经典错误，而他关于倍立方的论述使用了 $\sqrt[3]{2} \approx 1.26$ 一值，而不是 1.259 92...。

因此，一代又一代的学童们要感谢印第安纳州议会听取了大学教授的意见，让他们免于学习一些明显错误的知识，或是闹出国际笑话。也许今天的立法者们也可以从当时的议员们那里吸取教训呢！

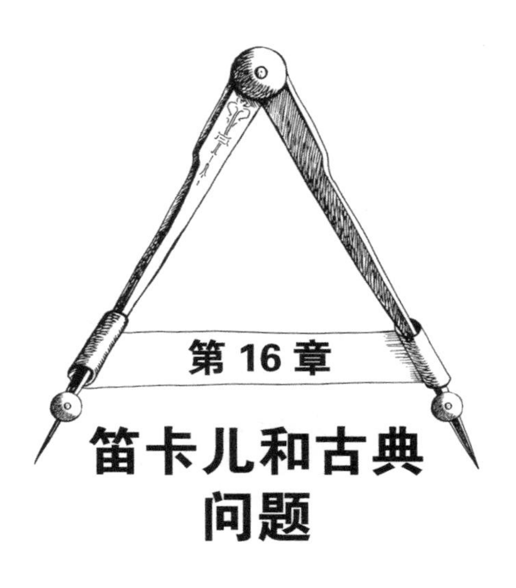

第 16 章 笛卡儿和古典问题

正如那几何学家，试图
化圆为方，苦思冥想，
也找不到他想要的原理，
我面对那新景象也是如此；
我想要看到那人形如何
与圆形相符，又如何在那里找到它的归宿；
但我自己的双翼力有未逮，
除非我的心灵被
一束闪电击中，我才能得偿所愿。
凭我自己的力量无法抵达这至高的想象：
但推动我的欲望和意志，
像车轮那样均一运转的，
正是那推动日月星辰的爱。

——但丁《神曲》[1] 的结尾

笛卡儿为代数做出了许多贡献。但他的本质还是个几何学家。他对解决几何问题感兴趣，而代数不过是帮助他完成这一目标的工具。他写道：

> 那么，如果我们要解决某一问题，就首先假设已经得到解，然后给看起来会用在作图中的线段命名，无论是已知线段还是未知线段。然后，在不区分已知和未知线段的情况下，我们通过一种能最自然地呈现线段间关系的方式，不断化解难点，直到找到能用两种方式表达的量。这样我们就得到了一个方程，因为这两个表达式之一的各项合在一起就等于另一个的各项合在一起。

笛卡儿确信这是研究几何的正确方法。在给出几个例子之后，他自信地断言：[2]

> 我已经用这些非常简单的例子证明，只用到我刚刚解释过的四种图形中用到的那一点儿知识，就可以完成全部通常几何问题的作图。我认为古代数学家们没有发现这一点，不然的话他们就不会劳神写那么多书。正是书中的那些命题表明，他们没有一个能解决全部问题的可靠方法。他们只是把偶然碰到的命题汇集到一起罢了。

他声称，用巧妙的专门解法解决几何问题的时代已经过去了。现在所有的几何都可以用代数解决。

三等分角和求两个比例中项

让我们通过笛卡儿自己给出的一个例子来看看如何使用他的方法——这是个我们非常感兴趣的例子。在《几何学》的第三卷中，他展示了如何用抛物线三等分角。[3]

假设有一个圆，圆心为 O，而我们要三等分圆心角 $\angle NOP$（图 16.1）。为了得到三等分线 OQ 和 OT，只需要作线段 NQ，其长度为未知量 x。[4] 为了能使用他的代数技巧，笛卡儿需要一条单位长度的线段。他决定以该圆的半径为单位长度。

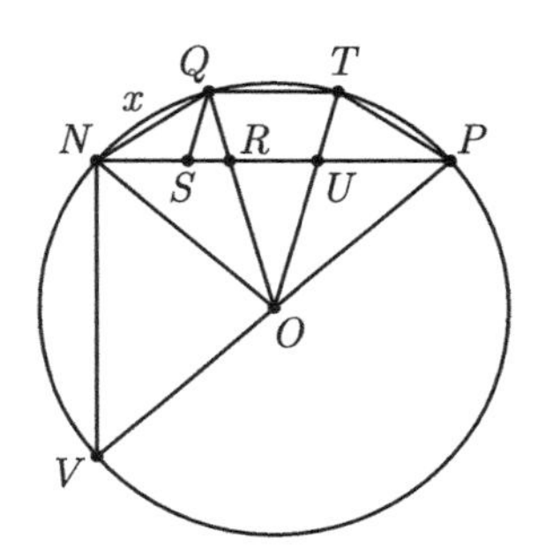

图 16.1　要三等分 $\angle NOP$，我们必须求 $x=NQ$

连接 NP，交 OQ 于 R，交 OT 于 U。笛卡儿将 NP 记为 q。过 Q 作 OT 的平行线 QS 交 NP 于 S。三角形 NOQ、NQR 以及 QRS 是相似三角形，因此 $NO : NQ :: NQ : QR :: QR : RS$。换成分数写法，就是 $1/x=x/QR=QR/RS$。因此 $QR=x^2$，$RS=x^3$——这样的方程对于笛卡儿之前那些注重维度的几何学家来说简直是荒谬的。因为 NQR 和 PTU 是等腰三角形，而 $QSUT$ 是平行四边形，所以 $3NQ=NQ+QT+TP=NR+SU+UP=NP+RS$。所以 $RS=3NQ-NP$。代入线段的长度，我们得到了三次方程 $x^3=3x-q$。它的一个根就是 NQ 的长度。

到了有方程可以解的这一步，笛卡儿就可以拿出他的代数工具了。他需要尽可能地化简多项式，来得到一个最低次的多项式。本例中的多项式已经完全化简了（至少对一般的 q 来说），而方程是三次的，所以笛卡儿知道只用直线和圆不足以求出根。

在大约 1625 年，笛卡儿发现了一种用直线、圆和抛物线解任意三次或四次方程的方法。[5] 这比韦达和费马的工作更进一步。后两者对这些方程的几何解法更加理论化，而且他们也没给出这样做的方法。笛卡儿的朋友兼老师艾萨克·贝克曼这样写道：[6]

笛卡儿先生是如此珍视这一发现，以至于他公开表示自己从未发现过更杰出的结果，事实上没有任何人发现过比这更杰出的结果。

笛卡儿解 $x^3=3x-q$ 的方法如下：首先作一条开口朝下的抛物线，其顶点 A 和焦点 C 的间距是 1/2（图 16.2）。作抛物线的对称轴，放在今天，这就是 y 轴。笛卡儿没有画出等价于水平 x 轴的线，但他从竖直的对称轴出发，垂直地测量距离，就好像 x 轴存在一样。在对称轴上找一点 D，使得 $CD=3/2$。在 D 左边找一点 E，使得水平线段 $DE=q/2$。以 E 为圆心、以 EA 为半径作圆，交抛物线于三点（点 A 除外）：B、G 和 F。这三点就是方程的根；换言之，如果我们过这三点作 AD 的垂线，交 AD 于 H、K 和 L，那么 BH、GK 的长度以及 FL 长度的相反数就是方程的三个根。（笛卡儿指出，F 代表方程的一个"假"根，也就是负根。）[7] 我们所求的 x 值，即三等分角问题的答案，就是 BH。这样就完成了作图，并且解决了三等分角问题。

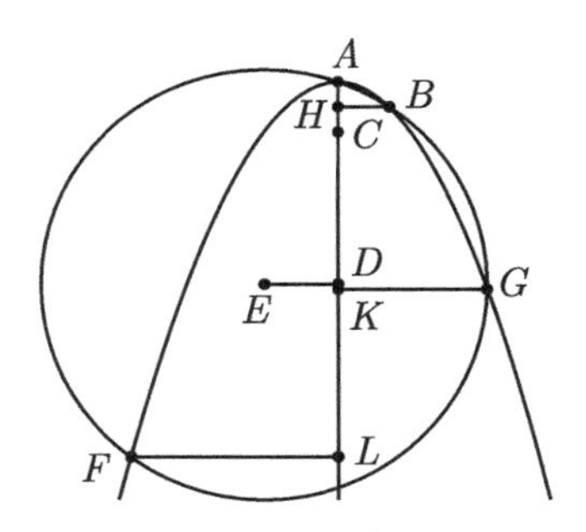

图 16.2　笛卡儿用一条抛物线来解三次方程 $x^3=3x-q$

笛卡儿还用抛物线找到了长度为 a 和 q 的线段的两个比例中项（图 16.3）。[8] 回想一下，寻找长为 z 和 u 的线段，使其满足 $a/z=z/u=u/q$，就等价于解方程 $z^3=a^2q$。我们首先找三点 A、C 和 E，使得 AC 和 EC 互相垂直，并且长度分别为 $a/2$ 和 $q/2$。以 A 为顶点，以 AC 为对称轴作抛物线，使得 C 为 A 与焦点连线的中点。以 E 为圆心，过 A 作圆。圆和抛物线交于 A，以及另一点 F。过 F 作 AC 垂线，交 AC 于 L。笛卡儿推出，FL 和 AL 就是所求的两个比例中项（分别是 z 和 u）。[9]

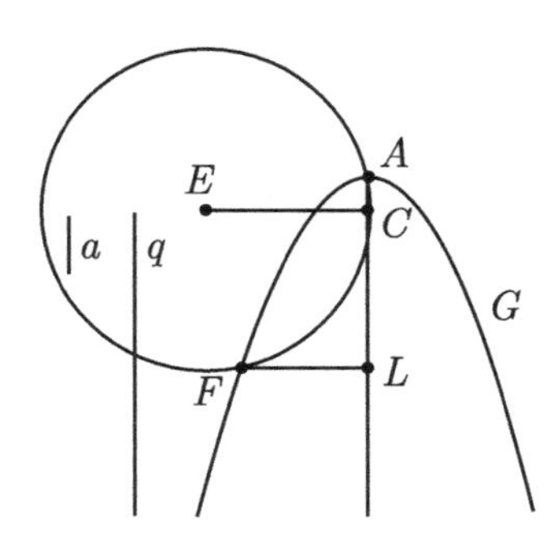

图 16.3　笛卡儿用抛物线来求长度为 a 和 q 的线段的双比例中项

笛卡儿的不可能性主张

正如先前的代数学家们一样，笛卡儿相信用尺规不可能三等分角或者求两个比例中项。事实上，他会通过把一个问题化简为这二者之一来证明该问题不可解。他写道：[10]

> 我确实还没有给出敢于宣称某事可能或不可能的理由……正如我所说的，立体图形尤其不可能不用比圆更复杂的曲线解决。这从它们都可以被化简为两种作图这一事实就可以立刻推出。第一种作图是求两条已知线段的两个比例中项，第二种作图是三等分已知弧。

就我们所知，笛卡儿是第一位试图证明这些问题不可解的人。在《几何学》中，他构建了能讨论这些问题的代数框架，这包括了引入不可约方程的概念（尽管他的定义既不清楚，也不统一）。[11]他瞄准了关键事实，那就是解决这些问题依赖于寻找不可约三次方程的根。这一事实在两个世纪之后的最终证明中至关重要。因此我们期待着他在此基础上给出证明。但等到他该证明它们不可解时，他只给出了一个令人困惑、不精确而且是几何的——而非代数的——解释：[12]

> 一方面，鉴于圆的曲度只由圆心和圆周上的点之间的一个简单关系决定，圆只能被用来确定两个端点间的一点，例如，求两条已知线段的比例中项，或是平分已知弧；而另一方面，因为圆锥曲线的曲度总是由两种不同的东西决定，所以它可以用来确定两个不同的点。

换句话说，笛卡儿认为圆只由一样东西确定，那就是半径。因此，它可以把某物一分为二，例如平分一个角。但用圆把某物三等分是不可能的。要做到这一点，我们需要一条由不止一个参数确定的曲线，比如圆锥曲线。耶斯佩尔·吕岑在仔细分析笛卡儿关于不可能性的描述之后写道："笛卡儿的几何不可能性证明有很多令人困惑的特征。"他提到该证明"不清楚，奇怪，也不正确"。[13]在仔细阅读《几何学》之后，我们可以得出结论，笛卡儿没有证明这些问题的不可能性，无论是从几何角度还是代数角度。吕岑写道：[14]

我们在确认笛卡儿关于不可能性的论述时就会意识到，他的思路高度复杂，遍布文中的很多段落。这在《几何学》中是常有的事。刚开始读的时候，我们可能会觉得笛卡儿试图给出这些问题不可解的代数"证明"，但重读的时候，我们就会发现他并没有声称给出了这样的论述，而是给出一个奇怪的几何论述了事。

尽管证明失败，笛卡儿还是得到了重要的进展，这让数学家们向不可能性的证明迈出了一大步。首先，他认识到了这是一个可以被证明的定理，而不只是一个关于难题或者看起来不可能之事的含糊而不精确的叙述。此外，他把几何问题转化成代数方程，引入了很多有用的代数方法，还提出了不可约多项式的重要概念。[15]

不幸的是，因为笛卡儿做出了关于古典问题不可能性的断言，也因为《几何学》受人尊敬，影响力巨大，许多后世数学家都错误地认为是笛卡儿证明了三等分角和倍立方的不可能性。我们提过，1775年，法国科学院决定拒收关于这些问题的文章。可能正是因为这一误解，人们又花了 200 年才等到一份完整的、严格的代数证明。

化圆为方和曲线求长

笛卡儿也相信化圆为方问题不可解。在 1638 年写给梅森的一封信中，他这样写道：[16]

因为，首先，提出自己无法解决的问题不是几何学家的风格。此外，有些问题是不可能解决的，比如圆的求积等。

他认识到这一问题比其他问题更难。他可以用圆锥曲线解决那些问题，但他相信化圆为方问题不在几何的能力范围之内——它只能用螺线或者割圆曲线这样的非代数曲线解决。

化圆为方问题等价于求圆周长，而笛卡儿认为任何曲线都不可能求长度。也就是说，不可能用代数方程的根来表示曲线的长度。他写道：[17]

另一方面，几何不应该包括像是绳子那样的线。因为它们有时候笔直，有时候弯曲。因为我们不知道直线和曲线的比，而我相信人类的智慧也不可能探知这一比，所以基于这样的比的结论，都不能被认为是严密而精确的。

曲线不能像绳子一样可以被拉直，这一信条——尽管听起来反直觉到有些荒唐的地步——对笛卡儿来说并不是什么新鲜事。人们一直以来相信直线和曲线本质上不同，因此无法互相比较。这一信条常被归因于亚里士多德。在《物理学》中，亚里士多德提到了能否比较沿圆形运动的物体和沿直线运动的物体。他的结论是不能：[18]

事实在于，如果两种运动可以比较，那就存在等于圆的直线。但这两种线不能比较，因此这两种运动也不可以比较。

半径为 r、周长为 C 的圆面积等于直角边分别为 r 和 C 的直角三角形面积。阿基米德的这一定理加深了这种看法。它证明了化圆为线等价于化圆为方。因为化圆为方被认为不可能，所以化圆为线一定也是一样的。

为了规避这一问题，中世纪的一些学者校订了阿基米德的《圆的测量》。一个可能出自 13 世纪的早期版本添加了三条公设，其中之一是“对任意直线，存在相等的曲线；对任意曲线，存在相等的直线①”。[19] 另一个版本（只能确定出自 13 世纪中叶与 15 世纪中叶之间）提到 [20]

第二个公设是曲线等于直线。尽管这是个任何有健全头脑的人都能亲自了解并认可的原理，我们还是把它作为一条公设。因为如果我们把一根头发或者丝线沿着平面内物体的边界弯曲，然后再在同一平面内把它拉直，那么没人会质疑（除非他很愚蠢）弯曲和拉直后得到的仍是同一根头发或者丝线，而且长度也相同。

从结果来看，笛卡儿能够（在一定程度上）化圆为线，而这更让他认为该问题不可解②。在 1628 年前，有一次，他给出了一个“已知长为 C 的线段，作一条长为 d 的线段，使得直径为 d 的圆周长刚好为 C”的方法。因此，他能够作出长度为 π 的线段。不过，该方法需要无穷多的尺规作图步骤，所以笛卡儿知道这不是正规的尺规作图。[21] 结果，他很可能认为任意曲线求长都需要这样一个无穷过程。

我们看过一些古代的曲线求长的例子：阿基米德用螺线求圆周长，尼科美德用割圆曲线求圆周长。但他们用的曲线既不是直线或圆，也不是代数曲线，因此对笛卡儿来说，这都算不上几何。

不过，笛卡儿于在世时就看到了曲线得以被求长。事实上，他自己就能证明对数螺线（不要和阿基米德的等速螺线相混淆）的一

① 这里的曲线和直线都是指线段。——译者注

② 这里的“不可解”是就该问题本来的定义，即尺规作图的角度来说的。——译者注

部分是可以用尺规求长的！[22]该结果由埃万杰利斯塔·托里拆利（1608—1647）和托马斯·哈里奥特（1560—1621）各自独立发现。克里斯托弗·雷恩（1632—1723）和吉勒·德·罗贝瓦尔（1602—1675）各自独立证明了摆线的弧可以用尺规求长。[23]摆线是由滚动的车轮形成的。如果我们在自行车轮的着地点画一个点，站在一旁，看着骑手骑过去，这个点就会描绘出一条摆线。

这些发现不足以改变笛卡儿的想法。他认为，对数螺线和摆线都是超越曲线，因此不是几何曲线——机械曲线求长并不算数。其他数学家也同意他的看法。布莱兹·帕斯卡和勒内·德·斯劳斯（1622—1685）认为这些论述是在兜圈子：这些曲线之所以能够求长，是因为他们本来就是由圆形和直线运动配合才画出的。在1659年写给惠更斯的一封信中，帕斯卡分享了斯劳斯的"美妙评论"：[24]

人们还是应当欣赏……自然的秩序……它禁止我们找到和曲线相等的直线，除非我们一开始就已经假设直线和曲线相等。

最终，在1659年和1660年——笛卡儿去世十年后——威廉·尼尔（1637—1670）、亨德里克·范·休莱特（1634—约1660）以及费马各自证明了半立方抛物线 $ay^2=x^3$ 的一段是可以用尺规求长的。[25]这终于否定了笛卡儿关于直线和曲线的论断。博斯写道：[26]

笛卡儿几何中直线和曲线不可比较这一观点所扮演的核心角色，解释了为什么17世纪50年代晚期最先求长的那些代数……曲线是如此具有革命性：它们侵蚀了笛卡儿几何大厦的基石。

不过笛卡儿——还有亚里士多德——认为不可能化圆为方是正确的。但证明还要再过两个多世纪才出现。

闲话　霍布斯、沃利斯以及新代数

那不开心的计算者失去了几何的所有保护，紧紧困在数字的荆棘丛中，徒然地望着他的代数。

——约翰内斯·开普勒[1]

托马斯·霍布斯（1588—1679）是最著名的哲学家之一。他强烈反对数学中新的代数方法。他也是个化圆为方者、三等分角者以及倍立方者：他是个数学科妄。

霍布斯开始学习数学的时间相当晚：[2]

他……开始学习几何的时候是40岁，而这开始得非常突然。他在一位绅士的图书馆里……《几何原本》在面前打开，那一页刚好是（毕达哥拉斯定理）。他读到了这一命题。“天啊，”他说，“这不可能！”所以他接着读了证明，证明中提到了另一个命题；他就又去看这个命题，那个命题又提到了另一个命题，他就又去读。这样一个接着一个看下去，这些证明终于让他相信了那个真理。这也让他爱上了几何。

这一发现激励霍布斯基于几何的推理结构构建他的哲学，也同样激励他研究古典问题。不幸的是，他的数学水平比不上他的热情。只是着手解决这些著名的几何问题不会让人变成数学科妄，是霍布斯对他（明显）出错的证明恒久的信任给他打上了这个标签。

面对数学科妄的最好方法就是不管他们，和他们对质是没有意义的。但是鉴于霍布斯的声望，以及他的政治和宗教立场，事情就不一样了。数学家们没有让霍布斯的出版物免于被质疑。约翰·沃利斯是他最坚持不懈的批评者。霍布斯和沃利斯激烈而公开的冲突始于霍布斯 1655 年出版的包含数章数学内容的《论物体》，并且持续到大约 25 年之后霍布斯去世。

沃利斯开始学习数学的时间也很晚。他年轻时是一位神学家，没受过什么数学训练。30 岁出头的时候，他读到了威廉·奥特雷德的《数学精义》以及卡尔达诺关于三次方程的工作，并受此启发学习数学。和霍布斯不同，沃利斯成了一名对数学未来方向有着敏锐洞察力的富有创造力的数学家。他于 32 岁被任命为牛津大学的萨维尔几何学教授——不是因为他的数学成就，而是因为其前任是保皇派。沃利斯在议会派胜利的英国内战中协助议会派破译了截获的代码。

在其数学生涯中，沃利斯在代数、解析几何、三角学、连分数、积分以及无穷级数方面都有贡献。他是在数学中使用代数这一新运动的支持者。例如，尽管圆锥曲线源于三维图形，沃利斯在 1655 年出版的《论圆锥曲线》中把它们当作用解析方式描述的平面曲线来研究。在他关于积分的工作中，沃利斯提出了一个用无穷乘积表示 π 的优雅方法：[3]

$$\frac{\pi}{2}=\frac{2\cdot2\cdot4\cdot4\cdot6\cdot6\cdots}{1\cdot3\cdot3\cdot5\cdot5\cdot7\cdots}$$

这改进了韦达的乘积公式，因为其中不含平方根。但该公式收敛太慢，所以对于计算 π 的数值不太有帮助。我们还应该感谢沃利斯引入了如今标志性的无穷符号：∞。他对于代数的历史、代数的重要性和代数符号进行的推广，以及为此撰写的文章可能比他证明的定理更有影响力。[4]

他还著有神学著作，教失聪人士讲话，研究语法和语音学，翻译古希腊文献。他是英国皇家学会的创始会员之一，是大学的档案保管员，并协助大学的法务工作。沃利斯善于自我宣传，有胜负心，易怒，而且是位民族主义者。他是尝试费马（尽管他从没受过数论方面的训练，也对其不感兴趣）和帕斯卡提出的数学挑战的为数不多的英国数学家之一。在大约半个世纪中，沃利斯帮助在英国推广数学。当时还是在牛顿的时代之前，而欧洲数学的中心显然还在欧洲大陆上。

沃利斯也和其他人争论，但他和霍布斯的争论因为其持续时间和激烈程度格外引人注目。这是一场关于数学的争论，但它也可能源自霍布斯对沃利斯的书《无穷算术》的批评以及霍布斯关于基督教的论述。

霍布斯不信任韦达、笛卡儿、奥特雷德、沃利斯以及其他人提出的新的代数符号体系。他勉强承认代数可能对发现定理有帮助，但他断言代数不应出现在最终结果中。他写道："符号是证明的脚手架，尽管必要，但既拙劣又丑陋；符号不应该出现在公众视野中，就像你在自家卧室里做的那些最丑陋但又有必要的事情一样。"他这样评论沃利斯的一本书："这本书布满符号形成的痂，以至于我都没耐心检查它的论证是否充分。"然后他又写道："检查了你的数学背篓之后，我发现除了特定字母，里面没有关于数量、度量、比例、时间、运动或是任何东西的知识，就好像母鸡在那里面刨过地一样。"[5]

霍布斯重视几何证明。但他在发明自己的几何定义和规则时遇到了麻烦。他拒绝接受欧几里得的点和线的定义，[6] 声称所有东西都有大小，但这些大小——例如线的宽度——被数学家们忽视了。此外，他用点的运动来定义线：[7]

尽管不存在没有大小的物体，如果一个物体被移动，它的大小就不会被考虑。它形成的轨迹被称作**直线**，或者单一维度；而它通过的空间，被称作**长度**；而这物体本身，被称作一个**点**；在这种意义上，地球就被称作一个**点**，而它公转一年的轨迹，被称作**黄道线**。

霍布斯偶尔也会提出一些正确的数学命题。沃利斯不想因为这些结果称赞霍布斯。沃利斯这样写道："这些结果是正确的，让人怀疑它们是否是你的结果，因为你的结果通常是错的。"[8]

霍布斯偶尔会承认他的工作中存在错误，但他大体上不相信沃利斯的驳论。在他80多岁时，在经过和沃利斯的多年争吵之后，霍布斯依然相信他已经解决了古典问题。关于自己的成就，他写道：[9]

在数学上，他纠正了几何的一些原理。他解决了一些最困难的问题。自从几何的初始阶段，最伟大的几何学家们勤奋地审视这些问题，但还是没能成功。这些问题包括：

1. 用多种方式解决求长度等于已知圆弧的直线，以及面积等于已知圆的正方形的问题；

2. 把角按已知比分割；

3. 求立方体和球的比……

4. 求已知线段的任意多个连续的比例中项……

5. 作任意正多边形……

尽管在数学上有所缺陷，霍布斯说出了一大群不信任新代数的学者的心声。海伦娜·皮西奥写道："以一种引人注目的方式，霍布斯和沃利斯成了两类英国思想家的象征。这些人为数学的方向辩论了一个多世纪：霍布斯代表着那些几何传统主义者以及一般学者；沃利斯代表那些代数或者解析数学家，以及新兴的专业数学家。”[10]欧几里得几何在16世纪仍处于统治地位，但到18世纪，微积分就进入了全盛期。17世纪刚好是数学发生巨大变革的时期。

艾萨克·牛顿在数学领域极富影响力，尤其是在英国。但他关于几何和代数的看法则前后矛盾。他有时候欣然接受笛卡儿的方法，有时候又公然反对它们。在他的一生中，他的观点一直变化，并且会取决于他所写的内容以及写信的对象。而且，他所表达的观点和他使用这些方法的方式也不总是匹配的。

为了一窥牛顿矛盾的感情，我们来看一段摘录，这来自汇集了他在1673年至1683年讲座笔记的《广义算术》一书：[11]

> 方程是属于算术运算的表达式，它们在几何中没有合适的位置，除非是陈述特定的真正几何量（也就是线、面、体以及它们的比）等于其他这样的量的情况。乘法、除法以及那一类的运算最近才被引入几何，但这一步还有些欠考虑，而且有悖于几何原本的意图：对于那些最早的几何学家想出的用到直线和圆的问题，任何考察这些问题的作图的人，都会迅速意识到，几何就是被发明来用画线逃避冗长计算的工具。因此，这两种科学（算术计算和几何）不应被混淆。古人那样坚持不懈地区分两者，从没有向几何中引入算术的术语；但现代人混淆两者，就丢掉了简单性。而那正是几何的优雅所在。

但牛顿也在混淆这两个学科的进程中扮演了重要角色——他用几何来解决代数问题，也用代数来解决几何问题。这是《广义算术》一书的主要目的。而在他新发展的微积分中，代数是必要的元素。

有几个历史因素减缓了代数和几何的融合。人们对于负数、无理数和复数的本质存在担心，或者从根本上说，这是对于离散数和连续量之间关系的担心。维度问题——两条线段的乘积得到面积——阻碍了数学家很长时间。代数并不总是能让问题更简单；在代数和几何之间来回切换往往很困难，而且有些问题往往更容易用几何方法解决。不可约情形就是一个代数让问题变得更难的例子；它的代数解需要用到复数，但几何解只需要三等分角。人们对于准确性也有过担心：几何作图是精确的，而代数运算可能会涉及无法精确计算的平方根。最后，代数也被认为不如几何严密。

博斯写道：[12]

> 对于我们来说，（代数和几何的融合）可能看起来很自然，也很明显。但这样的印象主要来自代数几何获得成功之后的后见之明，以及通常认为17世纪代数几何的涌现值得赞美而非令人费解的史学研究。从16世纪晚期的角度来看，代数应该作为几何分析的工具这一点根本不是显而易见的。

第 17 章 17 世纪圆的求积

代数是对数学中的糊涂虫们的分析。

——艾萨克 · 牛顿 [1]

当数学界还在努力应对代数这一新领域时，另一场革命也在发生。数学家们开始把注意力从有穷过程转向无穷过程。对无穷和无穷小量的研究最终演变成了微积分。这一研究因为一场持续多年的争端而著名。它发生于戈特弗里德 · 莱布尼茨、艾萨克 · 牛顿以及他们的追随者之间，目的是确定谁应为微积分的发明获得赞誉。作为事后诸葛亮的我们知道微积分的基础是由许多数学家打下的，这促成了两位数学巨匠同时独立地发现了微积分。

有了微积分，数学家们就能用新的工具解决传统的几何问题——切线、面积、体积、弧长，等等。到了这个时候，“求积”这个词不再意味着把图形用尺规化为方形，而是用任何方法（比如积分）计算图形面积。特别是，在 17 世纪，“圆的求积”的含义与其历史上所代表的含义并不总是相同的。

克里斯蒂安·惠更斯

克里斯蒂安·惠更斯可能是笛卡儿和牛顿之间最伟大的数学家，以及伽利略和牛顿之间最伟大的物理学家。他的成就包括确定了悬链的形状（是悬链线，而非抛物线），对光进行了数学研究（包括提出了波理论），以及作为创立者之一创立了概率论。他还是一位天文学家（他研究了土星环，发现了土星的第一颗卫星）、一位发明家（他改进了望远镜的设计，并且发明了摆钟）。作为数学家，惠更斯至少在大部分时间中是保守的。相较于微积分这一新概念，他更倾向于古希腊式的几何以及韦达和笛卡儿的代数中的部分方法。

阿基米德给出了圆面积和周长间的简单关系，由此证明了圆的求积和求长问题互相等价。1657 年，惠更斯把这一结论推广到了其他圆锥曲线。他发现，抛物线的弧长和双曲线下的面积相等。[2] 他还发现了抛物面（把抛物线沿对称轴旋转获得的碗形曲面）的表面积和圆面积的关系。[3] 这是阿基米德关于球的工作之后第一个有关表面积的新结果。后来，惠更斯把长球面和扁球面的表面积与双曲面（旋转椭圆和双曲线获得的曲面）的表面积与圆面积联系起来。

惠更斯怀疑无法化圆为方，但他的结果给了其他人希望，让他们觉得这可以用某种方式解决。乔艾拉·约德写道："抛物面的祖先是最温顺的曲线。而惠更斯的变换用抛物面替换了难以驾驭的圆，这就给了人们希望。"[4] 唉，最后这些结果都没能帮助解决化圆为方问题。

圣文森特的格里高利

圣文森特的格里高利（1584—1667）是一位比利时牧师。他在罗马跟随克里斯托佛·克拉乌（1538—1612）学习数学和天文学。格里高利生前只发表了一本书，而这是一个庞然大物——它有1250页，杂乱无章，没有条理，有时卓越非凡。它就是《圆和圆锥曲线求积的几何工作》（*Opus geometricum quadraturae circuli et sectionum coni*）。[5] 该书发表于1647年，而格里高利可能在此20年前就开始了撰写工作。在书中，他研究了几何、圆锥曲线、倍立方问题、三等分角问题、无穷级数以及日后成为微积分基础的一些思想。

例如，在他关于无穷级数的工作中，他发现[6]

$$\frac{1}{2}-\frac{1}{4}+\frac{1}{8}-\frac{1}{16}+\cdots=\frac{1}{3}$$

由此，他得到了一个通过不断二等分角（如果执行无数次的话）来三等分角的方法。但因为这个方法需要无穷多次等分，所以它既不实用，也算不上这一经典问题的解。他还给出了一个用圆和双曲线计算两个比例中项的方法。[7]

这部雄心勃勃的经典有许多值得赞赏的地方，但它的标题似乎暗示着格里高利已经解决了化圆为方这一经典问题。如图17.1所示的该书卷首插图也如此暗示。它描绘了一位小天使手持一个正方形框架；太阳光照射过框架，在地上产生一个圆形的投影，而另一位天使正在地上用圆规描画这个投影。这一前提足以让我们对整本书产生怀疑。但是格里高利没有声称过自己可以用尺规化圆为方。相反地，他使用了可被认为是积分的前身的方法来求圆面积。

图 17.1　圣文森特的格里高利《圆和圆锥曲线求积的几何工作》卷首插图（1647，Antwerp）

不幸的是，1651 年，惠更斯在格里高利的面积计算中发现了一个微妙的错误。尽管这个错误对这部作品的声望并无正面作用，不过它除此之外都很优秀。然而，虽然惠更斯发现了错误，他还是于 1672 年把这本书推荐给了在巴黎试图学习数学的莱布尼茨。后来，莱布尼茨写道："更切实的帮助来自著名的三巨头：费马发现了一种支持极值的方法，笛卡儿证明了如何用方程描述通常几何中的曲线，而格里高利神父则贡献了无数奇妙的发明。"[8]

詹姆斯·格雷果里

詹姆斯·格雷果里在他 20 多岁的时候离开了苏格兰，因为那里科学教育匮乏。他前往伦敦，后来又前往意大利学习数学、力学以及天文学。在帕多瓦时，他认为自己已经证明出不可能化圆为方。在 1667 年，他写下了《圆和双曲线的真正求积》（*Vera circuli et hyperbolae quadratura*）。他推广了阿基米德用多边形近似圆周的思想，使用多边形来近似圆扇形、椭圆扇形以及双曲线扇形的面积。例如，假设已知单位圆，I_n 和 C_n 分别表示其内接和外切正 n 边形的面积，格雷果里得到了如下公式[9]

$$I_{2n} = \sqrt{C_n I_n} \text{ 和 } C_{2n} = \frac{2C_n I_{2n}}{C_n + I_{2n}}$$

I_{2n} 是 C_n 和 I_n 的几何平均数，而 C_{2n} 被称作 C_n 和 I_{2n} 的调和平均数。这两个公式是递归而且互相关联的。我们从求内接多边形面积开始，再求边数相同的外切多边形面积，然后求边数加倍的内接多边形的面积，以此类推。这一级数向上以及向下收敛到 π。（正是在该书中，格雷果里提出了“收敛的”这一术语。）

让我们看看这个算法如何工作。假设我们有一个单位圆，以及它的内接和外切正方形。内接正方形的面积是 $I_4=2$，而外切正方形的面积是 $C_4=4$。我们用这两个值来计算内接正八边形的面积：$I_8 = \sqrt{C_4 I_4} = \sqrt{8} = 2.828\ldots$。我们用 C_4 和 I_8 来计算外切正八边形的面积：

$$C_8 = \frac{2C_4 I_8}{C_4 + I_8} = \frac{8\sqrt{8}}{4+\sqrt{8}} = 4\sqrt{8} - 8 = 3.313\ldots$$

我们可以用 I_8 和 C_8 算出 π 的下界 $I_{16} \approx 3.061$ 以及上界 $C_{16}=3.182\ldots$。

重复这一过程，就可以到更紧致的上下界。

这些公式是正确的，但问题在于下一步。格雷果里声称这一极限值 π 不能用四则运算和 n 次方根表示。因此，他断言我们无法化圆为方。

詹姆斯·格雷果里知道圣文森特的格里高利的工作，也知道惠更斯对他的批评。所以他赠予了惠更斯一本自己的书。不幸的是，惠更斯在他的论述中发现了一处错误。惠更斯没有回信，而是公开发表了他的批评。[10] 他还主张自己在格雷果里之前就证明了格雷果里的部分结果。这也激起了一场数学家之间的持续升温的公开辩论。

尽管格雷果里关于化圆为方不可能性的论述有错误，但他的论述既深刻又巧妙。正如马克斯·德恩和 E. D. 黑林格写道："一位现代数学家会高度赞赏格雷果里对'不可能性证明'的大胆尝试，尽管他并没有达成目标。"[11] 此外，我们将会看到，他用到两种平均数的思路后来会被高斯所用，因此它最终还是一种富有成效的分析方法。

格雷果里 – 惠更斯争论说明，当时在古老卫士（比如身为传统几何方法拥护者的惠更斯）和新分析家们之间存在着紧张的局势。就像斯克里巴提到的，格雷果里"是那些想要不惜任何代价拆毁传统数学壁垒的狂野年轻人之一。他们想要一睹前人未至的领域。对前所未闻的结果的希冀激励着他自由地引入全新的方法，但有时候他也会疏忽大意，没有对细节和精确性进行必要的关注"。[12]

隆戈蒙塔努斯

接下来的故事同样证明了化圆为方问题既微妙又棘手，就连优秀的数学家也可能上当受骗，认为他们证明出了该问题可解或不可解。当然，17 世纪并不缺少像荷兰[①]天文学家克里斯蒂安·朗伯格（1562—1647）那样平庸的化圆为方者。人们通常用其拉丁语名字——隆戈蒙塔努斯称呼他。

隆戈蒙塔努斯是第谷·布拉赫（1546—1601）唯一的门徒，他"发现自己在追随第谷的足迹，而非向前展望 17 世纪。尽管（隆戈蒙塔努斯）是在开普勒和伽利略的时代做研究、撰写文章，他谴责椭圆，否认日心说，诋毁望远镜，并且忽视对数"。[13]

隆戈蒙塔努斯写了一大堆声称解决了化圆为方的文章。1644 年，他给出了一个暗示 $\pi=\sqrt{18\,252}/43\approx3.141\ 859\ 6\ldots$ 的错误的几何论述。当时人们已经知道 π 的小数点后 35 位数了。[14] 隆戈蒙塔努斯意识到了这个值没有落在这些非常紧致的上下界内，并宣称上下界不正确。作为证明，他发现他的值比当时最精确的近似值更接近阿基米德上下界 22/7 和 223/71 的平均数。这是事实，却毫无意义。英国数学家约翰·佩尔（1611—1685）当时在荷兰，他写了一份回应批评隆戈蒙塔努斯的所谓证明。佩尔得到了笛卡儿、卡瓦列里、罗伯瓦尔，甚至是未来的化圆为方者霍布斯的支持，但他们谁也没能让隆戈蒙塔努斯相信自己的错误。[15]

惠更斯写道："真的，我既没发现也没规定过化圆为方的方法；但我敦促，那些认为发现了这一方法的人能证明它真的有用、有效。"[16]

马达瓦–莱布尼茨级数

π 有许多公式，但可能没有一个公式像下面这个交错级数一样美丽又无用：

---

① 此人为丹麦人，这里或许是作者笔误。——译者注

$$\frac{\pi}{4}=1-\frac{1}{3}+\frac{1}{5}-\frac{1}{7}+\frac{1}{9}-\frac{1}{11}\cdots$$

我们一眼就能看出它的优雅，而且可能会认为这就是数字猎人们期盼的表达式——不用多边形，不用平方根，不用无穷积，不用三角函数。但是，这个级数收敛得太慢了。前 10 项的和只能给出 3.04 这样一个近似值。要获得 n 位准确数值，我们必须计算 10^n 项的和！这一级数基于正切函数的反函数（或者说反正切函数）的无穷级数展开，也就是

$$\tan^{-1}x=\arctan x=x-\frac{x^3}{3}+\frac{x^5}{5}-\frac{x^7}{7}+\cdots$$

因为 $\tan(45°)=\tan(\pi/4)=1$，所以我们可以把 1 代入这个反正切公式来得到上面的级数（因为 $\arctan(1)=\pi/4$）。

我们相信这一级数是由印度天文学家、数学家桑加马格拉马的马达瓦（约 1340—约 1425）发现的。这比微积分的发明早两个多世纪。马达瓦的著作全部失传，但我们可以从他的学生和追随者那里了解到他的贡献。[17] 詹姆斯·格雷果里重新发现了这一反正切级数，并在 1671 年发表了这一结果，因此这一级数也常被叫作格雷果里级数。格雷果里没有代入 1 来得到 $\pi/4$。莱布尼茨在 1673 年又重新发现了这一级数，他将其描述为“用算术方法求圆面积”。[18]

莱布尼茨的对手艾萨克·牛顿曾少见地赞赏过莱布尼茨：“莱布尼茨获得收敛级数的方法当然非常优雅，而这个方法足以揭示其作者的天分，就算他除此之外再无成果。”[19] 正如我们将要看到的，牛顿也发现了 π 的一个级数表达法。它没那么优雅，但它收敛到 π 要快得多。

艾萨克·牛顿

说艾萨克·牛顿是历史上最伟大的思想家之一，一点儿也不夸张。他在数学方面的工作包括共同发现形成微积分的许多思想；扩展我们对无穷级数的理解，包括把二项式定理推广到正整数以外指数的情况；发现求方程近似解的迭代方法；将三次曲线分类；给出一个新的二刻尺求两个比例中项的作图；帮助形式化我们今天的数的概念。在物理学中，他在经典力学领域做出了奠基性的工作；他引入了万有引力的概念，这成为证明开普勒行星运动定律的基础；他提出了三个运动定律；精确预测出地球是一个扁球体；发展了光学、光线以及颜色的深奥理论；制造了第一台反射望远镜；研究了所谓的牛顿流体；推导出冷却定律；研究了声音的速度。他还对炼金术和《圣经》年表感兴趣。

牛顿是在艾萨克·巴罗之后剑桥大学的第二任卢卡斯数学教授。后来，他成为皇家铸币厂的总监。他于 1672 年因为发明反射望远镜被选为皇家学会会员，更于 1705 年成为皇家学会会长，直至他于 1727 年逝世。他于 1705 年被安妮女王授予爵位。但这不是因为他的科学成就，而是因为一次不成功的议会竞选。他去世前生活富裕——他在皇家铸币厂收入可观，并且死后葬于威斯敏斯特教堂一座巨大的雕像下。

牛顿曾经写过一句著名的话，就是他“站在巨人的肩膀上”。笛卡儿就是这些巨人中的一位。亚伯拉罕·棣莫弗（1667—1754）写道：[20]

（年轻的牛顿）把笛卡儿的《几何学》拿在手中，尽管被告知阅读它会非常困难，他还是读了差不多十页，停下来，然后再从头读，比第一次多读一点儿，再停下来，再回到开头，直到他已经完全精通，直到已经比理解欧几里得更理解《几何学》的程度。

1664 年和 1665 年，牛顿沉浸在巴罗、奥特雷德、斯霍滕、韦达和沃利斯的数学之中。没提到的名字也值得我们注意：纳皮尔、布里格斯、哈里奥特、笛沙格、帕斯卡、费马、斯蒂文、开普勒、卡瓦列里以及托里拆利。尽管牛顿也阅读了欧几里得的著作，却没有阅读阿基米德和阿波罗尼奥斯的著作。“到 1665 年中，牛顿学习他人的欲望就减弱了。”[21]

在他的一生中，牛顿精通、使用并创造了一系列广泛的数学方法。圭恰迪尼写道：[22]

> 的确，牛顿在解决问题时常常会求助于各式各样的数学方法：我们可能会在同一页上看到代数方程、几何无穷小量、无穷级数、尺规作图、射影几何的观点、等价于复杂积分的求积方法、用机械工具画出的曲线以及数值近似。牛顿的数学工具箱内容丰富而零碎，他精通其中每样工具的全部用途。

伦敦大瘟疫于 1665 年波及剑桥，而三一学院也因此关闭。牛顿只好回家，返回在伍尔索普的农场。这两年现在被称为他的“奇迹之年”（anni mirabiles），只有爱因斯坦的“奇迹之年”才能与之相比，后者在 1905 年的一段时间里有着极为卓越的学术生产力。牛顿发现了正流数术（微分）、反流数术（积分）、广义二项式定理、关于光和颜色的理论，以及引力理论的开端。

他还用他新发现的数学结果推导出了一个表示 π 的级数。[23]他的想法很简单：用两种方法计算图 17.2 中阴影部分的面积——一种是用到 π 的几何方法，另一种是微积分——然后让两者相等。

阴影区域由 x 轴、直线 $x=1/4$ 和以 $(1/2, 0)$ 为圆心、以 $1/2$ 为半径

的圆围成。所以该区域的面积是一个 60° 的扇形（整圆的 1/6）面积减去底为 1/4、高为$\sqrt{3}/4$的三角形面积。扇形的面积是$\frac{1}{6}\pi\left(\frac{1}{2}\right)^2=\frac{\pi}{24}$，三角形的面积是$\frac{1}{2}\cdot\frac{1}{4}\cdot\frac{\sqrt{3}}{4}=\frac{\sqrt{3}}{32}$。所以阴影部分的面积是$\pi/24-\sqrt{3}/32$。现在让我们看看用微积分能得到什么。圆的方程是 $(x-1/2)^2+y^2=(1/2)^2$。如果我们求解 y，那么对于圆的上半部分，可以得到$y=\sqrt{x-x^2}$。所以阴影部分的面积是

$$\int_0^{1/4}\sqrt{x-x^2}\,\mathrm{d}x$$

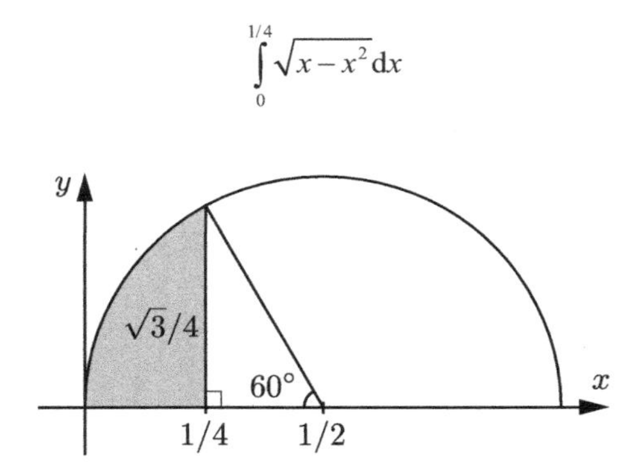

图 17.2　牛顿分别用微积分和几何方法计算了阴影部分的面积

让这两个表达式相等并且求解 π，我们可以得到

$$\pi=\frac{3\sqrt{3}}{4}+24\int_0^{1/4}\sqrt{x-x^2}\,\mathrm{d}x$$

要用这个表达式来得到 π 的一个良好近似值，还需要做两件事：得到 $\sqrt{3}$ 的良好近似值，以及计算积分。这两者的秘密都在于牛顿的二项式定理。

二项式定理具体阐述了如何展开形如[24]$(a+b)^n$ 的表达式，例如 $(a+b)^4=a^4+4a^3b+6a^2b^2+4ab^3+b^4$。牛顿发现了当 n 是负数或者分数时，展开形如 $(a+b)^n$ 的表达式的方法。但代价是，这个和是一个无穷和。

比如，当 x 在 -1 和 1 之间时，

$$\sqrt{1-x}=(1-x)^{1/2}=1-\frac{1}{2}x-\frac{1}{8}x^2-\frac{1}{16}x^3-\frac{5}{128}x^4-\frac{7}{256}x^5-\cdots$$

我们可以用这个级数来得到 $\sqrt{3}$ 的级数表示：

$$\sqrt{3}=2\sqrt{1-\frac{1}{4}}=2\left(1-\frac{1}{2\cdot 4}-\frac{1}{8\cdot 4^2}-\frac{1}{16\cdot 4^3}-\frac{5}{128\cdot 4^4}-\cdots\right)$$

前五项就可以求得近似值 $\sqrt{3}\approx 1.732\ 116\ 7$，这和真实值的差小于 0.000 07。牛顿使用同样的级数来计算积分：[25]

$$\int_0^{1/4}\sqrt{x-x^2}\,\mathrm{d}x=\frac{1}{3\cdot 2^2}-\frac{1}{5\cdot 2^5}-\frac{1}{28\cdot 2^7}-\frac{1}{72\cdot 2^9}-\cdots$$

至此，剩下的工作就很简单了。我们可以依自己所愿，求这两个快速收敛的级数尽可能多项的和，从而得到 π 的近似值。在他自己的文章中，牛顿计算了前 20 项来得到一个精确到小数点后 16 位的 π 值。该计算并不是那篇文章的终点，它不过是一个补充，一个应用。牛顿局促不安地写道："我羞于告诉你们我放弃手头的其他工作，计算了多少位数字。"

正如彼得 · 贝克曼写道："巨人身上掉下的碎屑也会成为巨石。"[26]

闲话　数字猎人

如果我们来到几何关系的世界，π 的第一千位小数就沉睡在那里，尽管没人能计算出它。

——威廉·詹姆斯，《真理的意义》(1909)[1]

如果我们用 π 的精确到小数点后 50 位近似值来计算以地球为圆心，经过北极星的圆的周长，误差会远小于质子半径。所以，今天 π 的小数点后 62.8 万亿位近似值（截至本书出版日期）看起来有些可笑。

尽管 π 小数点后的位数早就超过了实际应用的需求，为什么人们还是着迷于获得更多位数字呢？登山者的回应算是对这个问题的一个回答：因为它就在那里。诚然，许多“数字猎人”把这当作一项挑战——看看自己能否拓展知识的边界。

数学家们提出过许多关于 π 本质的重要问题。它是有理数吗？有理数指那些能用有限小数或者无限循环小数表示的数。对数字的研究可能会给我们提供线索。

当我们知道（或怀疑）π 是无理数之后，可能会问：这些数字是否是平均分布的？是不是有 1/10 的数字是 9，1/100 的两位数字组合是 61，1/10 000 的四位数字组合是 9481 呢？1909 年，埃米尔·波莱尔将这一平均分布的概念形式化，为这样的数提出了**正规**这一术语。π 是正规数吗？可能不是——第一个 0 要直到小数点后第 33 位才出现。德·摩根发现，在 π 的小数点后前 608 位数字中，7 只出现了 44 次，而不是我们所期望的 61 次。他挖苦道：[2]

只有一个数字受到不公平的对待，这作为偶然来说简直不可思议：这个数字就是神秘数字7！要是那些化圆为方的人和相信末世预言的人能把脑袋凑到一起，直到就这一现象得出一个统一结论，并且在意见一致之前都不发表任何东西，那他们肯定能赢得同类的感激。

不过结果证明，德·摩根用的是威廉·尚克斯（1812—1882）的近似值，而该值仅有小数点后前527位是正确的。在前608位中，数字7实际上出现了50次，而在这之后，马上出现了很多个7；到第650位时，7就已经出现了62次了，这就合理得多。尽管π看起来是正规数，但我们仍然无法断定。计算π的数值可能会有助于回答这些问题。[3]

最后，纯数学中有很多看起来没什么用的研究，却有令人惊讶的实际应用——对质数的研究让安全的网上购物变得可能，线性代数中的思想让网络搜索引擎能对网站进行排序，非欧几何刚好是适合爱因斯坦广义相对论的框架。类似地，计算π值的竞赛也推动了数学、计算机科学以及工程学的发展。一个实际例子是，计算π可以用来检测计算机硬件。1986年，两个不同的计算π的程序在一台克雷2超级计算机上产生了不同的结果。原因是一个鲜为人知的硬件问题。克雷公司随后把相关算法加入了他们的测试组件中。[4]

在本章，我们将回顾这场计算π值的竞赛。我们不会讨论每一个被打破的纪录和破纪录的人，只会讲述其中最有趣的故事。[5]

图T.30粗略地展示了这一竞赛。不难看出，在20世纪计算机被发明后，可计算位数迅速增长。事实上，这增长比看起来还要快。注意，纵轴不是线性增长的，而是以10的幂为单位增长的！换言之，前计算机时代和后计算机时代中看起来像是线性增长的部分，其实是指数增长。从1400年到1949年，可计算的位数平均每年增长 0.8%，但 1949 年之后，平均每年增长 45%。

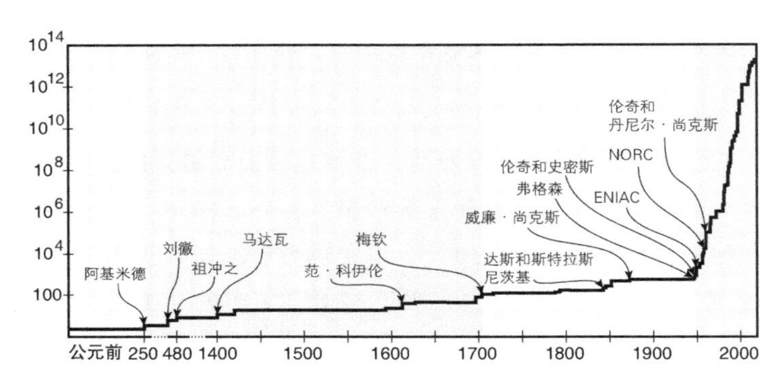

图 T.30 π 的已知位数，按年份排列。图中的阴影分别代表了 π 的史前时期、多边形时期、微积分时期和计算机时期

追求精确度的第一个阶段应该被称作 π 的史前时期，那时对于圆的几何还没有严密的理解。π 的值（例如 $3\frac{1}{8}$、$256/81$、$54-36\sqrt{2}$、$\sqrt{10}$）都基于估计或者错误的数学逻辑。

第二阶段开始于阿基米德。他给出了第一个精确计算 π 的方法，这个方法用内接和外切多边形去近似圆。不断加倍多边形的个数，就能得到更紧致的上下界。阿基米德用 96 边形得到了 25 344/8069=3.1409... 以及 29 376/9347=3.1428... 这两个上下界。之后的将近两千年里，π 的近似值的所有进展都是用阿基米德的方法得到的。

公元 2 世纪，托勒密在他的《至大论》中计算了一个 $\frac{1}{2}^{\circ}$ 的弦的近似长度。如果我们把这个值看作 720 边形的一条边，那么就能计算出 π 的一个近似值：$3+8/60+30/360=377/120\approx 3.141\,66...$。

在中国，刘徽用 192 边形得到了上下界 $3.141\,024<\pi<3.142\,704$。

他可能还用 3072 边形得到了 $\pi \approx 3.1416$。而祖冲之把这个结果改进到了 3.141 592 6（见第 6 章）。

在印度，马达瓦在大约 1400 年给出了一个比印度传统使用的近似值 335/113 好得多的值。桑卡拉·瓦里亚（约 1500—约 1560）把下列结果归功于马达瓦：[6]

> 神 [33]，眼睛 [2]，大象 [8]，蛇 [8]，火焰 [3]，三，品德 [3]，吠陀 [4]，星宿 [27]，大象 [8]，胳膊 [2]（2 827 433 388 233）——智者说当圆的直径是九个“nikharva”①[10^{11}] 时，圆的周长就是这个值。

换言之，π 大约是 2 827 433 388 233/900 000 000 000，也就是 3.141 592 653 59。和阿基米德一样，马达瓦也使用多边形近似来得到这个值。

桑卡拉还指出，马达瓦给出了一种能更容易计算 π 的方法——马达瓦－莱布尼茨级数（见第 17 章）。马达瓦还给出了一个能提高这一缓慢收敛级数的精确度的校正项。[7] 通过求前 19 项和前 20 项的和，得到

$$
\begin{aligned}
3.09 \approx 4\left(1-\frac{1}{3}+\frac{1}{5}-\cdots-\frac{1}{39}\right) \\
<\pi \\
<4\left(1-\frac{1}{3}+\frac{1}{5}-\cdots+\frac{1}{37}\right) \approx 3.19
\end{aligned}
$$

如果计算前 n 项的和，马达瓦的校正项就是 $(n^2+1)/(4n^3+5n)$。如

---

① 这个词来自马拉地语（印度的 22 种官方语言之一）。——译者注

果最后一项是被减去的，那就加上校正项；如果最后一项是被加上的，那就减去校正项。现在同样的前 19 项和前 20 项的和通过校正项能给出更紧致的上下界：

$$4\left(1-\frac{1}{3}+\frac{1}{5}-\cdots-\frac{1}{39}+\frac{20^2+1}{4\cdot 20^3+5\cdot 20}\right)=3.141\ 592\ 654\ 0\ldots,$$

$$4\left(1-\frac{1}{3}+\frac{1}{5}-\cdots+\frac{1}{37}+\frac{19^2+1}{4\cdot 19^3+5\cdot 19}\right)=3.141\ 592\ 652\ 9\ldots$$

鲁道夫·范·科伊伦是使用阿基米德方法的最执着的计算者。他生于德国，后移居荷兰。他在荷兰教授数学和击剑。他把大部分时间花在不断加倍多边形边数，并进行小心而烦琐的计算上。到 1610 年去世时，他已经用 2^{62} 边形计算出了 π 的 35 位小数！

因为这一杰出功绩，鲁道夫·范·科伊伦的名字和圆的这一常数被紧密联系在一起。甚至有一段时间 π 被称作“鲁道夫数”或者“范·科伊伦数”。威廉·琼斯在 1706 年引入 π 这一符号时也是这么称呼的（见第 6 章）。正如阿基米德为自己关于这一常数的工作而感到骄傲，并最终把球和圆柱刻在了墓碑上一样，范·科伊伦位于荷兰莱顿的墓碑上也刻有 π 的数值。他最初的墓碑后来失踪了，但人们在 2000 年制作了一块复制品。

范·科伊伦最著名的学生就是天文学家、数学家威理博·斯涅利亚斯（也称斯涅尔）（1580—1626）。斯涅尔因为光的折射定律而著名，这一定律现在也以他的名字命名。他还是第一个改进了阿基米德计算 π 值方法的数学家。在 1621 年的著作《圆的测量》（*Cyclometricus*）中，斯涅尔揭示了一个能更好利用内接和外切多边形的方法。[8] 例如，对六边形应用阿基米德的方法，我们可以求得 π 位于 3 和 3.464 之间。但对六边形应用斯涅尔的改良方法，能给出一个更紧致的上下界 3.1402 和 3.1416。阿基米德用 96 边形得到了 3 位正确的小数，但斯涅尔可以得到 7 位。类似地，斯涅尔用 2^{30} 边形就得到了 34 位小数的精确值。范·科伊伦用同样的多边形只能得到一半多位小数的精确值。斯涅尔没有正式证明他的方法可以得到他声称的精确度（尽管它确实能重现范·科伊伦算出的数值）。其严格几何证明由惠更斯在 1654 年给出。[9]

直到 17 世纪，阿基米德的方法都是计算 π 的唯一方法。而那之后，微积分登上历史舞台，数学家们也发现了很多快速收敛的无穷级数。这就是狩猎数字的第三个阶段。

运用反正切函数的格雷果里级数对于获得 π 的无穷级数表示非常有用。马达瓦 – 莱布尼茨级数

$$\frac{\pi}{4}=\arctan(1)=1-\frac{1}{3}+\frac{1}{5}-\frac{1}{7}+\cdots$$

是一个缓慢收敛的优雅例子。但很多反正切级数收敛得很快。1706 年，约翰·梅钦推导出了表达式

$$\pi/4=4\arctan(1/5)-\arctan(1/239)$$

而他用这一表达式把 π 计算到了 100 位小数。威廉·琼斯在他引入 π 的同一篇文章中展示了这一结果。

π 还有很多很多其他的反正切公式。例如，1738 年，欧拉推出了一个一般性的公式

$$\arctan\left(\frac{1}{p}\right)=\arctan\left(\frac{1}{p+q}\right)+\arctan\left(\frac{q}{p^2-pq+1}\right)$$

他用该公式推导出了其他公式，例如[10]

$$\pi/4=\arctan(1/2)+\arctan(1/3)$$

和

$$\pi/4=20\arctan(1/7)+8\arctan(3/79)$$

欧拉用第二个级数在一个小时之内就计算出了 π 的 20 位小数！

1844 年，20 岁的德国心算家扎卡里亚斯·达斯（1824—1861）花了两个月，用舒尔兹·冯·斯特拉斯尼茨基（1803—1852）的关系式

$$\pi/4=\arctan(1/2)+\arctan(1/5)+\arctan(1/8)$$

计算出了 π 的 205 位小数（最后 5 位不正确）。

1853 年，英国业余数学家威廉·尚克斯用梅钦的公式计算出令人吃惊的 607 位小数，而 20 年后他又计算出接下来的 100 位。许多年后的 1945 年，另一位数字猎人 D. F. 弗格森同样用反正切公式，发现尚克斯的值从第 528 位之后就错了。那时，尚克斯的值广为流传。例如，为迎接 1937 年的巴黎世界博览会，发现宫①在一个圆形房间的四周展示了尚克斯的值。这一错误数值还在各种书中重现了很多年。幸运的是，发现宫得以修正展出的数字。弗格森继续计算 π 的数值，并最终转为使用机械计算器。他在 1947 年计算出了 808 位小数。[11]

作为前电子时代的最后一次狂欢，曾验证弗格森的工作的小约翰·伦奇（1911—2009）和李维·史密斯联合了起来。他们使用了一个桌上式机械计算器来计算梅钦公式中各项的和。到 1949 年，

① 位于法国首都巴黎第八区大皇宫内的科学博物馆。——译者注

他们已经计算了1120位小数。

1949年对于数字猎人来说是一切都改变了的一年。在约翰·冯·诺伊曼（1903—1957）的鼓励下，一队研究者[12]使用最早的通用电子计算机之一ENIAC在停机时间计算了e和π的值。他们在晚上编程，并在当年美国独立日（计算e）和劳动节（计算π）两个长周末使用计算机进行计算。他们使用基于梅钦公式的算法，花了70小时计算机时间，得到了π的2037位小数。

1954年，NORC（海军军械研究计算器）同样使用梅钦公式，在13分钟内计算出了π的3093位小数。1958年，IBM 704在1小时40分钟内计算出了10 000位小数。1961年，伦奇和丹尼尔·尚克斯（1917—1996）用IBM 7090计算出了100 265位小数。从此，手工计算的日子就一去不复返了。之后的每一个纪录都用到了计算机。随着工程师们建造出更快、更强的计算机，计算机科学家们发明出更高效的算法，计算π数值的速度持续提高。

尽管数字猎人现在可以用计算机来加速并且记录他们的计算过程，但计算π的基本思想在3个世纪之内都没有变化过。他们都是把梅钦的反正切级数的各种形式相加。1976年，理查德·布伦特（1946—　）和尤金·萨拉明独立发现了π的一种新表示法，不过令人惊讶的是，这本质上只是重新发现高斯在1809年提出的一个公式。[13]这一新级数收敛得极其迅速。每一项都能让得到的数字位数翻倍！他们的公式

$$\pi=\frac{4\left(\mathrm{AGM}\left(1,\ 1/\sqrt{2}\right)\right)^{2}}{1-\sum_{k=1}^{\infty}\left(2^{k+1}\left(a_{k}^{2}-b_{k}^{2}\right)\right)}$$

需要一点儿解释。

该公式需要计算两个数的一种平均数，这种平均数被称作**算术–几何平均数**（我们记作 AGM）。a 和 b 的算术平均数就是我们通常所知的 $(a+b)/2$，而几何平均数就像我们在第 5 章看到的那样，是一个乘积平均 $\sqrt{ab}$。计算 a 和 b 的算术–几何平均数是一个结合了这两种平均数的迭代过程。我们从 $a_0=a$ 和 $b_0=b$ 开始。对于 $k\geqslant 1$，a_k 和 b_k 分别是 a_{k-1} 和 b_{k-1} 的算术平均数和几何平均数：$a_k=\left(a_{k-1}+b_{k-1}\right)/2$，$b_k=\sqrt{a_{k-1}b_{k-1}}$。序列 $a_0, a_1, a_2, \cdots$ 和 $b_0, b_1, b_2, \cdots$ 的极限为同一个值，也就是 $\mathrm{AGM}(a, b)$。

布伦特–萨拉明公式用到了 $\mathrm{AGM}\left(1, 1/\sqrt{2}\right)$。我们来计算一下它的前几项。从 $a_0=1$ 和 $b_0=1/\sqrt{2}$ 开始，我们先计算算术平均数

$$a_1=\frac{1}{2}\left(1+\frac{1}{\sqrt{2}}\right)=\frac{1}{4}\left(\sqrt{2}+2\right)$$

然后计算几何平均数

$$b_1=\sqrt{1\cdot\frac{1}{\sqrt{2}}}=\frac{1}{\sqrt[4]{2}}$$

接下来的两项是

$$a_2=\frac{1}{2}\left(\frac{1}{4}\left(\sqrt{2}+2\right)+\frac{1}{\sqrt[4]{2}}\right)=0.847\ 22\cdots,$$

$$b_2=\sqrt{\frac{\sqrt{2}+2}{4\sqrt[4]{2}}}=0.847\ 20\ldots$$

这之后是 $a_3=0.847\ 213\ 084\ 8\ldots$ 和 $b_3=0.847\ 213\ 084\ 7\ldots$，以及直到 20 位小数都相同的 a_4 和 b_4。

高斯在年轻的时候就通过烦琐的手工计算发现了算术–几何平均数的收敛性。他还发现了算术–几何平均数的许多其他性质，但他的大部分工作没有在生前发表。

1985年，乔纳森·博温（1951—2016）和彼得·博温（1953— ）兄弟给出了一些公式，这些公式每次迭代可以让获得的小数位数变为三倍或者四倍。尽管这些公式以及其他收敛得“更快”的公式看起来像是布伦特–萨拉明算法的改良，但因为每次迭代所需时间更长，所以它们并不一定能更高效地计算。

因为这些算法非常高效，所以它们被今天的许多生成π的计算机程序采用。在布伦特–萨拉明算法被发现的时候，我们已经知道了π的100万位小数。归功于这个算法，在三年后我们就已经知道了π的超过3000万位小数。

这些还不是仅有的现代计算方法。1994年，戴维·丘德诺夫斯基（1947— ）和格里高利·丘德诺夫斯基（1952— ）兄弟将π计算到了第40亿位小数。他们使用的公式类似于印度业余数学家斯里尼瓦瑟·拉马努金（1887—1920）发现的那些公式：[14]

$$\frac{1}{\pi}=12\sum_{k=0}^{\infty}\frac{(-1)^k(6k)!(13\ 591\ 409+545\ 140\ 134k)}{(3k)!(k!)^3\,640\ 320^{3k+3/2}}$$

使用此公式，每次迭代可以计算出π的14位小数。

近些年来还有其他有趣的关于数字生成的发现，这些发现可能帮助不了数字猎人打破世界纪录。1995年，斯坦利·拉比诺维茨（1947— ）和斯坦·维根（1951— ）发现了一个一次算出一位小数的算法。而传统算法都是在一次给出完整近似值前完成所有计算。两位作者写道：“这算法是个‘水龙头’算法：它一次只导出一位数字，而且不再使用已经算出的数字。”[15]

1996 年，一个计算机程序发现了如下公式

$$\pi=\sum_{k=0}^{\infty}\frac{1}{16^k}\left(\frac{4}{8k+1}-\frac{2}{8k+4}-\frac{1}{8k+5}-\frac{1}{8k+6}\right)$$

戴维·贝利（1948— ）、彼得·博温和西蒙·普劳夫（1956— ）意识到，它可以被用来计算π的任意一位小数（用 16 进制表示），而不用计算这一位之前的任何数字！该公式现在被称作 BBP 公式。

自从 20 世纪 80 年代以来，最多位小数的纪录已经被打破了超过 30 次。而我们已知的π的小数位数已经从 100 万位增长到了 31.4 万亿位。（这个长得像π的纪录由岩尾·艾玛·春香创造。她在 2019 年 3 月 14 日，也就是π日，宣布了这一结果。）读者在阅读这本书的时候，纪录可能已经又被打破了。[①] 直观感受一下这个数，如果我们在书页上印刷这 31.4 万亿位数字，大约需要 100 亿页。也就是说，地球上的每个人拿走一页还有富余。那么你想要哪一页呢？

---

① 2021 年 8 月 16 日，瑞士研究人员将π计算到小数点后 62.8 万亿位。——译者注

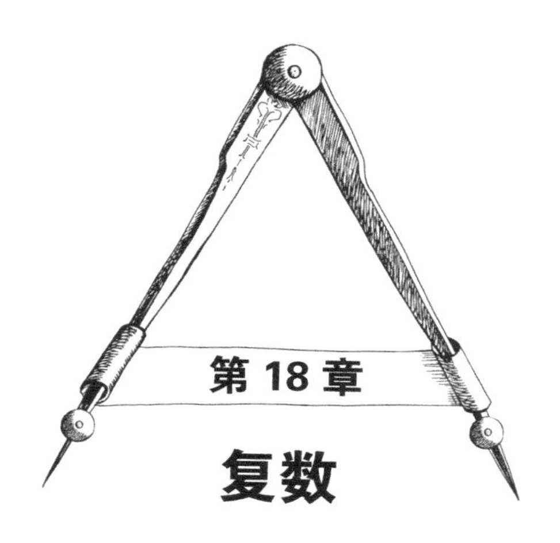

第 18 章 复数

我们可以做出和负数情况中相同的论断：虚数就这样在未经许可、甚至违背数学家意愿的情况下闯入了算术计算。它们慢慢流行起来，最后证明了自己确实有用。但与此同时，数学家们对此却开心不起来。虚数一直以来多少保持着神秘色彩，即便在今天的学生第一次听说神奇的 $i=\sqrt{-1}$ 时也是一样。

——菲利克斯·克莱因，1908[1]

1900 年，保罗·潘勒韦（1863—1933）写到了复数令人惊讶的有用性。他总结道："在实数领域的两个真理间，最简单也最短的路径往往要经过复数领域。"[2]

确实，一本关于欧几里得几何的书包含一章复数的内容看起来有些奇怪。但作为潘勒韦的主张的证据，两个古典问题（证明不可能作出任意正多边形和不可能化圆为方）的解都需要复数。

三次方程解中的虚数

你可以去问一个数学专业学生（或者不少数学家），为什么数学家们创造了虚数这一概念？他们要用虚数解决什么问题？这些人几乎都会猜是为了解二次方程。毕竟，这是很多学生在学校第一次遇见复数的情况：$ax^2+bx+c=0$ 的根是 $(-b\pm\sqrt{b^2-4ac})/(2a)$。如果 b^2-4ac 是负数，那么根就是复数。

但是，对于实际应用中的二次方程，我们通常是要求实数解。而 b^2-4ac 只有在方程没有实数根的时候才是负数。所以这时，我们可以停下来，说“这方程无解”，然后就去干别的事了。方程 $x^2+1=0$ 没有解，对不对？因此，我们没有发明虚数的动机。它无法帮助我们解决任何新问题。

在《大术》中，卡尔达诺提出了一个问题：能否找到两个数，它们的和是 10，积是 40？这个问题等价于解二次方程 $x^2-10x+40=0$。卡尔达诺证明它的根是 $5+\sqrt{-15}$ 和 $5-\sqrt{-15}$。卡尔达诺计算了它们的积，验证了 $(5+\sqrt{-15})(5-\sqrt{-15})=40$。他使用了“dismissis incruciationibus”这一术语。该术语有两种不同的译法。在一种译法中，它指的是数学论述——“虚部消失了”。而在另一种译法中，这一术语描述了卡尔达诺当时的心境——“撇开受到的精神折磨”。[3] 这可能是一个故意的双关语。卡尔达诺称这样的表达式“既微妙又无用”，然后结束了这个例子。[4] 我们不能怪罪卡尔达诺不支持这种新数。当时，负数还没有被广泛接受，卡尔达诺称它们为“虚构的数”（numeri ficti）。而在 1637 年，也就是将近 100 年以后，笛卡儿称它们为“虚假的（faux）数”。

虚数的第一次重要应用藏在《大术》里的其他地方，但这也是后来由别人发现的。正如我们在第13章提到的，复数的必要性源自解三次方程。当我们对方程 $x^3=15x+4$ 应用塔尔塔利亚–卡尔达诺公式时，会得到根 $x=\sqrt[3]{2+\sqrt{-121}}+\sqrt[3]{2-\sqrt{-121}}$。如果用欧拉在200年后提出的记号 $i=\sqrt{-1}$ 的话[5]，这个根就是 $x=\sqrt[3]{2+11i}+\sqrt[3]{2-11i}$。但是，这个方程和其他不可约情形的三次方程一样，具有三个实数根，而这个根也是其中之一。

拉斐尔·邦贝利（1526—1572）是一位意大利工程师，因为引流开垦意大利中部的瓦尔迪基亚那湿地以及试图修复台伯河上的圣玛丽亚桥而著名。在白天工作休息的时候，他写了一本叫作《代数学》的书。[6] 这本书的其中三卷于1572年出版，另两卷则在他去世后出版（出版于1923年）。

邦贝利十分欣赏《大术》，但认为它对学生学习来说过于艰深。他打算写一本完整的、现代的、易于阅读并且包括许多现实世界例子的书。结果他的书确实得到了广泛阅读和赞扬。西蒙·斯蒂文（1548—1620）称邦贝利为“我们时代的伟大算术家”，而莱布尼茨称邦贝利为一位“解析方法的杰出大师”。[7]

在《代数学》中，邦贝利仔细研究了不可约情形，并在此过程中构建了复数的理论。他不理解这些数是什么，他的方法是纯粹机械的——给出使用负数平方根的正式规则。

他发现了一种能把某些形如 $\sqrt[3]{a+bi}$ 的表达式化为 $c+di$ 形式的方法。他证明了 $\sqrt[3]{2+11i}=2+i$，$\sqrt[3]{2-11i}=2-i$。这两个等式出人意料，却不难验证——只要将等式两边同时立方即可。[8] 这两个数被称作共轭复数（这是柯西在1821年引入的术语[9]）；它们的实部相同，虚部互为相反数。如果我们把这两个数相加，或者把任意两个共轭复数相加，虚部就会互相抵消，而实部会变为两倍。因此，三次方程 $x^3=15x+4$ 的根 $\sqrt[3]{2+11\mathrm{i}}+\sqrt[3]{2-11\mathrm{i}}=(2+\mathrm{i})+(2-\mathrm{i})=4$ 确实是实数。[10]

尽管取得了成功，邦贝利仍在试图克服使用这些新的数学对象时产生的不安。他写道：[11]

对很多人来说，这是件越轨的事情。就连我不久之前都是这样认为的，因为比起正确，它对我来说更像是诡辩。尽管如此，我还是努力探寻，并找到了如下所述的证明。

邦贝利能巧妙地把嵌套的根式转变为共轭复数的和，而且这个和还是实数。但尽管如此，这个方法不总能成功。皮埃尔·汪策尔是本书第 20 章的主题，也是书中的英雄人物之一。他在 1843 年证明了，如果三次方程有三个不相等的实数根，并且它们都不是有理数，那么就不可能用不含复数的根式表示它们。[12] 换句话说，邦贝利只是幸运地碰到了一个根是有理数 4 的方程。

因此，数学家们必须从三次方程出发研究复数，而非二次方程。为了得到实数根，复数是必要的。回忆下本章开头潘勒韦的主张——我们必须跨越复数的领域来获得实数解。

所以，无论数学家们多想忽视复数，他们也做不到。这毫无疑问是向数学中引入复数的重要一步，但它只是第一步。摆在复数面前的还有很多阻碍，距离数学家们面对复数带来的新局面，并把复数完全接纳为合法数学实体，还要再等三个世纪。

逐渐接纳复数

笛卡儿发明了“实”和“虚”① 这两个术语来区分这两类数；他在《几何学》中写道：“无论是真根还是假根，都不总是实数；它们有时是虚数。”[13] 笛卡儿对这一术语的使用以及大众对该术语的接纳导致了无数麻烦。即便是今天，那些害怕数学的学生也会畏缩，并且嘲讽对于“假想的”数的研究。也许，“假想的②”还是好过“不可能的”。后者在 17 世纪被广泛使用，并且可以追溯到卡尔达诺的文章。他用“不可能的情况”指代那些根是复数的二次方程。

莱布尼茨喜欢摆弄复数。在 1674 年或是 1675 年[14] 写给惠更斯的一封信中，他指出 $\sqrt{1+\sqrt{-3}}+\sqrt{1-\sqrt{-3}}=\sqrt{6}$。而在 1702 年，他把 x^4+a^4 分解为

$$(x+a\sqrt{-\sqrt{-1}})(x-a\sqrt{-\sqrt{-1}})(x+a\sqrt{\sqrt{-1}})(x-a\sqrt{\sqrt{-1}})$$

莱布尼茨看到了复数的有用性，但也有些不安。他写道：[15]

> 从无理数中诞生了不可能的或者假想的量，它们的本质很奇怪，但其有用性却不能被小视。

1702 年，他针对虚数横跨两个世界写出了如下的精彩描述：[16]

> 事实上，大自然，那无穷变化的母亲，或者更确切地说，神圣理性，当然更坚持它自己伟大的多样性，而不是让万物受限于相同的铸型。所以它在分析这一奇迹中找到了一个优雅而令人惊奇的退

① 即“imaginary”，本意为“想象中的，假想的”。——译者注

② 这里作者想要比较“imaginary”和“impossible”这两个词，所以没有译作“虚”，而是译作“假想的”。——译者注

路，那是个柏拉图式的实体，它过着双重生活，存在却又不存在，那就是被我们称作虚数根的东西。

就连大量使用复数的欧拉，也不确定该如何对待它们。在1770年出版的《代数学入门》中，他写道：[17]

因为所有可能被感知到的数要么大于0，要么小于0，要么就是0本身，我们明显不能把负数的平方根算在可能的数中，所以我们也必须说它是个不可能的量。这样，我们就得到了本质上不可能的数的概念。这些数通常被称作**假想数**，因为它们仅存在于想象之中。

不过，尽管缺乏今天会被我们当作严格证明的东西，欧拉和他同时代的数学家们还是愿意推广符号。数学史学家朱迪思·格拉比纳称18世纪的数学家“非常依赖于符号的力量。他们有时候看起来已经断定，只要一个人能写出符号协调的论述，该论述的真实性就得到了保证”。[18]

直到高斯出面游说，虚数才得到了完全接受。他在1831年为虚数辩护的激烈言辞可能是最重要的。[19]他提醒我们，先前的数学家们因为要向整数集中加入有理数、向有理数中加入无理数、向正数中加入负数而停滞不前。曾经存在认为有理数和负数毫无意义（比如在数物品个数的时候）的时代，但我们还是把它们接纳为数。类似地，我们必须接纳复数，尽管它们在特定场景下经常毫不相干。

高斯还提出了“复数”这一术语，用来替代“不可能的”或者“假想的”数。他写道：[20]

假想数——作为和实数对应的数，它们曾被，现在也偶尔（尽管并不恰当）被叫作**不可能**的数——仍然只是被默许，而不是被完全接受。因此它们看起来更像是符号游戏，毫无内容，让人无条件地拒绝给予它们一个可想象的基础，但又不打算拒绝这符号游戏为我们对实数之间关系的理解带来的好处。

高斯还解决了接受复数的另一个障碍——如何用几何方式表示复数——他引入了现在已经成为标准作法的平面表示。每个复数 $z=x+\mathrm{i}y$ 在复平面内都对应着坐标 (x, y)，x 轴和 y 轴分别代表实数和纯虚数。高斯不是第一个这样看待复数的人，但许多人都是从高斯这里学到这种方法的。[21]

复数的极坐标表示

我们还可以用另一种非常有用的方式表示复数：使用极坐标。如果复数 $z=x+\mathrm{i}y$ 距离原点 r 个单位长度，且 z 和实轴的夹角为 θ（图 18.1），那么我们就可以用 (r, θ) 来表示这个点。此外，根据简单的三角学知识，我们可以得到 $x=r\cos\theta$ 以及 $y=r\sin\theta$。由勾股定理，我们有 $r=\sqrt{x^2+y^2}$。因此，$z=x+\mathrm{i}y=r\cos\theta+\mathrm{i}r\sin\theta$。

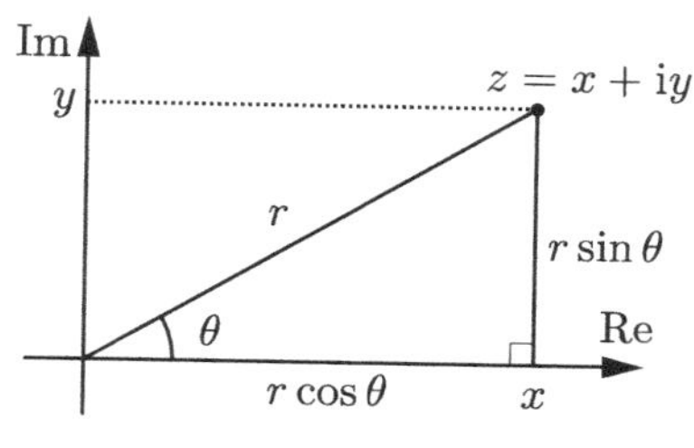

图 18.1　复数的极坐标表示

极坐标表示让我们对复数乘法有了一个直观的解释。要把两个

复数 $z_1 = r_1\left(\cos\theta_1 + \mathrm{i}\sin\theta_1\right)$ 和 $z_2 = r_2\left(\cos\theta_2 + \mathrm{i}\sin\theta_2\right)$ 相乘，我们会得到一大堆正弦和余弦，而它们可以使用三角函数的两角和公式化简：

$$\begin{aligned} z_1 z_2 &= r_1(\cos\theta_1 + \mathrm{i}\sin\theta_1)\cdot r_2(\cos\theta_2 + \mathrm{i}\sin\theta_2) \\ &= r_1 r_2((\cos\theta_1\cos\theta_2 - \sin\theta_1\sin\theta_2) + \mathrm{i}(\cos\theta_1\sin\theta_2 + \sin\theta_1\cos\theta_2)) \\ &= r_1 r_2(\cos(\theta_1+\theta_2) + \mathrm{i}\sin(\theta_1+\theta_2)) \end{aligned}$$

换言之，当我们把 z_1 和 z_2 相乘时，只需要把它们到原点的距离相乘，再把角度相加即可（图 18.2）。

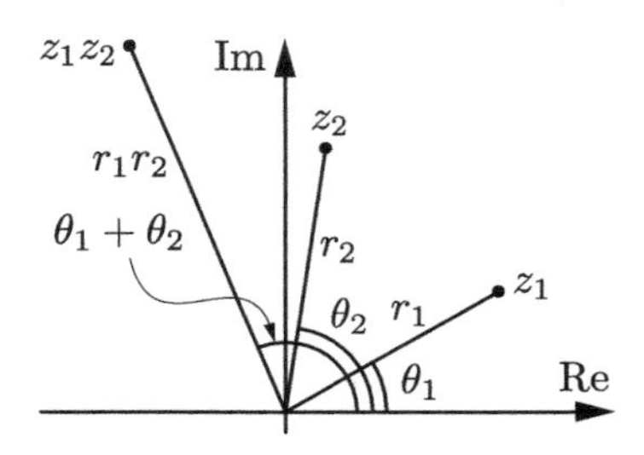

图 18.2　要把两个复数相乘，只需要把它们到原点的距离相乘，再把角度相加即可

1748 年，欧拉考察了一个特殊情况。那就是求单位圆（$r=1$）上复数的平方。[22] 公式告诉我们

$$\left(\cos\theta + \mathrm{i}\sin\theta\right)^2 = \cos\left(2\theta\right) + \mathrm{i}\sin\left(2\theta\right)$$

更一般地，如果我们把次数变为 n，就会得到

$$(\cos\theta + \mathrm{i}\sin\theta)^n = \cos(n\theta) + \mathrm{i}\sin(n\theta)$$

这个等式对任意实数 n 均成立，而不仅仅是正整数。

我们今天用亚伯拉罕·棣莫弗的名字把该公式命名为棣莫弗公式。尽管用的是他的名字，但棣莫弗从没有用这个形式表述过它。他很可能早在 1707 年就知道这个公式，并且使用了它的许多变种。我们不知道欧拉是否知道棣莫弗的工作。

为了展示棣莫弗公式的有用性，我们来看看如何用它快速推导三角恒等式。在第 20 章里，我们会用到 $\cos(3\theta)$ 的三角恒等式。由棣莫弗公式，我们得到 $(\cos\theta+\mathrm{i}\sin\theta)^3=\cos(3\theta)+\mathrm{i}\sin(3\theta)$。展开等式左边，我们会得到

$$(\cos\theta+\mathrm{i}\sin\theta)^3=(\cos^3\theta-3\sin^2\theta\cos\theta)+\mathrm{i}(3\sin\theta\cos^2\theta-\sin^3\theta)$$

两个表达式的实部和虚部必须分别相等。让两个实部相等，会得到恒等式 $\cos(3\theta)=\cos^3\theta-3\sin^2\theta\cos\theta$。最后，为了得到想要的形式，我们代入三角恒等式 $\cos^2\theta+\sin^2\theta=1$，就可以得到 $\cos(3\theta)=4\cos^3\theta-3\cos\theta$。

欧拉恒等式

我们已经提到过莱昂哈德·欧拉好几次了。他解决了哥尼斯堡七桥问题，解决了巴塞尔问题，研究了可求积的半月形，发现了 π 的反正切公式，在复分析领域做出了奠基性工作。尽管欧拉不是古典问题故事的主要人物，他的身影却随处可见。对于那些熟悉数学史的人来说，这并不让人感到意外。欧拉是最伟大的数学家之一——不只是 18 世纪，而是有史以来。

欧拉于 1707 年生于瑞士巴塞尔。他跟随约翰·伯努利学习，后

者是欧拉家的朋友，也是当时最主要的数学家之一。1726 年，欧拉被招募到俄国的新兴城市圣彼得堡，成为彼得大帝的科学院的一员。在俄国生活 15 年后，腓特烈大帝怂恿欧拉搬到柏林，成为普鲁士科学院的一员。他在那里度过了 25 年，直到凯瑟琳大帝把他带回圣彼得堡。他在圣彼得堡继续生活，直到于 1783 年过世。

尽管遭遇了无数困难，例如在很长时间内几乎全盲，欧拉仍然成为有史以来最多产的数学家之一，即使不是最多产的那一位。他的工作极其多元化。他著有很多有影响力的书、长论文、短论文、技术论文以及给一般大众的图书。在牛顿和莱布尼茨的早期工作之后，欧拉扮演了构建微积分的关键角色。但他还对其他很多领域有所贡献：拓扑、数论、代数、力学、流体力学、光学、天文学、逻辑学、音乐理论，不一而足。

讽刺的是，欧拉最为人所知的，可能是和他没什么直接关系的恒等式 $e^{i\pi}+1=0$。至少他没有把这个恒等式形成文字并出版。欧拉恒等式不断地被选为最美妙的数学表达式。[23] 它包含了最重要的数学常数 0、1、π、e 以及 i。它被印在海报和 T 恤上，还被那些想要和世界分享对于数学的热爱的叛逆极客文在身上。[24] 我们将会看到，欧拉恒等式正好是化圆为方问题的最终解答中一个重要的元素。

要理解欧拉恒等式，我们需要先了解 2.718 28...，也就是现在被称为 e 的数，以及它和复数还有和 π 的关系。

e 比它著名的亲戚 π 年轻得多，而 e 的发现史却要比 π 复杂得多。一方面，后者很多世纪以来都只和圆周长、直径以及面积有关。π 的其他许多角色都是后来才发现的。而另一方面，e 的本质和性质是在相对较短的 150 年里被发现的，而且它与对数的发现、微积分的诞生（极限、导数、积分以及无穷级数）、复数理论的发展以及函数的引入密不可分。我们只能简略介绍这段奇妙的历史。

1614 年，在长达 20 年的研究之后，约翰·纳皮尔（1550—1617）在《奇妙的对数规律的描述》（*Mirifici logarithmorum canonis descriptio*）中引入了对数。[25] 他的研究动机是让天文学家们能更简单地完成烦琐的计算。我们不会描述纳皮尔的工作（在我们看来有些陌生），而是回顾对数的现代理解：a 的 $\log_a(b)$ 次方就是 b。换言之，如果 $c=\log_a(b)$，那么 $a^c=b$。今天，学生们会学习常用对数①，计算机科学家们会使用以 2 为底的对数。但最有用，而且在数学上最优雅的就是以 e 为底的对数（$\ln x=\log_e x$）。尼古拉斯·墨卡托（1620—1687）称其为自然对数。

纳皮尔意识到，对数让算术运算变得更简单。它们把乘方转换为乘法（因为 $\log_a(b^r)=r\log_a(b)$），把开方转换为除法，把乘法转换为加法（$\log_a(bc)=\log_a(b)+\log_a(c)$），把除法转换为减法。因此，纳皮尔以及之后的一些人发明了对数表，来加速计算。

1647 年，圣文森特的格里高利发表了一篇几何文章，其中包括关于双曲线下面积的结果；本质上，他证明了这个面积和对数有关。他的学生阿方斯·安东尼奥·德·萨拉萨（1618—1667）在两年后为这个面积和对数建立了明确的联系。例如，在 $x=1$ 和 $x=a$ 之间的双曲线 $xy=1$ 下的面积，如图 18.3 所示，刚好就是 $\ln(a)$。因此，在某种意义上，这在 e 和 π 之间形成了联系——它们都和圆锥曲线求积有关。我们可以把 π 叫作圆的常数[26]，把 e 叫作双曲线常数。

① 即以 10 为底的对数。——译者注

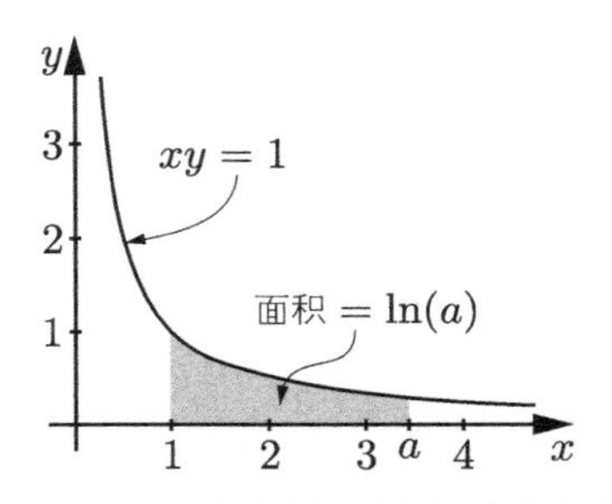

图 18.3　双曲线下的面积和对数有关

1683 年，雅各布 · 伯努利可能成了第一个定义 e（尽管他没有称这个数为 e）的人。他是在研究复利而不是对数时发现这一常数的。[27]

欧拉最早于 1727 年，也就是他 20 岁的时候，引入了字母 e 来表示这一常数。[28] 但可能是欧拉在 1748 年出版的极具影响力的微积分预备教材《无穷分析引论》（*Introductio in analysin infinitorum*，以下简称《引论》）[29] 巩固了这一用法。数学史学家卡尔 · 博耶称这本书为“最佳的近代教材”[30]。在下面展示的摘录中，欧拉引入了 e，给出了它的小数近似、无穷级数表示以及自然对数的反函数 e^z 的无穷级数：[31]

为了行文简洁，我们将用 e 表示 2.718 281 828 459... 这个数。它代表自然或者双曲对数的底……而 e 代表了如下无穷级数的和

$$1+\frac{1}{1}+\frac{1}{1\cdot 2}+\frac{1}{1\cdot 2\cdot 3}+\frac{1}{1\cdot 2\cdot 3\cdot 4}+\cdots \text{ 直至无穷}$$

因此如果用 e 来代换上面发现的数，我们总是有

$$e^z=1+\frac{z}{1}+\frac{z^2}{1\cdot 2}+\frac{z^3}{1\cdot 2\cdot 3}+\frac{z^4}{1\cdot 2\cdot 3\cdot 4}+\cdots$$

今天，我们通常用阶乘来表示这两个级数：[32]

$$e=1+\frac{1}{1!}+\frac{1}{2!}+\frac{1}{3!}+\cdots$$

$$e^z=1+\frac{z}{1!}+\frac{z^2}{2!}+\frac{z^3}{3!}+\cdots$$

在《引论》一书中，欧拉给出了另一种表示复数的方法。他从棣莫弗公式出发，进行了一些代数变换，用 18 世纪的方式求得一些极限，最终推出了极其不可思议、出人意料的[33] $e^{i\theta}=\cos\theta+i\sin\theta$。对于门外汉来说，等式左边看起来毫无意义：一个数的虚数次方可能是什么意思？一种理解方式是，不要把 e^z 想成幂，而是想成它的无穷级数表示。虽然这还是很神秘，但至少我们能理解含有虚数的无穷和。事实上，证明欧拉公式的一种现代方法就是把 $z=i\theta$ 代入 e^z 的无穷级数表示，重新整理，然后就能看到正弦的级数表示和余弦的级数表示神奇地出现了。[34]

因此，我们现在有了一大堆表示复数的方法，它们各有利弊：

$$z=x+iy=r\cos\theta+ir\sin\theta=re^{i\theta}$$

现在我们就能推导欧拉从未写在文章中并出版的欧拉恒等式了。把 $\theta=\pi$ 代入欧拉公式：

$$e^{i\pi}=\cos\pi+i\sin\pi=-1$$

这一当初看起来古怪而深奥的表达式，现在就正好可以由欧拉构建的框架推出了。

我们还能从欧拉公式推出其他令人惊讶的表达式。例如，我们来看看 i^i。要是让人投票，这个数可能会被选为现存最复杂的数。但它是个实数！欧拉在 1746 年给克里斯蒂安·哥德巴赫的信中指出了这一点。注意，i 与实轴成 90°（π/2 弧度）角，距离原点一个单位长度，因此如果用指数形式来表示，$\mathrm{i}=\mathrm{e}^{\mathrm{i}\pi/2}$。因此，

$$\mathrm{i}^{\mathrm{i}}=(\mathrm{e}^{\mathrm{i}\pi/2})^{\mathrm{i}}=\mathrm{e}^{\mathrm{i}\cdot\mathrm{i}\pi/2}=\mathrm{e}^{-\pi/2}=0.207\ 879\ 576\ 3\ldots$$

这很明显是一个实数。[35]

最后，利用欧拉公式，就很容易证明第一眼看上去非同寻常的棣莫弗公式了：

$$(\cos\theta+\mathrm{i}\sin\theta)^n=(\mathrm{e}^{\mathrm{i}\theta})^n=\mathrm{e}^{\mathrm{i}n\theta}=\cos(n\theta)+\mathrm{i}\sin(n\theta)$$

e、π 和 i 这三个数非常特殊，以至于哈佛大学的数学家本杰明·皮尔斯（1809—1880）认为它们应该有属于自己的独特符号。他认为现存的表示 π 和 e 的符号“出于很多原因，不方便”，并且“这两个量之间的密切联系应该也表现在它们的符号中”。[36]1859 年，他提出了 π 的新符号。先是ᑎ，后来又变成ᘐ。他认为该符号看上去像是 C，而 C 代表着周长①；对于 e，他一开始提出用ᑎ，后来又改成ᘐ，因为该符号看起来像是 b，而 b 代表自然对数的底②；对于 i，他提出了符号ᒍ。他用一个公式把这些符号结合到了一起[37]：ᒍ⁻ᒍ = √(ᘐ ᘐ)，也就是 $\mathrm{i}^{-\mathrm{i}}=\sqrt{\mathrm{e}^{\pi}}$。尽管其作为数学家的几个儿子都使用过这些符号，但它们从未在其家族以外流行起来。

① 取自“circumference”的首字母。——译者注

② 取自“base”的首字母。——译者注

闲话　τ革命

"徒劳"一词说的就是那些疲于化圆为方的人所付出的努力。

——米歇尔·施蒂费尔[1]

2001年，罗伯特·帕莱写了一篇文章，题为《π是错的》。[2]这篇文章掀起了一场推翻这一著名常数的地下运动。帕莱不是个化圆为方者。他说π是错的，意思是它不是圆常数的理想选择。他认为2π=6.283...更好，甚至还推荐了一个新的符号——一个把两个π挤在一起的难看符号：**π**。

2010年，迈克尔·哈特尔发表了"τ宣言"[3]，提出了很多和帕莱相同的论点。他呼吁数学家们抛弃π，转而使用被他称为τ的2π。这个新名字就这样固定了下来。

帕莱、哈特尔，还有其他一些人认为τ更加合适，因为在π出现的很多公式里，前面都有一个2（比如正态分布的定义、高斯-博内定理、柯西积分公式等）。但目前为止，最有说服力的论点是τ才是圆的正确常数。一圈不应该用一个常数的两倍，也就是2π来表示。它就应该是常数本身——τ。哈特尔选择τ就是因为它代表了圆旋转**一圈**。这样，四分之一圈就会变成更加直观的τ/4，而不是π/2。这会减少学生在学习弧度制时的困惑。

在历史上，π拥有一个优雅的定义：C/d。但比起直径，半径才能更自然地度量一个圆；毕竟圆规就是张开到圆半径的。那为什么不把圆常数定义为C/r，也就是τ呢？正弦和余弦的周期都是τ。我们还可以把美丽的欧拉恒等式$e^{i\pi}=-1$变换成使用τ的同样美丽的版本：$e^{i\tau}=1$。

诚然，面积公式 $A=\pi r^2$ 比 $A=\frac{1}{2}\tau r^2$ 看起来更美观，因为后者有一个难看的 $\frac{1}{2}$。[4] 另外，阿基米德证明了圆的面积等于底为 C、高为 r 的直角三角形面积，而 $\frac{1}{2}$ 在三角形面积中就显得很自然了：$A=\frac{1}{2}\cdot$底$\cdot$高$=\frac{1}{2}\cdot\tau r\cdot r$。

τ 运动正在慢慢得势，但要说 π 时日无多，还有些操之过急。

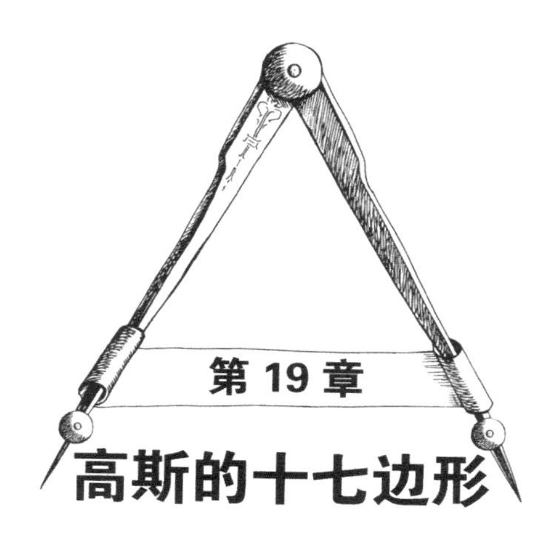

第 19 章 高斯的十七边形

数学是科学的皇后，而数论则是数学的皇后。

——卡尔·弗里德里希·高斯[1]

认为所有伟大数学家都曾是天才儿童的观点是荒诞的。在数学领域有很多大器晚成的人。但卡尔·弗里德里希·高斯不是其中之一。他的数学天分在年轻时就展露无遗。在他的黄金时代，高斯喜欢讲述这段经历：他的老师让班上所有人去计算算术级数的和，好让学生们有事可做，不会惹麻烦。这位年轻的天才推导出了这种级数的求和公式，然后马上拿着石板告诉老师他已经做完了：“Ligget se.（答案就在这里。）”[2] 但他早期的数学尝试不仅限于给老师留下深刻印象，他还是青少年时就得到了很多重大的数学发现——其中之一是我们故事中的一个主要情节。

高斯于 1777 年生于布伦瑞克，那里如今属于德国下萨克森州。因为在数学方面早早显露出天赋，他吸引了布伦瑞克公爵的注意。公爵开始授予高斯奖学金。这让高斯得以前往布伦瑞克卡罗琳学院，以及后来到哥廷根大学就读。高斯没有拿到毕业证书就离开了哥廷根，但他在那里发现了许多重要的数学成果。他从黑尔姆施泰特大学取得了博士学位。

公爵继续发给高斯津贴，这样后者就能把所有时间都投入研究中。但后来，公爵在为普鲁士军队作战时牺牲，就没有人再支付这笔钱了。因为需要工作，高斯接受了新哥廷根天文台台长的职位。他直到老年时期还在继续研究，最终于 1855 年在哥廷根过世。

不像持续发表文章的欧拉，高斯是一位完美主义者。他会暂时保留自己的发现，不断打磨，直到能发表一篇杰作出来。这些发现在被发表时一定十分成熟、极其深刻，并且令其他人难以理解；数学界经常要花上数年才能完全理解高斯的想法。高斯个人的座右铭用在这里恰如其分：宁可少些，但要好些（pauca sed matura）。数学家们不断地从高斯本人或是他留下的笔记中了解到，即便是数十年甚至数世纪之后的新数学发现，都有可能只是重新发现了高斯早已得到的某个想法。

高斯的研究领域过于广泛，我们无法一一描述。他为代数、分析、数论、几何、拓扑学、复分析、线性代数、统计学以及物理和天文学的很多领域都做出了重要贡献。

十七边形

1796 年，高斯开始记录他的第一篇数学日记。在头一年，它只是记载了高斯那一年的数学成就和发现（共 49 篇）。尽管很多记述晦涩难解（不只对于我们，显然对于晚年的高斯也是一样的），标注日期为 1796 年 3 月 30 日的第一篇日记却很清楚明白：[3]

[1] 分割圆所需的理论，把圆分成十七份的几何可分性，等等。

此时，除了这一句话以外，高斯什么都没写。就在离他 19 岁生日还有一个月的时候，这位青年发现了可以仅用尺规作正十七边形。不仅如此，他还给出了可作图正多边形的一般规则。同年晚些时候，他写道：[4]

看上去，自从欧几里得的时代以来，人们就说服自己，初等几何的知识范畴已经无法再被扩展；至少我不知道任何在这一问题上扩展边界的成功尝试。那么在我看来，下述事实就更加非同寻常了：**除了通常的多边形，还存在一些其他的可以几何作图的多边形，例如十七边形。**

他继续写道："这一发现只是一个尚未完成的更大发现的推论。一旦完成，我就会公之于众。"他确实还有更多东西要说。该发现后来成了高斯在 1801 年出版的《算术研究》中的一部分。该书是数论领域的一本杰出论述。

奥拉夫·诺伊曼这样评论《算术研究》："它迅速被当时的专家们认可……为一本杰作。它的条理性、严密性以及内容之丰富都是前所未有的。它把数论从一座座分散的孤岛变成数学中一块正式的大陆……这本书是数学，也是人类文明的'永恒经典'。"[5]

高斯对多边形可作图性这一发现非常自豪。有些人说正是这一发现激励高斯成为数学家。他还要求把十七边形刻在自己的墓碑上。这一要求最后没能实现，但今天他的家乡布伦瑞克兴建了一座高斯雕像，上面装饰着一个十七角星。

有趣的是，高斯没有给出尺规作十七边形的作图步骤，至少在他出版的书中没有提过。但他证明了这样的作图是可能的。我们知

道 $\cos(2\pi/17)$ 是单位圆内接正十七边形的一个顶点的横坐标。高斯只用整数、四则运算以及平方根表示出了 $\cos(2\pi/17)$ 这个数。[6] 根据笛卡儿定理，这个点可以作图，因此十七边形也可以作图。

如今的文献包含很多十七边形作法。1915 年，罗伯特 · 高登林格写了一本包含超过 20 种十七边形作法的书，[7] 但一位评论家指出这“还远称不上完整”。[8] 假设我们已知一个以 O 为圆心的圆，以及圆上两点 A、B，并且 $\angle AOB$ 是直角（图 19.1）[9]。令点 C 到 O 的距离是 OB 长度的 1/4。连接线段 AC。在 AO 上找一点 D，使得 $\angle DCO=\dfrac{1}{4}\angle ACO$。在 AO 上找一点 E，使得 $\angle DCE=45°$。现在以 AE 为直径作一个圆，交 BO 于点 F。以 D 为圆心、以 DF 为半径作圆，交 AO 于 G 和 H。经过 G 和 H 并且垂直于 AO 的直线与圆交于 4 个点。这些点就是十七边形的 4 个顶点（A 是第五个顶点）。用这 5 个顶点，就能作出剩下的 12 个顶点。

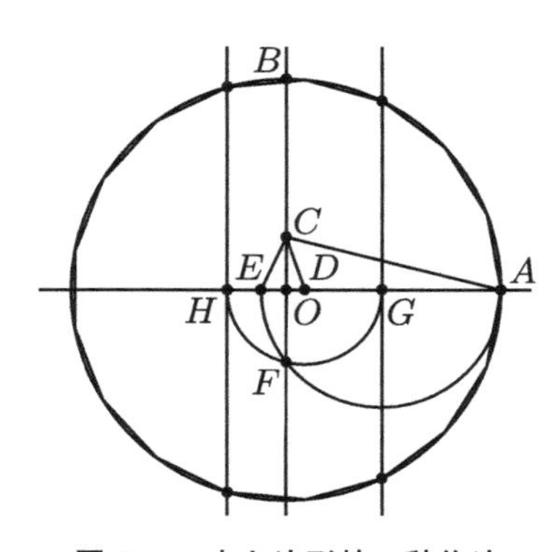

图 19.1　十七边形的一种作法

高斯定理

高斯关于十七边形可作图的证明只是锦上添花。它的确是个容易让我们游行庆祝（或者将它永远地刻在纪念碑上）的结果。但它仅仅是一个优质样品，其背后是一个远更深奥的结果。

回想一下，古希腊人知道如何作等边三角形、正方形和正五边形。利用这些，他们也能作正 n 边形，只要 n 形如 2^j、$2^j \cdot 3$、$2^j \cdot 5$ 或 $2^j \cdot 3 \cdot 5$。高斯发现了使得正 p 边形可以作图的除了 3 和 5 以外的质数 p，例如 17。

质数 3、5 和 17 有什么特别的呢？结果证明，关键在于 $p-1$ 在这三种情况下都是 2 的幂：$3-1=2^1$，$5-1=2^2$，$17-1=2^4$。事实上，就连这三个指数也是 2 的幂：$3-1=2^{2^0}$，$5-1=2^{2^1}$，$17-1=2^{2^2}$。我们把形如 $2^{2^m}+1$ 的数称为费马数。如果一个费马数是质数，我们就称它为费马质数。[10] 3、5 和 17 之后的两个费马数也是质数：$257=2^{2^3}+1$ 和 $65\ 537=2^{2^4}+1$。高斯在《算术研究》中证明了下面这个非凡的定理。

高斯定理：[11] *如果 n 形如 $2^j p_1 \cdots p_k$，其中 $j \geqslant 0$ 且 p_i 为不同的费马质数，那么正 n 边形可作图。*

高斯定理暗示了正 257 边形（由 F. J. 里切洛特于 1832 年作出）和正 65 537 边形（由林根的赫尔梅斯在经过 10 年的研究之后于大约 1894 年作出）可以作图。[12] 同样可以作图的还有 34 边形（$34=2 \cdot 17$）、51 边形（$51=3 \cdot 17$）、68 边形（$68=2^2 \cdot 17$）、69 904 边形（$69\ 904=2^4 \cdot 17 \cdot 257$）等。1000 以内的正 n 边形中至少有 52 个可以作图：[13] 3, 4, 5, 6, 8, 10, 12, 15, 16, 17, 20, 24, 30, 32, 34, 40, 48, 51, 60, 64, 68, 80, 85, 96, 102, 120, 128, 136, 160, 170, 192,

204, 240, 255, 256, 257, 272, 320, 340, 384, 408, 480, 510, 512, 514, 544, 640, 680, 768, 771, 816 以及 960。

尽管如此非凡卓越，高斯定理也仅仅部分解决了正多边形可作图性问题。首先，完整的答案至少需要知道哪些费马数是质数。这个问题有一段有趣的历史，我们等一下会来介绍。

与完整答案间更重要的一段差距在于以下问题：如果 n 不具有上述形式，那么 n 边形是否可以作图？高斯定理没法处理七边形或者九边形——7 不是费马质数，而 $9=3^2$ 是费马质数的平方。高斯定理还是保留了这两个图形可以作图的可能性。事实上，它们不可作图。而且根据高斯所述，他知道这一点。他写道，自己可以“十分严谨”地证明高斯定理的逆命题，但他又接着写道：[14]

> 当前工作的局限性让我必须先在这里放弃这个证明，但我们要提出警告，免得有人尝试我们的理论没有给出的分割（例如，分为 7, 11, 13, 19…份等），因而浪费时间。

这句话换种说法就是：“在这里给出证明并不值得。但相信我，我知道剩下的那些都不可作图。别浪费时间去尝试了。”皮埃尔·汪策尔在 1837 年给出了这一问题的严格证明（我们会在第 20 章更详细地介绍这一点）。[15]

把高斯和汪策尔的定理合在一起，我们会得到一个新的结果。

高斯－汪策尔定理： 当且仅当 $n=2^j p_1\cdots p_k$，其中 $j\geqslant 0$ 且 p_i 为不同的费马质数时，正 n 边形可作图。

费马质数

感谢高斯–汪策尔定理，我们可以知道究竟哪些正多边形可以用尺规作图——至少在理论上。在实践中，我们需要知道哪些费马数是质数。而这还是一个悬而未决的问题。

对该问题的研究可以追溯到 17 世纪前半叶。费马发现当 $j=0, 1, 2, 3, 4$ 时，$2^{2^j}+1$ 是质数（3、5、17、257 以及 65 537）。他猜想所有这样的数都是质数。在 1640 年写给贝尔纳·弗雷尼可·德·贝西的一封信中，费马列出了前七个费马数（第七个有 20 位数字）并写道：[16]

> 我还没能证明，但我已经通过绝对可靠的证明排除了很多因数。直觉是我思考的基础，而我产生了强烈的直觉，那就是我很难撤回这一猜想。

费马在 17 世纪四五十年代不断地重新研究这些数。在和数学家们的通信中，他总是主张这是一个质数序列，但他也承认无法证明这一点。如果这是正确的，那它就会是一个伟大的定理。从古希腊时代，我们就知道存在无穷多质数。但我们始终没有一个生成质数的方法。而费马的公式带来了质数生成函数的希望。

这一猜想在随后的半个多世纪都未能得到证明。随后，22 岁的欧拉加入了进来。他当时刚刚接受了位于新兴城市圣彼得堡的科学院的新工作，正在安顿下来。当时刚刚从圣彼得堡搬到莫斯科去指导彼得二世的克里斯蒂安·哥德巴赫，也从这时开始了与欧拉之间长达 30 年的包括将近 200 封信件的书信往来。

1729 年 12 月 1 日，在他给欧拉的第一封信的附言中，哥德巴赫提到了费马问题：[17]

又及：费马发现所有形如 $2^{2^{x-1}}+1$ 的数，也就是 3、5、17 等，都是质数。他自己承认无法证明，而就我所知，也没有任何人证明了这一发现。

欧拉起初对这个问题不感兴趣，但哥德巴赫一直刺激他。欧拉终于提起了兴趣，把注意力转向了费马序列。1732 年 9 月 26 日，欧拉向圣彼得堡学院提出了结论：费马猜想是错误的。在补充文章中，他写道：[18]

但我不知道出于怎样的命运，结果证明这序列中紧接着的一个数，$2^{2^5}+1$，就不再是质数了；我在思考了很多天之后，发现这个数可以被 641 整除，任何想要检查的人立刻就能验证这一点。

通过证明 $2^{2^5}+1=4\ 294\ 967\ 297$ 存在因数 641 和 6 700 417，欧拉让费马找到质数序列的愿望破灭了。欧拉是怎么找到这两个因数的？暴力查找并不是没有可能。尽管 $2^{2^5}+1$ 有大约 6500 个可能的质因数，如果我们从 2、3、5 开始一个个检查，只要尝试 116 次就能找到一个因数。〔事实上，当八岁的“人形计算器”齐拉·科尔伯恩①（1804—1840）在全美巡回展示自己的心算能力时，“有人向这个孩子提出了这个数（$2^{2^5}+1$），而他仅靠心算就找到了因数”。[19]〕这当然不是欧拉所用的方法。

欧拉在第一篇文章中没有解释自己怎样得到了这一因数分解。但 15 年后，在另一篇文章中，他解释了他是如何找到 641 的。[20] 欧拉使用了“费马小定理”。费马不加证明地提出了这一定理，而

① 美国神童，因心算而著名。——译者注

证明最终由欧拉在 1736 年完成。[21] 欧拉用这一定理证明了对于整数 k，如果 $2^{2^j}+1$ ($j\geqslant 2$) 存在质因数，那它一定形如 $2^{j+1}k+1$，其中 k 为整数。因此，欧拉只需要检查形如 $64k+1$ 的质数。前九个具有如此形式的数中有四个是质数——193、257、449 和 557——但它们都不能整除 $2^{2^5}+1$。而第十个数就让欧拉获得了成功：$64\cdot 10+1=641$。

费马没能因数分解 $2^{2^5}+1$ 有些令人惊讶，因为他曾用与欧拉的方法非常类似的技巧分解 $2^{37}-1$。但正如安德烈·韦伊（1906—1998）所写："我们能想象到，当（费马）第一次想到这个猜想时，他被自己的热忱冲昏了头脑，犯了个数值错误，再也没有检查过他的计算过程。"[22]

费马发现前五个费马质数之后的 370 年间，我们没有再发现新的费马质数。目前，我们知道接下来的 28 个费马数都是合数。有 25 亿位数字的巨数 $2^{2^{33}}+1$ 是第一个素性未知的费马数。

单位根和正多边形

我们在讨论高斯定理的证明前，要先回一趟复数的王国。我们先来看一个看起来很简单的问题：$\sqrt[4]{1}$ 是多少？是 1，对吧？当然对。如果我们求 1 的四次方，那么结果还是 1。不过，1 不是 1 唯一的四次方根。它还有三个四次方根：-1、i 以及 $-$i。因为 $(-1)^4=\mathrm{i}^4=(-\mathrm{i})^4$。一般来说，$n$ 次单位根指的是方程 $z^n-1=0$ 的任意复数解。四次单位根一共有四个：1、-1、i 以及 $-$i。

如图 19.2 所示，四次单位根是复平面内单位圆内接正方形的四个顶点。尽管麻烦，但也不难验证 ± 1 、$\pm 1/2\pm \mathrm{i}\sqrt{3}/2$ 是六个六次单位根。它们是单位圆内接正六边形的顶点。所以，圆内接正 n 边形问题和 n 次单位根的值紧密相关——单位根就是多边形的顶点。

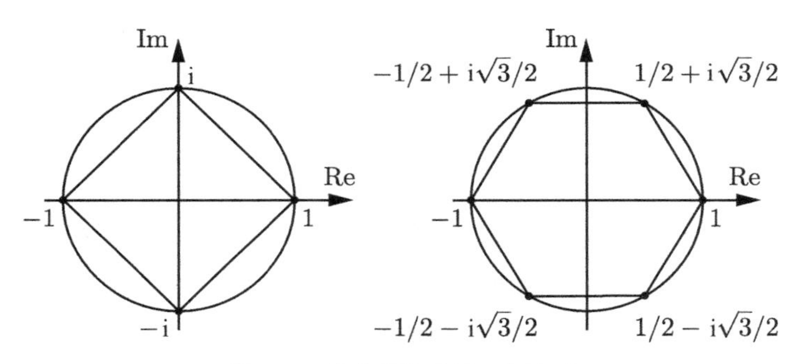

图 19.2 单位根构成了正多边形

我们可以用欧拉公式来验证这一断言。假设 $z=r\cos\theta+\mathrm{i}r\sin\theta=r\mathrm{e}^{\mathrm{i}\theta}$ 是 n 次单位根。那么 $1=z^n=(r\mathrm{e}^{\mathrm{i}\theta})^n=r^n\mathrm{e}^{\mathrm{i}n\theta}$。要使此等式成立，必然有 $r^n=1$。又因为 r 是一个非负实数，所以 $r=1$。所以 $1=\mathrm{e}^{\mathrm{i}n\theta}=\cos(n\theta)+\mathrm{i}\sin(n\theta)$，因此 $\cos(n\theta)=1$，$\sin(n\theta)=0$。要让这两个等式成立，$n\theta$ 需要是 360°（用弧度制表示就是 2π）的整数倍，这等价于 $\theta=2k\pi/n=k\cdot 360°/n$，其中 k 为整数。所以，n 次单位根就是 $\cos(2k\pi/n)+\mathrm{i}\sin(2k\pi/n)$，其中 $k=0,\cdots,n-1$。用这种方式，我们就能看出 n 次单位根其实是单位圆上距离相等的 n 个点。

如果 $n=6$，我们就会发现六次单位根都是形如 $\cos(k\cdot 60°)+\mathrm{i}\sin(k\cdot 60°)$ 的数。比如，当 $k=1$ 时，我们有 $\cos(60°)+\mathrm{i}\sin(60°)=1/2+\mathrm{i}\sqrt{3}/2$。当 $k=3$ 时，我们有 $\cos(180°)+\mathrm{i}\sin(180°)=-1$。

因此，高斯意识到，要解决多边形问题，必须求得 $z^n-1=0$ 的根。如果 $\cos(2k\pi/n)+\mathrm{i}\sin(2k\pi/n)$ 的实部和虚部能用四则运算和平方根表示，对应的多边形就可以作图。事实上，如果 $\cos(2k\pi/n)$ 可以作图，$\sin(2k\pi/n)$ 亦然。

高斯不是第一个考察 z^n-1 的数学家。1740 年，欧拉证明对于 $n=1, \cdots, 10$，方程 $z^n-1=0$ 有根式解；也就是说，这个多项式的所有根都能用四则运算加上平方根、立方根、四次方根等表示。1770 年，亚历山大－西奥菲尔・范德蒙（1735—1796）证明了 $n=11$ 的情况。[23] 这些都是重要的数学成果，尤其是事后来看。因为不是所有 5 次或更高次的多项式都有根式解。但它们还是没有回答这些多边形能否作图的问题。为此，我们必须证明这些顶点的表达式只用到了平方根，没有其他次方根。而这正是青年高斯所发现的。

高斯的证明思路

高斯的《算术研究》的第七个部分，也是最后一个部分，专门讨论作正多边形问题。他的证明依赖于数论、方程理论以及复数性质。从一种角度来看，这个证明是关于多边形的可作图性。但实际上，它是对形如 z^n-1 的多项式的研究。

每个数学家都知道并且享受那些美妙的"啊哈"时刻。它们总是出现在最出人意料的时间——淋浴时、开车回家时、遛狗时、吃饭时或者躺在床上时。日复一日、年复一年地专注思考一个貌似难以解决的问题，会让头脑在潜意识中灵光一闪。答案通常都是在放松的时候涌现，就好像是上苍的启示一般。高斯就描述过一次这样的经历：[24]

我当时在布伦瑞克度假。经过努力思考（z^p-1 的）所有根之间在算术性质上的联系，我在那一天（起床前）成功地看清了这个关系，所以我得以当场把它应用到十七边形这一特殊情况上，并且进行了数值验证。

高斯定理的完整证明不在本书论及的范围内，但我们可以介绍他的大体思路。我们首先展示他的论述在正五边形的情况中如何展开，然后简略叙述十七边形和更一般的正多边形的情况。

我们把五边形的顶点看作五个五次单位根，也就是 z^5-1 的五个根。其中一个根是 $z=1$，所以多项式可以被分解为 $z^5-1=(z-1)(z^4+z^3+z^2+z+1)$。因此我们只需要关注 $z^4+z^3+z^2+z+1$ 的四个根。如图 19.3 所示，它们是两对共轭复数：z_1 和 $\overline{z_1}$ 、z_2 和 $\overline{z_2}$ 。

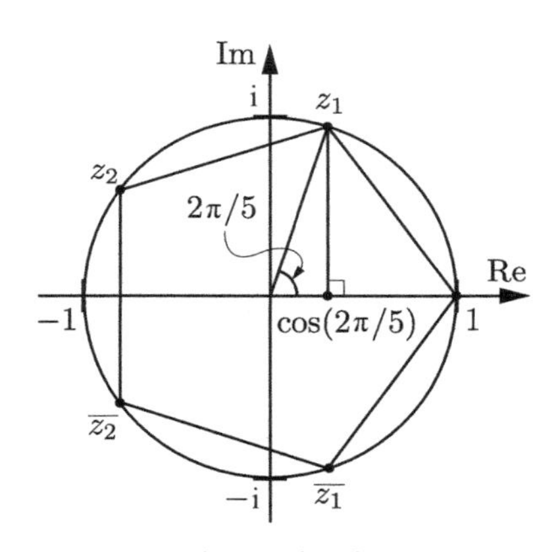

图 19.3　复平面的一个正五边形

这两对共轭复数有两个友好的性质。首先，和其他共轭复数一样，当我们把它们加起来时，虚部会抵消，实部会变成两倍。所以 $z_k+\overline{z_k}=2\mathrm{Re}(z_k)=2\mathrm{Re}(\overline{z_k})$ ①。其次，它们都在单位圆上，所以互为倒数 [25]：$\overline{z_k}=1/z_k$。应用这两个性质，我们发现

① Re 表示实部。——译者注

$$z_k+\frac{1}{z_k}=z_k+\overline{z_k}=2\mathrm{Re}(z_k)=2\mathrm{Re}(\overline{z_k})=\overline{z_k}+\frac{1}{\overline{z_k}}$$

我们想求满足 $z^4+z^3+z^2+z+1=0$ 的 z 值。但因为知道 $z\neq 0$，所以我们可以把方程两边同时除以 z^2，这样可以得到

$$\begin{aligned}0&=\frac{1}{z^2}(z^4+z^3+z^2+z+1)\\&=\left(z+\frac{1}{z}\right)^2+\left(z+\frac{1}{z}\right)-1\\&=w^2+w-1\end{aligned}$$

其中 $w=z+\frac{1}{z}$。根据二次方程求根公式，$w=\frac{1}{2}(-1\pm\sqrt{5})$。

到这里就可以停下了；我们已经获得了足够多的信息，足以用尺规作出正五边形。这两个实数是五边形剩余四个顶点的实部的两倍。所以 $\mathrm{Re}(z_1)=\frac{1}{4}(-1+\sqrt{5})=\cos(2\pi/5)$。正如在第 1 章所描述过的，我们可以在复平面作出点 $\cos(2\pi/5)$——或者说笛卡儿平面中的点 $(\cos(2\pi/5), 0)$——然后过这一点作实轴的垂线。垂线和单位圆交于 z_1 和 z_4。然后我们就可以用圆规找出剩余的顶点。

不过，我们还是不要这样做。让我们继续行至终点，求出所有顶点的坐标。因为 $w=z+\frac{1}{z}$，我们可以通过解二次方程 $0=z^2-wz+1$ 来求出 z。其中，w 的值就是上面求得的两个根 $\frac{1}{2}(-1\pm\sqrt{5})$。点 z_1 和 $\overline{z_1}$ 是二次方程 $0=z^2+\frac{1}{2}(1-\sqrt{5})z+1$ 的根。由求根公式可知，

它们是 $\frac{1}{4}(-1+\sqrt{5})\pm \mathrm{i}\frac{1}{4}\sqrt{10+2\sqrt{5}}$。所以这两个点的坐标是 $\left(\frac{1}{4}(-1+\sqrt{5}),\ \pm\frac{1}{4}\sqrt{10+2\sqrt{5}}\right)$。用类似的步骤可以得到另两个顶点：$\left(-\frac{1}{4}(1+\sqrt{5}),\ \pm\frac{1}{4}\sqrt{10-2\sqrt{5}}\right)$。

这些复杂的计算中可供我们借鉴的地方在于，要求四次方程的根，我们可以把问题简化为求三个二次方程的根，其中一个根的系数是整数，而另两个根的系数包含第一个的根。最后，这些顶点的坐标包含有理数的双重平方根。

高斯对于十七边形的分析与此类似，但需要解更多的二次方程。这些二次方程的根可能包含更多双重平方根。我们简略介绍一下其中涉及的数学。

如图 19.4 所示，假设 $z_0, z_1, z_2, \cdots, z_{16}$ 是正十七边形的顶点。高斯证明了一个有关质数的定理，该定理让他能够用一种特殊的顺序排列顶点（$z_0=1$ 除外）：[26] $z_1, z_3, z_9, z_{10}, z_{13}, z_5, z_{15}, z_{11}, z_{16}, z_{14}, z_8, z_7, z_4, z_{12}, z_2, z_6$。他证明，隔项求和得到的两个复数

$$w_1=z_1+z_9+z_{13}+z_{15}+z_{16}+z_8+z_4+z_2,$$
$$w_2=z_3+z_{10}+z_5+z_{11}+z_{14}+z_7+z_{12}+z_6$$

是二次方程 z^2+z-4 的根。因此，w_1 和 w_2 可以用平方根表示；具体来说，$w_1=\frac{1}{2}(-1+\sqrt{17})$，$w_2=\frac{1}{2}(-1-\sqrt{17})$。接下来，求 w_1 的隔项和，得到复数 $u_1=z_1+z_{13}+z_{16}+z_4$ 以及 $u_2=z_9+z_{15}+z_8+z_2$。求 w_2 的隔项和来得到 u_3 和 u_4。这两组复数分别是二次方程 $z^2-w_1z-1=0$ 和 $z^2-w_2z-1=0$ 的根。所以它们也可以用双重平方根来表示，比

如，$u_1=\frac{1}{2}(w_1+\sqrt{w_1^2+4})$，$u_3=\frac{1}{2}(w_2+\sqrt{w_2^2+4})$。最后，用类似方法定义 $t_1=z_1+z_{16}$、$t_2=z_{13}+z_4$，直到 t_8。这些值是以整数以及 u_1、u_2、u_3、u_4 为系数的二次方程的根。例如，t_1 和 t_2 是方程 $z^2-u_1z+u_3$ 的根。因此，这些根也可以写成多重平方根的形式。以 t_1 为例，我们有 $t_1=\frac{1}{2}(u_1+\sqrt{u_1^2-4u_3})$。最后，我们能发现 z_{16} 是 z_1 的共轭复数，因此 $t_1=z_1+z_{16}=z_1+\overline{z_1}=2\mathrm{Re}(z_1)=2\cos(2\pi/17)$。如果我们把 w_1 和 w_2 代入 u_1 和 u_3，再把这两个值代入 t_1，然后化简，就能得到高斯推出的表达式

$$\begin{aligned}\cos\left(\frac{2\pi}{17}\right)&=\frac{1}{2}t_1\\&=\frac{1}{16}\Big(-1+\sqrt{17}+\sqrt{34-2\sqrt{17}}\\&\quad+2\sqrt{17+3\sqrt{17}+\sqrt{34-2\sqrt{17}}-2\sqrt{34+2\sqrt{17}}}\Big)\end{aligned}$$

而这个数是可作图数！

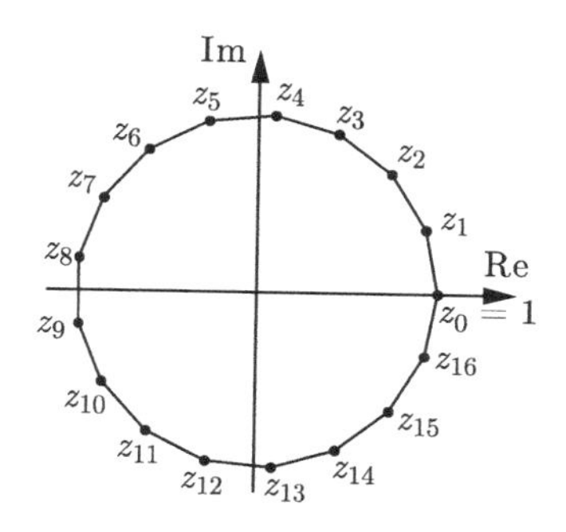

图 19.4　复平面的一个正十七边形

这大体上就是高斯使用的方法。他想要求 z^p-1 的根，其中 p 是质数。因为 $z=1$ 是这个多项式的一个根，我们只需要求 $z^{p-1}+z^{p-2}+\cdots+z+1$ 的根。p 是质数，但 $p-1$ 则不一定是质数。假设 $p-1$ 可以被质因数分解为 $p-1=p_1p_2\cdots p_m$。高斯把这个问题化简为依次求次数为 $p_1, p_2, \cdots, p_m$ 的多项式的根。第一个多项式的系数是整数。后续多项式的系数由前面已经解出的多项式的根决定。

高斯发现，如果 $p-1$ 是 2 的幂，那么 $p_1=p_2=\cdots=p_m=2$。所以我们就能通过解一系列二次方程来求得 f①的根。因此这些根都是可作图的。简而言之，如果 $p=2^l+1$ 是质数，正 p 边形就是可作图的。

这个 p 值仍然不是费马质数的形式。但是，如果 $p=2^l+1$ 是质数，那么指数 l 一定是 2 的幂。

假设 l 不是 2 的幂，那它就有一个奇因数 $s\neq 1$。于是我们就有 $l=rs$（有可能 $r=1$）。这样的话，

$$p=2^l+1=2^{rs}+1=(2^r+1)((2r)^{s-1}-(2r)^{s-2}+\cdots-2^r+1)$$

也就是说，p 不是质数。[27]

最后，假设 $n=2^j p_1\cdots p_k$，其中 $j\geqslant 0$ 且 p_i 为不同费马质数。我们可以先作出正 p_i 边形，然后使用基于等边三角形和正五边形作正十五边形的技巧，作出正 $(p_1\cdots p_k)$ 边形。最后，再加倍边数 j 次，就可以得到正 n 边形。这样就证明了高斯定理。

① 这里指 $z^{p-1}+z^{p-2}+\cdots+z+1$。——译者注

闲话　镜子

魔镜，魔镜，告诉我，谁是这世上最美的女人？

——格林兄弟，《白雪公主》

米拉①镜由乔治·斯克罗吉和 N. J. 吉莱斯皮发明。它是一种帮助学生们学习反射和对称线的教学工具。[1] 它由一块有色的亚克力玻璃，以及保持玻璃直立的支架构成。米拉镜的关键特性在于，它既是透明的，又是反光的。所以它既是一面窗，又是一面镜。

要求点 P 关于直线 l 的反射，我们把米拉镜沿 l 放置，然后在玻璃的另一端标记出与点 P 的镜像重合的点（图 T.31）。要求点 P 和另一点 Q 之间的反射轴，我们把米拉镜放到使得 P 的镜像与 Q 重合的位置，然后沿着玻璃即可描绘出反射轴。假设经过一个点存在能把另一点反射到已知直线上的直线，我们可以用米拉镜找到这条直线。图 T.32 展示了第四种用途：已知点 P、R 和直线 l_1、l_2，我们可以摆放米拉镜，使得 P 和 R 的反射分别落在 l_1 和 l_2 上。[2]

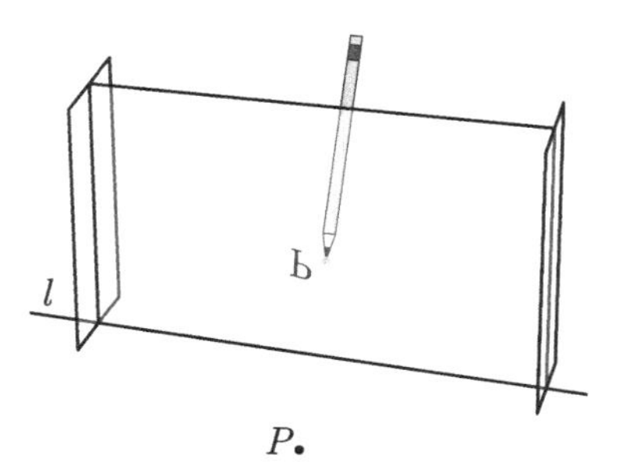

P

图 T.31　米拉镜关于直线 l 反射点 P

① 原文为“Mira”，与“mirror”（镜子）谐音。——译者注

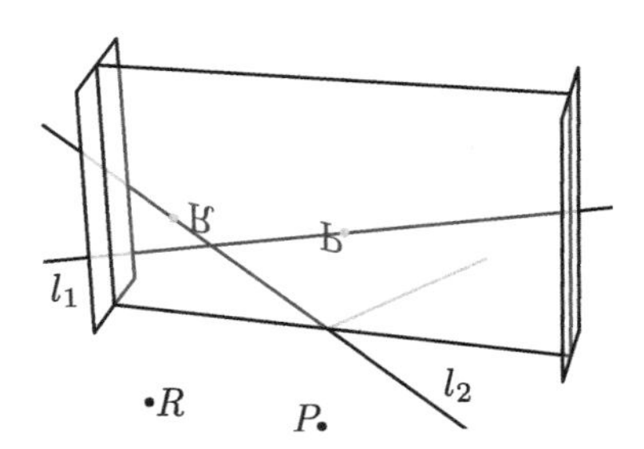

图 T.32 米拉镜把点 P 和 R 分别反射到 l_1 和 l_2 上

令人惊讶的是，这四种操作十分有用。我们不妨想象放弃尺规，仅用米拉镜完成几何作图。虽然不能画圆，但仅使用前三种操作，我们就能作出所有尺规可作图的点。相反，前三种操作也可以用尺规来完成。因此，用前三种操作可以作图的点就是尺规可作图的点。而第四种操作使我们可以作出尺规无法作图的点。我们来看看原因。

抛物线是到直线（准线）和直线外一点（焦点）距离相等的点的集合。如图 T.33 所示，点 Q 到焦点 P 和准线 l_1 的距离相等。事实上，抛物线在 Q 点的切线 l 平分 $\angle PQS$。S 是 P 关于 l 的反射。换言之，如果我们把米拉镜放在 l 上，它会把 P 反射到 S。相反，如果我们把米拉镜放在使 P 的反射落在 l_1 的位置上，那么米拉镜就与抛物线相切。

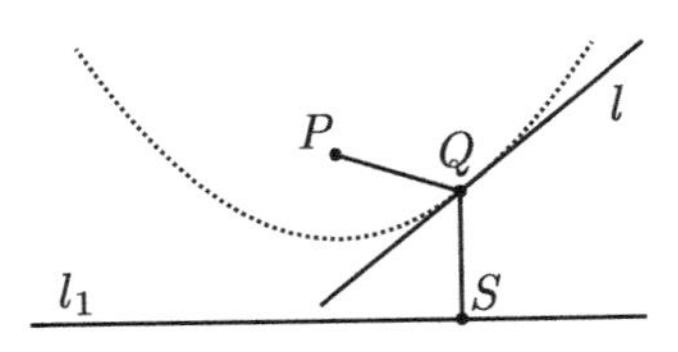

图 T.33 如果我们把点 P 反射到 l_1 上，那么米拉镜就与焦点为 P、准线为 l_1 的抛物线相切

米拉镜的第四种操作要求我们把两个点反射到两条线上。这一过程相当于找一条与两条抛物线（一条抛物线焦点为 P、准线为 l_1，另一条抛物线焦点为 R、准线为 l_2）相切的直线 l。正是这些隐藏的抛物线让我们脱离了尺规作图的范畴，并得以解决三等分任意角、倍立方、作正七边形或正九边形以及更多问题。[3]

在米拉镜被发明之前的 1963 年，A. E. 霍克斯坦发明了一种带有镜子的仪器。用这种仪器配合尺规就可三等分角。[4] 该仪器由一把长度为 r 的普通直尺被安装到一片半透明玻璃上制作而成。玻璃与直尺垂直，而且其反射面刚好平分直尺（图 T.34）。

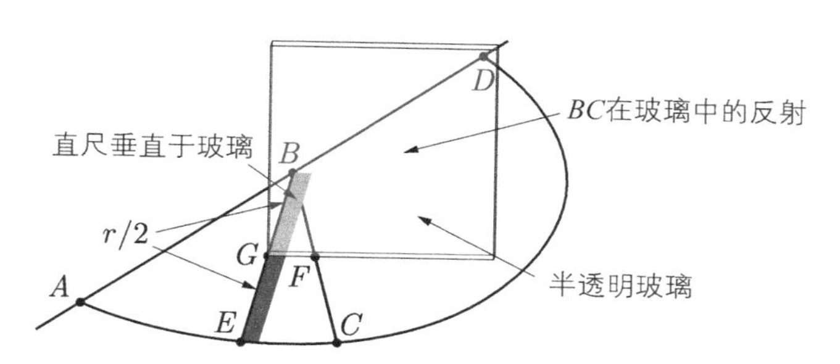

图 T.34　我们可以用一个装有直尺的半透明玻璃三等分角

该工具的用法如下。假设我们想三等分 $\angle ABC$。简单起见，假设 $AB=BC=r$。用直尺延长 AB，用圆规以 B 为圆心、以 r 为半径作圆，交 AB 于 D。接下来让直尺的一个角与 B 重合，让另一端的角落在圆上。我们可以在玻璃中看到 BC 的反射。调整直尺的位置，直到该反射经过 D。然后我们沿直尺画出 BE，则 BE 三等分角 $\angle ABC$。

我们来证明这一结果。首先我们注意到，因为 $BG=EG=r/2$，三角形 BFG 和 EFG 全等，所以 BEF 是等腰三角形（图 T.35）。此外，因为 $BE=BD=r$，所以三角形 BDE 也是等腰三角形，并且和 BEF 相似。因此 $\angle EBC=\angle BED=\angle BDE$。我们把这三个角记作 α。因为 $\angle ABE$ 是三角形 BDE 的外角，所以我们有 $\angle ABE=\angle BDE+\angle BED=2\alpha$。因此 $\angle CBE=1/3\angle ABC$。

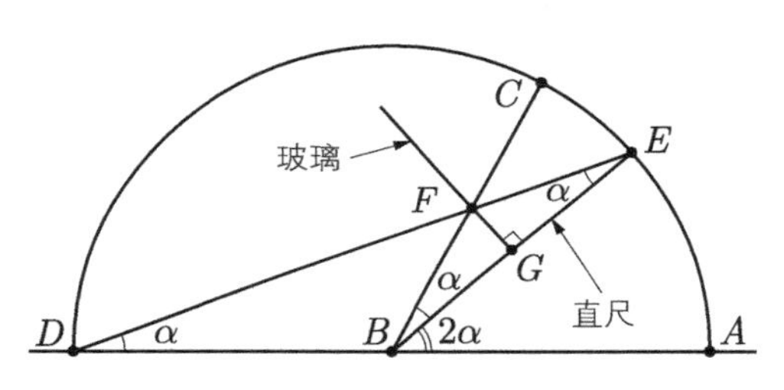

图 T.35 线段 BE 三等分 $\angle ABC$

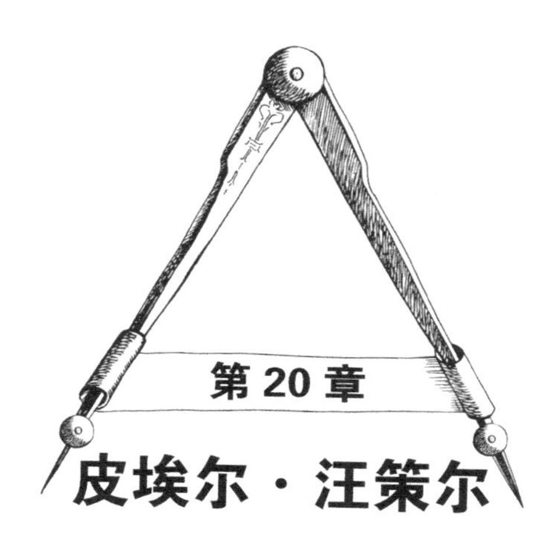

第20章 皮埃尔·汪策尔

上帝创造了整数，其余都是人做的工作。

——利奥波德·克罗内克，1886[1]

1837年，维多利亚女王即位，密歇根成为美国第26个州，芝加哥和休斯敦建市，电报诞生，笛卡儿的《几何学》也迎来了200岁生日。在法国，23岁的皮埃尔·汪策尔发表了一篇7页长的文章，终结了千年来对三个古典问题的猜测。在这短短数页中，汪策尔证明了不可能三等分任意角、作任意正多边形或是倍立方。

迎接这一新闻的当然是喧天的锣鼓、主流新闻媒体的头条以及荣誉加身，对吗？大错特错！伴随着这个结果的是一片死寂。它不仅没有得到宣传，甚至连一个世纪之后的杰出数学家们都不知道谁证明了这些不可能性定理。即便是历史已经得到纠正的今天，汪策尔还是不为人知，被人低估。他的维基百科页面都不需要滚动条。厚达27卷的《科学传记大词典》是一部简要描述具有影响力的科学家和数学家的生平及工作的学术著作，其中并没有汪策尔的条目。化学家詹姆斯·万科林之后就是物理学家埃米尔·沃伯格，中间跳过了汪策尔。①

正如布赖恩·海耶斯所写，汪策尔“哪怕在那些数学世家中也算不上是个家喻户晓的名字”。[2]

皮埃尔·汪策尔

皮埃尔·汪策尔的父亲出身于德国的一个银行世家。他在18世纪末搬到巴黎工作。他的儿子出生于1814年6月5日，而他在那三个月前就加入了法国军队。在服役七年后，他终于和家人团聚，并成为一位应用数学教授。

显然，汪策尔年轻时就显示出了自父亲那里继承的数学天分。汪策尔九岁时，他的老师（同时也是一位勘测员）就因为一个复杂的勘测问题向年幼的汪策尔求助。安托万·雷诺（1771—1844）是当时流行的教材《算术条约》的作者，他在汪策尔15岁时让后者校对该书的最新版。但雷诺收获了预期之外的成果：汪策尔证明了一个常用但未经证明的平方根计算方法。汪策尔在校成绩优异，并因为“用超群的智慧让同学赞叹不已”而出名，“就像他凭借真诚而高尚的人格深受喜爱一样”。[3]

汪策尔的学术兴趣和学术强项都很广泛。他可以熟练运用多种语言，例如拉丁语、希腊语和德语。正如加斯顿·皮内特所写，汪策尔“被赋予了极其活跃的想法，以及真正全面的天分……他投身于数学、哲学、历史、音乐以及辩论中，在各方面都展示出同样非

① 该书按人名顺序排序。如果汪策尔有自己的条目，那他的条目（Wantzel）应该在这两位科学家（Wanklyn 和 Warburg）之间。——译者注

凡的头脑”。[4]

18 岁时，汪策尔在巴黎综合理工学院和巴黎高等师范学院理科的入学考试中都拔得头筹——这是史上第一次。他最终选择了巴黎综合理工学院。

20 岁时，他开始在巴黎路桥学院学习成为一名工程师。他就是在这时证明了这些不可能性定理。可能是因为这一成就，他“对朋友兴高采烈地说，自己不会成为一名平庸的工程师”，并且“他更愿意教授数学”。[5] 虽然完成了作为工程师的学业，他最后选择在巴黎路桥学院和巴黎综合理工学院执教。他还在其他地方成为很多学生的私人教师。

他的合作者圣维南（1797—1886）写道：[6]

他的授课……因为清晰、稳健、极具洞察力和吸引力而享负盛名。没有人知道如何像他一样，温柔又有耐心地让听众默默注意自己。即使语速迅速，方法独特，谈吐流畅且从不大喊大叫，他也总能让人听懂……他的学生们崇拜他，敬重他。

但汪策尔承担了过多的工作。除了教学，他的研究领域也极其广博。他研究了尺规问题、根式理论、多项式方程可解性、空气流动以及弹性杆的曲率。他还要负责巴黎综合理工学院的入学考试。即便生病，他每天也要花 10 到 12 个小时监考。

这位拼命的数学家年仅 33 岁就过世了。圣维南写道：[7]

他应该因为藐视那些友好而慎重的劝告而受到责备。他常在晚上工作，直到很晚才躺下；躺下之后，他还要看书，每天只睡几个小时，并且睡得并不安稳。直到结婚前，他都交替地滥用咖啡和鸦片，还不按时吃饭。他无限信任自己天生强健的体格，却又仿佛肆意嘲讽一般虐待自己的身体。他让那些悼念他英年早逝的人伤心不已。

汪策尔撒手人寰，撇下了妻子（他从前一位老师的女儿，两人于六年前结婚）、两个女儿和他的父亲。一同留在身后的，还有那些没来得及发现的数学结果。

我们再一次引用圣维南的文字：[8]

> （他的研究成就）与他本来可以凭借活跃的想象力、超凡的天赋以及对纯数学领域广泛而深刻的了解而取得的成就并不对等……我相信这主要是因为他不规律的工作习惯、他参与的过多工作、他那一直活跃、躁动不安的思维，以及对自己天分的滥用。汪策尔更多的是临时计划做某事，而不是经过精心准备再动手：他可能没有给自己足够的空闲和必要的平静，好让他能驻足于同一事物。这一切都让我们不禁想象，要是他能多活几年，能改变生活习惯，能认真地研究这些积攒起来的问题，他应该就可以产出重要的成果，在科学界夺得凭他的数学天赋应得的地位了。

正如阿尔贝·拉帕朗雄辩地指出，汪策尔留下了“一条明亮的轨迹，但不幸的是，那轨迹太像天空中划过的流星，稍纵即逝”。[9] 幸运的是，我们得以一窥这明亮的轨迹：那就是汪策尔关于著名尺规作图问题的不可能性定理。不过，在我们讨论这些美妙的结果之前，必须先介绍必要的代数知识。

不可约多项式和最小多项式

在代数课上，我们学习过多项式因式分解。例如：

$$x^2-9=(x-3)(x+3)$$
$$5x^4-19x^3-3x^2+57x-36=(x-3)(5x-4)(x^2-3)$$

以及

$$x^4-6x^3+13x^2-24x+36=(x-3)^2(x^2+4)$$

我们知道——事实上是笛卡儿知道——a 是一个多项式的根，当且仅当 $x-a$ 是该多项式的因式。所以，$x=3$ 是上述三个多项式共同的根。第一个多项式还有一个根 $x=-3$。如果我们继续分解第二个多项式，并得到 $5(x-3)(x-4/5)(x-\sqrt{3})(x+\sqrt{3})$，就会发现其他三个根：$4/5$、$\sqrt{3}$ 和 $-\sqrt{3}$。

笛卡儿知道，多项式根的数量不可能超过多项式的次数。这三个多项式的次数是 2、4 和 4，它们分别有两个、四个以及一个实数根。但我们还可以做得更好。高斯 1799 年的博士论文给出了所谓的代数基本定理的证明。该定理表明，如果我们计算复数根，并且把重复根视为多个根，那么 n 次多项式刚好有 n 个根。[10] 例如，我们可以把第三个多项式分解为 $(x-3)(x-3)(x-2i)(x+2i)$。因此，它有两个实数根 3 和 3（或者说 3，重复度为 2）以及两个复数根 2i 和 −2i。高斯相信这是一个重要的定理，因此他后来又证明了这个定理三次——两次在 1816 年，一次在 1849 年。

当我们因式分解一个多项式时，可以合理地提出下述问题：要分解到什么程度？本节开始的所有因式分解都具有整数系数。我们本可以继续，但这样做就会得到无理数（第二个多项式）或者复数（第三个多项式）。

如果我们把系数限定为某些集合，而不是全部复数，那么一些多项式根本不能被分解；这些多项式被称作不可约多项式。对于多

项式 $f(x)$，如果不存在系数为有理数的非常数多项式 $g(x)$ 和 $h(x)$ 使得 $f(x)=g(x)h(x)$，那么 $f(x)$ 在有理数域上不可约。我们还可以在其他种类的数域上定义不可约性——比如整数、实数、复数等。

多项式 $2x+4$、x^2+1 和 x^2-3 在整数域和有理数域上都不可约，其中前两个在实数域上不可约，而只有第一个在复数域上不可约。本节开始的三个多项式在有理数域上都可约，并且我们已经把它们分解为不可约因式的乘积。在下文中，如果没有特别指出，不可约都指在有理数域上不可约。

要判断一个多项式是否不可约，一般来说比较困难。但还是有一些方法能帮助我们判断。[11] 我们首先介绍一个高斯发现的重要结果。

高斯引理。[12] 如果一个整系数多项式在整数域上不可约，那么它在有理数域上也不可约。

假设我们要证明 $3x^2+2x+1$ 在有理数上不可约。我们本来应该要证明不存在有理数 a、b、c 和 d，使得 $3x^2+2x+1=(ax+b)(cx+d)=acx^2+(ad+bc)x+bd$。这等价于 $ac=3$，$ad+bc=2$ 并且 $bd=1$。这太麻烦了！幸运的是，高斯引理指出，因为原不等式系数为整数，所以我们只需要检查 a、b、c 和 d 是整数的情况。因为所有系数都是正数，我们可以假设这四个值也是正数。因为 $ac=3$ 并且 $bd=1$，所以 a 和 c 只可能是 1 和 3，而 b 和 d 只可能都是 1。又因为 $ad+bc=3\cdot1+1\cdot1=4\neq2$，所以原不等式无法因式分解；因此它在有理数上不可约。

让我们再仔细看看那些系数为整数、根为有理数的多项式。假设 $f(x)=a_nx^n+a_{n-1}x^{n-1}+\cdots+a_1x+a_0$ 有一个有理根 r/s。r 和 s 没有公约数。那么

$$f(r/s)=a_n(r/s)^n+a_{n-1}(r/s)^{n-1}+\cdots+a_1(r/s)+a_0=0$$

等式两边同时乘以 s^n，我们得到

$$a_nr^n+a_{n-1}r^{n-1}s+\cdots+a_1rs^{n-1}+a_0s^n=0$$

整理可得

$$s(a_{n-1}r^{n-1}+\cdots+a_1rs^{n-2}+a_0s^{n-1})=-a_nr^n$$

因为表达式中所有的值都是整数，所以 s 可以整除 a_nr^n。但根据假设，s 和 r 没有公约数，所以 s 一定整除 a_n。类似的方法可以推出 r 整除 a_0。这些发现构成了有理根定理。

有理根定理： 假设 $a_nx^n+a_{n-1}x^{n-1}+\cdots+a_1x+a_0$ 是一个整系数多项式，而 r/s 是其有理根（已化为最简分数），那么 r 是 a_0 的因数，s 是 a_n 的因数。

这一定理给出了一些可供检查的候选根。例如，如果 $16x^4-24x^3-12x^2+16x+3$ 有一个有理根 r/s，那么 r 整除 3，s 整除 16。这意味着我们只需检查 18 个候选根：±1、±1/2、±1/4、±1/8、±3、±3/2、±3/4、±3/8 和 ±3/16。这有一点儿麻烦，但绝对可行。在这个例子中，3/2 是唯一一个有理根。所以我们可以把多项式分解为 $(x-3/2)(16x^3-12x-2)$。如果更喜欢整数系数，我们也可以写成 $(2x-3)(8x^3-6x-1)$。[13] 我们接下来考察三次多项式 $8x^3-6x-1$。它要么不可约，要么能被分解为次数为 1 和 2 的整数多项式之积。但因为它没有有理根，所以就没有一次的因式。因此它一定不可约。

下面是另一个例子。我们考察多项式 x^m-n，其中 m 和 n 都是正整数。这个多项式有一个实数根：$\sqrt[m]{n}$。根据有理根定理，$\sqrt[m]{n}$要么是无理数，要么是一个有理数 r/s，其中 r 整除 n，s 整除 1。但只有 $s=1$ 才能让后者成立，而这就意味着根是整数。因此，这些根要么是类似 $\sqrt{2}$ 和 $\sqrt[3]{2}$ 的无理数，要么是类似 $\sqrt{9}=3$ 和 $\sqrt[5]{32}=2$ 的整数。换言之，$\sqrt[m]{n}$ 不能是非整数的有理数。这一论述还证明，如果 n 不是一个完全 m 次方数[①]，那么 x^m-n 就是不可约的。

现在我们来换个角度，从关注多项式变为关注数。我们从一个数开始，比如 $\sqrt[3]{2}$。它是多项式 x^3-2 的根。我们刚刚看到，它是不可约的。我们的问题是：它是某个其他不可约多项式的根吗？它可能是次数更低的不可约多项式的根吗？又或者是次数更高的不可约多项式的根？或者是同样次数的不可约多项式的根？

简单的回答是“有可能”。它还是 $2x^3-4$ 的根，而这个多项式也不可约。但这只是个技术性答案，该多项式不过是原多项式的倍数。如果我们限定 x 的最高次幂的系数为 1——这样的多项式被称为首一多项式——那么答案就是“不可能”。1829 年，阿贝尔证明了如下结果。

阿贝尔不可约定理：如果多项式 $f(x)$ 和 $g(x)$ 有公共根，且 $f(x)$ 是不可约的，那么 $f(x)$ 是 $g(x)$ 的因式。

比如，$\sqrt[3]{2}$ 是 $g(x)=x^5+2x^4-15x^3-2x^2-4x+30$ 和不可约多项式 $f(x)=x^3-2$ 的根。而 $g(x)$ 也确实可以分解为 $g(x)=(x^3-2)(x^2+2x-15)$。现在，假设存在另一个不可约首一多项式 $p(x)$，它也有根 $\sqrt[3]{2}$。根据阿贝尔定理，存在多项式 $h(x)$，使得 $p(x)=(x^3-2)$

① 即 m 次方根为整数的数。——译者注

$h(x)$。但因为 $p(x)$ 不可约，它无法被因式分解，所以 $h(x)$ 只可能是常数多项式 1。因此 $p(x)=f(x)$。

因此，我们可以把 a 的最小多项式定义为以 a 为根的、唯一的不可约首一多项式。在上述例子中，x^3-2 就是 $\sqrt[3]{2}$ 的最小多项式。

汪策尔定理

笛卡儿证明，可作图数是那些能用整数、四则运算和平方根表示的数。不幸的是，尽管这个结果很重要，但因为存在多种表示数的方法，该结果没有给出一个可以检查一个数是否可作图的标准。汪策尔给出了可供检查的标准，而它也是证明古典问题不可解的关键。

在他 1837 年的论文《对几何问题是否可用尺规解决的判断方法的研究》（“Recherches sur les moyens de reconnaître si un problème de géométrie peut se résoudre avec la règle et le compas”）[14] 中，汪策尔证明了如下结论。[15]

汪策尔定理： 可作图数的最小多项式的次数是 2 的幂。

特别是——这里是关键——如果一个数是一个次数不为 2 的幂的不可约多项式的根，那它就不是可作图数。

当然，汪策尔的证明适用于所有可作图数。但比起描述这个证明，我们会给出一个简单的实际例子，来说明证明背后的思路。[16] 我们要找一个次数为 2^n 的有理系数不可约多项式，它的一个根是如下可作图数：

$$a=\frac{4}{\sqrt{5}+\sqrt{3}}+\sqrt{3}-\sqrt{2+\sqrt{5}}$$

第一步是尽可能地化简 a。在本例中，我们想要进行分母有理化。标准的简化过程会得到 $a=2\sqrt{5}-\sqrt{3}-\sqrt{2+\sqrt{5}}$。现在我们想要找一个二次方程，它的一个根是 a。为此，我们令它等于 x，然后把所有项移到等式一端，也就是 $x-2\sqrt{5}+\sqrt{3}+\sqrt{2+\sqrt{5}}=0$。接下来是一个小窍门：要消去双重平方根，我们改变 $\sqrt{2+\sqrt{5}}$ 的符号，再用变号后的多项式乘以原多项式：

$$\begin{aligned}0&=(x-2\sqrt{5}+\sqrt{3}+\sqrt{2+\sqrt{5}})(x-2\sqrt{5}+\sqrt{3}-\sqrt{2+\sqrt{5}})\\&=x^2+(2\sqrt{3}-4\sqrt{5})x+21-4\sqrt{3}\sqrt{5}-\sqrt{5}\end{aligned}$$

现在，我们就消去了双重平方根。这是一项进步。但系数里还是有平方根：$\sqrt{3}$ 和 $\sqrt{5}$。为了消去它们，再次运用上述窍门：改变每个 $\sqrt{3}$ 的符号，再用变换后的多项式乘以原多项式。这样就会得到一个不含 $\sqrt{3}$ 项的四次多项式：

$$\begin{aligned}&(x^2+(2\sqrt{3}-4\sqrt{5})x+21-4\sqrt{3}\sqrt{5}-\sqrt{5})\cdot\\&(x^2+(-2\sqrt{3}-4\sqrt{5})x+21+4\sqrt{3}\sqrt{5}-\sqrt{5})\\&=x^4-8\sqrt{5}x^3+(110-2\sqrt{5})x^2+(40-120\sqrt{5})x-42\sqrt{5}+206\end{aligned}$$

重复上述过程，不过这次改变 $\sqrt{5}$ 项的符号。这样，我们就得到了一个根为 a 的有理系数八次多项式（在本例中，它们刚好都是整数）：

$$x^8-100x^6-80x^5+2892x^4+3040x^3-25\,920x^2-33\,920x+33\,616$$

一般来说，这个过程中的每一步都会让多项式次数加倍，而最后我们会得到一个次数为 2^n 的多项式。汪策尔认为，这个过程会得到一个不可约多项式；我们在这里不会给出他的论证过程。

尽管汪策尔定理提供了一种证明一个数不可作图的方法，它仍算不上完美。是 2^n 次不可约多项式的根只是一个必要条件，而非充分条件。比如，不可约多项式 $x^4-x^3-5x^2+1$ 有四个实数根，但它们都不可作图。[17]

不可能性定理

至此，汪策尔把注意力转向了古典问题。在称得上是数学历史中最伟大的一页中（图 20.1），他证明了古典问题中的三个不可解。[18] 牛顿和爱因斯坦都有过“奇迹之年”。也许我们应该把汪策尔的论文的第 396 页称作“奇迹之页”（pagina mirabilis）。

在这一页的顶部，汪策尔着手解决第一个问题：倍立方问题。要证明这个问题不可解，我们需要证明 $\sqrt[3]{2}$ 不是一个可作图数。我们已经证明了 x^3-2 是 $\sqrt[3]{2}$ 的最小多项式。这个多项式的次数是 3，而 3 不是 2 的幂，所以 $\sqrt[3]{2}$ 不可作图。证毕！因此，倍立方问题不可解。更一般来说，不可能仅用尺规求两个比例中项。

事实上，倍立方没有什么特殊之处。因为当 m 不是完全立方数时，x^3-m 不可约，所以三倍立方、四倍立方等也是不可能的。

几行之后，汪策尔转而关注三等分角问题。我们提过，当且仅当 $\cos(\theta/3)$ 是可作图数时，我们才能三等分角 θ。另外，我们可以三等分某些角。要证明这个问题不可解，只需要找到一个使得 $\cos(\theta/3)$ 不可作图的角 θ 即可。

PURES ET APPLIQUÉES. 369

et continuant de cette manière on conclura que $F(x_n)$ s'annulera pour les 2^n valeurs de x_n auxquelles conduit le système de toutes les équations (A) ou pour les 2^n racines de $f(x)=0$. Ainsi une équation $F(x)=0$ à coefficients rationnels ne peut admettre une racine de $f(x)=0$ sans les admettre toutes; donc l'équation $f(x)=0$ est irréductible.

IV.

Il résulte immédiatement du théorème précédent que tout problème qui conduit à une équation irréductible dont le degré n'est pas une puissance de 2, ne peut être résolu avec la ligne droite et le cercle. Ainsi *la duplication du cube*, qui dépend de l'équation $x^3-2a^3=0$ toujours irréductible, ne peut être obtenue par la Géométrie élémentaire. Le problème *des deux moyennes proportionnelles*, qui conduit à l'équation $x^3-a^2b=0$ est dans le même cas toutes les fois que le rapport de b à a n'est pas un cube. La *trisection de l'angle* dépend de l'équation $x^3-\frac{3}{4}x+\frac{1}{4}a=0$; cette équation est irréductible si elle n'a pas de racine qui soit une fonction rationnelle de a et c'est ce qui arrive tant que a reste algébrique; ainsi le problème ne peut être résolu en général avec la règle et le compas. Il nous semble qu'il n'avait pas encore été démontré rigoureusement que ces problèmes, si célèbres chez les anciens, ne fussent pas susceptibles d'une solution par les constructions géométriques auxquelles ils s'attachaient particulièrement.

La division de la circonférence en parties égales peut toujours se ramener à la résolution de l'équation $x^m-1=0$, dans laquelle m est un nombre premier ou une puissance d'un nombre premier. Lorsque m est premier, l'équation $\frac{x^m-1}{x-1}=0$ du degré $m-1$ est irréductible, comme M. Gauss l'a fait voir dans ses *Disquisitiones arithmeticæ*, section VII; ainsi la division ne peut être effectuée par des constructions géométriques que si $m-1=2^n$. Quand m est de la forme a^α, on peut prouver, en modifiant légèrement la démonstration de M. Gauss que l'équation de degré $(a-1)a^{\alpha-1}$, obtenue en égalant à zéro le quotient de $x^{a^\alpha}-1$ par $x^{a^{\alpha-1}}-1$, est irréductible; il faudrait donc que $(a-1)a^{\alpha-1}$ fût de la forme 2^n en même temps que $a-1$, ce qui est impossible à moins que $a=2$. Ainsi, *la division de la circonférence en N parties ne peut être effectuée avec la règle et le compas que si les facteurs premiers de N différents de 2 sont de la forme 2^n+1 et s'ils entrent seulement à la première puissance dans ce nombre.* Ce

图 20.1 数学史上最伟大的一页？(P. L. Wantzel, 1837, "Recherches sur les moyens de reconnaître si un problème de géométrie peut se résoudre avec la règle et le compas," J. Math. Pures Appl. 2(1), 369; 已标出重点)

我们的目标是证明 60° 角无法被三等分。我们必须找到 cos(20°) 的最小多项式。为此，我们使用第 18 章推导的三角恒等式：$4\cos^3(\theta/3)-3\cos(\theta/3)=\cos\theta$。代入 $\theta=60°$，我们可以看到 cos(20°)

是下述多项式的根[19]：$4x^3-3x-\cos(60°)=4x^3-3x-1/2$，或者等价的 $8x^3-6x-1$。我们已经见过这个多项式，并且证明了它不可约。因为它的次数不是2的幂，所以 $\cos(20°)$ 不可作图。因此，60°角不可能被三等分。

我们应该暂停一下，并且看看如果 θ 是一个我们可以三等分的角（比如90°或45°）会怎样。在这种情况下，上述论证过程中的哪里会失效呢？当 $\theta=90°$ 时，我们得到多项式 $4x^3-3x-\cos(90°)=4x^3-3x=x(4x^2-3)$。在此情形中，多项式是可约的：$\cos(30°)=\sqrt{3}/2$ 是一个二次方程的根。因此它可以作图。

$\theta=45°$ 的情况有些不同，并且更加有趣。此时，我们得到多项式 $4x^3-3x-\cos(45°)=4x^3-3x-\dfrac{1}{\sqrt{2}}$，而它的系数不是有理数。所以它不是 $\cos(15°)$ 的最小多项式。在这个情况中，$\cos(15°)=(\sqrt{2}+\sqrt{6})/4$ 是不可约四次多项式 $16x^4-16x^2+1$ 的根。

该页的最后一个定理证明了不可能作特定正多边形。高斯证明，当 $n=2^k p_1\cdots p_r$，其中 p_i 为不同费马质数时，可以作出正 n 边形。高斯说这些是仅有的可作图正多边形。汪策尔证明了该叙述是正确的。

假设我们要作一个正 n 边形，而 p 是 n 的一个质因数。事实上，假设 p^k 是能整除 n 的 p 的最高次幂；那么令 $n=mp^k$。如果我们从多边形的任意顶点出发，沿着多边形移动，每次遇到第 m 个顶点就连接起来，那我们就会得到一个正 p^k 边形；所以，如果 n 边形可作图，那么正 p^k 边形同样可作图。因此，我们可以只关注正 p^k 边形，而不是正 n 边形。我们必须证明，要么 $k=1$ 且 p 为费马质数，要么 $p=2$。

假设正 p^k 边形可作图，而它的顶点是复平面内多项式 $z^{p^k}-1$ 的根。高斯证明，当 p 是质数时，$(z^p-1)/(z-1)=z^{p-1}+z^{p-2}+\cdots+z+1$ 不可约。[20] 当我们用 $z-1$ 去除 $z^{p^k}-1$ 时，会得到一个多项式，但它可能是可约的。不过，汪策尔使用了一个巧妙的方法来得到一个不可约多项式：把等式 $\dfrac{z^p-1}{z-1}=z^{p-1}+z^{p-2}+\cdots+z+1$ 中的 z 换成 $z^{p^{k-1}}$。这样就能得到

$$\frac{(z^{p^{k-1}})^p-1}{(z^{p^{k-1}})-1}=(z^{p^{k-1}})^{p-1}+(z^{p^{k-1}})^{p-2}+\cdots+(z^{p^{k-1}})+1$$

而它可以继续化简为

$$\frac{z^{p^k}-1}{z^{p^{k-1}}-1}=z^{(p-1)p^{k-1}}+z^{(p-2)p^{k-1}}+\cdots+z^{p^{k-1}}+1$$

这看起来可能有些麻烦、有些令人困惑。但我们来看一个实际例子，来更好地说明这个等式。当 $p=5, k=3$ 时，该等式其实就是

$$\frac{z^{125}-1}{z^{25}-1}=z^{100}+z^{75}+z^{50}+z^{25}+1$$

上述这些工作的要旨在于，这个多项式的次数是 $(p-1)p^{k-1}$。因为该多项式在我们把 z 换成 $z^{p^{k-1}}$ 之前就不可约，所以它在替换之后依然不可约。因为正 p^k 边形可作图，这一次数是 2 的幂。换言之，存在 l，使得 $(p-1)p^{k-1}=2^l$。这只有两种可能，要么 $p=2$，要么 $k=1$ 且 $p-1=2^l$，也就是说，p 是费马质数。[21]

至此，我们抵达了这一页的末尾，以及四个古典问题中三个问题的结局：不可能用尺规倍立方、三等分任意角或是作任意正多边形。

多边形的另一种证明

在继续下去之前，我们来看多边形问题的另一个证明——该证明利用了汪策尔定理，而且更容易看懂。我们已经看到，如果我们能作出 $\cos(2\pi/n)+i\sin(2\pi/n)$，也就是和 1 对应的顶点相邻的顶点，那么就可以作出整个 n 边形。从结果来看，这个顶点不是唯一一个可以用来作出多边形的顶点。

正 n 边形的顶点都是 n 次单位根，但不是所有的 n 次单位根都等价。考察六次单位根 ±1 和 $(\pm1\pm i\sqrt{3})/2$。这里面有些值也是 k 次单位根，而 k 小于 6。-1 这个值同时也是二次单位根和四次单位根。而 $(-1\pm i\sqrt{3})/2$ 同时也是三次单位根（它们和 1 一起构成了一个等边三角形）。但是，$(1\pm i\sqrt{3})/2$ 只是六次单位根，不是任何小于 6 次的 k 次单位根。

对于一个复数 z，如果 $z^n=1$，但对于任意小于 n 的 m 都有 $z^m\neq1$，则 z 是一个本原 n 次单位根。例如，$\pm i$ 是本原四次单位根，而 $(1\pm i\sqrt{3})/2$ 是本原六次单位根。一个本原 n 次单位根 z 可以通过乘方生成所有 n 次单位根：$z, z^2, \cdots, z^{n-1}, z^n=1$。本原四次单位根 i 可以生成 $i^2=-1$，$i^3=-i$ 和 $i^4=1$。在图 20.2 中，我们考察了三个十次单位根：r、s 和 t，其中前两个是本原根。我们看到，r 和 s 可以生成正十边形的所有顶点，而 t 只能生成一个正五边形。结论是，如果我们能作一个本原 n 次单位根，那么利用这个根、1 以及圆规就可以作出 n 边形的所有顶点。

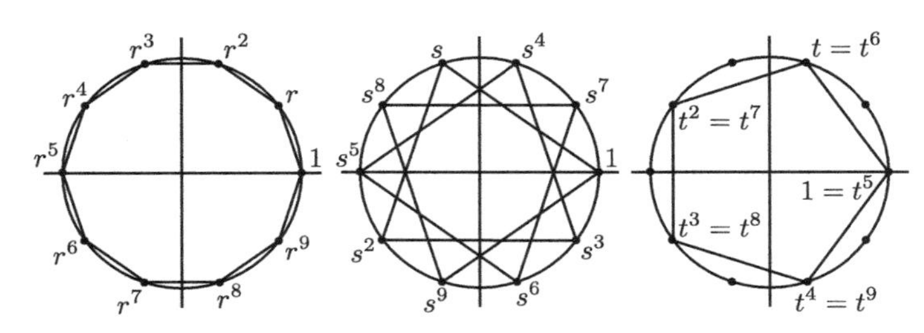

图 20.2　本原十次单位根：*r* 和 *s* 生成了正十边形的所有顶点

对于任意 n，本原 n 次单位根的数量刚好等于 1 和 n 之间与 n 互质的整数的个数。这个值记作 $\varphi(n)$，而 φ 被称作欧拉 φ 函数或者欧拉总计函数。对于 $n=4$，1 和 3 与 4 互质，但 2 与 4 不互质，所以 $\varphi(4)=2$。如果 p 是质数，那么 1, …, $p-1$ 都和 p 互质，所以 $\varphi(p)=p-1$。表 20.1 给出了 $n=1, \cdots, 13$ 时 $\varphi(n)$ 的值。

φ 函数的下列性质能简化求值过程：

（1）如果 p 是质数，那么 $\varphi(p^k)=(p-1)p^{k-1}$；

（2）如果 m 和 n 互质，那么 $\varphi(mn)=\varphi(m)\varphi(n)$。

表 20.1　欧拉 φ 函数

n	1	2	3	4	5	6	7	8	9	10	11	12	13
$\varphi(n)$	1	1	2	2	4	2	6	4	6	4	10	4	12

我们来看一个实际例子，

$$\begin{aligned}\varphi(5544) &= \varphi(2^3 \cdot 3^2 \cdot 7 \cdot 11)\\ &= \varphi(2^3)\varphi(3^2)\varphi(7)\varphi(11)\\ &= (2-1)2^2(3-1)3^1(7-1)(11-1)\\ &= 1440\end{aligned}$$

所以 1 和 5544 之间有 1440 个数与 5544 互质。

考察一个以所有本原 n 次单位根为根的多项式。该多项式被称

为 n 次分圆多项式，记作 Φ_n，而它的次数是 $\varphi(n)$。例如，两个本原四次单位根分别是 $\pm i$。因此，$\Phi_4(z)=(z+i)(z-i)=z^2+1$。表 20.2 给出了前六个分圆多项式。

表 20.2　分圆多项式

n	$\varphi(n)$	$\Phi_n(z)$
1	1	$z-1$
2	1	$z+1$
3	2	z^2+z+1
4	2	z^2+1
5	4	$z^4+z^3+z^2+z+1$
6	2	z^2-z+1

值得注意的是，$\Phi_n(z)$ 的系数不仅仅是实数，它们还是整数。[22] 此外，高斯证明，如果 n 是质数，那么 $\Phi_n(z)$ 不可约。而在他 1808 年 6 月 12 日的日记中，高斯声称他已经证明了 n 是合数的情况："方程……包含了 $z^n-1=0$ 的所有本原根，它无法被分解为具有有理数系数的因式。我已经证明了 n 为合数的情况。"高斯的证明已经失传。[23] 利奥波德·克罗内克（1823—1891）于 1854 年给出了第一份见诸文字的证明。

我们现在可以用一段话来证明高斯可作图多边形定理的逆命题了：假设我们可以作正 n 边形，而 n 可以被质因数分解为 $n=p_1^{a_1}p_2^{a_2}\cdots p_k^{a_k}$，那么可以作一个本原 n 次单位根。它的最小多项式是 n 次分圆多项式 $\Phi_n(z)$。该多项式不可约，具有整数系数，并且次数为 $\varphi(n)$。根据汪策尔定理，存在某个 m 使得

$$\begin{aligned}\varphi(n)&=\varphi(p_1^{a_1}p_2^{a_2}\cdots p_k^{a_k})\\&=\varphi(p_1^{a_1})\varphi(p_2^{a_2})\cdots\varphi(p_k^{a_k})\\&=(p_1-1)p_1^{a_1-1}(p_2-1)p_2^{a_2-1}\cdots(p_k-1)p_k^{a_k-1}\\&=2^m\end{aligned}$$

这些质因数中的一个可以是 2。我们假设它是 p_1，那么 a_1 就可以是任何值。但对于其他质因数来说，p_i-1 需要是 2 的幂，并且 $a_i=1$；因此所有不是 2 的质因数都必须是费马质数，并且最多只能出现一次。

一些有趣的推论

角的度数是人为决定的，但我们都已经习惯它了。所以我们最好还是问一句：哪些（具有整数度数的）角可以作图？ 1° 角不可能作图。否则，我们就能作出正 360 边形。但 $360=2^3\cdot3^2\cdot5$，不符合高斯 – 汪策尔定理中可作图的形式。类似地，2° 角也不可作图，但 3° 角可以。因为后者是有 $120=2^3\cdot3\cdot5$ 条边的正多边形的中心角。[24] 因此，对于整数 k，我们可以作出任意形如 $(3k)°$ 的角。但是，我们不能作出任何形如 $(3k+1)°$ 或 $(3k+2)°$ 的角；否则，我们就可以作出 $(3k+1)°-(3k)°=1°$ 或者 $(3k+2)°-(3k)°=2°$ 的角了。

我们已经看过了可以被三等分（比如 90° 角）以及不可以被三等分（比如 60° 角）的可作图角。结果证明，我们可以找到一个不可作图的角，只要给我们该角，就可以三等分它！ [25] 角 $\theta=(360/7)°$ 不可作图，因为它是正七边形的中心角。但如果给定一个角 θ，我们就能在圆内作七边形。我们还可以作一个与该七边形共享一个顶点的内接正六边形（图 20.3 中的灰色图形）。因为

$$2\cdot60°-2\cdot\left(\frac{360}{7}\right)^{\circ}=\left(\frac{120}{7}\right)^{\circ}=\frac{1}{3}\cdot\left(\frac{360}{7}\right)^{\circ}=\frac{\theta}{3}$$

则如图 20.3 所示，七边形和六边形相邻顶点形成的中心角就能三等分角 θ。

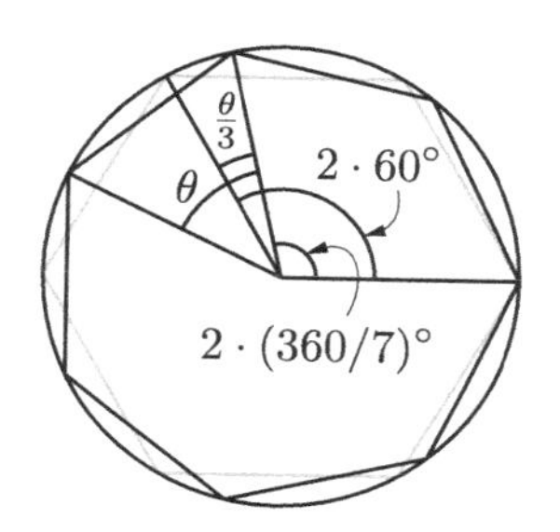

图 20.3 角 θ 不可作图，但可以被三等分

那有没有既不能作图，也不能被三等分的角呢？当然，(360/42)° 角就具有这样的性质。它无法被作图，因为它是 42=2・3・7 边形的中心角，而 7 不是费马质数。而这个角不可被三等分的证明（哪怕已知一个 (360/42)° 角）不在本书讨论范围内。[26]

二等分任意角是可能的。三等分任意角是不可能的。四等分任意角也是可能的——只要二等分两次。这就会让我们提出多等分的问题：哪些 n 可以让 n 等分任意角变为可能的呢？

通过不断平分，对于任意 k，我们都可以把任意角分成 $n=2^k$ 份。事实证明，这些就是仅有的可以 n 等分的数了。原因如下。假设能把任意角 n 等分 [27]，那么我们就能把 360° 角 n 等分。接下来再把这些角 n 等分。利用得到的角，我们就能作出正 n^2 边形。根据高斯 – 汪策尔定理，这只有在 n 是 2 的幂时才是可能的。

震耳欲聋的沉默

皮埃尔・汪策尔给出了前三个古典问题的不可能性证明，但他的工作在很大程度上都被人忽略了，而且这个情况延续了将近一个世纪。古典问题可能是数学史上最著名的问题。我们可能会想，这些问题的解答（哪怕是否定的解答）都是值得注意，并且有新闻价值的。尤其是，汪策尔发表文章的期刊是当时的顶级期刊。但就算这样，他的工作也几乎立刻就被遗忘了。

在证明被提出15年后，知名数学家们仍然没有意识到这一结果。1852年12月18日，威廉·罗恩·哈密顿爵士（1805—1865）给德·摩根写了一封信：[28]

你**确定**不可能用尺规三等分角吗？我没有去悔恨在这问题上花费掉的任何时间，只是觉得，是一种直觉或是感觉，而不是一份证明，让我们认为这件事无法做到。毫无疑问，我们被三次代数方程影响了。但要是放在一个世纪以前，高斯的正十七边形碑文看起来不也一样无法用直线和圆完成吗？

德·摩根在平安夜回了信：

至于三等分角，高斯的发现让我更加不相信它的可能性。当 $x^{17}-1$ 被分解为二次因式时，我们看到了使用圆形的作图如何产生效果。但是，在知道 ax^3+bx^2+cx+d **无法**分解为实系数二次因式和一个线性因式的情况下，我无法想象一组圆相交如何能产生刚好三个不同的点。

丹麦数学家尤利乌斯·彼得森（1839—1910）在1877年的一本代数教材中证明了汪策尔定理，[29]但他没有提到汪策尔。这让事情变得更加复杂。但是，他知道汪策尔的工作，因为他在自己的博士论文中提及了它。

1897年，菲利克斯·克莱因（1849—1925）写了一本书，其名为《初等几何中的著名问题：倍立方、三等分角、化圆为方》。他在引言中写道：[30]

（倍立方和三等分任意角的不可能性证明）暗含在伽罗瓦理论中，正如今天的高等代数论文中所呈现的那样。另外，除了彼得森的教材，我们没有见过其他明确的初等形式证明。

克莱因没有提到汪策尔。此外，他还错误地把作任意正多边形的不可能性证明归功于高斯，这让事态更加混乱：[31]

在他的《算术研究》中，高斯扩展了这一系列数（2^h、3和5）。他证明这种分割对所有形如$p=2^{2^u}+1$的质数都是可能的，而对于所有其他质数以及它们的幂都是不可能的。

1914年，雷蒙德·阿奇博尔德（1875—1955）评论了两本关于此话题的书。在对霍布森的《"化圆为方"：一段历史》[32]（该书叙述了汪策尔定理，但没有提到汪策尔的名字）的评论中，他写道："谁第一个证明了经典的三等分角问题的不可能性？我在任何数学史文献中都没有读到过关于这一点的描述，但该证明肯定早于1852年威廉·罗恩·哈密顿爵士写给德·摩根的那封信。"[33]

在他对克莱因的书的评论中，阿奇博尔德写道：[34]

现在，上面提到的暗示（也就是高斯证明了逆命题）已经不再正确。皮尔庞特教授在他（1895年）的论文《论〈算术研究〉中一个未经证明的定理》中有意思地陈述了这一点。

詹姆斯·皮尔庞特（1822—1893）确实否定了关于高斯的这一错误信息，但他也没提及汪策尔的功劳。相反，他给出了自己的证明。他写道：[35]

然而，知道**只有**这些多边形能通过几何方式作出要重要得多，因为这样我们关于尺规作正多边形的理论才算完整……（我们的证明）对于填充《算术研究》的读者们感受到的**缺陷**非常有用。

19 世纪末期和 20 世纪初期的许多数学图书（甚至是那些专门讲述数学史的图书）都讨论了古典问题，却没有提到它们最终的解答。即便提到解答，这些书也经常只是提及化圆为方问题的解答。它们经常把多边形的证明错误地归功于高斯。至于三等分角和倍立方问题的不可能性证明——它们要么不知道这两者已被证明，要么不知道谁给出了第一份证明，要么就搞错了证明人。许多作者简单地引用了一些给出证明的教材，但没有明确说明这是不是第一份证明。

终于，在 1913 年，弗洛里安·卡乔里弄清了真相：[36]

汪策尔对于其他三个著名定理的证明已经被人完全遗忘了。这三个定理就是不可能三等分任意角、不可能倍立方，以及不可能避免不可约三次方程代数解中的“不可约情形”。汪策尔看起来是第一个提出严格证明的人……就我们现在所知，汪策尔最先发表了详细、明确并且完整的证明……这无可争议。

不过，这为时已晚了。那时，错误的信息已经被广泛传播。好心的作者们很可能错过卡乔里的文字，而从许多错误来源获取信息。然后，他们又会把错误信息传递下去。

比如，在 1937 年，也就是汪策尔提出证明 100 年后，E. T. 贝尔发表了一本受欢迎的书——《数学大师》。该书讲述了历史上最伟大的几位数学家的故事。它引人入胜，又鼓舞人心。不过，该书因为只关注男性数学家，以及对数学历史过分戏剧性并且偶尔不正确的描述广受批评。在书中，贝尔写道：[37]

这位年轻人证明了，当且仅当边数为费马质数或者是不同的费马质数的乘积时，尺规可以作有奇数条边的正多边形……他的名字就是高斯。

毫无疑问，这样一本有影响力的书中的论述，会给认为高斯证明了这些定理的观点赋予新的活力。[38]

在20世纪中——即便是到了1990年——数学家和数学史学家不断地忽略汪策尔及其成果。[39]1986年，理查德·弗朗西斯写下了下面关于多边形定理的文字，但它们也适用于汪策尔的所有定理：[40]

在如今这个可以快速交流、有着世界范围数学社区、存在大量研究期刊的时代，关于一个流行问题的现状还存在这样的混乱，这实在让人很难理解。但是，谣言在经过了多年的承认以及热心的夸大之后却很难被消灭。

简而言之，在将近一个半世纪之中，都存在几个普遍的困惑：谁证明了什么，什么时候证明的，或者到底有没有人证明过。有些数学家不知道是否存在证明，有些人认为这一结果在很多年前就已经被证明，有些人把所有结果都归功于高斯，有些人把多边形相关的结果归功于高斯。但几乎没有人给过汪策尔他应得的赞扬。

我们可以想象穿越时空回到过去，然后询问数学家们关于这些不可能性定理的问题。他们可能会有如下反应。

*我们不是早就知道了吗？*这些作图的不可能性已经被自信地断言了两千年。自从古希腊时代以来，人们就广泛相信这些问题不可解。当帕普斯把几何问题分类为平面、立体以及线性问题时，他认为立体和线性问题无法只用尺规解决。这一看法深植于每一位数学家的信条中。

*不是笛卡儿证明的吗？*笛卡儿的确努力尝试了。他扩展了帕普斯的分类系统，针对什么可能、什么不可能给出了听起来极为复杂

的论述。但他的数学让人混乱，复杂难懂。结果到头来，他的数学还远不够严密。

*不是高斯证明的吗？*高斯确实发现了正多边形可作图性的充分和必要条件。但他没有同时证明两个方向。高斯曾大胆断言一些他知道但是没有发表的观点，而我们之后在他的笔记中发现了更多细节。这已经成为不争的事实。不过可作图性定理看上去不属于这种情况——我们没有找到任何证据，可以表明高斯曾写下了多边形定理逆命题的证明。

高斯根本没有研究三等分角或者倍立方问题。不过，如果高斯真的证明了多边形定理的逆命题，那就暗示了不可能作正九边形。因为正九边形不可作图，40° 角也不可作图，但 120° 角是可作图的，所以高斯本可以很接近证明三等分角的不可能性。但是他没有这样做。

*这难道不是高斯的工作的简单推广吗？难道不仅仅是正式写出来就好了吗？*耶斯帕·吕岑写过一篇名为《为什么汪策尔被忽略了一个世纪？一个不可能性结果的不停变化的重要性》的优秀文章。他认为上述说法并不正确。汪策尔“对尺规作图的代数描述确实直接来自高斯，而他关于不可约性的讨论也基于阿贝尔的思想。但是，这些崭新的代数方法在汪策尔的时代可能并非容易理解到读者会认为他的证明过于简单的程度”。[41]

尽管笛卡儿和其他后来者能够把三等分角和倍立方问题翻译成代数方程，在汪策尔之前，还没有人能把几何问题完整地翻译成代数问题。

汪策尔毫无疑问站在了巨人的肩上——正如牛顿那句人尽皆知的自评。但那些巨人是否本可以抵达（至少没有证据表明他们确实抵达了）汪策尔的高度，就不得而知了。

谁在乎呢？吕岑认为，汪策尔可能超越了自己的时代。汪策尔在不可能性结果的黄金时代之前就证明了他的定理。当时，许多数学家还在使用“构造范式”——他们工作的重点在于解决问题。此外，吕岑写道：“使用代数来证明一个几何定理对于大多数早期现代数学家来说，当然看起来是种非常不自然，也很落后的想法。但这一想法确实出现了。这一事实因此必须被视为一项巨大进步，而不只是理所当然的事。”[42]

类似汪策尔定理的、元数学式的不可能性定理在当时并不流行。正如吕岑指出的，高斯不想在书中多花几页来证明不可能作特定正多边形。相对地，他只是简单地警告了读者不要浪费时间尝试。吕岑认为，汪策尔式的数学在19世纪后半叶会很流行；但放在20世纪三四十年代，它就是“年轻人的游戏”。[43]

皮埃尔什么？不幸的是，因为汪策尔的职业规划，以及他的英年早逝，他在数学界不甚知名。他从来不是数学机构的一员。比如，他没被选入法国科学院。

汪策尔在证明他的定理时还是个忙碌的工程学学生，后来他全身心投入巴黎综合理工学院的工作。他可能没有和同时代的其他数学家一样“循规蹈矩”——和其他学者见面并通信，分享自己的出版物，谈论自己的工作等。

我们不知道为什么汪策尔和他的工作被忽视了那么久。可能只是祸不单行，所有这些原因都汇聚在一起，让他的工作从公众视野中消失。但帕普斯、笛卡儿、高斯或者他之前的任何人都没有证明这些定理——正如汪策尔自己所知，他写道：“这些在古人之间极其著名的问题，无法用古人们所珍视的几何作图法解决。在我们看来，这一点直到现在才得到了严格证明。”[44]

闲话　用其他工具可以作什么图?

要是我们的灵魂相互分开，也好比
圆规的两脚那样若即若离，
你的灵魂就像那固定的脚，看似稳若
磐石，却会和另一只相偕而移。

而尽管它坐镇中央，
只要另一只漫游远方，
它也会依偎着倾听，
最后挺直腰板，迎接游子归乡。

你之于我，正如此般，
我定如那另一只脚，倾斜旋转。
你的坚定让我不失毫厘，
让我这圆形终于起点。

——出自约翰·邓恩写于约 1609 年的诗“告别辞：莫悲伤”[1]

帕普斯把几何问题分类为平面问题（那些可以用尺规解决的问题）、立体问题（可以用圆锥曲线解决的问题）以及线性问题（所有其他问题）。本书主要聚焦于理解平面问题。但我们也看过了其他的许多几何作图工具。我们能用这些工具作什么图呢?

尺规

能用尺规作图的数的集合由那些可以用整数、四则运算以及平方根表示的数构成。因此，不可能仅用尺规三等分任意角，或是求两个比例中项。此外，当且仅当 p_k 为不同费马质数（形如 $2^{2^k}+1$ 的质数）且 $n=2^i p_1 \cdots p_r$ 时，可以用尺规作正 n 边形。

我们也见过了一些等价于尺规的工具。如果我们有一堆牙签（见“闲话 牙签作图”），或者一支生锈圆规和一把直尺（见第 12 章“生锈圆规”），或者仅有一支圆规（见第 12 章“只使用圆规的作图”），或者一个已知圆和一把直尺（见第 12 章“只用直尺的作图”），就可以作出所有尺规可作图的点。

我们来考察另一种作图工具——一把有两条平行边的普通直尺。如果我们能在作图时同时使用两条边会怎么样呢？要让这把尺经过两个点，最多有四种摆法。我们可以让一条边经过这两个点，而这就有两种摆法。如果两点之间的距离大于直尺的宽度，我们还可以让直尺一边经过一点，这又有两种摆法（如果两点之间的距离等于直尺宽度，只有一种摆法）。图 T.36 给出了两种摆法。我们可以沿着直尺的任意一边作直线，所以用这两点最多能作七条直线。我们鼓励读者们用这个工具自行尝试各种几何作图。[2]1822 年，彭赛列证明，如果已知两个点，它们之间的距离大于双边直尺的宽度，那么当且仅当一个点能由尺规作出时，它可以用双边直尺作出。[3]

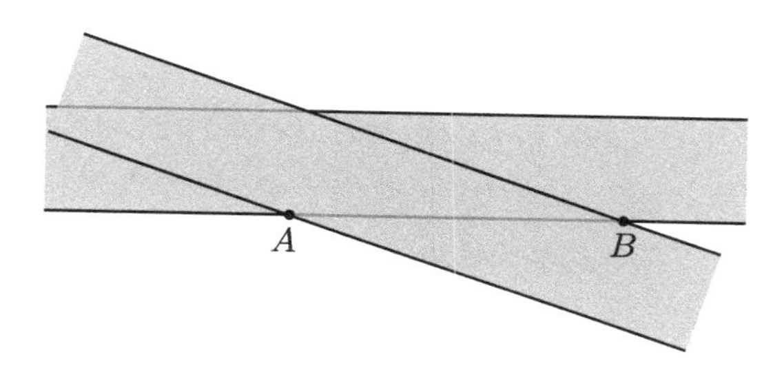

图 T.36　经过两点使用双边直尺可作出的七条直线中的四条

三等分器

战斧就是一种三等分器——一种让几何学家能够三等分任意角的工具（见“闲话 科妄”）。用尺规和三等分器能作什么图呢？

韦达证明，当且仅当三次方程的三个根均为实数时，可以用这些工具作出这些根；这正是不可约情形（见第 14 章）。我们用角三等分器没法倍立方，因为 $x^3-2=0$ 只有一个实数根。事实上，韦达的工作还有一个推论，那就是需要三等分器作出的数的集合与需要“倍立方器”（也就是需要能作两个比例中项）作出的数的集合是不相交的！[4] 换言之，如果一个数可以用三等分器作图，也可以用倍立方器作图，那么即便两者都不用，它也可以作图。

三等分器让我们能作出一些新的正多边形。它使得我们可以让一个已知多边形的边数变为三倍，这样我们就能把一个等边三角形变为正九边形。我们能做的还不止这些。尺规作图和费马质数相关，但使用三等分器，我们就引入了一类新的质数：皮尔庞特质数[5]，也就是形如 2^s3^t+1 的质数。7、13 和 19 是皮尔庞特质数，但它们不是费马质数。使用尺规和角三等分器，当且仅当 p_k 为不同皮尔庞特质数且 $n=2^i3^jp_1\cdots p_r$ 时，我们可以作出正 n 边形。[6]

我们只知道五个费马质数，却知道许多皮尔庞特质数。1000 以内有 18 个皮尔庞特质数：2, 3, 5, 7, 13, 17, 19, 37, 73, 97, 109, 163, 193, 257, 433, 487, 577 以及 769。我们还知道一些很大的皮尔庞特质数，比如有 1 529 928 位数字[7] 的 $3\cdot2^{5\,082\,306}+1$。我们猜测，可能有无穷多个皮尔庞特质数。

安德鲁·格里森发现，如果除了尺规，我们还有另外一个工具，对于所有整除 $\varphi(n)$（φ 是欧拉 φ 函数，我们在第 20 章见到过它）的质数 p，该工具可以把任意角 p 等分，那么就可以作正 n 边形。因此，我们可以用一个能把角五等分的五等分器，来作正 11、

41 以及 101 边形。[8]

圆锥曲线

要是除了尺规，我们还可以用圆锥曲线呢？[9] 帕普斯给出了一个证明，而它很可能可以追溯到欧几里得的时代。这证明指出，可以用双曲线三等分角。[10] 而梅内克穆斯证明我们可以用一条抛物线和一条双曲线，或者两条抛物线来求两个比例中项（见第 5 章）。所以用圆锥曲线至少等价于同时使用圆规、直尺、三等分器以及倍立方器。相反，韦达证明，我们可以用这些工具作出任意不高于四次的多项式的实数根。所以我们可以解决任何能用圆锥曲线解决的问题。因此，帕普斯的立体问题恰好就是那些能用三等分器以及倍立方器解决的问题。

卡洛斯·维迪拉确定了，作为复平面上的点时，能用圆锥曲线作图的点的集合。[11] 他给出了几种特征，其中之一就是该集合是最小的在平方根、立方根和复共轭下闭合的复数域。这里提一件有趣的事，求复数的立方根比求实数的立方根更复杂。如果 $z=r(\cos\theta+\mathrm{i}\ \sin\theta)$ 是一个复数，那么它有三个立方根，其中之一是 $\sqrt[3]{r}\,(\cos(\theta/3)+\mathrm{i}\ \sin(\theta/3))$。特别是，求复数的立方根需要求实数的立方根，然后再三等分一个角。

有人可能会怀疑，在能够三等分角之后，再获得求立方根的能力可以作出许多新的多边形。不过并非如此！1895 年，皮尔庞特确定了究竟哪些正 n 边形可以用尺规和圆锥曲线作图。它们刚好就是我们在上一节提到过的，用三等分器可以作图的那些多边形。[12] 当然，这两件事在时序上是反过来的；皮尔庞特先给出了关于可以用圆锥曲线作图的多边形的证明，然后，在几乎 100 年后，格里森才证明了这些多边形可以用三等分器作图。

结果证明，用圆锥曲线可以完成的作图等价于用其他看起来不同的方法完成的作图。比如米拉镜作图（见“闲话 镜子”）[13]、折纸作图（见“闲话 折纸”）[14]，以及我们在下一节将会看到的某一类二刻尺作图。

刻度尺

比起没有刻度的尺，一把刻度尺能让我们完成更多作图。阿基米德给出了一种三等分角的方法，尼科美德证明我们可以求两个比例中项（见第 10 章）。因此，我们可以借助二刻尺作图解决所有立体问题。但我们能解决帕普斯所说的线性问题（也就是那些不能用圆锥曲线解决的问题）吗？要回答这一问题，我们需要再仔细观察自己的尺。

二刻尺让我们得以过一点作一条直线，这条直线在两条曲线间的截距等于某固定长度。如果我们的作图是用尺规完成的，那么这两条曲线可以是两条直线、一条直线和一个圆，或者两个圆。

如果只能在两条直线之间使用二刻尺作图，我们还是可以三等分任意角或是求两个比例中项。〔阿基米德的三等分角方法使用了直线和圆之间的二刻尺作图，但我们也提过，帕普斯给出了一种直线和直线间的方法（见第 10 章）。〕所以，我们可以用两条直线间的二刻尺作图解决任意立体问题。而结果表明，这也就是我们的极限了。[15]

但是，在标准假设下，允许使用直线和圆之间（例如阿基米德的三等分角作图）以及圆和圆之间的二刻尺作图。此时，就能作出比圆锥曲线更多的图了。埃利奥特 · 本杰明和奇普 · 斯奈德给出了此假设下可作图数集合（他们称之为**可以用受限刻度尺和圆规作图的数**）的准确特征，并且证明该集合严格大于可用圆锥曲线作图的数的集合。[16] 我们还没有可用二刻尺作图的数的完整特征，但亚瑟·巴拉加给出了一个数可用二刻尺作图的必要条件。[17] 圆和圆之间的二刻尺能否让我们作出比直线和圆之间的二刻尺更多的图，这一点尚不得而知。不过，我们可以用二刻尺作图来解决帕普斯线性问题中的一部分。

来看一个实际例子，我们考察多项式

$$x^5-4x^4+2x^3+4x^2+2x-6$$

它有三个实数根。巴拉加证明，这三个根能用二刻尺作图，但它们无法用根式表示，所以不能用圆锥曲线作图。

我们用二刻尺还可以作出用圆锥曲线无法作出的正多边形。本杰明和斯奈德证明，正十一边形可用二刻尺作图，但因为 11 不是皮尔庞特质数，所以正十一边形不能用圆锥曲线作图。[18] 巴拉加证明，存在不能用二刻尺作图的正 n 边形。他还给出了一些也许可以用二刻尺作图的正多边形。图 T.37 总结了可作图多边形的相关信息。

		3	4	5	6	7	8	9	10	11	12	13	14	15	16	17	18	19	20
21	22	23	24	25	26	27	28	29	30	31	32	33	34	35	36	37	38	39	40
41	42	43	44	45	46	47	48	49	50	51	52	53	54	55	56	57	58	59	60
61	62	63	64	65	66	67	68	69	70	71	72	73	74	75	76	77	78	79	80
81	82	83	84	85	86	87	88	89	90	91	92	93	94	95	96	97	98	99	100

图 T.37 每个数字 n 都代表一个正 n 边形。画叉的格子无法用二刻尺作图，有条纹的格子也许可以用二刻尺作图，而剩下的都可以用二刻尺作图。黑色的格子可以用尺规作图，灰色的格子需要用到圆锥曲线

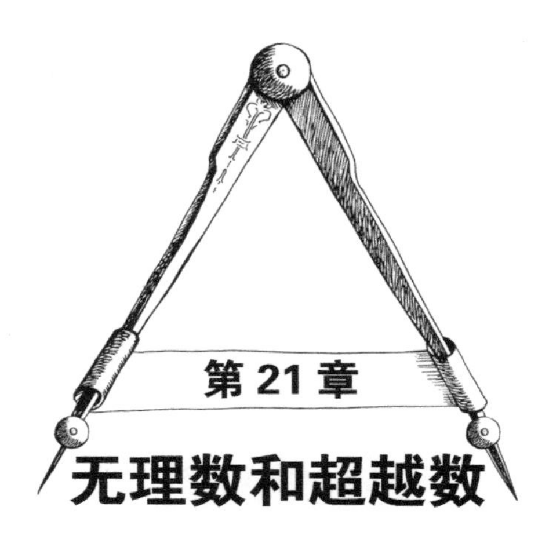

第21章 无理数和超越数

你曾打算花上一整年来研究宗教问题。1882年夏天，你曾打算化圆为方，并赢下那一百万镑。石榴①！崇高和荒谬之间仅仅一步之遥。

——詹姆斯·乔伊斯，《尤利西斯》，维拉格对布卢姆所说[1]

要证明不可能化圆为方，我们需要证明 π 不是个可作图数。根据汪策尔定理，我们必须证明，对于任意 k，π 都不是 2^k 次不可约多项式的根。对于其他三个古典问题，我们证明了与它们相关的数是某个其他次数的不可约多项式的根。但在化圆为方问题上，我们需要做点不一样的事：证明 π 不是任何整系数多项式的根。这样的数被称作超越数。

实数轴上有极其多的超越数。在某种意义上，我们可以准确地说，超越数比不是超越数的实数更多。不过，很难证明一个已知

① 古代犹太宗教中，石榴是唯一能够被带进圣殿的水果。根据礼仪，小石榴被缝在大祭祀的袍子上。（此注释出自萧乾、文洁若译本。）——译者注

数——例如 π——是超越数。这也就是为什么化圆为方问题是最后一个被解决的古典问题。

但是，为了理解超越数，我们必须首先理解无理数。所以我们必须结束第 4 章中始于梅塔庞托的希伯斯和毕达哥拉斯学派的关于无理数的对话。

无理数

我们常常会找到认为是古希腊人——尤其是梅塔庞托的希伯斯——发现了无理数的书。回想一下，希伯斯证明了正方形（或正五边形）的边和对角线不可公度。我们今天把它视作无理数的存在证明。但古希腊人以及后世的许多代数学家都不这么认为。希伯斯的发现只是一个有关量的事实，而不是关于数的。无理数还要再等数个世纪才能被称作数。

无理数在解二次方程时就会自然出现。方程 $x^2-6x+4=0$ 的根就是两个无理数 $3\pm\sqrt{5}$。花拉子密把无理数称作“听不见的”数，这一术语后来被翻译成拉丁文“surdus”，也就是“聋的”或者“无声的”。由此，我们得到了术语“不尽根”（surd）[1]。这一术语偶尔还会被使用，但通常只是指非完全平方数的平方根。花拉子密像使用数一样使用无理数，并且会进行下面这样的计算

$$(20-\sqrt{200})+(\sqrt{200}-10)=10$$

欧洲人吸收了阿拉伯数学家的代数方法，但前者对于无理数如何被纳入数的概念还存在广泛的不安——接纳负数已经足够纠结

① 其语源就是上述的“surdus”。——译者注

了。16世纪早期，一些数学家已经在自由使用无理数了，例如卢卡·帕西奥利（1445—1517）、米歇尔·施蒂费尔（约1486—1567）、西蒙·斯蒂文和卡尔达诺。无理数帮助解决了那些不用无理数就无法解决的问题。不过，数学家们还没准备好把它们接纳为真正的数。施蒂费尔在1544年出版了《整数算术》，这是一本有影响力的代数教材。他在书中做出了如下总结：[2]

因为在证明几何图形时，如果有理数无法证明，无理数就会取代它们的位置，证明那些有理数无法证明的东西……我们动摇了，并且不得不断言，它们真的是数。之所以不得不这样做，一方面是因为使用它们带来的结果——那些我们认为真实、可靠并且不变的结果；另一方面是因为，其他因素又强迫我们否认无理数也是数。也就是说，当我们想对它们计数（用小数表示）时……我们发现它们一直在逃避，以至于没有一个能被人准确理解……那不能被称作真正的数，因为它们本质上缺乏精确性……因此，就像无穷数不是数一样，无理数也不是一个真正的数，而是隐藏在一种无穷的云雾中。

但是用约翰·冯·诺伊曼的话来说，“在数学中，你不是在理解事物。你只是习惯它们而已”。[3] 到16世纪末，数学家们已经习惯求非完全平方数的平方，而其中很多人已经把它们当作合法的数了。他们忽视了《几何原本》第十卷中展示的那些难以驾驭的微妙之处。博斯写到，宣称“《几何原本》第十卷的无用性成了那些赞成用无理数来简化几何问题的人的口号”。[4]

在1585年的《算术》中，斯蒂文激烈地主张，数的系统就像几何中的长度一样，是连续的量。他认为，能够几何作图（例如 $\sqrt{2}$ ）和不能几何作图（例如 $\sqrt[3]{2}$ ）的数都是有效的数。他写道：“不存在什么荒谬的、无理的、不规则的、莫名其妙的或是不尽根的数。”[5]

不过，就算在 17 世纪，帕斯卡和巴罗这样的数学家还是主张，只能从几何角度理解 $\sqrt{2}$ 这样的数——$\sqrt{2}$ 只是一些符号，它表示了一个量，例如边长为单位长度的正方形的对角线。这也是牛顿在《广义算术》中信奉的观点。他把数表示为抽象的量，但又把它们和长度联系在了一起：[6]

> “数”在我们看来不是许多个单位，而是一个量和另一个作为单位的同类量的抽象的比。数有三种：整数、分数以及不尽根。整数用单位来度量，分数用单位的一部分来度量，而不尽根无法用单位度量。

对实数轴的正确理解是让微积分完全严谨的必要步骤。牛顿、莱布尼茨和 17 世纪的同代人推导出了微积分的基本定理，但这些证明都建立在一个由未定义的概念组成的、不可靠的基础之上。“无穷小量”就是这些概念之一。在 1734 年出版的《分析学家》中，主教乔治·贝克莱（1685—1753）写下了一段著名的话，指出牛顿的微积分并不严谨：[7]

> 这些……趋近于零的增量是什么？它们既不是有穷量，也不是无穷小的量，它们也不是零。我们可不可以把它们叫作离去的量的鬼魂呢？

18 世纪的数学家——尤其是欧拉——继续发展了微积分。但对于它的严格基础，仍然存在尚未解决的问题。数学家们直到 19 世纪才处理好这些细节，提出了可以在今天的课本中看到的定义和定理。正如数学史学家朱迪思·格拉比纳对于微积分中的导数所简单陈述的那样，它“先被使用，然后被发现、研究、发展，最后才被定义”。[8]

格奥尔格·康托尔和理查德·戴德金（1831—1916）独立提出了实数的第一个严格构造法。他们关于这一论题的论文都发表于1872年。先前缺失的主要部分就是完备性的概念。它大体上是说实数轴上不存在“洞”；换种说法，有理数集合到处都是洞，而康托尔和戴德金描述了如何填上这些洞。

e是无理数

到18世纪为止，我们所知道的无理数仅限于那些能用 n 次方根表示的数。e是下一个被证明为无理数的数。

1737年，欧拉在一篇关于连分数的重要且全面的文章中给出了这一证明。[9] 关于这个精致而美丽的数表示法，我们只想提一点事实：当且仅当一个数是有理数时，它的简单连分数展开是有限的。例如，有理数43/30的连分数表示是有限的，而 $\sqrt{2}$ 的连分数则不是有限的：

$$\frac{43}{30}=1+\cfrac{1}{2+\cfrac{1}{3+\cfrac{1}{4}}} \quad \text{与} \quad \sqrt{2}=1+\cfrac{1}{2+\cfrac{1}{2+\cfrac{1}{2+\cdots}}}$$

（这一结果和我们熟知的一个事实很相似：当且仅当一个数的小数表示是有限的或者无限循环时，它是有理数。）

所以，一种证明数是无理数的方法就是证明它的连分数展开是无限的。欧拉就是这样做的。他证明，e的连分数表示美丽得不可思议：它有无穷多项，不重复，但又有着明显规律。它的前几项是

$$e = 2 + \cfrac{1}{1 + \cfrac{1}{2 + \cfrac{1}{1 + \cdots}}}$$

后面的项是 1, 4, 1, 1, 6, 1, 1, 8, 1, 1, 10，以此类推。

这个连分数表示令人惊叹，而其证明也同样复杂。今天，我们通常会展示约瑟夫・傅里叶（1768—1830）在 1815 年给出的证明。证明的关键在于无穷级数 $e = 1 + 1/1! + 1/2! + 1/3! + \cdots$。显然，傅里叶把证明告诉了路易・庞索（1777—1859），而后者又告诉了杰诺特・德・斯坦维尔（1783—1828）。斯坦维尔把这个证明写进了自己的书《代数分析与几何的混合》中。[10] 我们会给出这个证明，因为它用到的方法和本章将要提到的其他方法相似。

该证明使用反证法。假设 e 是有理数；那么，我们就能把它写成 h/k，其中 h 和 k 为正整数。事实上，因为 e 不是整数，$k>1$。现在定义一个新数 x：

$$x = k!\left(e - 1 - \frac{1}{1!} - \frac{1}{2!} - \cdots - \frac{1}{k!}\right)$$

要导出矛盾，我们会证明 x 是一个大于 0 且小于 1 的整数。因为这不可能，所以我们就会得到想要的矛盾。

首先，把 $e=h/k$ 代入 x，然后展开：

$$\begin{aligned}
x &= k!\left(e - 1 - \frac{1}{1!} - \frac{1}{2!} - \cdots - \frac{1}{k!}\right) \\
&= k!\left(\frac{h}{k} - 1 - \frac{1}{1!} - \frac{1}{2!} - \cdots - \frac{1}{k!}\right) \\
&= \frac{k! \cdot h}{k} - k! - \frac{k!}{1!} - \frac{k!}{2!} - \frac{k!}{3!} - \cdots - \frac{k!}{k!}
\end{aligned}$$

每个分数的分母都会消去分子中的一些项。例如，

$$\frac{k!}{3!}=\frac{k\cdot(k-1)\cdot\cdots\cdot5\cdot4\cdot\cancel{3}\cdot\cancel{2}\cdot\cancel{1}}{\cancel{3}\cdot\cancel{2}\cdot\cancel{1}}=k\cdot(k-1)\cdot\cdots\cdot5\cdot4$$

特别是，因为每一项都是整数，所以 x 也是整数。

接下来我们回到 x 原来的表达式，代入 e 的无穷级数表示，然后化简：

$$\begin{aligned}x&=k!\left(\mathrm{e}-1-\frac{1}{1!}-\frac{1}{2!}-\cdots-\frac{1}{k!}\right)\\&=k!\left(\left(1+\frac{1}{1!}+\frac{1}{2!}+\cdots\right)-1-\frac{1}{1!}-\frac{1}{2!}-\cdots-\frac{1}{k!}\right)\\&=k!\left(\frac{1}{(k+1)!}+\frac{1}{(k+2)!}+\frac{1}{(k+3)!}+\cdots\right)\end{aligned}$$

因为每一项都是正数，所以 x 也是正数。

接下来，展开表达式并化简：

$$\begin{aligned}x&=k!\left(\frac{1}{(k+1)!}+\frac{1}{(k+2)!}+\frac{1}{(k+3)!}+\cdots\right)\\&=\frac{k!}{(k+1)!}+\frac{k!}{(k+2)!}+\frac{k!}{(k+3)!}+\cdots\\&=\frac{1}{k+1}+\frac{1}{(k+1)(k+2)}+\frac{1}{(k+1)(k+2)(k+3)}+\cdots\end{aligned}$$

注意，对于所有 $n>1$，都有 $k+n>k+1$，所以对于所有 $n>1$，我们都有 $\frac{1}{k+n}<\frac{1}{k+1}$。因此，

$$
\begin{aligned}
x &= \frac{1}{k+1} + \frac{1}{(k+1)(k+2)} + \frac{1}{(k+1)(k+2)(k+3)} + \cdots \\
&< \frac{1}{k+1} + \frac{1}{(k+1)(k+1)} + \frac{1}{(k+1)(k+1)(k+1)} + \cdots \\
&= \frac{1}{k+1} + \left(\frac{1}{k+1}\right)^2 + \left(\frac{1}{k+1}\right)^3 + \cdots \\
&= \frac{\left(\frac{1}{k+1}\right)}{1-\left(\frac{1}{k+1}\right)} \quad \text{根据等比数列求和公式} \\
&= \frac{1}{k} \\
&< 1
\end{aligned}
$$

因此，$0<x<1$，我们得到了想要的矛盾。所以，e 是无理数。

π是无理数

爱德华·蒂奇马什（1899—1963）曾写过一段著名的话："知道 π 是无理数没有任何实际用处，但如果我们能知道，那肯定就不能忍受不知道这一点。"[11]

古希腊人怀疑过 π 是无理数吗？欧托修斯这样描述阿基米德对 π 值的计算："正如我许多次提过的……用这里提到的东西不可能找到一条等于圆的周长的直线。"[12] 看起来，他是在断言 π 是无理数，但克诺尔认为他可能是在表述一个更弱的结论——阿基米德方法需要用到重复的近似，这无法得到 π 的值。

在下面这段摘录中，12 世纪的迈蒙尼德（1135—1204）看起来在暗示 π 是无理数：[13]

你们要知道，圆直径和周长的比仍是未知的，而且它永远也不可能被准确表示。无知的人可能认为这是由于我们的知识有所欠缺，但事实并非如此。相反，这个比值之所以不为人所知，是由于其本质，而我们永远也无法发现它。

在《引论》中，欧拉写道："那么这个圆的周长显然不能用有理数准确表示。"[14] 尽管欧拉找到了 e 的连分数表示，在 π 上他却无能为力——而这是有原因的。不像 e，π 的简单连分数表示没有任何明显的规律。

但是，连分数仍然成为 π 是无理数的第一份证明的关键。约翰·海因里希·朗伯在 1761 年给出了这一证明。[15] 朗伯发现了正切函数的下列（非简单）连分数表示：

$$\tan x = \cfrac{x}{1-\cfrac{x^2}{3-\cfrac{x^2}{5-\cdots}}} = \cfrac{1}{\cfrac{1}{x}-\cfrac{1}{\cfrac{3}{x}-\cfrac{1}{\cfrac{5}{x}-\cdots}}}$$

他用这一表达式证明，如果 x 为非零有理数，那么 $\tan x$ 是一个无理数。（他还对 e^x 和 $\ln x$ 证明了类似定理。）换言之，如果 $\tan x$ 是有理数，则 x 要么是 0，要么是无理数。特别是，$\tan(\pi/4)=\tan(45°)=1$ 是有理数，所以 $\pi/4$ 是无理数。因此 π 是无理数。朗伯写道：[16]

因此，**圆周长和直径的比不能写成整数和整数的比**。这样，我们在此得到了这个定理，作为一个更普遍的定理的推论。确实，正是这份绝对的普遍性可能会让我们感到惊讶。

阿德里安－马里·勒让德（1752—1833）在 1794 年出版了《几何基础》。这是一本很受欢迎的教材。他在书中使用连分数证明

了 π^2 是无理数。注意，π^2 是无理数可以推出 π 是无理数，但反之则未必。（$\sqrt{2}$ 是无理数，但 $(\sqrt{2})^2$ 不是无理数！）[17]

对于 π 是无理数，伊万·尼云（1915—1999）在 1947 年发表了一份简短而初等的证明。[18] 我们说这份证明初等，意思不是说它简单。这份证明占据了期刊中一页的三分之二，而尼云在这份一段长的证明中塞进了许多数学结果。但任何一个完成了第一年微积分课程的学生都已学习过他所使用的数学工具。我们在这里简要描述一下这个证明。[19]

为了推出矛盾，假设 $\pi = a/b$ 是一个最简分数。选择一个足够大的整数 n，使得 $\pi^{n+1}a^n/n! < 1$。我们肯定能找到这样的 n，因为长期来看，阶乘增长得比任何指数函数都快。现在定义一个新函数 $f(x) = x^n(a - bx)^n/n!$。由于我们定义 f 的方式，可以证明

$$0 < \int_0^\pi f(x)\sin x \, dx < 1$$

接下来，定义另一个新函数

$$F(x) = f(x) - f^{(2)}(x) + f^{(4)}(x) - \cdots$$

其中，$f^{(j)}$ 表示 f 的 j 阶导数。根据所有构成 F 的要素可知，$F(\pi)$ 和 $F(0)$ 是整数，并且

$$\int_0^\pi f(x)\sin x \, dx = F(\pi) - F(0)$$

该值是两个整数的差，因此仍为整数。就和傅里叶证明 e 是无理数时一样，我们得到了一个大于 0、小于 1 的整数，而这是不可能的。因此 π 是无理数。

尼云的思路，也就是找出函数 f 和 F，以及它们之间的积分关系，是受到了夏尔·埃尔米特（1822—1901）在 1873 年给出的 e 的超越性的证明启发。我们马上会谈到这个证明。[20] 埃尔米特的方法对证明一个数是无理数非常有用。例如，在尼云所写的教材《无理数》中，他用这一方法证明了 π、π^2、e^r 以及 $\cos r$（其中 r 为任意非零有理数）是无理数。一旦得到这些结果，就不难证明以下两个事实：在参数为非零有理数时，所有三角函数的值都是无理数（例如 sin(1)、cos(3/4) 等）；如果 r 是正有理数（不等于 1），那么 $\ln r$ 是无理数。[21]

刘维尔数

一个数是无理数，不意味着它不可作图；毕竟，$\sqrt{2}$ 也是无理数，但它可以作图。根据汪策尔定理，我们需要证明，不存在 k，使得这个数是次数为 2^k 的整系数多项式的根。我们将会看到，有些数不是任何整系数多项式的根。

如果一个实数是整系数多项式的根，那它就被称为*代数数*。代数数的例子包括 1/2，它是 $2x-1$ 的根；$\sqrt{2}$，它是 x^2-2 的根；黄金分割，它是 x^2-x-1 的根；以及五次方程 x^5-x+1 的唯一一个实数根，但它无法用根式表示。不是代数数的实数被称为*超越数*。每个超越数都是无理数，但不是所有无理数都是超越数。

欧拉可能是第一个定义超越数的数学家[22]，但他的定义表达得并不清晰，而且很可能不等价于现代定义。[23]

法国数学家约瑟夫·刘维尔（1809—1882）是超越数领域真正的先驱。在 1844 年提出的一个重要定理中，刘维尔证明无理代数数不能由有理数很好地逼近。[24] 粗略地讲，要想让一个有理数接近这样一个数，只能让分母是一个非常大的数。

这个定理提供了一种证明某些数是超越数的方法。如果一个无理数能被有理数很好地逼近，那么它一定是超越数。我们称这样的数为刘维尔数。1844 年，刘维尔用这个定理构造出了第一个超越数。他用连分数表示这个数。[25]

1851 年，刘维尔发现，一长串 0 可以让一个数更容易被有理数逼近。[26] 例如，1/2 是 a=0.500 000 000 000 001... 的一个非常不错的逼近（$a-1/2$ 大约是 10^{-15}）。他用这一发现构造了超越数的第一个小数表示。这个数的第 $n!$ 位都是 1，其他位都是 0。所以，1 会出现在 1!=1、2!=2、3!=6、4!=24 等位上：0.110 001 000 000 000 000 000 001 0...。

下面介绍一个直观的方法，它能让我们理解为什么像上面这样的数是超越数。这个数不仅有一长串 0，我们越往后看，这串 0 就越长。当我们求这个数的平方、立方直至 n 次方时，结果还会有很多长串的 0。但我们想要把这个数代入一个多项式，让所有项互相消去，最终得到 0。而这个数中的许多串 0 会随着我们向后看变得越来越长。这使得任何多项式都不可能代入这个数得到 0。无论系数多大、次数多高都不可能。因此，这个数是一个超越数。[27]

化圆为方

在朗伯证明 π 是无理数之后，他猜测 π 无法用根式表示。几年后，欧拉猜测 π 是超越数（尽管他没有使用现代的超越数定义 [28]）。欧拉写道：“圆周构成了一个奇怪的超越数，以至于它没法和其他量比较，无论这个量是根还是其他超越数。这一点看起来非常肯定。”[29]

勒让德写道："π 这个数很可能都不在代数无理数之列……但这一点看起来很难得到严格证明；我们只能证明 π^2 也是一个无理数。"[30]

后来，在 19 世纪中叶，刘维尔给出了他用来证明一个数是超越数的判断标准。不幸的是，不是所有超越数都满足刘维尔的条件。[31] 特别是，π 就不满足这个条件；它不是个刘维尔数。困难在于，超越数的定义是个否定定义，就像无理数的定义一样——不存在以超越数为根的多项式。所以，就像无理性的证明一样，超越性证明也很困难，而且经常用到反证法。

和 π 类似，e 也不是刘维尔数。因此，要证明它是超越数，我们必须头脑机灵。而夏尔·埃尔米特就是我们等待的那个机灵的数学家。埃尔米特是一位法国天才数学家，他的名字被用在了很多数学定理和数学对象上。他在很多领域（例如分析、代数以及数论）都发表过文章。他著有很多受欢迎的、得到广泛赞扬的教材。和埃尔米特同时代的保罗·芒雄（1844—1919）这样写道："在无人反对的情况下，高等算术和分析的'王权'从高斯和柯西那里传给了埃尔米特，而他就这样'掌权'，直至去世。"[32]

1873 年，埃尔米特发表了一篇"划时代的论文"，它"……开创了新纪元"。[33] 在这篇论文中，他给出了 e 是超越数的两种证明。[34] 尽管刘维尔已经发现了无穷多超越数，而 e 是第一个被证明为超越数的非构造数——第一个我们真正关心的数。我们不会介绍埃尔米特的证明，但它和尼云对 π 是无理数的证明类似（尼云的证明正是受到了埃尔米特的启发）。

1873 年，也就是埃尔米特证明 e 的超越性的同一年，一位名叫费迪南德·冯·林德曼的德国数学学生在埃尔朗根从菲利克斯·克莱因那里取得了博士学位。不久之后，林德曼前往国外，去拜访英格兰和法国的数学家们。他在巴黎停留时见到了埃尔米特，并和后者讨论了其方法。

九年后的 1882 年，林德曼证明了 π 是超越数。有些数学家对埃尔米特没有证明这一点感到失望。因为曾经埃尔米特提出了后来形成林德曼的证明的关键想法。尽管林德曼的职业生涯十分顺利，培养了 60 位博士学生，但没有人认为他和埃尔米特旗鼓相当。但埃尔米特本人非常慷慨，而且富有启发性。他通过书信往来四处传播自己的知识。弗洛伊登萨指出，这常常对埃尔米特不利，因为这让其他人可以得到那些“本应属于”埃尔米特的重要结果——例如林德曼对化圆为方问题不可能性的证明：[35]

> 在某种意义上，他对 e 的超越性的证明是埃尔米特的所有发现的一个范例。通过对埃尔米特的证明的一点儿改动，菲利克斯·林德曼在 1882 年证明了 π 的超越性。这一结果远更令人兴奋。因此，作为一个平庸数学家的林德曼就因为这个埃尔米特已经打下全部基础、并且距离它仅仅一步之遥的发现，而变得比埃尔米特更出名。

虽然这么说，埃尔米特自己选择了不去证明这个结果。在写给卡尔·维尔海姆·博尔夏特（1817—1880）的一封信中，埃尔米特写道：“我不会冒险尝试证明 π 的超越性。如果其他人想要挑战这难题，没有人会比我更为他们的成功感到高兴。但相信我，这肯定要让他们费一点儿劲。”[36] 因此，他就把这个问题留给了别的数学家去证明——而那位数学家就是林德曼。

在林德曼的论文的引言中，他写道：“一旦证明了 π 永远也不可能成为任何具有有理数系数的任意次数多项式的根，也就证明了化圆为方问题的不可能性。我们将在后面几页证明这一点。”[37] 因此，林德曼知道自己的证明将为著名的化圆为方问题画上句号。

事实上，林德曼证明了一个更强的结果。

林德曼定理：如果 a 是一个非零代数数，那么 e^a 是一个超越数。

比如，当 $a=1$ 时，我们可以推出 e 是超越数。同理，e^2、e^3、$1/e$、$e^{\sqrt{2}}$ 和 e^{ϕ}（ϕ 是黄金分割）也是超越数。我们也可以用对数表示林德曼定理。[38] 如果 b 是代数数，并且 $b \neq 1$，那么 $\ln b$ 是超越数。所以 $\ln 2$ 和 $\ln\phi$ 是超越数。要证明 π 是超越数，我们需要林德曼定理的逆否命题，这二者在逻辑上等价：如果 e^a 是代数数，那么 a 要么是 0，要么是超越数。

需要指出，林德曼的定理对复数也适用。在这个语境下，“有理数”的意义保持不变——它们指能用整数的商表示的数。因为把所有其他复数称为无理数会带来混乱，为了防止这一点，我们会把这些数称为“非有理数”。代数数仍然是整系数多项式的根，但它们现在也包括 x^2+1 的根 i 和 $-i$ 这样的数。其他所有的复数都是超越数。

至此，在无数数学家几千年的努力之下，我们终于能证明 π 是超越数，从而证明不可能化圆为方。而这最著名也最困难的一个古典问题的证明，其关键在于数学中最受爱戴的表达式——欧拉恒等式：$e^{\pi i}=-1$。它们简直再相称不过了。因为 -1 是代数数，所以 $e^{\pi i}$ 就是代数数。根据林德曼定理，我们知道 πi 是超越数。但因为 i 是代数数，所以 π 是超越数，并且不可能化圆为方！[39] 随着得到这个结果，最后一个古典问题也被证明不可能。

但这只是数学家们关于超越数的工作的开始。在 1855① 年的一篇论文中，卡尔·魏尔施特拉斯（1815—1897）称赞林德曼的结果为“算术中最美丽的定理之一”[40]，然后证明了下述的对林德曼定

① 应为原文笔误，正确年份为 1885 年。林德曼于 1882 年证明 π 的超越性，魏尔施特拉斯的这篇文章不可能写于 1855 年。——译者注

理的推广。该推广由林德曼给出，并概述了其证明。

林德曼－魏尔施特拉斯定理[41]：如果 $a_1, a_2, \cdots, a_m$ 为不同代数数，$b_1, \cdots, b_m$ 为非零代数数，那么 $b_1 e^{a_1} + b_2 e^{a_2} + \cdots + b_m e^{a_m} \neq 0$。

同样地，该定理的逆否命题可以用来证明数的超越性：如果 $b_1 e^{a_1} + b_2 e^{a_2} + \cdots + b_m e^{a_m} = 0$，那么要么 a_i 或 b_i 中的一个为超越数，要么所有的 b_i 都是零。根据这个定理，我们可以证明，如果 a 是非零代数数，那么 $\sin(a)$、$\cos(a)$ 和 $\tan(a)$ 是超越数。要证明这几个结果，我们必须使用三角函数的指数形式。假设 a 是非零代数数，并且 $\sin a = b$，那么用指数重新表述这个表达式，可以得到 $\sin(a) = \frac{1}{2\mathrm{i}}(e^{\mathrm{i}a} - e^{-\mathrm{i}a}) = b$，这等价于 $e^{\mathrm{i}a} + (-1)e^{-\mathrm{i}a} + (-2\mathrm{i}b)e^0 = 0$。根据林德曼－魏尔施特拉斯定理，$-2\mathrm{i}b$ 必须是超越数，而这意味着 b 也是超越数。

希尔伯特第七问题

1900 年，戴维·希尔伯特——林德曼的一位学生，也是当时最著名的数学家之一——在巴黎召开的第二届国际数学家大会上做了一个演讲。演讲以如下文字开始：[42]

我们之中谁不会因为掀开未来的面纱、一瞥我们的学科的下一个进展，以及它在未来几个世纪中发展的秘密而感到高兴呢？未来世代的伟大数学家们又会朝着什么目标而努力呢？未来数百年间，在数学思想这一广袤而肥沃的土地上，又会诞生什么新方法和新定理呢？……伟大时代的结束不仅让我们回顾往昔，也把我们的思绪导向未知的前方。

随后，希尔伯特给出了他认为的10个最重要的尚未解决的数学问题。他的演讲的文字稿包括了23个问题。从那之后，数学探索者们就开始征服这些数学山峰。这些问题太过著名，我们通常只需要用序号来指代它们。

希尔伯特第七问题是要推广埃尔米特、林德曼和魏尔施特拉斯的工作。希尔伯特写道：

> 埃尔米特关于指数函数的算术定理，以及林德曼对它们的推广当然值得所有数学家的赞赏……因此，我想要概述一类问题。在我看来，我们应该接着上述工作挑战这类问题……
>
> **对于代数数 α 和无理代数数 β，表达式 α^β，例如 $2^{\sqrt{2}}$ 或 $e^\pi=i^{(-2i)}$，总是一个超越数，或者至少是一个无理数。**
>
> 对这些问题以及类似问题的解答肯定能带领我们发现全新的方法，并为我们提供对特殊无理数和超越数的本质的新见解。

希尔伯特的猜想是欧拉于1748年在《引论》中给出的猜想的更强版本[43]。后者可以叙述如下：如果 a 是一个非零有理数，而 b 是一个代数数，那么 a^b 是无理数。欧拉猜想 $2^{\sqrt{2}}$ 是无理数，而希尔伯特认为它是超越数。

希尔伯特认为第七问题是一个真正的难题——是他所列的问题中最困难的之一。在1920年的一次讲座中，希尔伯特对听众说，他相信自己可以在死前看到黎曼猜想的证明（希尔伯特第八问题），而台下聚集的听众中最年轻的那些人也许可以看到费马大定理的证明（令人惊讶的是，希尔伯特没有把这个问题包括在他的列表中，但它和第十问题有关）。他不认为台下的任何人能看到 $2^{\sqrt{2}}$ 是超越数的证明。结果，这一顺序被完全颠倒了过来。黎曼猜想仍是最声名狼藉的未解决数学问题之一（甚至有人对其证明悬赏 100 万美元）。安德鲁 · 怀尔斯在 1994 年证明了费马大定理。而当时的听众只等了 10 年就获知了 $2^{\sqrt{2}}$ 的本质。

1929 年，23 岁的苏联人亚历山大 · 格尔丰德（1906—1968）第一次击穿了这一难题的护甲。他证明如果 a 是不为 0 或 1 的代数数，d 是正有理数，并且 $b=\pm\mathrm{i}\sqrt{d}$，那么 a^b 是超越数。特别是，他推出 $2^{\sqrt{2}\mathrm{i}}$ 和 e^{π} 是超越数。后者需要用到一点儿小窍门，也就是欧拉恒等式：$\mathrm{e}^{\pi}=\mathrm{e}^{-\mathrm{i}\cdot\pi\mathrm{i}}=(\mathrm{e}^{\pi\mathrm{i}})^{-\mathrm{i}}=(-1)^{-\mathrm{i}}$。这样，他就解决了希尔伯特提出的两个数中的一个，并且几乎解决了另一个。[44] 作为额外附赠，由上述结果可知，我们在第 18 章见过的实数 $\mathrm{i}^{\mathrm{i}}=0.207\ 879\ 576\ 3\ldots$ 也是超越数。

当格尔丰德的结果被发表时，卡尔 · 路德维希 · 西格尔（1896—1981）意识到该证明可以推广到 b 是实二次无理数的情况，从而证明 $2^{\sqrt{2}}$ 是无理数。西格尔给希尔伯特写信，告知格尔丰德的发现和他自己的推广。希尔伯特只对西格尔的结果感兴趣，并希望后者能发表它。西格尔认为，格尔丰德已经完成了所有困难的部分，所以就没有发表。[45] 罗季翁 · 库兹明（1891—1949）于 1930 年发表了第一份证明。[46]

这个结果有一个有趣的推论，那就是一个超越数的无理数次方（或者一个无理数的超越数次方）可以是一个有理数：[47]

$$(\sqrt{2}^{\sqrt{2}})^{\sqrt{2}}=\sqrt{2}^{\sqrt{2}\cdot\sqrt{2}}=\sqrt{2}^{2}=2$$

最终，在 1934 年，格尔丰德和西奥多 · 施奈德（1911—1988）在相隔不到几周分别证明了下面这个推广定理。该定理意味着像

$2^{\sqrt[3]{2}}$ 这样的数是超越数。

格尔丰德 – 施奈德定理[48]：*如果 a 和 b 是代数数，$a \neq 0, 1$ 且 b 不是有理数，那么 a^b 是超越数。*

比起希尔伯特问题被解决时，如今我们已经对超越数了解得更多。在 1966 年和 1967 年的一系列文章中，艾伦 · 贝克（1939—2018）进一步推广了这一理论，并因此在 1970 年获得菲尔兹奖。他证明了某些形如 $a_1^{b_1} \cdots a_k^{b_k}$ 的乘积是超越数，例如 $2^{\sqrt{2}}2^{\sqrt[3]{2}}$ 和 $2^{\sqrt{2}}3^{\sqrt{3}}$。[49]

不过，在我们开始对自己辨识超越数的能力感到过分自信之前，还是来看几个至今人们还不知道超越性的数。因为代数数的和与积是代数数，而 $\frac{1}{2}[(e-\pi)+(e+\pi)]=e$ 是超越数，所以我们可以知道 $e-\pi$ 或 $e+\pi$ 必须是（或者两者均是）超越数，但我们不知道哪一个是超越数。（说真的，真的有人觉得其中一个是代数数吗？）类似地，我们也不知道 π^e、e^e 或者 π^π 是不是超越数。我们还有很长的路要走。

无处不在的超越数

整数有无穷多个。奇数、偶数以及质数有无穷多个。有理数、无理数、超越数以及代数数也有无穷多个。你可能会觉得，关于这些集合的大小已经没有什么可说的了。但令人惊讶的是，正如在“闲话 九个不可能性定理”中提到的，我们还有些事可讲。1874 年，格奥尔格 · 康托尔证明无穷也有不同的大小——无穷多种大小。[50] 这一真相震惊了数学界。

最小的无穷集被称为*可数无穷*。已知一个无穷集，我们可以找一个整数 n，通过在该集合和数 1 和 n 之间建立一一对应关系来对该集合计数。孩子们每次数东西的时候都是这么做的。他们会一根一根地指着还没吃掉的胡萝卜说："一个，两个，三个，四个……"这恰好就是可数无穷集背后的含义，不过，我们是在集合和用来计数的数（也就是正整数）之间建立一一对应关系。

图 21.1 表明，有可数多个正偶数——每个正整数都可以和它的二倍对应。图 21.1 还表明，非负有理数也是可数无穷的。我们列出所有分子与分母和为 1 的最简分数（只有 0/1），然后列出所有和为 2 的最简分数（只有 1/1），以此类推。我们会跳过像是 2/2 或是 3/6 这样的可约分数，因为它们已经在表里出现过了。其他可数无穷集包括整数集、奇数集、质数集、有理数集（正数、负数和零）。因此，所有可数无穷集都是等势的——它们表示同样大小的无穷。

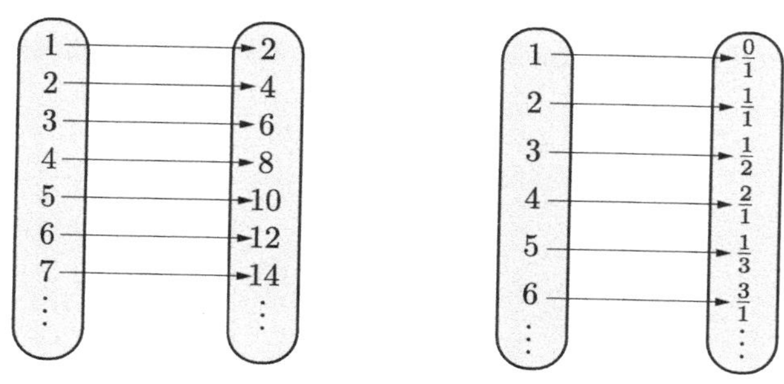

图 21.1 正偶数和非负有理数都是可数无穷的

这段话已经很令人震惊了。在数轴上，整数之间都有间隔，而有理数则紧密地聚在一起。在任何两个实数之间——无论相距多紧密——都存在无穷多有理数！很难想象这两个集合有同样的大小。

然而，当我们习惯了这一事实之后，就要面对康托尔的下一个惊喜了：实数集不是可数无穷的；我们称实数为不可数的。[51] 也就是说，有太多实数，以至于我们无法找到一个像图 21.1 那样的一一对应关系。因为实数包含有理数和无理数，这意味着无理数集也是不可数的。因此，无理数比有理数更多！康托尔继续证明了无穷有无穷多种大小，但我们不会在这里讨论这一结果。

那这和超越数有什么关系呢？同样是在 1874 年的这篇文章中，康托尔证明了代数数是可数无穷的，因此超越数是不可数的。因此，绝大部分实数不是任何整系数多项式的根。

我们可以这样理解这件事。存在可数多个一次整系数多项式，也就是说，a_0+a_1x 中的 a_0 和 a_1 有可数多种取值。二次整系数多项式也有可数多个（形如 $a_0+a_1x+a_2x^2$），以此类推。因为可能的次数也是可数的，所以整系数多项式也是可数的。此外，每个多项式的根的个数是有限的，n 次多项式最多有 n 个根。这些根就是代数数。因此，代数数的个数是可数的。因为实数不是代数数就是超越数，所以超越数的个数必定不可数。绝大多数的实数是超越数。

闲话　十大超越数

西里尔：至于时尚，他们断然放弃，

他们这样说（他们这样说）；

而圆形——他们会化为方形

在将来的某一天（在将来的某一天）。

——吉尔伯特和沙利文，《艾达公主》[1]（该音乐剧于 1884 年 1 月 5 日首演，那时，化圆为方被证为不可能还不到两年）

大家都喜欢看前十名排行榜。又有什么能比一个有关数字的编号列表更好呢？下面我们来看看十大超越数（额外附赠两个我们没有讨论过的数）。

(1) $\sum_{k=1}^{\infty}\frac{1}{10^{k!}}=0.110\ 001\ 000\ 000\ 000\ 000\ 000\ 001\ 0\ldots$（刘维尔，1851）

(2) e（埃尔米特，1873）

(3) π（林德曼，1882）

(4) ln(2)（林德曼，1882）

(5) sin(1)（魏尔施特拉斯，1855）

(6) e^{π}（格尔丰德，1929）

(7) i^{i}（格尔丰德，1929）

(8) $2^{\sqrt{2}}$（西格尔和库兹明，1930）

(9) $2^{\sqrt[3]{2}}$（格尔丰德和施奈德，1934）

(10) $2^{\sqrt{2}}2^{\sqrt[3]{2}}$（贝克，1966）

(11) $\cfrac{1}{1+\cfrac{1}{2+\cfrac{1}{3+\cfrac{1}{\cdots}}}}=0.697\ 774\ 657\ 9\ldots$（西格尔，1929[2]）

(12) 0.123 456 789 101 112 131 415 161 718 192 0...（马勒，1937[3]）这是钱珀瑙恩数。你发现数字之中的规律了吗？

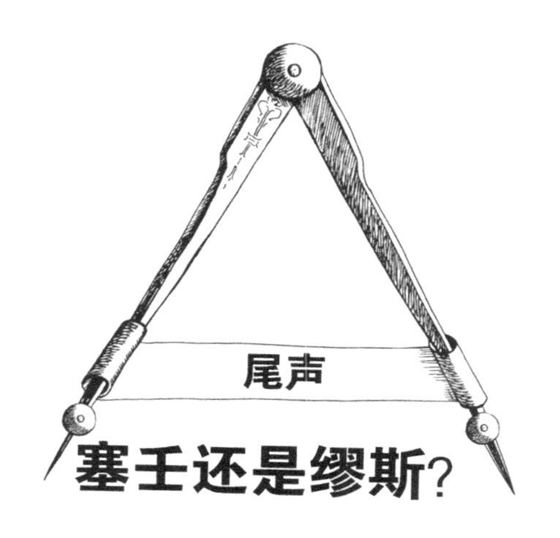

尾声 塞壬还是缪斯?

在审视这段历史时，从集体层面讲最令我们惊讶的人类心智的特性，就是那巨大的耐心。

——欧内斯特·霍布森[1]

古典问题究竟是塞壬还是缪斯?

在希腊神话中，塞壬是一种美丽的生物，她们演奏诱人的音乐，吟唱迷人的歌曲。她们让人无法抗拒的旋律会引诱水手。但这些水手不会遇到这些迷人的塞壬，他们的船反而会撞上岩岸。

这些迷人的问题曾对许多数学家歌唱。它们令一代又一代的思想家们难以拒绝——无论是历史上的伟人还是数学爱好者——从阿基米德到列奥纳多·达·芬奇，从艾萨克·牛顿到托马斯·霍布斯，从勒内·笛卡儿到伽利略。但是所有的尝试都注定失败。研究者们倒在了名为不可能性的海岸上。即便是今天，在表明这些问题不可解的明确证据已经存在数十年后，数学科妄们还是不顾警告，继续沉迷于塞壬之歌，最终撞上古典问题的岩岸。

但我认为这些问题其实是缪斯。古希腊人相信，这些“女神”是科学、文学和艺术灵感的源泉。尽管这些古典问题不可解，但它们启发了许多历史上最伟大的思想家。许多其他发现都脱胎于这些问题。

阿基米德很可能是在研究化圆为方问题时得到了关于 π 的重要发现——他把它同圆周长、圆面积、球体积以及球的表面积联系起来。笛卡儿围绕对这些问题的研究写出了他的《几何学》。作正多边形问题让青年高斯开始了自己的数学生涯。这些问题不可解是事实，但这不是看待它们的正确方式。它们提供灵感，而且从未停止。

几千年间，它们一直在唤起几何学家的好奇心。用尺规究竟能完成什么？如果我们有更多几何工具又能做到什么？要是只有部分工具会怎样？如果用完全不同的工具又如何？

对解决这些问题感兴趣的数学家们发展了新的数学领域，或是引入了看起来不相干的工具来帮助他们理解问题——古典几何、解析几何、代数、复分析，还有数论。这些问题强迫数学家们直面“数是什么？”这一难题——从整数到零，到有理数、无理数、负数、可作图数、代数数还有超越数。接纳每种数都经过了一番苦战，但理解它们对解决古典问题至关重要。

即便在证明了不可能性之后，这些问题仍然存活了下来，并继续启发我们。数字猎人们发明了更加高效的计算方法。在林德曼证明 π 的超越性、戴维·希尔伯特提出 20 世纪最大的数学挑战之后，对超越数理论的研究成了一个活跃而多产的领域。

对于数学家来说，代数数研究仍然有很高的优先级。今天，古典问题和对五次或更高次数多项式的研究都属于一个被称作*伽罗瓦理论*的抽象代数的分支。该理论以埃瓦里斯特·伽罗瓦这一悲剧性人物的名字命名，因为他完成了该领域的开创性工作。尽管听起来是陈词滥调，伽罗瓦确实“超越了时代”。伽罗瓦理论被许多数学家认为是数学中最深奥、最美丽的领域。它把很多看起来不相关的数学领域汇集在一起——例如几何、域理论、群论还有代数，展现了它们的内在联系。

谁能想到，尺规这两种因为简单而被珍视的工具，会展现出如此多的壮丽非凡之景。正如罗伯特·耶茨所写：“看上去，一个如此寒酸的游戏会令人失望。但真相却相去甚远。这可能是人们发明的最迷人的游戏，它既欢迎新手，对老手来说也极其有趣。这实在令人惊叹。”[2]

注释

序

[1] 韦斯特莱克（1990，41 页）。

引言

[1] 卡罗尔（1917，81 页）。

[2] 转引自克拉里（2004，19 页）。

[3] 另两个公设分别为："4. 所有直角都互相相等。5. 一条直线和另外两条直线相交，若在直线同侧的两个内角和小于两个直角的和，那么两条直线无限延长后在这一侧相交。"第四公设在平面给出了一个统一的标准（"直角"），而第五公设就是著名的"平行公设"（希思，1908a，154 页）。

[4] 希思（1931，137 页）。

[5] 霍布森（1913，12 页）。

第1章 四个问题

[1] 《圣经》里的这句话（《但以理书》12:4）也是弗朗西斯·培根《新工具论》的卷首插图中出现的铭文。插图描绘了一艘船穿过曾被认为是知识边界的"海格力斯之柱"①。

[2] 阿里斯托芬（2000，155 页）。参见希思（1921a，220−221 页）的解释。

[3] 转引自维克（1922，140−141 页）。

[4] 柏拉图在《美诺篇》（82b−85b）中提到了倍立方问题。他描述了苏格拉底和美诺的一个奴隶男孩之间的对话。苏格拉底问这位男孩，如何求得面积为 2 乘 2 的正方形面积两倍的正方形的边长。男孩一开始说是 4。但苏格拉底指出那样的正方形面积是 16，而不是 8。随后男孩提出答案是 3。当苏格拉底指出这答案依然不正确时，男孩就不再猜了。苏格拉底最后向男孩展示，圆正方形的对角线就是所要求的线段。

[5] 关于欧托修斯对阿基米德《论球与圆柱》的评价中这封信是否真实，尚存

① 在西方经典中，海格力斯之柱是形容直布罗陀海峡两岸边耸立的海岬的短语。它表示这里是离开已被探明的地中海进入大西洋的出口。——译者注

争议。参见克诺尔（1993，17－24页）以及希思（1921a，244－245页）。这段摘录出自塞登伯格（1961）。

[6] 希思（1921a，245页）。克诺尔（1993，23页）给出了一种翻译，其中没那么容易看出错误。这首诗可能想说把每条边——而不是体积——延长一倍。克诺尔写道："显然，埃拉托斯特尼因为想要找到对这个问题感兴趣的先例，而误解了这段话。"

[7] 转引自希思（1921a，245－246页）。

[8] 卡扎里诺夫（1970，28页）。

[9] 这段论述可以在克诺尔（1993，22－23页）中找到。

[10] 士麦那的塞翁提到，这个故事出现在埃拉托斯特尼的《柏拉图哲学》中。这是范德瓦尔登在范德瓦尔登（1954，161页）中的结论。

[11] 塞登伯格（1961）。另见塞登伯格（1981）。

闲话　科妄

[1] 出自巴塞托（1937，264页）中1889年12月6日的记录。

[2] 德·摩根（1915a，2页）。

[3] 德·摩根（1915b，210页）。

[4] P.（1906）。

[5] 美国国家安全局（2012）。

[6]《时代》（1931）。

[7]《匹兹堡新闻》（1931）。

[8] 关于卡拉汉的论述的细节，参见桑德斯（1931）。

[9] 下面是一种把线段 AB 分为 n 等份的方法（我们会展示 $n=3$ 的情况）。以 A 和 B 为圆心、以 AB 为半径作圆。两圆交于点 C。连接 BC。用圆规在直线 BC 上标出和线段 BC 等长的三段，也就是如下图所示的 CD 和 DE。连接 AE。过 C 和 D 作平行于 AE 的直线，分别交 AB 于 F 和 G。这两个点就是线段的三等分点。

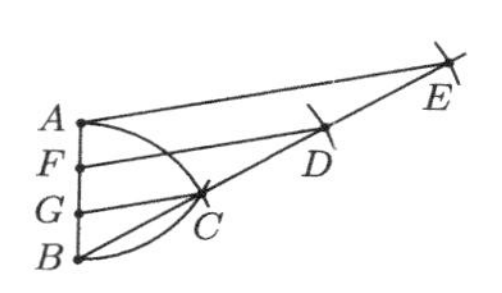

[10] 雅各布（2005）。

[11] "Si les Géomètres osaient se prononcer sans des démonstrations absolues, et

qu'ils se contentassent de vraisemblances les plus fortes, il y a longtemps qu'ils auraient décidé tout d'une voix que la quadrature du cercle est impossible."（雅各布，2005）

[12] "Ce ne sont pas les Géomètres fameux, les vrais Géomètres qui cherchent la quadrature du cercle: Ils savent trop de quoi il s'agit. Ce sont les demi-Géomètres qui savent à peine Euclide."（雅各布，2005）

[13] 法国科学院（1778，61 页）。

[14] 拜艾兹（1998）。

[15] 考德威尔（2017）。

[16] 关于数学科妄的其他特征，参见耶茨（1942，第五章）。

[17] 达德利（1962）。

[18] 达德利（1994，20-33 页），达德利（1983）。

[19] 达德利（1994，33 页）。

[20] 达德利（1992）。

[21] 达德利等（2008）。

第2章 证明不可能

[1] 莎士比亚（1966，29 页）。

[2] Merriam-Webster 网站（2017）。

[3] 在 10 瓶保龄球中，投出连续 12 次全倒（一次投球击倒全部 10 瓶）即可打出 300 分的完美回合。

[4] 1980 年，研究人员利用粒子加速器，把周期表上铅的下一位——铋变成了金（阿莱克莱特等，1981）。

[5] 德·拉瓦锡（1777）。

[6] 法灵顿（1900），马文（1996）。

[7] 1794 年，恩斯特·克拉德尼给出了陨石起源的第一个正确描述。但这一学说当时被强烈抵制，并且必须要和许多其他学说互相竞争（马文，1996）。说服怀疑该学说的人花了 10 年，而完全探明陨石的起源则又花了超过 150 年。

[8] 准确来说，我们必须证明一个整数不能既是偶数又是奇数。如果存在整数 k，使得 $n=2k+1$，那么 n 是奇数。现在，为了推出矛盾，假设存在一个数 n，它既是偶数又是奇数，那么就存在整数 j 和 k，使得 $n=2j$ 并且 $n=2k+1$。所以 $2j=2k+1$，而这意味着 $2(j-k)=1$。因此 2 是 1 的因数，而这和我们所知矛盾。

[9] 萨姆·劳埃德被认为发明了 15- 数字推盘游戏，直到去世前，他都坚持自己才是发明者。但最近的研究成果表明，这一游戏是由诺耶斯·帕尔

默·查普曼在 1874 年发明的（斯洛科姆和索内维尔德，2006）。

[10] 约翰逊和斯托里（1879）。

[11] 纽康（1903）。

闲话 九个不可能性定理

[1] 很多年来，我们都相信费马生于 1601 年，但最新证据表明，他可能生于 1607 年。参见巴尔纳（2001）。

[2] 这段讨论是停机问题的现代描述。图灵的描述稍有不同。他当时是在研究图灵机（这是我们今天的叫法），而他想要图灵机持续工作下去——停机是不好的。

第3章 尺规作图

[1] 这段文字出自 1864 年 9 月 1 日《独立报》对牧师 J. P. 古立佛的一段采访。转引自卡彭特（1872，315 页）。

[2] 关于这些猜测背后的证据，参见布尔默 – 托马斯（2008a）。

[3] 转引自布尔默 – 托马斯（1976）。

[4] 有关《几何原本》抄本和译本的历史，参见默多克（2008）。

[5] 罗素（1967，37–38 页）。

[6] 出自 1812 年 10 月 1 日写给威廉·杜安的一封信（杰斐逊，2008，366–368 页）。

[7] 出自 1812 年 1 月 21 日的一封信（卡彭，2012，291 页）。

[8] 转引自卡彭特（1872，313–314 页）。

[9] 这段推论是反过来的：是阿基米德的定理才导致了这些公式的存在。

[10] 克诺尔（2004，84–85 页）。

[11]《几何原本》中的头两个定义是"点是没有部分的"和"线只有长度而没有宽度"（希思，1908a，153 页）。

[12] 转引自霍拉达姆（1960）。

[13] 出自玛莉恩·伊丽莎白·斯塔克对斯坦纳（1833）的翻译（斯坦纳，1950，65 页）。

[14] 如果包含了这个多边形的圆的直径是 8.5 英寸，那么该多边形的边长会是 $8.5\sin\left(\frac{2\pi}{2\cdot 65\,537}\right)=0.000\,407\,457$ 英寸。这大约是笔记本活页纸厚度的 1/10。

[15] 霍布森（1913，6 页）。

[16] 柏拉图（1901，224 页）。

[17] 第六卷，510d–511a（柏拉图，1901，207 页）。

[18] 庞加莱（1895）。

[19] 有时，我们可以放开只用已知点的严格限制。在命题 I.9 中（希思，1908a，264 页），欧几里得给出了 $\angle ABC$ 的角平分线作法。他写道："令 D 为 AB 上任意一点。"然后他以 B 为圆心、以 BD 为半径作圆。因此，欧几里得把圆规张开了一个任意长度，这有违我们的规则。但这没有关系，因为圆规无论张开多少都足以完成这个作图。如果我们非要欧几里得遵守只用已知点的规则，那他可以令 $A=D$。

下面是一个更复杂的例子。在命题 I.12 中，欧几里得经过 AB 外一点 C 作 AB 的垂线。其中一步需要在 AB 上找到两点，使得它们到 C 的距离相等。欧几里得写道："在直线 AB 的另一侧任取一点 D，且以点 C 为圆心、以 CD 为半径作圆 EFG。"（希思，1908a，271 页）CH 就是所要求作的 $\angle ECG$ 的角平分线。和角平分线作图一样，欧几里得没必要任意选取点 D。他本可以用 A 或 B 作为圆上一点（只要它们和点 H 不重合）。或者，如果真的想要直线另一侧的一个点的话，那么他可以作等边三角形 ABD，令 D 为该三角形的第三个顶点。尽管其他几何学家没法作出欧几里得选择的 E 或者 G，他们还是可以作出点 H。

所以，我们可以放宽限制，允许使用任意点、线和圆。但要这样做，我们就必须小心。我们必须描述出什么时候可以，什么时候不可以。如果可以，我们还必须把某些点、线和圆划为"中间"图形，而把其他的划为可作图图形。放开这个限制不会让我们能比原来解决更多问题。

[20] 转引自希思（1908a，246 页）。

[21] 证明非常简单。因为 $EF=DE$，$BE=CE$，那么 $CD=BF$。又因为 $AB=BF$，所以 $AB=CD$。

[22] 转引自希思（1908a，124 页）。

[23] 出自普鲁塔克（1917，471－473 页）中关于马塞卢斯的章节。

[24] 奥利里（2010，58 页）。

[25] 译文出自博斯（2001，38 页）。

[26] 希思（1921b，68 页）。

[27] 博斯（2001，49 页）。

[28] 笛卡儿（1954，156 页）。

[29] 出自他 1619 年出版的《世界的和谐》。翻译：博斯（2001，185 页）。

[30] 牛顿（1769，469－470 页）。

闲话　战斧

[1] 爱默生（1893，14 页）。

[2] 关于其他仪器，参见耶茨（1942，第三章）、博加尼（1987）和伯格（1951）。

[3] 我们没法用战斧三等分比较小的角。对于这些角，我们可以制作一把柄更长的新战斧。或者，我们可以不断把角加倍到可以使用战斧来三等分的程度。然后，在三等分角之后，用尺规把它平分同样多次。

第4章 第一次数学危机

[1] 奥维德（2004，273 页）。

[2] 有理数和无理数这两个术语在《几何原本》中也出现过（参见定义 X.3 和 X.4），但它们的含义稍有不同。根据卡乔里（1991，68 页），罗马人卡西奥多罗斯（约 485—约 585）才是第一个使用现代意义上的有理数和无理数这两个术语的人。

[3] 克诺尔（1975，50 页）认为这一发现不是数学的一次危机。尽管它证明毕达哥拉斯学派的基本信仰之一并不正确，数学仍然迅速发展，未受阻碍。关于不可公度量的理论工作在随后的几年中就发展并充实起来。

[4] 关于这一发现的时间，我们没有确切证据。例如，弗立兹（1945）认为它发生于公元前 5 世纪中叶，而克诺尔（1975，第二章）认为它发生于公元前 430 年和公元前 410 年之间。

[5] 哈特肖恩（2000a，41 页）讨论了这一未定义量的特征和性质。欧拉称其为“相等量”，而不是面积。

[6] 第六卷，525d－525e（柏拉图，1901，222 页）。

[7] 我们会仿照格拉坦－吉尼斯（1996），避免在提到比时使用“相等”一词。欧几里得认为比、数还有长度不同，他从未写过两个比相等这种话；相反，他会说一个比“和另一个同比”。我们使用 :: （而不是 = ）来表示两个比相同。根据卡乔里（2007a，285－286 页）所述，威廉·奥特雷德在 1631 年引入了 :: 记号。不过他会写成 $a.b :: c.d$。天文学家文森特·温在 20 年后把它改成了我们熟悉的 $A : B :: C : D$。

[8] 传统上，我们把这一定理归功于毕达哥拉斯和他的追随者们，但没有确切证据表明是他们发现了这一定理，或者给出了第一个证明。

[9] 关于他生平的更多信息，参见弗立兹（1945）。

[10] 普罗克洛、帕普斯和杨布里科斯都写到了不可公度量的发现。

[11] 然而，存在有力证据，表明该作图出自泰阿泰德。希伯斯可能只是画出了十二面体，而没有给出作图步骤。

[12] 伯克尔特（1972，461 页）。

[13] 克诺尔（1975）详细介绍了不可公度性的历史，并对其进行了详细分析。

[14] 参见弗立兹（1945）。

[15] 克诺尔（1975，1 页）。

[16] 柏拉图（1992，8 页）。

[17] 柏拉图不清楚西奥多罗斯有没有证明 $\sqrt{17}$ 是无理数。因为西奥多罗斯的证明也已失传，我们不知道他为何止步于 17。克诺尔对于可能的证明方法进行了复原，并得到了一个很有说服力的结果。他的证明对于上述值都适用，但对 17 却不行（克诺尔，1975，183-191 页）。关于此内容，还可参见布尔默－托马斯（2008g，h）和阿特曼（1999，240-253 页）。

[18]《泰阿泰德篇》和《智者篇》。

[19] 转引自范德瓦尔登（1954，165 页）。

[20] 这段评论如今只有阿拉伯语版本。它通常被归功于帕普斯。出自布尔默－托马斯（2008f）。

[21] 用现代术语来说，对于长度 a、b、c 和 d，如果对于任意有理数 n/m，量 a/b 和 c/d 都同时大于、同时小于，或者同时等于 m/n，我们就称 $a:b::c:d$。

[22] 戴德金（1872）。

[23] 转引自布尔默－托马斯（2008a）。

[24] 转引自布尔默－托马斯（2008a）。

[25] 亚里士多德（1869，350-351 页）。

[26] 哈克斯利（2008）。

闲话　牙签作图

[1] 克莱门斯（1917，82 页）。

[2] 事实上，道森用的是火柴棍，而非牙签（道森，1939）。

第5章　倍立方

[1] 欧几里得在《几何原本》命题 II.4 中给出了这一作图。可以证明，它和命题 VI.17 中比例中项的作图等价。

[2] 希思（1908b，188 页）。

[3] 关于黄金分割的更多误解，参见马尔考斯基（1992）。

[4] 有些人认为，因为他曾在希俄斯跟随毕达哥拉斯学派学习过，所以他在到达雅典时已经精通数学。参见布尔默－托马斯（2008c）。我们关于希波克拉底的工作的知识全都来自第三手资料。亚里士多德的学生，罗德岛的欧德莫斯曾在现已失传的《几何史》中提到希波克拉底的成果。一千年后的公元 6 世纪，辛普里丘在他对亚里士多德《物理学》的评论中引述了欧德莫斯的记述。

[5] 转引自丹特齐格（1955，122 页）。

[6] 出自欧托修斯对阿基米德《论球与圆柱》的评论。转引自克诺尔（1993，23 页）。
[7] 参见希思（1921a，246－255 页）和克诺尔（1993，51－66 页）。
[8] 克诺尔（1993，50 页）。
[9] 参见克诺尔（1993，50－52 页）、格拉瑟（1956）或马西亚（2016）。
[10] 关于对欧多克索斯的证明的推测，参见克诺尔（1993，53 页）。
[11] 转引自布尔默－托马斯（2008d）。
[12] 转引自布尔默－托马斯（2008d）。在据信是欧几里得写给托勒密一世的信中也有类似的说法。
[13] 1870 年，布雷特施奈德（1870，157－158 页）给出了梅内克穆斯的可能解法。
[14] 1636 年，费马用解析几何得到了求两个比例中项的抛物线－双曲线作图。参见博斯（2001，115－116 页）。
[15] 布尔默－托马斯（2008d）把这作为一种可能提出。
[16] 克诺尔（1993，57－61 页）讨论了这一方法的可能由来。
[17] 另两位是希罗以及拜占庭的费隆；他们的证明在严格意义上不同，但也只是表面看上去如此。
[18] 希罗的作图中没有圆。相反，他试图作出 FCG，使得 EFG 是等腰三角形（博斯，2001，29 页）。

闲话　埃拉托斯特尼的中项尺

[1] 梭罗（1985，294 页）。

第6章　π的早期历史

[1] 瓦萨里（1998，22－23 页）。
[2] 在美国，3 月 14 日被写成 3/14，因此是“π 日”。
[3] 在此公式中，μ 是平均数，σ 是标准差。
[4] 如果 K 是黎曼曲面 S 的高斯曲率，而 $\chi(S)$ 是 S 的欧拉示性数（这两者分别依赖于 S 的几何性质和拓扑性质），那么 $\int_S K dA = 2\pi\chi(S)$。参见里奇森（2008，第 21 章）。
[5] 在适当前提下，如果 f 是一个函数，而 γ 是复平面内包围了点 a 的一条闭合曲线，那么 $f(a)=\frac{1}{2\pi i}\oint_\gamma \frac{f(z)}{z-a}dz$ ①。这一非凡的公式表明，函数 f 在 $z=a$ 处的值取决于 f 在曲线 γ 上的值。

① 这就是柯西积分公式。——译者注

[6] 德·摩根（1915b，214 页）。

[7] 卡乔里（2007b，9 页）。

[8] 琼斯（1706，263 页）。

[9] 罗伯特·帕莱向我指出，欧拉（1736，113 页）在《力学》中就已经使用 π 这一记号来表示该值。欧拉写道："令 1 : π 表示直径与圆周之比。" 欧拉（1729）还用 π 表示过我们如今写作 2π 或是 τ（见"闲话 τ 革命"）的量："1 : π 表示半径与周长之比。" 他后来又在 1747 年 4 月 15 日写给让·达朗贝尔（1717—1783）的一封信中再次使用 π 来表示这一值："令 π 表示半径为 1 的圆的周长。"（亨利，1886）。

[10] 出自斯特鲁伊克（1969，347 页）对欧拉（1748）的翻译。

[11] 理查德·格林向我指出第 114 位数字并不正确。欧拉写的是 8，而实际上应该是 7。

[12] 石板（也就是耶鲁巴比伦典藏库中的 7289 号藏品）上的这行楔形文字翻译过来就是 $1+24/60+51/60^2+10/60^3=1.414\ 212\ 9\ldots$，而 $\sqrt{2}=1.414\ 213\ 5\ldots$。

[13] 这是美国哥伦比亚大学 G. A. 普林普顿藏品中的 322 号表。

[14] 在古巴比伦人的 60 进制中，$24/25=57/60+36/60^2$。

[15] 塞登伯格（1972）。

[16] 沃格尔（1958）给出了古埃及人的这一推导。

[17] 关于更多信息，参见塞登伯格（1972）和斯缪尔（1970）。

[18] 塞登伯格（1972）。

[19] 塞登伯格（1961）。

[20] "如果你想化方为圆，就从（正方形的）中心往一个顶点拉一根绳子，沿着边拉动绳子，用正方形内的部分加上正方形外部分的三分之一为半径作圆。" 翻译：古尔亚（1942）。

[21] 参见塞登伯格（1961）。

[22] 顿（1996）。

[23] 关于 π 在中国的历史上的讨论，参见林和洪（1986）。

[24] 事实上，刘徽在他的评论中使用了 $r=10$。

[25] 令 x 为线段 DE 的长度。对三角形 OBE 使用勾股定理，我们得到 $(r-x)^2+(s_n/2)^2=r^2$。对三角形 BDE 使用勾股定理，我们得到 $x^2+(s_n/2)^2=s_{2n}{}^2$。解第一个方程，我们可以得到 $x=r-\sqrt{r^2-s_n^2/4}$。解第二个方程，并代入 x，我们可以得到 $s_{2n}=\sqrt{x^2+s_n^2/4}=\sqrt{2r^2-r\sqrt{4r^2-s_n^2}}$。

[26] 包括本句在内的所有《圣经》引述都出自美国标准版。这段描述在《编年

纪下》4:2 又出现了一次。

[27] 这一规则出现在《巴比伦塔木德》埃路温 14a 以及其他地方。参见沙班和加伯（1998）。

[28] 参见沙班和加伯（1998）、斯特恩（1985）和西摩森（2009）。

[29] 肘不是个定义良好的长度。它原本是指前臂的长度，大约 18 英寸。

[30] 这是 π 的第三个渐进分数（见“闲话 家中巧算 π 值”），所以对于任何分母小于 106 的分数来说，333/106 都是 π 的最佳有理逼近。

[31] 加德纳（1985）。

[32] 在麦克林诉阿肯色州教育委员会一案中，美国阿肯色东区联邦地区法院裁定，要求学校平衡神创论和进化论教学的阿肯色同等待遇法案违反了宪法第一修正案中的建立条款。

[33] 奥肖内西（1983）。

闲话　大金字塔

[1] 达德利（1992，34 页）。

[2] 关于其中细节，参见赫尔兹 – 菲什勒（2000，第 9 章和第 18 章）。

[3] 数据来自 1925 年 J. H. 科尔为埃及政府进行的勘测（科尔，1925）。我用四条边长（分别是 230.391 米、230.253 米、230.357 米和 230.454 米）的平均数作为其边长。科尔的报告中给出的高度 481.100 英尺，也就是 146.639 米（当然，金字塔今天没有这么高，因为顶部的 9.45 米已经消失了）。

[4] 使用莱因德纸草书时代的 π 值，以及 a 的测量值，可以得到 b=231.69 米，这比测量值长超过 1 米。

[5] 希罗多德的到访已经是在金字塔建成超过两千年后了，所以这些信息的可靠性就打了折扣。更糟糕的是，他有关金字塔大小的描述有多种翻译方式，而我们不知道哪一种是他的本意；他想说的可能是长度，而非面积。作为例子，参见维尔海恩（1992）。

[6] 更糟糕的是（对于神秘的金字塔学家们来说或许更好），基于这些前提计算出的 π 值刚好是 $4\sqrt{1/\varphi}=3.1446\ldots$，其中 φ 表示黄金分割。读者可以尝试推导这一结果作为练习。

第7章　求积法

[1] 转引自祖博夫（1968，175 页）。

[2] 在《几何原本》第一卷命题 42 中，欧几里得作了一个和三角形面积相同的平行四边形。因为可以任意选择角，所以我们可以选择直角，从而得到一个长方形。

[3] 这不是欧几里得的方法。我们使用的是丹汉姆（1990，11-17 页）的方法。在《几何原本》中，欧几里得使用命题 I.42 来把每个三角形变换为长方形。然后，他通过直到命题 I.45 的一连串命题把所有长方形组合成一个长方形。最后，他用命题 II.14 来把长方形化为方形。

[4] 普罗克洛（1992，335 页）。

[5] 半月形因为与我们在天空中看到的月牙相似而得名。不过，真正的月牙形不是数学上的半月形：它是由半圆和半椭圆相交而成的。

[6] 希思（1908c，371 页）。

[7] 关于希波克拉底可能提出的证明的讨论，参见克诺尔（1993，27-29）页。

[8] 准确来说，我们证明了如果图形 A 和 B 可以化为方形，那么 $A+B$ 也可以化为方形。但是我们所用的是 $A-B$。这可以由类似方法证得。

[9] 伯努利（1724）。

[10] 欧拉在 1737 年（欧拉，1744c）和 1771 年（欧拉，1772）写到了半月形。后者包括两种新的可化为方形的半月形。关于欧拉文章的更多信息，参见桑迪佛（2007a，261-268 页）和朗顿（2007）。

[11] 维恩奎斯特（1766）。

[12] 我应该说“我们推测这是欧拉的猜测”。关于欧拉措辞含糊的评论的详细分析，参见朗顿（2007，59 页）。

[13] 克劳森（1840）。

[14] 许多文章主张，这一猜想于爱德蒙·兰道在 1902 年的工作（兰道，1903）、柳伯米尔·查卡洛夫在 1929 年的工作（查卡洛夫，1929）、尼科莱·切伯塔列夫在 1935 年的工作（切伯塔列夫，1935）以及阿纳托利·瓦西里维奇·多洛德诺夫在 1947 年的工作（多洛德诺夫，1947）之后就已得到解决。但是，他们当时关注的仍然只是一部分半月形，而不是所有可能的半月形。2003 年，借助于阿兰·贝克（贝克，1966）在 1966 年提出的一个关于超越数的定理，科特·歌斯麦尔（歌斯麦尔，2003）指出，即便我们考虑所有可能的半月形，其中仍然只有五个可作图，且可化为方形。

闲话 列奥纳多·达·芬奇的半月形

[1] 转引自艾萨克森（2017，306 页）。

[2] 肯普（1981，296 页）。

[3] 达·芬奇（1939，371 页）。

[4] 在马利诺尼（1974，78-79 页）的文章中，给出了一个横跨两页的巨大而漂亮的复原。

[5] 阴影部分面积为 2（假设外圈半径为 1）的证明概述如下。当两个半径为 r 的圆互相重叠 1/4 圆周来形成凸透镜形（例如图 T.8 左图中四个白色的凸透镜形和中图上方缺失的部分）时，这一图形的面积是 $(\pi/2-1)\ r^2$。左图的阴影面积是四个内圈的面积减去八个凸透镜形的面积。内圈的半径是 1/2，所以阴影部分面积是 $4\pi(1/2)^2-8(\pi/2-1)\ (1/2)^2=2$。现在我们来看中图。中等大小的圆半径为 $\sqrt{2}/2$。“列奥纳多的爪形”（也就是中图中左边和右边之间的区域）的面积是大圆的面积减去中圆的面积和凸透镜形的面积：$\pi(1)^2-\pi(\sqrt{2}/2)^2-(\pi/2-1)=1$。正方形的面积是 1/2，每个半月形的面积都是 1/8。所以阴影部分的面积是 $1+1/2+4(1/8)=2$。列奥纳多绘制的这些图形可以在马利诺尼（1974，203 页）和库利奇（1949，47 页）中找到。

第8章　阿基米德数

[1] 玛瑟（1710）。

[2] 1963 年，卡尔 · 波普尔提出了近似值 $\pi\approx\sqrt{2}+\sqrt{3}=3.146\ 26\ldots$，他认为柏拉图可能知道这个值。他通过求单位圆的内接八边形和外切六边形的面积的平均值得到了这个近似值。不过，在论述之后，他提出了警告：“我必须再次强调，就我所知，没有直接证据表明柏拉图也知道这一点；但如果我们考虑到这里总结的间接证据，这一假说看起来可能就没那么牵强了。”（波普尔，1963，251−253 页）

[3] 希思（1921a，222 页）。

[4] 希思（1921a，221 页）。亚里士多德说“用线段求积”时，他是在说希波克拉底对化圆为方的尝试。

[5] 例如，参见瓦瑟斯坦因（1959）。

[6] 因为比例理论在当时是热门话题，瓦瑟斯坦因（1959）想知道，布莱森是否像希波克拉底所做的那样，尝试把化圆为方问题和某种平均数联系起来。

[7] 希思（1921a，223 页）。

[8] 欧几里得使用了《几何原本》命题 X.1，它今天被称作阿基米德公理。

[9] 涅茨和诺艾尔（2007，35−47 页）。

[10] 这一逸事出自维特鲁威的建筑学手册，它写于阿基米德逝世后 200 年。正如涅茨和诺艾尔（2007，34 页）所指出的那样，阿基米德的“方法是正确的，但它基于一个简单的发现……这个发现过于简单，以至于阿基米德的《论浮体》中都没提到它”。

[11] 这个故事也来自约翰 · 采策在 12 世纪所写的诗。电视节目《流言终结者》

验证了这个流言两次——一次在 2006 年 1 月，另一次在 2010 年 12 月（第二次是美国时任总统巴拉克・奥巴马要求节目组做的）。在两次节目中，流言均告“破解”。

[12] 普鲁塔克（1917，473 页）。

[13] 转引自克拉盖特（2008）。

[14] 转引自涅茨和诺艾尔（2007，38 页）。

[15] 普鲁塔克（1917，481 页）。

[16] 普鲁塔克（1917，479-481 页）。

[17] 转引自希思（1921a，345 页）。

[18] 弧长的历史悠久而迷人，但完整讨论会让我们离题太远。关于详细历史，参见吉尔伯特・特劳伯的博士论文（特劳伯，1984）。我们不是对一般曲线，而是对圆感兴趣。事实上，我们对长度也不感兴趣，我们感兴趣的是相对长度和长度的比（$C : d$）。

[19] 莱布尼茨（2005，69 页）。

[20] 希思（1908a，155 页）。

[21] 戴克斯特豪斯（1987，222 页）。我们必须再等待一段时间，看看瑞维尔・涅茨对于重新发现的阿基米德复写稿中《圆的测量》的新翻译是否包含新的信息。关于复写稿的故事，参见涅茨和诺艾尔（2007）。关于这本书的许多希腊语和阿拉伯语版本，参见戴克斯特豪斯（1987，33-49 页）和克诺尔（1986）。

[22] 阿基米德（2002，91 页）。克诺尔（1986）认为，阿基米德证明的原版定理中不是三角形，而是长方形。他认为，原本的定理读起来像是“圆周长和圆心出发的（线段）的积等于圆面积的二倍”。他用“……的积”来表示“由……构成的长方形”。

[23] 它们就是《几何原本》命题 I.20（三角不等式）和 I.21。

[24] 我们不确定阿基米德究竟先写了《论球与圆柱》还是《圆的测量》。约翰・黑伯格（1854—1928）把《论球与圆柱》列在《圆的测量》之前，但他在后者后面加了一个问号。这个顺序看起来合乎逻辑——先是公理，再是定理。当著名历史学家托马斯・希思（1861—1940）重新整理这一列表时，他删去了问号。这样，这个顺序就成了标准。不过，历史学家威尔伯・克诺尔令人信服地主张《圆的测量》被撰写在先。他给出了明确的数学证据，证明阿基米德在撰写《论球与圆柱》时作为数学家更加成熟。克诺尔推测，当阿基米德写出《圆的测量时》，他把公理看作再显然不过的真理：“因为阿基米德后来反思了这样的证明的正式要求，他在《论球与圆柱》中把这些原则形式化为明确的公理。”（克诺尔，1993，153-155 页）

[25] 涅茨（2004，35 页）。注意，涅茨的翻译中使用了术语“线”，而非“曲线”；如果它们是直的，则被称为“直线”。

[26] 涅茨（2004，36 页）。

[27] 事实上，阿基米德本应包括第三个公设：有限可加性。他用到了如下事实：如果一条曲线被分为几部分，那么总长度等于各部分长度之和。《几何原本》也应该包括这个公设。作为补充，克里斯托佛·克拉维斯（1538—1612）在 1574 年版中加入了“整体等于部分和”这一公设（特劳伯，1984，40 页；希思，1908a，323 页）。

[28] 涅茨（2004，36 页）。

[29] 涅茨（2004，41 页）。

[30] 阿基米德（2002，91－93 页）。

[31] 阿基米德（2002，93－99 页）。

[32] 如果圆的半径为 r，那么这两个多边形都可以被放进厚度为 $r\sec(180°/96)-r\cos(180°/96)$ 的圆环中。在本书中，这个圆的半径约为 2 厘米。所以这个圆环的厚度约为 21 微米，比人类头发的直径还要小。

[33] 阿基米德可能是用欧几里得的方法来得到 $\sqrt{3}$ 的有理逼近的。今天，我们会截断以下连分数来描述这一过程

$$\sqrt{3}=1+\cfrac{1}{1+\cfrac{1}{2+\cfrac{1}{1+\cfrac{1}{2+\cdots}}}}$$

（见“闲话 家中巧算 π 值”）。但要获得阿基米德的分数，我们需要在第 9 项和第 12 项后截断。为什么不用第 11 项和第 12 项来得到一个更紧致的上下界呢？阿瑟比（2008）提出了另一种可能性，那就是计算 $\sqrt{27}$ 的连分数，然后把最后结果除以 3。的确，在第 3 项和第 4 项后截断就可以得到 $265/51<\sqrt{27}<1361/260$。把这个结果除以 3 就是阿基米德得到的值。关于其他可能的方法，参见阿基米德（2002，lxxiv－xcix 页）和丹齐格（1955，152－159 页）。

[34]《圆的测量》给出的上下界令人惊奇，但根据亚历山大港的希罗（约 10—约 70）所述，阿基米德得到了更好的结果〔出自《度量》，转引自克诺尔（75/76）〕：“阿基米德在他关于柱基和圆柱的工作中证明，每个圆的周长与直径之比都大于 211 875 : 67 441，小于 197 888 : 62 351。但是因为这些数字不适合实际测量，所以它们都被变换为很小的数字，比如 22 : 7。”问

题在于，希罗所说的上下界根本不是上下界：这个下界实际上是上界，而上界比 22/7 还要大。没人敢承认阿基米德是错的，所以人们在努力尝试复原阿基米德的更好的上下界。克诺尔提到了一些尝试，并给出了自己的值：$3.141\,528... = 197\,888/62\,991 < \pi < 211\,875/67\,441 = 3.141\,634...$。

[35] 阿基米德可能是用欧几里得的方法来获得这些逼近。连分数的渐进分数（见“闲话 家中巧算 π 值”）和真值的大小关系会随项数交替改变，前一项小于真值，后一项就大于真值。因此

$$\frac{29\,736}{9347} = 3 + \cfrac{1}{7 + \cfrac{1}{667 + \cfrac{1}{2}}} < 3 + \frac{1}{7} = \frac{22}{7}$$

而

$$\frac{25\,344}{806} = 3 + \cfrac{1}{7 + \cfrac{1}{10 + \cfrac{1}{2 + \cfrac{1}{1 + \cfrac{1}{36}}}}} > 3 + \cfrac{1}{7 + \cfrac{1}{10}} = \frac{223}{71}$$

[36] 涅茨（2004，148 页）。

[37] 涅茨（2004，144 页）。

[38] 涅茨（2004，150 页）。

[39] 阿基米德（2002，1-2 页）。

[40] 普鲁塔克（1917，481 页）。

[41] 他的论述涉及寻找三角形的平衡点以及和抛物线段。

[42] 如果 $|r|<1$，那么 $1+r+r^2+\cdots=1/(1-r)$。对于阿基米德的和，我们取 $r=1/4$。

[43] 克诺尔（1993，170 页）。

[44] 普鲁塔克（1917，475-477 页）。

[45] 李维（1972，338 页）。

[46] 转引自杰克逊（2005）。

[47] 西塞罗（1886，289-290 页）。

[48] 转引自克诺尔（1993，364 页）。

闲话　家中巧算π值

[1] 德·摩根（1915a，285-286 页）。

[2] 如果一个连分数的所有分子都是 1，且所有的 a_k 都是正整数，那么它是简单连分数。

[3] 关于该连分数的前2000项，参见阿恩特和哈埃内尔（2000，244-245页）。注意，和e不同，π的连分数表示中的值并没有明显规律。

[4] 第一个被完全探明的π的连分数表示由威廉·布朗克子爵（1620—1684）在1655年发现。约翰·沃利斯（1616—1703）在他的《无穷算术》（沃利斯，1656，182页）中发表了这一公式。最近，L. J. 朗治找到了π的另一个优雅的连分数表示（朗治，1999）。这两个连分数分别是

$$\frac{4}{\pi}=1+\cfrac{1^2}{2+\cfrac{3^2}{2+\cfrac{5^2}{2+\cdots}}} \quad 和 \quad \pi=3+\cfrac{1^2}{6+\cfrac{3^2}{6+\cfrac{5^2}{6+\cdots}}}$$

[5] 关于布丰的针的更多信息，参见巴杰尔（1994）。其中包括这一概率的推导过程，以及他认为拉扎里尼伪造数据的论述。布丰的原作可在莱克勒克（1829）中找到，而拉扎里尼的则出自拉扎里尼（1901）。

[6] 尚克斯（1992）。尚克斯还给出了收敛更快的例子：$g(x)=x+2\cos(x/2)$ 和 $h(x)=x+(2\sin x-\tan x)/3$。

[7] 哈迪和怀特（1975，269页）中的定理332。

[8] “整数数列线上大全”中的数列A002088给出了对于已知n，满足$1\leqslant a\leqslant b\leqslant n$的互质对$(a, b)$的数量。该数列的前几项分别是1, 2, 4, 6, 10, 12, 18, …如果它的第n项是x_n，那么满足$a, b\leqslant n$的互质对(a, b)的个数是$2x_n-1$。例如，$x_{10}=32$，所以1和100之间有63对互质数。

第9章 七边形、九边形以及其他正多边形

[1] 阿博特（1884，3页）。

[2] 在《冰与火之歌》的原著和电视剧中的虚构大陆维斯特洛上，《七星圣经》是圣典之一，而星星是其最重要的宗教符号之一。

[3] 维瑟奥的《多边形之歌》提到了七边形和九边形，而明日巨星合唱团有一首叫作《九边形》的歌。

[4] 里奇蒙德（1893）。在里奇蒙德的作图中，他平分角$\angle QRP$来在OP上找到一点V。经过V作OP的垂线，就能得到五边形的另两个顶点。

[5] 关于这是否是阿基米德的工作的讨论，参见霍根戴克（1984）和克诺尔（1989）。

[6] 关于更多细节，参见克诺尔（1989），希思（1931，240-242页）以及霍根戴克（1984）。

闲话 三等分角需要时间

[1] 托尔斯泰（2002，851页）。

[2] 莫瑟尔（1947）。

[3] 这一方法受到了布朗德（2015）的启发。

第10章 二刻尺作图

[1] 斯塔克（1948）。人们可能会好奇该专栏的编辑是否弄对了这则逸闻的细节。我们不清楚，为什么这位数学家说他可以化圆为方——除非这两个刻度相距（比如说）πr 个单位长度。

[2] 有些作者提到了只有一个刻度的直尺，但在此情况下，他们把直尺的末端看作第二个刻度。

[3] 下面介绍一种缩放图形的方法。假设我们有一把直尺，两个刻度相距 a 个单位长度。我们还已知一条长度为 b 的线段。我们想要相对于点 O，把整个图形放大（或缩小）a/b 倍。我们只需展示，如何移动一个点；假设点 C 距 O 点 c 个单位长度，而我们想要沿同一方向把它移动到相距 $(a/b)c$ 个单位长度的地方。首先，在图中某处利用二刻尺作图画出一个长度为 a 的线段。然后作点 A，使得 OA 长度为 a。在 OA 上找一点 B，使得线段 OB 长度为 b。连接 BC，过 A 作 BC 的平行线，交 OC 于 D。根据相似三角形的性质，OD 的长度就是 $(a/b)c$。因此 D 就是所要求作的点。

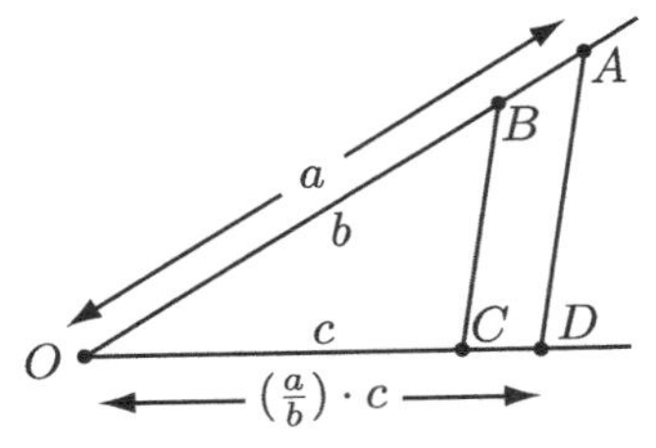

[4] 希波克拉底可能意识到了这个事实，但辛普里丘没有提到它（朗顿，2007，55 页）。

[5] 我们鼓励读者思考如何三等分钝角。

[6] 事实上，要完成此二刻尺作图，有三种摆放刻度尺的方法。第二种方法是把点 D 放到点 A 的右边。第三种方法需要整圆，而不是半圆。在此情况下，D 会在 A 和 C 之间。这两种方法分别可以得到角 $\theta/3+120°$ 和 $\theta/3+240°$，而它们也是原来角的三分之一。比如，$3(\theta/3+120°)=\theta+360°=\theta$。

[7] 帕普斯（2010，148－149 页）。把图 10.6 旋转 180°，以 C 为圆心、以 BC 为半径作圆，就能看出它是图 10.4 中作图的变种了；两幅图中的公共点的字母都相同。此外，注意 $\theta=\angle ACB=\angle GCB=\angle CBF$，以及 $\theta/3=\angle ADB=\angle GDB=\angle DBF$。

[8] 关于尼科美德的作图的描述，参见希思（1921a，260－262 页）或博斯（2001，33－34 页）。关于牛顿的作图的描述，参见牛顿（1972，457 页）。

[9] 这个定理可由《几何原本》命题 III.36 推出。

[10] 韦达（1983，388－417 页）。译文出自博斯（2001，168 页）。

[11] 韦达（1646，245－246 页）。英文版出自韦达（1983，398 页）。

[12] 阿基米德（2002，xxxii 页）。

[13]《几何补遗》的命题 5（韦达，1983，392－394 页）。另参见博斯（2001，169－171 页）。

[14] 我们会按照哈特肖恩（2000a，265 页）所述，给出一个和韦达（1983，408－410 页）中发现的七边形略微不同的作图以及证明。

[15] 关于哪些多边形可用二刻尺作图，我们会在“闲话 用其他工具可以作什么图?”中介绍更多。

闲话 克罗克特·约翰逊的七边形

[1] 济慈（1820，91 页）。

[2] 约翰逊（1975）。

[3] 有关约翰逊的生平和艺术的信息来自斯特劳德（2008）以及考索恩和格林（2009）。

[4] 史密森学会收藏的约翰逊作品可在其网站上浏览（史密森学会，2018）。

[5] 这个“之”字形图案已由芬莱（1959）发现。

[6] 关于完整证明，参见约翰逊（1975）。

[7] 我在博客上提出了一个问题：关于这个结果，是否有一个无须三角函数的几何证明？丹·劳森给我发了一份这样的证明，我在博客上转发了它：劳森（2016）。

第11章 曲线

[1] 米莱（1923，74 页）。

[2] 霍拉达姆（1960）。

[3] 辛普森和维纳（1989）。

[4] 转引自奥格雷迪（2008，12 页）。

[5] 因为普罗克洛（1992，212 和 277 页）把割圆曲线的发现归功于希庇亚，但没有说明是哪一个希庇亚，所以有些学者不太相信是厄利斯的希庇亚发现了割圆曲线。但是，间接证据足以令人信服。对普罗克洛来说，一开始提到某人时使用名和姓，之后在不会造成混淆的场合就只使用名字是很常见的事。在稍早一点儿的评论中，普罗克洛在 52 页提到了厄利斯的希庇

亚，而再没有用姓提过任何一个希庇亚。克诺尔（1993，80–82 页）还是不能信服，他认为这一发现很可能来自欧多克索斯和阿基米德。因此，上面提到的希庇亚是一个扩展了尼科美德的工作的公元前 2 或 3 世纪的学者。

[6] 转引自布尔顿（2007，134 页）。

[7] 参见克诺尔（1993，226–233 页）。

[8] 关于证明，参见克诺尔（1993，226 页）。

[9] 参见斯科特（1976，102–103 页）或希思（1921a，229 页）。

[10] 斯波卢斯还认为，因为绘制割圆曲线时必须协调好一条线段的线性运动和另一条线段的旋转运动，所以我们没法用割圆曲线化圆为方或者化圆为线。但博斯（2001，42–43 页，脚注 15）认为这并非事实。斯波卢斯的评论假定我们一开始已知正方形边界，但这不是必需的。我们可以用线画出曲线，再用它画出正方形。我们只需要有能力以恒定速度垂直移动一条直线，并以恒定角速度旋转另一条直线。

[11] 1699 年，乔瓦尼·塞瓦（1647—1734）根据阿基米德的二刻尺作图引入了另一条曲线：塞瓦摆线（耶茨，1942，29–30 页）。

[12] 帕普斯提到，存在四种蚌线。由此可以看出，他把每个部分都看作一条曲线。所以图 T.4 中的曲线表示了它们中的两种。但只要选择不同的 k 值，左手边的曲线就能有三种不同的形态：它可以包含圈（图 T.4），可以包含尖点，也可以十分平滑且不与自身相交（克诺尔，1993，220 页）。

[13] 牛顿（1769，469–470 页）。

[14] 我能找到的最早的出处是巴塞特（1901，196 页）。另一种使用了同一曲线的三等分角方法可以在洛克伍德（1961，46–47 页）中找到，该文还展示了如何用蜗线作正五边形。

[15] 如果 B 是原点，C 是点 $(0, -1)$，那么图 11.8 中的蜗线就是极线 $r=1-2\sin\theta$。

[16] 阿基米德（2002，165 页）。

[17] 事实上，伯努利想在墓碑上刻上对数螺线。不幸的是，石匠错误地刻上了阿基米德螺线。

[18] 米利西和道森（2012）。

[19] 关于蔓叶线的作法，以及如何用它作两个比例中项，参见克诺尔（1993，233–263 页），博斯（2001，44–47 页）或希思（1921a，264–266 页）。

[20] 帕普斯（2010，150–155 页）。

[21] 希思（1931，145–146 页）。

闲话　木工角尺

[1] 弥尔顿（1910，232 页）。

[2] 1940 年，耶茨（1940）证明了可以用（带刻度的）木工角尺倍立方。

[3] 斯库德（1928）。

[4] 在本章的一个扩展版本中，我们证明了该曲线可以用代数表达式 $x^2=(y-2)^2(y+1)/(3-y)$ 表示（里奇森，2017）。

[5] 布鲁克斯（2007）。

第12章　以一当十

[1] 莎士比亚（2016，201 页）。

[2] 莱伯恩（1694，16-27 页）曾写文描述使用固定圆规的几何作图。他的著作《有益的愉悦》是一本富有趣味性的书。其中第二章第二篇的副标题是“展示如何（不用圆规），只用普通肉叉（或者无法张开，也无法闭合的类似工具）和普通直尺，来获得许多令人愉快的几何结论”。

[3] 关于这一节的英文翻译，参见杰克逊（1980）。

[4] 关于阿布·瓦法的方法的例子，参见哈勒伯格（1959）。

[5] 这一作图及其英文译文可在谢尔比（1977，116-117 页）中找到。《德语几何》中也有一个有趣的近似作图，可在圆内内接正七边形；本质上，它使用以下事实：内接等边三角形边长的一半和内接七边形的边长很接近（谢尔比，1977，118 页）。

[6] 如果我们令圆半径为单位长度，$A=(-1/2, 0)$，$B=(1/2, 0)$，那么在保留三位小数的情况下，我们就有 $H=(-0.815, 0.949)$，$I=(0.815, 0.949)$ 和 $J=(0, 1.528)$。而以 AB 为边的正五边形的对应顶点坐标应该是 (0.809, 0.951)，(0.809, 0.951) 和 (0, 1.539)。也就是说，以五边形的高度来比较，误差还不到 1%。

[7] 丢勒（1525），或者其英文版，丢勒（1977）。该书出版于 1525 年。丢勒逝世后，该书又在 1538 年再版，并增加了新内容。丢勒给出了正三、四、五、六、七、八、九、十一、十三边形的尺规作图（143-151 页）。正七、九、十一、十三边形不可作图，所以他的方法必须是近似作图。他只提到了正十一边形和正十三边形的作图是近似作图。丢勒还给出了一个三等分角的方法（150-151 页），他没有说这是近似作图。他还给出了一个化圆为方的方法（178-179 页），这次他确实提到该方法为近似作图。（“quadrature circui，也就是化圆为方来使得圆和正方形面积相等。这一问题还未得到学者解决。但对于一般应用，或者较小的图形来说，我们可以通过下述方式来近似解决。”）他在初版中使用了 $\pi\approx 3\frac{1}{8}$ 这一近似值，而在第二版中使用了 $\pi\approx 3\frac{1}{7}$。这个五边形作图还出现在丹尼尔·巴尔巴罗于 1569 年出

版的《透视法实践》中（巴尔巴罗，1980，27 页）。

[8] 出自马凯（1886）对卡尔达诺的转述。

[9] 这些问题于 1547 年 4 月 21 日被发表在塔尔塔利亚（1547）中。

[10] 费拉里（1547）。

[11] 最后一步是作圆的命题包括第三卷的命题 25 和命题 33，以及第四卷的命题 4、5、8、9、13 和 14。关于费拉里和塔尔塔利亚的解答，参见马凯（1886）。

[12] 塔尔塔利亚（1556），第五部，第三卷。

[13] 卡尔达诺（1550）。

[14] 贝内戴蒂（1553）。

[15] 根据哈勒伯格（1959）。

[16] 莫尔（1673）。

[17] 根据哈勒伯格（1960），手稿中包含《几何原本》中 49 个作图问题中的 29 个。它们全部正确，但都未给出证明。未包括的那些问题明显可以用同样的方法解决。

[18] 转引自哈勒伯格（1959）。

[19] 彭赛列（1822）。

[20] 柯尔特（1958）。

[21] 马斯切罗尼（1797）。

[22] 根据柯尔特（1958），研究只用尺规的作图这一想法可能源于乔万尼·巴蒂斯塔·贝内戴蒂。他曾写过关于生锈圆规的文章。

[23] 阿德勒（1890）。

[24] 切尼（1953）给出了马斯切罗尼的解答。该解法需要用固定圆规画六个圆，再用折叠圆规画一个圆。

[25] 转引自柯尔特（1958）。

[26] 柯尔特（1958）。

[27] 我们只用三条弧完成了这一作图，但其中一条使用固定圆规。马斯切罗尼使用了五条弧，但它们都是用折叠圆规画出。切尼（1953）把他的方法改进到只用折叠圆规画四条弧。

[28] 马斯切罗尼的作图需要用固定圆规作七个圆。切尼（1953）给出了一个用折叠圆规的方法，其中需要十条弧。

[29] 阿德勒（1890），阿德勒（1906）。

[30] 如果我们的目标是效率，可以参见切尼（1953），他将其简化到了九个圆。

[31] 刘维尔把反演称作“倒数半径变换”。

[32] 关于此作图，以及对反演更详尽的介绍，参见柯朗和罗宾（1941，140-152 页）。亨格布勒（1994）对于莫尔和马斯切罗尼关于折叠圆规的定理给出了一个不用反演的美妙证明。哈德逊（1961，第八章）和加德纳（1992）同样包含只用尺规的作图的例子。而科斯托夫斯基（1961）是一本有关只用圆规的作图，以及其他限制下的作图的小书。

[33] 爱德华兹（1987）。

[34] 莫尔（1672）。

[35] 塞登伯格（2008）。

[36] "Georgius Mohr Danus in Geometria et Analysi versatissimus."〔格哈特（1849），转引自柯尔特（1958）〕。

[37] 转引自哈勒伯格（1960）。

[38] 安德森（1980）。

[39] 参见卡克和乌拉姆（1968，18-19 页）。

[40] 彭赛列（1822，187-190 页）。

[41] 斯坦纳（1833）〔英文译文参见斯坦纳（1950）〕。

[42] 多里（1965，165 页）。

[43] 转引自伯克哈特（2008）。

[44] 伯克哈特（2008）。

[45] 关于斯坦纳的证明的简化版本，参见多里（1965，165-170 页）。

[46] 斯坦纳（1950，4 页）。

[47] 特殊情形都可用初等方法解决，例如 $D=E$ 或 $F=E$，CD 和 AB 平行，或是 $P=E$ 或 $P=F$。

[48] 希尔伯特的评论出自阿奇博尔德对斯坦纳的介绍（1950，2 页）。

[49] 考尔（1912，1913）。

[50] 赛弗里（1904）。

闲话　折纸

[1] 关于所有的折叠方式，参见郎（2010）。

[2] 格列施拉格（1995），阿尔佩林（2000）。

[3] 如果 p_1 不在 l_1 上，那么他们可以确定一条以 p_1 为焦点，l_1 为准线的抛物线。把 p_1 折到 l_1 上可以得到抛物线的一条切线。因此，如果 p_1 不在 l_1 上，且 p_2 不在 l_2 上，那么这一步就可以得到一条与两条抛物线都相切的直线。我们可以在平面内作两条抛物线，使得它们有三条公共切线。因此，这一折叠步骤等价于解三次方程，而这是无法用尺规完成的。参见贝洛克（1936），格列施拉格（1995）以及哈尔（2011）。

[4] 梅瑟（1986）。
[5] 伏见（1980）。
[6] 参见阿尔佩林（2000）。
[7] 藤田（1994）和杜瑞塞克斯（2006）给出了折七边形和九边形的方法。
[8] 关于更多信息，参见马达奇（1979，58－61 页）。

第13章　代数的黎明

[1] 雷比埃（1893，36 页）。
[2] 切斯（1927，74－75 页）。
[3] 根据布拉索（2016）。
[4] 沃利斯（1685，3 页）。
[5] 希思（1908a，379 页）。
[6] 关于对几何代数的辩护，参见布拉索（2016）。
[7] 转引自丹齐格（2007，29 页）。
[8] 普罗夫科（2007）。
[9] 普罗夫科（2007）。
[10] 我们仅有此书的拉丁语译本，其译名为 *De numero indorum*。
[11] 事实上，因为“al-jabr”意为还原，它是如今已经不再使用的西班牙语单词“algebrista”的语源。后者的意思是“接骨师”。
[12] 这是卡尔达诺在《大术》中给出的例子。参见卡尔达诺（1968，99 页）。
[13] 事实上，我们可以从这一公式中直接得到所有的根。一个数有三个立方根（有可能是复数）。比如，1 有三个立方根：1 和 $-\frac{1}{2}\pm\frac{\sqrt{3}}{2}\mathrm{i}$。我们可以在公式中选择正确的立方根来得到方程的全部根。此外，一般来说，如果方程有两个复数根，则它们是共轭的。参见特恩布（1947，第九章）。
[14] 卡尔达诺（2002，96 页）。
[15] 卡尔达诺（2002，49 页）。
[16] 转引自丹汉姆（1990，140 页）。
[17] 格里奥齐（2008）。
[18] 转引自丹汉姆（1990，140 页）。
[19] 关于解三次和四次方程的完整讨论，参见迪克森（1922，第四章）。
[20] 译文出自史密斯（1959，206 页）。
[21] 卡尔达诺（1545，250 页）。
[22] 卡尔达诺（2002，127 页）。
[23] 卡尔达诺（1968，96 页）。

闲话　库萨的尼古拉

[1] 人们在查尔斯·佩佐德在霍布森（1913）一书的一本二手书中发现了这首手写的打油诗。参见佩佐德（2007）。

[2] 阿尔伯提尼（2004，376－377 页）。

[3] 译文出自梅什科夫斯基（1964，28 页）。

[4] 译文出自梅什科夫斯基（1964，27 页）。

[5] 译文出自梅什科夫斯基（1964，28 页）。

[6] 转引自阿尔伯提尼（2004，386－387 页）。

[7] 译文出自梅什科夫斯基（1964，29 页）。

[8] 福尔科茨（1996）。

第14章　韦达的分析方法

[1] 阿蒂亚（2001）。

[2] 转引自布沙德（2008）。

[3] 转引自希思（1908a，138－139 页）。

[4] 该问题归功于韦达的学生马里诺·盖塔尔迪（1568—1626）。他于 1607 年给出了作图，但直到 1630 年才给出了他对该问题的分析。参见博斯（2001，81－83 页，102－104 页）。

[5] 韦达（1646，12 页），或其英文版本，韦达（1983，32 页）。

[6] 韦达（1983，24 页）。

[7] 韦达（1646，91 页）。

[8] 韦达（1646，8 页）。

[9] 韦达（1646，2 页），或其英文版本，韦达（1983，15 页）。

[10] 事实上，他给出了 $(a+b)^n$ 在 $n=2, 3, 4, 5, 6$ 时的展开公式，a^n+b^n 在 $n=3, 5$ 时、a^n-b^n 在 $n=2, 3, 4, 5$ 时的分解公式。更具体来说，他给出了 $a^n+b^n=(a+b)(a^{n-1}-a^{n-2}b+\cdots+b^{n-1})$ 和 $a^n-b^n=(a-b)(a^{n-1}+a^{n-2}b+\cdots+b^{n-1})$ 这两个因式分解公式。这些公式出自韦达（1646，16－23 页），或其英文版本，韦达（1983，39－50 页）。

[11] 马哈尼（1994，36 页）。

[12] 参见韦达（1646，248－249 页），或其英文版本，韦达（1983，403 页）。

[13] 韦达的图中包含了一些证明中出现的其他的线。

[14] 如果把 $x=\sqrt{p/3}\cdot y$ 代入方程 $x^3=px+q$ 并化简，我们就会得到 $y^3-3y=q\sqrt{27/p^3}$。所以，我们令 $b=q\sqrt{27/p^3}$。此外，注意，如果方程是不可约

三次方程，那么 $(q/2)^2-(p/3)^3<0$，这等价于 $b=q\sqrt{27/p^3}<2$。

[15] 格里森（1988）。

[16] 韦达（1646，90－91 页），或其英文版本，韦达（1983，173－175 页）。因为该三次方程不可约，所以它有三个实数根。韦达描述了如何求得这三个根。他没有考虑负数根，但他并不是忽略它们。他会去求 $z^3=pz-q$ 的正根，而它们就是 $x^3=px+q$ 的负根的绝对值。我们需要明确一点，韦达在他的书中没有提到正弦或是余弦；他描述了如何使用方程的系数来作特定直角三角形，以及如何用这些三角形来求得方程的根。阿尔伯特·吉拉德于 1629 年出版的《代数的新发明》（吉拉德，1629）中给出了第一个明确的三角解法。

[17] 这次，代入 $x=\sqrt{4p/3}\cdot y$。

[18] 我们会在第 18 章证明这一三角恒等式。

[19] 尝试一下，用这个三角学方法来证明 $4x^3=3x+0$ 的根是 0 和 $\pm\sqrt{3}/2$，以及 $x^3=3x+2$ 的根是 2 和 －1（后者为重根）。

[20] 韦达（1983，416 页）。

[21] 韦达（1646，400 页）。有趣的是，这一表达式可由割圆曲线推导。因为 $2/\pi=\lim_{n\to\infty}r_n$，其中 r_n 为割圆曲线在 $\pi/2^n$ 角度方向与原定的距离。关于更多细节，参见奥利里（2010，237－238 页）。根据拉姆勒（1993），如果 P_n 是单位圆内接正 2^n 边形的周长，那么 $\frac{P_1}{P_2}\frac{P_2}{P_3}\frac{P_3}{P_4}\cdots=\frac{P_1}{P_\infty}=\frac{2}{\pi}$。这里，$P_1=4$ 是直径的两倍，而 $P_\infty=2\pi$ 是圆的周长。

[22] 在 2017 年的一篇博客中，约翰·拜艾兹和格雷格·伊根使用了韦达的方法。但他们从内接五边形开始，而不是像韦达一样，从正方形开始（拜艾兹和伊根，2017）。他们得到了如下无穷积，它把 π 与黄金分割 ϕ 联系了起来：

$$\pi=\frac{5}{\phi}\frac{2}{\sqrt{2+\sqrt{2+\phi}}}\frac{2}{\sqrt{2+\sqrt{2+\sqrt{2+\phi}}}}\cdots$$

闲话　伽利略的圆规

[1] 巴尔扎克（1900，134－135 页）。

[2] 根据威廉姆斯和托马什（2003），比例规可能是由一位名叫托马斯·胡德的数学家发明的。

[3] 伽利略博物馆－科学史学会及博物馆关于伽利略的圆规有一个不错的互动网页（伽利略博物馆，2008a）。他们还给出了一个可以打印的模板，这样

读者可以自己制作出该圆规（伽利略博物馆，2008b）。

[4] 如果圆形刻度距离铰链 c 个单位，那么 n 的刻度就距离尾端 $2c\sqrt{\pi\tan(\pi/n)/n}$。

[5] 事实上，在圆规上还有别的线。使用者可以用它们把圆的一个扇形化为方形。参见伽利莱（1606，27 页）。

[6] 多边刻线上的数间隔并不均等。如果 a_n 是刻度 n 到圆规铰链的距离，那么 $a_n = a_6/(2\sin(\pi/n))$。

[7] 如果 1 距离铰链 a 个单位，那么 n 就距离铰链 $a\sqrt[3]{n}$ 个单位。

[8] 它还可以被用来求两个比例中项（伽利莱，1606，19 页）。

[9] 伽利莱（1606）。

[10] 关于更多细节，参见威廉姆斯和托马什（2003）。

第15章　笛卡儿的尺规算术

[1] 夏斯莱（1875，94 页）。

[2] 笛卡儿在欧拉发现多面体公式一个世纪前就已从事相关研究。关于此，参见里奇森（2008）。

[3] 格拉比纳（1995）。

[4] 博耶（1947）。

[5] 塞尔法提（2008）。

[6] 希尔伯特在 1899 年将欧几里得和笛卡儿的工作形式化。希尔伯特（1903）给出了欧几里得几何的全部公理（共 20 个）〔英文版参见希尔伯特（1959）〕。他还发展了线段算术的理论。

[7] 笛卡儿（1954，2–5 页）。

[8] 笛卡儿（1954，5–7 页）。

[9] 我们会把这写成 $\sqrt[3]{a^3-b^3+ab^2}$。

[10] 约翰·沃利斯在 1656 年的《无穷算术》中引入了负数和分数指数。

[11] 在《智慧的磨石》中，罗伯特·瑞克德引入了等号，它比我们现在使用的等号要稍长一点儿。瑞克德是这样解释它的：“就像我经常在书中所用的那样，我会用一对长度相等的平行线，或者说双线，也就是‘=’。因为没有东西比它们更相等了。”

[12] 笛卡儿（1954，12–13 页）。笛卡儿没有将这里展示的细节包括在内——他画了图，然后就把细节都留给读者了。

[13] 算术运算必须还满足交换律、结合律和分配律。

[14] 笛卡儿（1954，13 页）写道：“如果它能使用通常的几何来解决，也就是

通过在平面上描绘直线和圆来解决，那么此时，最后的方程要能够完全解出，其中最多只能有一个未知量的平方，它等于某个已知量和该未知量的积，加上或减去另一个已知量。”

但是，吕岑（2010）写道：“笛卡儿的论述始于如下定理：如果几何问题可用尺规解决，那么它最终的方程是一个二次方程（不可能性由其逆否命题阐述）。但他接着就去证明它的逆命题，也就是如果最终方程是一个二次方程，那么问题可由尺规解决……我们可能会好奇，笛卡儿的逻辑水平是不是真的差到了搞反命题和逆命题的程度。”

[15] 显然，$\left(\sqrt[3]{7+5\sqrt{2}}\right)^3=7+5\sqrt{2}$。而稍微进行一点儿计算就可证明，$(1+\sqrt{2})^3=7+5\sqrt{2}$。

[16] 关于这种作图方法的例子，参见博斯（2001，278 页）。

[17] 这封信写于 1619 年 3 月 26 日。转引自曼科苏（2008，104 页）。

[18] 笛卡儿（1954，40 页，43 页）。

[19] 笛卡儿（1954，43 页）。

[20] 他还写到了可以用点来描述的曲线（也就是每个点都可以分别作出的曲线）以及如何用绳子来绘制曲线。参见博斯（1981）。

[21] 肯普（1876）。事实上，肯普的证明有一处错误。该错误在 21 世纪才被发现，并得到纠正（得梅因和奥罗尔可，2007，31-40 页）。

[22] 在今天被称为《个人想法》的书中，可以找到更多关于此圆规的信息。参见塞尔法提（1993）或博斯（2001，237-239 页）。

[23] 这幅图在《几何学》中出现了两次（笛卡儿，1954，46 页，154 页）。

[24] 关于对他的中项尺的讨论，参见笛卡儿（1954，44-47 页，152-166 页）。还可参见曼科苏（2008，104-105 页）、佐佐木（2003，112-121 页）、奥利里（2010，271-273 页）以及博斯（2001，240-245 页）。

[25] 博斯（1988）。

[26] 转引自博斯（1988）。

[27] 参见布拉索（2015）。莱布尼茨的同时代学者同意，几何的范围应该大于笛卡儿的几何，但他们仍然相信莱布尼茨的看法有些极端。洛必达写道：“莱布尼茨的体系过于复杂笨重，以至于在实际中没有任何用处。此外，它没有给切线（问题）的逆运算（也就是积分）带来任何新启示。”（博斯，1988）

闲话　为π立法

[1] 蒲柏（1711）的 215-217 行。

[2] 哈勒伯格（1977）中可以找到完整法案。

[3] 这句话出自古德温 1892 年的专著《普遍不相等是万物之法》。转引自哈勒伯格（1977）。

[4] 古德温（1894）。注意，《美国数学月刊》如今是美国数学协会（MAA）的旗舰刊物。但当时，它还由私人运营。MAA 直到 1915 年才成立。

[5] 出自 1897 年 1 月 20 日的《印第安纳哨报》（辛马斯特，1985）。

[6] 出自 1897 年 2 月 6 日的《印第安纳波利斯日报》（辛马斯特，1895）。

[7] 沃尔多（1916）。

[8] 1897 年 2 月 13 日，转引自爱丁顿（1935）。

[9] 古德温（1895）。

第16章 笛卡儿和古典问题

[1] 阿利吉耶里（1867，222–223 页，第三十三章）。

[2] 笛卡儿（1954，17 页）。

[3] 笛卡儿（1954，206–208 页）。

[4] 笛卡儿使用字母 z。

[5] 关于更多细节，参见博斯（2001，256–257 页）。

[6] 博斯（2001，255 页）。

[7] 如果我们以 A 为原点建立 x 轴和 y 轴，那么这一抛物线和圆的方程就分别是 $y=-x^2$ 和 $(y+2)^2+(x-q/2)^2=4+q^2/4$。消去 y 可以得到 $x(x^3-3x+q)=0$。因此，交点的横坐标就是括号中三次方程的三个根以及 $x=0$。

[8] 笛卡儿（1954，204–207 页）。

[9] 我们可以证明，该抛物线的方程为 $y=-x^2/a$，而圆的方程为 $(x+q/2)^2+(y+a/2)^2=q^2/4+a^2/4$。求解交点的横坐标（忽略 $x=0$ 的情况），可得 $x^3=a^2q$。

[10] 笛卡儿（1954，216–219 页）。

[11] 吕岑（2010）写道：“在笛卡儿的书中，可约性的概念还多少有些不固定。”

[12] 笛卡儿（1954，219 页）。

[13] 吕岑（2010）。

[14] 吕岑（2010）。

[15] 在笛卡儿逝世超过 100 年之后的 1754 年，让－埃蒂安·蒙塔克拉（1725—1799）试图完成笛卡儿对不可能性的代数证明。但这一证明也有很多问题。参见吕岑（2010）。

[16] 出自 1638 年 3 月 31 日写给梅森的信，转引自曼科苏（2008）。

[17] 笛卡儿（1954，91 页）。

[18] 罗斯（1936，426 页）。

[19] 克拉盖特（1964，69 页）。
[20] 克拉盖特（1964，171 页）。
[21] 笛卡儿（1908，304–305 页）。霍布森（1913，32 页）给出了这一方法，并且证明它等价于等式 $\frac{4}{\pi}=\tan\left(\frac{\pi}{4}\right)+\frac{1}{2}\tan\left(\frac{\pi}{8}\right)+\frac{1}{4}\tan\left(\frac{\pi}{16}\right)+\cdots$。
[22] 关于曲线求长的早期历史，参见博耶（1964）。
[23] 马丁（2010）中介绍了摆线的历史。
[24] 特劳布（1984，76 页）。
[25] 该曲线从 $(0, 0)$ 到 (a, a) 的长度是 $a\left(13\sqrt{13}-8\right)/27$。这个数可以用尺规作出。
[26] 博斯（1981）。但曼科苏（1999）并不同意；后者写道："尽管代数曲线的代数求长对于摧毁亚里士多德式的教条非常重要，但它并没有动摇笛卡儿《几何学》的基础。就我所知，当时也没人这样宣称。"

闲话　霍布斯、沃利斯以及新代数

[1] 出自开普勒 1619 年的著作《世界的和谐》。转引自博斯（2001，191 页）。
[2] 这个可能是虚构的故事出自奥布雷（1898，332 页）。
[3] 沃利斯（1656）。英文翻译出自斯特鲁伊克（1969，244–253 页）。
[4] 关于他的生平和数学成就的更多信息，参见斯克里巴（2008）。
[5] 这些引用出自"给数学教授的六堂课，一堂为几何学，其余为天文学"（霍布斯，1845，248 页，316 页，330 页）。
[6] "点是没有部分的"和"线只有长度，而没有宽度"（希思，1908a，153 页）。
[7] 霍布斯（1839，111 页）。
[8] 转引自杰瑟夫（1999，360 页）。
[9] 转引自杰瑟夫（1999，3–4 页）。引文中省略的部分是他对自己文章的引用，以及与我们的研究无关的两件事。
[10] 皮西尔（2006，144 页）。
[11] 牛顿（1972，429 页）。这段笔记由牛顿的继任者威廉·惠斯顿编辑，并在不顾牛顿意愿的情况下，于 1707 年出版。原文为拉丁文；英文翻译由约瑟夫·拉弗森（约 1648—约 1715）完成，并于他逝世后的 1720 年出版。牛顿的名字在 1761 年才第一次出现在这本书上，而那时他已经去世多年。这段引用出自附录中的一段。牛顿标记了这段话，想要删去它。
[12] 博斯（2001，134 页）。

第17章　17世纪圆的求积

[1] 克莱因（1972，392 页）。出自给詹姆斯·格雷果里的侄子戴维·格雷果里的一封信。

[2] 用现代术语来说，抛物线 $y=x^2$ 从 $x=a$ 到 $x=b$ 的长度是 $\int_a^b \sqrt{1+4x^2}\,dx$，也就是同一区间中双曲线 $y^2-4x^2=1$ 下的面积。

[3] 如果我们垂直于对称轴切开抛物面，就会得到一个碗形的曲面，其深度为 d，（碗顶部）半径为 r。用今天的符号，该曲面的表面积为 $\pi r(\sqrt{(r^2+4d^2)^3}-r^3)/(6d^2)$。荷兰数学家亨德里克·范·休莱特几乎在同一时间，并且很可能独立发现了这一结果。关于惠更斯和范·休莱特之间的优先权纠纷的讨论，参见约德（1988，119－126 页）。

[4] 约德（1988，138 页）。

[5] 圣文森特的格里高利（1647）。

[6] 梅斯肯斯（1994）：“和古希腊数学相反，格里高利在数学史上第一次接受了极限的存在。”

[7] 圣文森特的格里高利（1647，602－603 页）中有一个几何陈述及证明，但我们会用坐标来表示所有对象。我们想要找到 a 和 b 的两个比例中项；也就是说，我们想找到 x_0 和 y_0，使得 $a/x_0=x_0/y_0=y_0/b$。作一个 $a\times b$ 长方形的外接圆。如果我们使用坐标系，让长方形的对角位于原点和 (b, a)，那么该圆的方程就是 $x^2-bx+y^2-ay=0$。接下来作双曲线 $xy=ab$。它经过点 (b, a)，以 x 轴和 y 轴为渐近线。那么圆和双曲线的另一个交点就是 (x_0, y_0)。

[8] 转引自多姆布雷斯（1993）。

[9] 阿基米德的方法可以得到看起来相似的公式，但它们是周长公式，而非面积公式。如果内接和外切正 n 边形的周长分别为 i_n 和 c_n，那么 $i_{2n}=\sqrt{c_{2n}i_n}$，$c_{2n}=2/(1/c_n+1/i_n)$。关于格里高利定理的简短证明，参见埃德加和里奇森（2020）。

[10] 关于格里高利的工作以及惠更斯的评论的更多信息，参见斯克里巴（1983）。

[11] 德恩和赫尔林杰（1943）。

[12] 斯克里巴（1983）。

[13] 索伦（2008）。

[14] 当时最准确的值来自范·科伊伦。参见“闲话 数字猎人”。

[15] 参见范·马纳恩（1986）。

[16] 转引自约德（1988，138 页）。

[17] 关于这一发现，我们的证据是尼拉坎撒·索玛亚基（1444—1544）写于15世纪的一本书，以及对该书的一份评论。参见罗伊（1990）。

[18] 转引自霍瓦斯（1983）。其中还描述了莱布尼茨的证明。

[19] 出自牛顿于1676年10月24日写给亨利·奥登伯格的一封信，转引自罗伊（1990）。

[20] 转引自里奇（1987）。

[21] 里奇（1987）。

[22] 圭恰迪尼（2009，7页）。

[23] 牛顿的论述出自《流数法和无穷级数》，或其1736年的英文译本（牛顿，1736，94−95页）。

[24] 当n是正整数时，二项式展开的系数就是杨辉三角①的第$(n+1)$行。

[25] 这个圆的表达式可以写成

$$\begin{aligned}y&=\sqrt{x-x^2}\\&=x^{1/2}(1-x)^{1/2}\\&=x^{1/2}\left(1-\frac{1}{2}x-\frac{1}{8}x^2-\frac{1}{16}x^3-\frac{5}{128}x^4-\frac{7}{256}x^5-\cdots\right)\\&=x^{1/2}-\frac{1}{2}x^{3/2}-\frac{1}{8}x^{5/2}-\frac{1}{16}x^{7/2}-\frac{5}{128}x^{9/2}-\frac{7}{256}x^{11/2}-\cdots\end{aligned}$$

[26] 贝克曼（1971，142页）。

闲话　数字猎人

[1] 詹姆斯（1909，203页）。

[2] 德·摩根（1915b，65页）。

[3] 关于正规性的更多信息，参见维根（1985）或贝利和博温（2014）。

[4] 贝利和博温（2014）。

[5] 关于数字猎人的更多信息，可以参见如下文章：阿恩特和哈埃内尔（2000）、贝利等（1997）、贝利和博温（2014）、卡斯特拉诺斯（1988a）、卡斯特拉诺斯（1988b）、霍布森（1913）以及伦奇（1960）。维基百科（2018）有一份完整的列表，记录了当前所有的纪录保持者。

[6] 转引自普罗夫科（2007，221−222页）。

---

① 原文为帕斯卡三角，二者指代同一事物，但在中西方语境中使用不同的名字。——译者注

[7] 林等（1990）。

[8] 他的方法的关键在于发现如下不等式：$3\sin\theta/(2+\cos\theta)<\theta<2\sin(\theta/3)+\tan(\theta/3)$。

[9] 惠更斯（1654）。

[10] 欧拉（1744b）。卡斯特拉诺斯（1988a）证明了如何从这个公式（他错误地把它归功于查尔斯·道奇森，后者以笔名刘易斯·卡罗尔为人所知）推出下面第二个反正切级数。他还给出了许多其他的反正切 π 公式。

[11] 关于 π 房间的更多信息，参见海尔布洛克（1996）。

[12] 乔治·赖特威斯纳、克莱德·V. 霍夫、霍姆·S. 麦卡利斯塔和 W. 巴克利·弗里兹。参见莱特威斯纳（1950）。

[13] 关于此算法的更多信息，参见阿恩特和哈埃内尔（2000，第七章）。

[14] 拉马努金发现了 π（以及 π 的近似值）的许多公式。参见阿恩特和哈埃内尔（2000，57−58 页，226−227 页）及其中的引用。

[15] 拉比诺维茨和维根（1995）。

第18章　复数

[1] 克莱因（1908，138 页），英文翻译出自克莱因（2009，55−56 页）。

[2] 潘勒韦（1900）。

[3] 第一个翻译来自维拉·桑福德（史密斯，1959，202 页）。第二个则是 T. 理查德·维特默的翻译（卡尔达诺，1968，219−220 页）。

[4] 所有这些引用都出自卡尔达诺（1545，第三十七章）。

[5] 1777 年，欧拉写道：“在下文中，我将用字母 i 表示表达式 $\sqrt{-1}$。也就是 $ii=-1$。”这本书于欧拉逝世后的 1794 年出版（欧拉，1794）。译文出自斯特鲁伊可（1969，248 页）。

[6] 邦贝利（1572）。

[7] 两则引用都可在加亚瓦登（2008a）中找到。

[8] 要证明这些等式，只需将等式两边同时立方：$(\sqrt[3]{2+11i})^3=2+11i$，而 $(2+i)^3=(4+2i+2i-1)(2+i)=(3+4i)(2+i)=6+8i+3i-4=2+11i$。其他等式也可用类似方法验证。

[9] 柯西（1821，180 页）。

[10] 如果已知根 $x=4$，那么我们可以轻松地找到其他两个实数根。多项式除法表明 $x^3-15x-4=(x-4)(x^2+4x+1)$。然后使用二次方程求根公式就可得到两个根 $-2\pm\sqrt{3}$。

[11] 克罗斯利（1987，93 页）。

[12] 汪策尔（1843）。

[13] 笛卡儿（1954，175 页）。

[14] 莱布尼茨（1850）。

[15] 莱布尼茨（1863），英文翻译出自瑞莫特（1990a）。

[16] 莱布尼茨（1858）。英文翻译基于亚历山大（2011）中的译文，以及同克里斯托弗·弗朗西斯和特拉维斯·拉姆齐的对话。注意，“双重人生”这一短语来自莱布尼茨使用的 amphibio 一词。其他人把这个词翻译成“两栖类”或者“雌雄同体”。

[17] 欧拉（1770），英文翻译出自欧拉（1882，43 页）。

[18] 格拉比纳（1974）。

[19] 高斯（1831）。

[20] 高斯（1831），英文翻译出自费拉罗（2008，328 页）。

[21] 沃利斯（1685）暗示了这个几何描述。挪威测量员卡斯帕尔·韦塞尔（1745—1818）在 1797 年对丹麦皇家学院进行演讲时给出了第一个现代解释（韦塞尔，1799）。但是，在 1897 年被译为法语之前，韦塞尔的文章鲜为人知。

[22] 欧拉（1988，106 页）。

[23] 例如，可以参见威尔斯（1990）。

[24] 瑞莫特（1990b）用这个关系来定义 π，然后用它推导出了我们熟知的所有 π 的性质。

[25] 纳皮尔（1614）。

[26] 事实上，我们可以把 π 叫作椭圆常数。椭圆 $x^2/a^2+y^2/b^2=1$ 的面积是 πab。而半径为 r 的圆就是 $a=b=r$ 的特殊椭圆。

[27] 伯努利（1690）证明 $\mathrm{e}=\lim_{n\to\infty}(1+1/n)^n$。

[28] 欧拉对 e 的使用第一次出现在他于 1727 年或 1728 年所写的一篇文章中，但该文直到 1862 年才发表（欧拉，1862）。就我们所知，欧拉第二次使用 e，是在 1731 年 11 月 25 日写给克里斯蒂安·哥德巴赫的一封信中（福斯，1843，56－59 页）。而它第一次出现在印刷本中，则是在欧拉 1736 年出版的物理书《力学》中（欧拉，1736）。

[29] 欧拉（1748）有一版英文翻译为欧拉（1988）。

[30] 博耶（1951）。

[31] 欧拉（1748，90 页，第七章，122 节）。

[32] 欧拉没有发现指数函数的级数。在 1665~1666 年，年轻的牛顿发现了函数 $\ln(x+1)$ 的反函数的级数表示的前几项（牛顿，2008，235 页）。如今，我们知道这个反函数就是 e^x-1。后来，莱布尼茨在给其他数学家的信中提到了完整的级数表示。

[33] 关于欧拉证明的英文翻译，参见欧拉（1988，112 页）。尽管欧拉是第一个

写出这个公式的人，但牛顿的核心圈子里的另一位英国数学家，罗杰·柯特斯（1682—1716），给出了一个等价的公式表示（柯特斯，1714）。1714年，柯特斯给出了公式 $ix=\ln(\cos x+\mathrm{i}\ \sin x)$。如果我们在等式两边同时应用指数函数，就可以得到欧拉的公式。

[34] 如果我们用 $\mathrm{i}\theta$ 替换级数 $e^z=1+z/1!+z^2/2!+z^3/3!+\cdots$ 中的 z，就可以得到

$$
\begin{aligned}
e^{\mathrm{i}\theta} &= \frac{1}{0!}+\frac{\mathrm{i}\theta}{1!}+\frac{(\mathrm{i}\theta)^2}{2!}+\frac{(\mathrm{i}\theta)^3}{3!}+\frac{(\mathrm{i}\theta)^4}{4!}+\frac{(\mathrm{i}\theta)^5}{5!}+\cdots \\
&= \left(\frac{1}{0!}-\frac{\theta^2}{2!}+\frac{\theta^4}{4!}-\frac{\theta^6}{6!}+\cdots\right)+\mathrm{i}\left(\frac{\theta}{1!}-\frac{\theta^3}{3!}+\frac{\theta^5}{5!}+\cdots\right) \\
&= \cos\theta+\mathrm{i}\sin\theta
\end{aligned}
$$

[35] 事实上，正如欧拉指出的，i^i 的值不是唯一的，它可以取无穷多值。i 和实轴的角度可以表示为 $2\pi k+\pi/2$，其中 k 为任意整数。因此，使用上面的推论，$\mathrm{i}^\mathrm{i}=e^{-2\pi k-\pi/2}$。

[36] 佩尔斯（1859）。

[37] 佩尔斯（1881）。注意，$\mathrm{i}^{-\mathrm{i}}=\left(e^{\frac{\pi}{2}\mathrm{i}}\right)^{-\mathrm{i}}=e^{\frac{\pi}{2}}=\sqrt{e^\pi}$。

闲话 τ革命

[1] 出自施蒂费尔（1544）。译文出自贝克曼（1971，166 页）。

[2] 帕莱（2001）。

[3] 哈特尔（2010）。

[4] 在 2011 年，迈克尔·卡沃斯写下了“π 宣言”，给出了上述这个原因，以及其他我们应该坚持使用 π 的原因（卡沃斯，2011）。

第19章 高斯的十七边形

[1] “Die Mathematik ist die Königin der Wissenschaften und die Zahlentheorie ist die Königin der Mathematik”（冯·瓦尔特肖森，1856，79 页）。

[2] 关于这一逸事的历史，参见海耶斯（2006）。

[3] 译文出自法威尔和格雷（1987，487 页）。一个有趣的事实：根据丹宁顿（2004，30 页），高斯把他用来证明十七边形可作图性的石板作为纪念品送给了他在德国哥廷根的朋友兼同学，法尔卡斯（·沃尔夫冈）·鲍耶。后者是非欧几何的共同发现者亚诺什·鲍耶的父亲。

[4] 高斯（1796）。译文引自法威尔和格雷（1987，492 页）。

[5] 诺伊曼（2005，304 页，314 页）。

[6] 高斯（1965，458 页）。

[7] 高登林格（1915）。

[8] 阿奇博尔德（1916）。

[9] 里奇蒙德在里奇蒙德（1893）中展示了这一作图，并在里奇蒙德（1909）中详细阐述了它。可以参见高登林格（1915，28 页）。

[10] 我们不应混淆费马质数和梅森质数，后者形如 2^m-1。

[11] 高斯（1965，407－460 页）。

[12] 里切洛特（1832）。德坦普尔（1991）使用了卡莱尔圆。

[13] 这是“整数数列线上大全”中的数列 A003401，不可作图的 n 边形是数列 A004169。

[14] 高斯（1796）。译文引自法威尔和格雷（1987，493 页）。

[15] 汪策尔（1837）。

[16] 费马（1894，第二卷，205－206 页）。由 A. 伯格隆和 D. 赵翻译。

[17] 福斯（1843，10 页），译文出自桑迪佛（2007b）。

[18] 欧拉（1738），译文出自乔丹・贝尔。

[19] 出自 1813 年的一份内容简介，转引自齐拉・科尔伯恩的回忆录（科尔伯恩，1833，38 页）。关于这件事的讨论，参见米切尔（1907）。

[20] 欧拉（1750）。丹汉姆（1990，223－245 页）中对欧拉的证明有一段精彩的说明。

[21] 欧拉对费马小定理及其推广定理的四次证明中的第一次证明出自欧拉（1741）。我们现在知道，莱布尼茨在 1683 年之前就证明了费马小定理，但他从未发表结果。

[22] 韦伊（1984，58 页）。

[23] 欧拉（1751），范德蒙（1774）。

[24] 这段节录出自高斯于 1819 年 1 月 6 日写给其前学生克里斯蒂安・路德维格・格林的一封信（弗雷，2007）。

[25] 如果 z 在单位圆上，那么存在 θ，使得 $z=e^{i\theta}$。那么 $1/z=1/e^{i\theta}=e^{i(-\theta)}=\bar{z}$。

[26] 特别是，顶点 z_k 之后就是顶点 z_{3k}。如果 $3k$ 大于 17，那么对它取模 17。例如，z_9 之后是 $z_{27}=z_{10}$，而再之后是 $z_{30}=z_{13}$。

[27] 要理解这个等式，我们需要注意到，因为 s 是奇数，所以我们有 $2^{rs}+1=(2^r)^s-(-1)^s$。然后把 $a=2^r$ 和 $b=-1$ 代入恒等式 $a^s-b^s=(a-b)(a^{s-1}+a^{s-2}b+\cdots+ab^{s-2}+b^{s-1})$。

闲话 镜子

[1] 关于米拉镜的一系列几何问题，参见戴奥伯和洛特（1977）。

[2] 如果这篇闲话读起来很像有关折纸的那一篇闲话，那就对了。沿着线折纸与沿着镜子反射物体之间有着明显联系。因此，米拉镜作图就是折纸作图，反之亦然。

[3] 参见戴奥伯和洛特（1977，54-60 页），以及艾默特等（1994）。

[4] 事实上，霍克斯坦（1963）甚至还考虑了折射——也就是光在通过玻璃时发生的偏折。我们会忽略这一因素。

第20章 皮埃尔·汪策尔

[1] 出自海因里希·韦伯对克罗内克的讣告，“Die ganzen Zahlen hat der liebe Gott gemacht, alles andere ist Menschenwerk”（韦伯，1893）。

[2] 海耶斯（2007）。

[3] 德·拉帕伦特（1895）。

[4] 转引自卡乔里（1918）。

[5] 圣维南（1848）。

[6] 圣维南（1848）。

[7] 圣维南（1848）。

[8] 圣维南（1848）。

[9] 德·拉帕伦特（1895）。

[10] 斯梅尔（1981）指出高斯的第一个和第四个证明在拓扑上有错误。他说，该错误是“一个巨大的缺陷”，但“放在今天也不易察觉”。亚历山大·奥斯特洛夫斯基（1893—1986）在 1920 年修正了这一错误。

[11] 例如，艾森斯坦判别法就是一种著名的方法。西奥多·施尼曼和艾森斯坦分别在 1846 年和 1850 年独立证明了它。假设 $f(x)=a_nx^n+\cdots+a_1x+a_0$ 的系数为整数，并且存在质数 p 整除 a_{n-1}，…，a_0，但不整除 a_n，且 p^2 不整除 a_0。那么 f 在有理数上就不可约。例如，7 整除 21 和 14，但不整除 2，并且 $7^2=49$ 不整除 14。因此 $f(x)=2x^2+21x+14$ 不可约。

[12] 这是高斯（1965，25 页）中的第 42 条。

[13] 注意，当我们提取出因式 $x-\frac{3}{2}$ 时，其他因式的系数也是有理数。这是必然的结果。如果一个大于或等于二次的有理系数多项式有有理根，那么它可约。

[14] 参见汪策尔（1837）。海耶斯（2007）中包含了一条指向其英译版的链接。关于为什么汪策尔的名字被写作“M. L. 汪策尔”而不是“P. L. 汪策尔”，海耶斯在文章的署名行给出了一个可信的解释。“M. ”是男性的尊称，这在当时的出版物中算是常见的。海耶斯怀疑，人们可能更熟悉汪策尔的中间名劳伦特，而非他的名字皮埃尔。

[15] 哈特肖恩（1998）在一个在线论坛中指出，他发现了汪策尔证明中的一个漏洞。这也就引起了一个有趣的讨论：我们是不是还应该认为汪策尔是第一个给出不可能性证明的人？著名数学家约翰・康威也加入了讨论。他认为这的确是一个错误，但如果当时向汪策尔指出这一点，他应该也能看出这确实是一个错误。康威认为汪策尔应该可以很快修正这一漏洞。因此，在他看来，汪策尔仍然值得我们的赞许（康威，1998）。

[16] 铃木（2008）对汪策尔的证明有一份更详细的解释。

[17] 这个例子出自哈特肖恩（2000a，46 页）。

[18] 我要感谢比尔・丹汉姆向我指出这一点。

[19] 汪策尔把这个多项式写成 x^3âĹŠ$\frac{3}{4}x+\frac{1}{4}a$。

[20] 接下来我们概述一下艾森斯坦的证明，该证明用到了他的不可约性判别法（参见第 20 章的注 [11]）。令 $f(z)=z^{p-1}+z^{p-2}+\cdots+z+1$，$g(z)=f(z+1)$。我们可以证明，当且仅当 g 不可约时，f 不可约。艾森斯坦的判别法对 f 不适用，却可以用于 g。如果我们展开 $g(z)=(z+1)^{p-1}+(z+1)^{p-2}+\cdots+(z+1)+1$，就会得到 $g(z)=z^{p-1}+a_{p-2}z^{p-2}+\cdots+a_1z+p$，其中 p 整除所有系数（最高次项除外）。因为 p^2 不整除常数项，所以 g 不可约，因此 f 也不可约。

[21] 回想一下，我们在第 19 章证明了，如果一个质数形如 2^l+1，那么它也可以写成 $2^{2^j}+1$ 的形式。

[22] 本章例子中的所有非零系数都是 1 或 −1，但实际则未必。不过，打破这一规律的最低次数的分圆多项式是 $\Phi_{105}(z)$：z^7 和 z^{41} 的系数都是 −2。

[23] 韦恩特劳布（2013）中包括了 n 次分圆多项式不可约性的几个经典证明，其中就有高斯对 n 是质数这一情况的证明。

[24] 弗朗西斯（1978）扩展了这一发现，并证明一个度数为有理数的角可以作图，当且仅当它形如 $3n/r$，其中 n 和 r 互质。而 $120r$ 是高斯定理中叙述的那种乘积。

[25] 这是巴克利和麦克海尔（1985）中一个例子的变种。文中还包括其他例子。他们还给出了确定角既不可作图也不可被三等分的判定法。

[26] 我们可以在亚历山大・博格摩尼的 Cut-the-Knot 网站上找到这个例子（博格摩尼，2017a）。他把这个例子归功于安德鲁・舒尔兹，但在随后的一篇文章中（博格摩尼，2017b），艾德・费舍尔认为其证明无效，并给出了严格证明。

[27] 巴克利和麦克海尔（1985）。

[28] 格雷福斯（1889，433−435 页）。

[29] 根据吕岑（2009），参见彼得森（1877，161–177页）。
[30] 克莱因（1897，2页）。
[31] 克莱因（1897，2页）。
[32] 霍布森（1913，50页）。
[33] 阿奇博尔德（1914a）。
[34] 阿奇博尔德（1914b）。
[35] 皮尔庞特（1895）。
[36] 卡乔里（1918）。
[37] 贝尔（1986，67页）。
[38] 在1945年，贝尔正确地承认是汪策尔证明了不可能三等分任意角或倍立方。参见弗朗西斯（1986）。
[39] 弗朗西斯（1986）提到，考克塞特1961年的著作《几何学引论》、博耶1968年的著作《数学史》以及博尔顿1976年的著作《初等数论》都声称高斯证明了逆命题。这一错误还出现在伊弗斯1990年的著作《数学史引论》（伊弗斯，1990，152页）中。
[40] 弗朗西斯（1986）。
[41] 吕岑（2009）。
[42] 吕岑（2010）。
[43] 吕岑（2009）。
[44] 汪策尔（1837）。

闲话 用其他工具可以作什么图?

[1] 阿尔福特（1839，555–556页）。
[2] 维尔尼克（1971）给出了很多这种例子。
[3] 彭赛列（1822）。还可参见马丁（1998，99–101页）和维尔尼克（1971）。
[4] 参见博斯（2001，169页，脚注6）。
[5] 这个数列是“整数数列线上大全”中的数列A005109。
[6] 格里森（1988）给出了七边形和十三边形的作法。康威和盖伊（1996，199–200页）给出了这两者以及九边形的作法。
[7] 作为保罗·安德伍德的“321质数搜索”项目的一部分，安迪·布拉迪的计算机在2009年发现了这个质数。该项目通过众包方式，搜寻形如$3\cdot 2^k+1$的质数。参见PrimeGrid（2018）。
[8] 格里森（1988）。
[9] 韦德拉（1997）以及贝恩维尔和热内福斯（2000）定义了可用圆锥曲线作图。
[10] 克诺尔（1993，128页）。

[11] 韦德拉（1997）。

[12] 皮尔庞特（1895）或韦德拉（1997）。埃里克·贝恩维尔和伯纳德·热内福斯给出了 n=5, 7, 9, 13, 17, 19, 37, 73, 97 时 n 边形的作法（贝恩维尔和热内福斯，2000）。此外，他们还给出了一个可以画出其他多边形的通用方法（不过不一定适用于所有 n）。

[13] 艾默特等（1994）。

[14] 阿尔佩林（2000）。

[15] 马丁（1998，第九章）。

[16] 关于更多细节，参见本杰明和斯奈德（2014，定理 2）。

[17] 巴拉加尔（2002）。

[18] 本杰明和斯奈德（2014）。

第21章　无理数和超越数

[1] 乔伊斯（2002，484 页）。注意，这段节选中提到的年份（1882）正是林德曼解决化圆为方问题的那年。

[2] 《整数算术》的三分之一在本质上是对《几何原本》第十卷的代数阐述（施蒂费尔，1544）。英文翻译出自克莱因（1972，251 页）。

[3] 转引自祖卡夫（1984，脚注 208 页）。

[4] 博斯（2001，138 页）。

[5] 斯蒂文（1958，532 页）。

[6] 牛顿（1972，493 页）。

[7] 斯特鲁伊克（1969，633 页）。

[8] 格拉比纳（1983）。

[9] 欧拉的证明于 1737 年 3 月 7 日被呈给圣彼得堡科学院，并于 1744 年付梓（欧拉，1744a）。M. F. 维曼和 B. F. 维曼曾将其翻译为英文（欧拉，1985）。关于更多细节，参见桑迪佛（2007c）。

[10] 德·斯坦维尔（1815，339－341 页）。

[11] 蒂奇马什（1948，159 页）。

[12] 转引自克诺尔（2004，363 页）。

[13] 伯格伦等（2004，753 页）。

[14] 欧拉（1748）的这一英文译文出自斯特鲁伊克（1969，347 页）。

[15] 朗伯 1761 年的演讲发表于 1768 年（朗伯，1768）。这些结果还出现在 1766 年（朗伯，1770）。其英文翻译可参见斯特鲁伊克（1969，369－374 页）。瓦利瑟（2000）检查了朗伯的证明的严密性，并最终确认它确实是严密的。拉切科维奇（1997）给出了简化证明。

[16] 译文出自斯特鲁伊克（1969，374 页）。

[17] 勒让德（1794，304 页）。

[18] 尼云（1947），尼云（1956）。关于其变体，参见琼斯（2010）。

[19] 关于另一个简短的证明，参见布鲁施（1954）。

[20] 埃尔米特（1873）。

[21] 关于更多引用，参见尼云（1956，27 页）。

[22] 例如，可参见厄多斯和达德利（1983）。

[23] 皮特里（2012）提出“如果描述恒量和单位之间关系的函数是超越的，欧拉就认为该恒量也是超越的”。

[24] 刘维尔定理指出，如果 α 是一个无理代数数，并且次数 $d>1$（换言之，α 是一个次数为 d 的不可约多项式的根），那么存在 $c>0$，使得对于任意有理数 p/q，我们都有 $c/q^d \leqslant |\alpha-p/q|$。

[25] 他关于这一题目写了两篇短文（刘维尔，1844a、1844b）。

[26] 刘维尔（1851）。

[27] 关于更具体直观的解释，参见杨德尔（2002，172－174 页）。为了解释这一论述，他使用了超越数

$$\frac{1}{10}+\frac{1}{10^{10}}+\frac{1}{10^{10^{10}}}+\frac{1}{10^{10^{10^{10}}}}+\cdots$$

这个数中的零相隔更远。

[28] 参见皮特里（2012）。

[29] 于 1775 年被呈给圣彼得堡科学院（欧拉，1785）。

[30] 勒让德（1794，303－304 页）。

[31] 某种意义上，有许多刘维尔数：它们是不可数的。而另一种意义上，这个集合又很小：它的测度是 0。

[32] 转引自弗洛伊登萨（2008）。

[33] 贝克（1990，3 页）。

[34] 埃尔米特（1873）。

[35] 弗洛伊登萨（2008）。

[36] 转引自贝尔（1986，464 页）。

[37] 重点部分出自林德曼的原文（林德曼，1882）。这一译文出自瑞莫特（1990b）。

[38] $e^a=b$ 等价于 $\ln(b)=a$。

[39] 假设 π 是代数数。因为代数数是一个域〔参见尼云（1954，84 页）的证明〕，πi 也是代数，这就产生了矛盾。因此 π 是超越数。

[40] 魏尔施特拉斯（1885），转引自施德洛夫斯基（1989，4 页）。
[41] 魏尔施特拉斯（1885）。使用线性代数的说法，林德曼 – 魏尔施特拉斯定理就是说 e^{a_1}, …, e^{a_m} 在代数数上线性无关。
[42] 参见玛丽 · 温斯顿 · 纽森的英文翻译（希尔伯特，1902）。
[43] 欧拉（1748，105 节）。
[44] 格尔丰德（1929）。
[45] 参见杨德尔（2002，194 页）。
[46] 库兹明（1930）。
[47] 不使用这个强大的定理，我们也可以得出一个较弱的结论：无理数的无理数次幂可能是有理数。我们知道 $\sqrt{2}$ 是无理数，所以 $\sqrt{2}^{\sqrt{2}}$ 要么是有理数，要么不是有理数。在第一种情况下，我们就已经找到了想要的例子；而在后一种情况下，我们就可以用正文中的论述了。
[48] 根据希尔（1942，198 页），格尔丰德于 1934 年 4 月 1 日提出了证明的大纲。施奈德在 5 月 28 日提交了自己的论文，并在同一天听说了格尔丰德的证明（格尔丰德，1934；施奈德，1935）。
[49] 贝克证明，如果 a_1, …, a_k 是不为 0 或 1 的代数数，b_1,…, b_k 是无理数，且 1, b_1, …, b_k 在有理数上线性无关，那么 $a_1^{b_1}\cdots a_k^{b_k}$ 是超越数。可以参见贝克（1990）和贝克（1984）。
[50] 康托尔（1874）。
[51] 康托尔在 1874 年的文章中证明了这一点，然后在 1891 年给出了另一份证明，也就是著名的“对角斜线”证明。

闲话　十大超越数

[1] W. S. 吉尔伯特作词，亚瑟 · 沙利文作曲。
[2] 西格尔（2014）。
[3] 马勒（1937）。

尾声　塞壬还是缪斯？

[1] 霍布森（1913，12 页）。
[2] 耶茨（1942，6 页）。

人名对照表

A

尼尔斯·阿贝尔 Abel, Niels
佩尔盖的阿波罗尼奥斯 Apollonius of Perga
阿布·卡米勒 Abū Kāmil
阿布·瓦法 Abu'l-Wafa al-Buzjani
阿部恒 Abe, Hisashi
迈克尔·阿蒂亚 Atiyah, Michael
塔兰托的阿尔库塔斯 Archytas of Tarentum
锡拉库扎的阿基米德 Archimedes of Syracuse
阿里斯托芬 Aristophanes
肯尼斯·阿罗 Arrow, Kenneth
赫拉克利亚的阿弥克拉斯 Amyclas of Heraclea
阿那克萨戈拉 Anaxagoras
夏尔·埃尔米特 Hermite, Charles
昔兰尼的埃拉托斯特尼 Eratosthenes of Cyrene
歌特霍尔特·艾森斯坦 Eisenstein, Gotthold
阿尔伯特·爱因斯坦 Einstein, Albert
保罗·安德伍德 Underwood, Paul
安提丰 Antiphon
亨利·奥登伯格 Oldenburg, Henry
亚历山大·奥斯特洛夫斯基 Ostrowski, Alexander
威廉·奥特雷德 Oughtred, William

B

丹尼尔·巴尔巴罗 Barbaro, Danielle
亚瑟·巴拉加 Baragar, Arthur
艾萨克·巴罗 Barrow, Isaac
约翰·拜艾兹 Baez, John
拉斐尔·邦贝利 Bombelli, Rafael
法尔卡斯·鲍耶 Bolyai, Farkas
亚诺什·鲍耶 Bolyai, János
埃里克·贝恩维尔 Bainville, Eric
埃里克·坦普尔·贝尔 Bell, Eric Temple
阿兰·贝克 Baker, Alan
艾萨克·贝克曼 Beeckman, Isaac
戴维·贝利 Bailey, David
乔万尼·巴蒂斯塔·贝内戴蒂 Benedetti, Giambattista
哈桑·本·海什木（海桑）Ibn al-Haytham, Hasan (Alhazen)

C

D

F

鲁道夫·范·科伊伦 van Ceulen, Ludolph
亨德里克·范·休莱特 van Heuraet, Hendrik
亚历山大–西奥菲尔·范德蒙 Vandermonde, Alexandre-Théophile
尼科洛·方塔纳（尼科洛·塔尔塔利亚）Fontana, Niccolò（Tartaglia, Niccolò）
安东尼奥·菲奥雷 Fiore, Antonio
洛多维科·费拉里 Ferrari, Ludovico
拜占庭的费隆 Philon of Byzantium
皮埃尔·德·费马 Fermat, Pierre de
艾德·费舍尔 Fisher, Ed
约翰·冯·诺伊曼 von Neumann, John
舒尔兹·冯·斯特拉斯尼茨基 von Strassnitzky, Schulz
D. F. 弗格森 Ferguson, D. F.
贝尔纳·弗雷尼可·德·贝西 Frénicle de Bessy, Bernard
W. 巴克利·弗里兹 Fritz, W. Barkley
约瑟夫·傅里叶 Fourier, Joseph

G

马里诺·盖塔尔迪 Ghetaldi, Marino
罗伯特·高登林格 Goldenring, Robert
卡尔·弗里德里希·高斯 Gauss, Carl Friedrich
罗伯特·戈达德 Goddard, Robert
克里斯蒂安·哥德巴赫 Goldbach, Christian
库尔特·哥德尔 Gödel, Kurt
科特·歌斯麦尔 Girstmair, Kurt
亚历山大·格尔丰德 Gelfond, Aleksander
约瑟夫·格贡纳 Gergonne, Joseph
詹姆斯·格雷果里 Gregory, James
圣文森特的格里高利 Gregory of Saint Vincent
安德鲁·格里森 Gleason, Andrew
克里斯蒂安·路德维格·格林 Gerling, Christian Ludwig
理查德·格林 Green, Richard
埃德温· J. 古德温 Goodwin, Edwin J.

H

托马斯·哈里奥特 Harriot, Thomas
威廉·罗恩·哈密顿 Hamilton, William Rowan
迈克尔·哈特尔 Hartl, Michael
欧玛尔·海亚姆 Khayyám, Omar
汉谟拉比 Hammurabi
E. D. 黑林格 Hellinger, E. D.
托马斯·胡德 Hood, Thomas
花拉子密 Al-Khwārizmī, Muhammad Ibn
克里斯蒂安·惠更斯 Huygens, Christiaan
威廉·惠斯顿 Whiston, William

M

N

O

P

Q

R

S

李维·史密斯 Smith, Levi
安德鲁·舒尔兹 Schultz, Andrew
弗朗西斯·范·舒滕 Schooten, Francis van
西蒙·斯蒂文 Stevin, Simon
亨利·斯卡德 Scudder, Henry
乔治·斯克罗吉 Scroggie, George
雷内·德·斯劳斯 Sluse, René de
奇普·斯奈德 Snyder, Chip
威理博·斯涅利亚斯(斯涅尔) Snellius, Willebrord (Snell)
雅各布·斯坦纳 Steiner, Jakob
杰诺特·德·斯坦维尔 Stainville, Janot de
苏格拉底 Socrates
尼拉坎撒·索玛亚基 Somayaji, Nilakantha

T

雅典的泰阿泰德 Theaetetus of Athens
约翰·泰勒 Taylor, John
米利都的泰勒斯 Thales of Miletus
阿兰·图灵 Turing, Alan
克劳狄乌斯·托勒密 Ptolemy, Claudius
托勒密三世"施惠者" Ptolemy III Euergetes
托勒密一世"救世者" Ptolemy I Soter
埃万杰利斯塔·托里拆利 Torricelli, Evangelista

W

马丁·瓦莱涅斯 Wallenius, Martin
乔尔乔·瓦萨里 Vasari, Giorgio
皮埃尔·汪策尔 Wantzel, Pierre
王蕃 Wang Fan
弗朗索瓦·韦达 Viète, François
卡斯帕尔·韦塞尔 Wessel, Casper
安德烈·韦伊 Weil, André
卡洛斯·维迪拉 Videla, Carlos
斯坦·维根 Wagon, Stan
卡尔·魏尔施特拉斯 Weierstrass, Karl
文森特·温 Wing, Vincent
丹尼尔·温奎斯特 Wijnquist, Daniel
约翰·沃利斯 Wallis, John

X

昔兰尼的西奥多罗斯 Theodorus of Cyrene
卡尔·路德维格·西格尔 Siegel, Carl Ludwig
马库斯·图利乌斯·西塞罗 Cicero, Marcus Tullius
厄利斯的希庇亚 Hippias of Elis
西俄斯的希波克拉底 Hippocrates of Chios
梅塔庞托的希伯斯 Hippasus of Metapontum
戴维·希尔伯特 Hilbert, David
亚历山大港的希罗 Heron of Alexandria

Y

Z